古代舟山群島海洋史研究

冯定雄 著

中国社会科学出版社

图书在版编目（CIP）数据

古代舟山群岛海洋史研究 / 冯定雄著. —北京：中国社会科学出版社，2024. 3

ISBN 978-7-5227-3023-3

Ⅰ.①古… Ⅱ.①冯… Ⅲ.①海洋—文化史—舟山—古代 Ⅳ.①P722.6

中国国家版本馆 CIP 数据核字（2024）第 035085 号

出 版 人　赵剑英
责任编辑　刘　芳
责任校对　李　莉
责任印制　李寡寡

出　　版　中国社会科学出版社
社　　址　北京鼓楼西大街甲 158 号
邮　　编　100720
网　　址　http://www.csspw.cn
发 行 部　010-84083685
门 市 部　010-84029450
经　　销　新华书店及其他书店

印　　刷　北京君升印刷有限公司
装　　订　廊坊市广阳区广增装订厂
版　　次　2024 年 3 月第 1 版
印　　次　2024 年 3 月第 1 次印刷

开　　本　710×1000　1/16
印　　张　26. 5
插　　页　2
字　　数　475 千字
定　　价　139. 00 元

国家社科基金后期资助项目

出 版 说 明

后期资助项目是国家社科基金设立的一类重要项目，旨在鼓励广大社科研究者潜心治学，支持基础研究多出优秀成果。它是经过严格评审，从接近完成的科研成果中遴选立项的。为扩大后期资助项目的影响，更好地推动学术发展，促进成果转化，全国哲学社会科学工作办公室按照"统一设计、统一标识、统一版式、形成系列"的总体要求，组织出版国家社科基金后期资助项目成果。

全国哲学社会科学工作办公室

目　　录

绪　言

一

1963年威廉·麦克尼尔的《西方的兴起》出版，该著因克服了诸多世界历史著作的重要缺陷（如以欧洲史为中心；将各地区历史简单罗列相加而成为“世界史”等）而被普遍认为是“新世界史”（全球史）兴起的重要标志。今天，全球史研究已经成为学界的重要热点。在这种学术背景下，研究舟山群岛这样的小区域历史似乎颇为不合时宜，因为它既非具有“全球性”的宏大叙事之气势，亦不能作为世界发展的潮流标杆。

但是，对于任何历史，我们都不能以任何学术理论简单地加以套用，这对于区域性的“小历史”尤其如此。早在20世纪30年代，傅衣凌、梁方仲等一批前辈以中国区域社会为重要对象和内容的研究为中国社会经济史学科的奠基作出了开创性的贡献。在现阶段，曾经困扰过上一辈学者的区域研究是否具有“典型性”与“代表性”，区域的“微观”研究是否与“宏观”的通史叙述具有同等价值之类带有历史哲学色彩的问题，基本上不再是影响区域社会研究的思想顾虑。各种试图从新的角度解释中国传统社会历史的努力，都不应该过分追求具有宏大叙事风格的表面上系统化，而是要尽量通过区域的、个案的、具体事件的研究表达出对历史整体的理解。要达成这样的目的，就要求追求打破画地为牢的学科分类，采取学科整合的研究取向，应努力把传统中国社会研究中社会历史学和文化人类学等不同学术风格结合起来，通过实证的、具体的研究，努力把田野调查和文献分析、历时性研究与结构性分析、国家制度研究与基层社会研究真正有机地结合起来，在情感、心智和理性上都尽量回到历史现场去。在具体研究中，既要把个案的、区域的研究置于整体历史的关怀中，又应努力注意从中国历史的实际和中国人的意识出发理解传统中国社会历史现象。在追寻区域社会历史的内在脉络时，只要对所引用资料所描述的地点保持敏锐的感觉，在明晰的“地点感”的基础上，严格按照事件发生的先后序列重建历史的过程，距离历史本身的脉络也就不远了。[①] 从这个意义上说，以舟山群岛作为观察的特定区域，考察其古代社会历史的变迁，进而走进历史现场，作为个案分析其特定的“典型性”与“代表性”就不仅是完全可能的，而且可能是必要的。

舟山群岛是中国最大的群岛，大小岛屿总共有2085个，占据我国海岛总数的很大比例。从区域性与典型性看，它既是我国最大的海洋岛群，又是我国东部海域的重要前哨，在我国历史区域中具有独一无二的代表性。从舟山群岛古代历史与中国古代史的关系看，它属于中国古代区域史的重要组成部分。舟山群岛的历史与文化深受大陆文明的影响，是大陆文明的延伸，但它并不与大陆文明完全同一，其独特的海上环境和海上生产、生活方式形成了独特的东部海疆发展史，衍生出与海洋息息相关的特殊区域历史与文化，反过来以东部海洋发展的特殊性影响着大陆文明。在以往的历史研究中，对舟山群岛历史的系统研究并不多且很不成系统。舟山群岛的开发、管理、经略不仅是中国区域历史的重要组成部分，更具有明显的海疆开发特征和东部海岛特征，这些特征在一定程度和一定范围内折射出中国古代海疆开发史的整体性与特殊性。从这一意义上说，加强对舟山群岛历史的考察，本身就具有一定的“典型性”和“代表性”。

舟山群岛古代社会变迁史本身也是一部地方史，但地方史总是中国整体历史的重要组成部分，深受中国总体历史的影响，也在一定程度上影响着中国总体历史的发展。由于舟山群岛特殊的地理位置，以及它在我国东海海洋战略中的重要地位，它在历史上一直与国家命运息息相关，既是国家历史与命运的反映，同时也深刻地影响着国家的历史与命运。考察舟山群岛古代历史发展的这些“典型性”和“代表性”特征，其研究的价值和意义就远远超越了简单的地方史研究窠臼了。古代舟山群岛历史的“典型性”与“代表性”突出地体现在它在中国海洋史上的边缘性与前沿性特征上。通过具体的“走向历史现场”会发现，舟山群岛古代历史，其实是一部从“边缘”到“前沿”的海洋发展史，它从侧面昭示着中国古代海疆的兴衰，体现着中国国家命运。当然，这种“边缘”与“前沿”既包括被动边缘（客观边缘），也包括主动边缘，既包括主动前沿，也包括被动前沿，它们在古代舟山群岛的历史中相互交织，盘根错节夹挟而行，既描绘出古代舟山群岛美丽的历史画卷，也让观察、研究者眼花缭乱。无论是“边缘”还是“前沿”，它都包括古代舟山群岛历史的方方面面，政治的、经

---

① 陈春声：《走向历史现场（历史·田野丛书总序）》，《读书》2006年第9期。

济的、军事的、文化的等，无不处处体现出它的这一特征和线索。

斯塔夫里阿诺斯在《全球通史》中说："本书的观点，就如一位栖身月球的观察者从整体上对我们所在的球体进行考察时形成的观点，因而，与居住伦敦或巴黎、北京或德里的观察者的观点判然不同。"[①] 这里对于舟山群岛古代的历史与社会变迁的考察，既不是斯塔夫里阿诺斯似的全球宏观考察，也不仅是囿于狭隘的群岛的微观化或碎片化分析，而是以舟山群岛这一特定的区域为研究对象，在整个中国历史背景乃至世界历史背景下对它进行的观察。从这一角度看，这里的研究不仅不会与全球史研究显得格格不入，可能反而能更客观地"走向历史现场"，探究历史真相，展现古代舟山群岛历史的"边缘与前沿"的"典型性"与"代表性"。

二

对舟山群岛古代历史与社会变迁的历史研究，迄今为止还很难说已成为国内外学术界研究的热点领域，相关研究成果不仅不多，而且显得比较零散、不成体系。

国内学者对于舟山群岛古代海洋史的研究，主要有两种趋势。第一种是从地方史的角度进行材料整理和研究。在作为地方史的材料整理方面，舟山市图书馆学会编辑出版了《舟山地方文献联合书目提要》，对舟山相关古籍进行了简要介绍。[②] 舟山市档案馆编辑的《舟山古今地方文献名录》，收录了目前所知道的舟山古今地方文献的名录，其中新中国成立前的出版物包括史志、报纸、书刊、家谱四个部分。[③] 凌金祚点校注释的《宋元明舟山古志》（包括宋乾道《四明图经·昌国县》、宋宝庆《昌国县志》、元大德《昌国州图志》、明天启《舟山志》，并附有民国《岱山镇志》）、《昌国典咏》、康熙《定海县志》，柳和勇、詹亚园校点的光绪《定海厅志》等，都便于使用。[④] 由中国第一历史档案馆等编辑的《鸦片战争在舟山史料选编》，则对与舟山相关的鸦片战争史料进行了系统的收

---

① 〔美〕斯塔夫里阿诺斯：《全球通史：1500年以前的世界》，吴象婴、梁赤民译，上海社会科学院出版社1988年版，第51页。

② 舟山市图书馆学会编：《舟山地方文献联合书目提要》，浙江人民出版社2012年版。

③ 舟山市档案馆、舟山档案学会：《舟山古今地方文献名录》，舟山市档案馆2007年版。

④ 凌金祚点校注释：《宋元明舟山古志》，舟山市档案馆2007年版；（清）朱绪曾：《昌国典咏》，凌金祚点校注释，舟山市档案馆2006年版；周圣化原修，缪燧重修：康熙《定海县志》，凌金祚点校注释，舟山市档案馆2006年版；（清）史致驯、黄以周等编纂：光绪《定海厅志》，柳和勇、詹亚园校点，上海古籍出版社2011年版。

集和整理。①

在地方史研究中，冯定雄、林建的《舟山群岛古代简史》简练地梳理了自远古至鸦片战争在舟山爆发前夕的古代历程。② 王和平的《探析舟山》，收集了作者多年研究舟山历史与文化的论文，涉及舟山古代历史与文化的诸多内容。③ 张坚出版的《岱山史话》《普陀山史话》，对舟山群岛的历史与文化多有介绍。④ 冯定雄的《宋代昌国地区的海外关系探析》探讨了宋代舟山群岛在海外贸易、国家海防中的地位和作用。⑤ 舟山群岛在明清时期的地位成为学术界较为热衷的议题。王颖、冯定雄的《双屿港命运与东西方历史的分野》在全球视野下，以双屿港命运的沉浮考察了中国历史与世界历史的分野。⑥ 冯定雄考察了明清时期，西方与舟山群岛在政治、经济、文化等方面的相互关系；⑦ 特别是考察了鸦片战争前的 200 多年里，英国对舟山群岛的各种调查。⑧ 李诗媛则考察了鸦片战争期间英国人对舟山群岛的调查并分析了这些调查活动对英国的影响。⑨ 冯定雄在《中国清代舟山盐业与海岛社会》中指出，清代舟山的盐业发展既受国家盐业政策的制约，又明显具有自己的特色，清代舟山盐业的发展变化既反映出清代国家盐业发展的普遍性特征，又明显地体现出海岛社会与海洋密切相关的海洋生产、生活属性，具有比较典型的海洋区域性文化特征。⑩ 冯定雄、王鑫源的《古代舟山群岛的海洋风暴潮灾害》分析古代舟山群岛的海洋风暴潮灾害及相关灾政措施。⑪ 冯定雄、李彬彬的《边缘与前沿：古代舟山群岛海疆地位的嬗变》认为古代舟山群岛的海疆地位经历了从客

---

① 中国第一历史档案馆等编：《鸦片战争在舟山史料选编》，浙江人民出版社 1992 年版。

② 冯定雄、林建：《舟山群岛古代简史》，武汉大学出版社 2021 年版。

③ 王和平：《探析舟山》，中国文史出版社 2010 年版。

④ 张坚：《岱山史话》，中国文史出版社 2008 年版；《普陀山史话》，甘肃民族出版社 2000 年版。

⑤ 冯定雄：《宋代昌国地区的海外关系探析》，《浙江海洋学院学报》（人文科学版）2011 年第 2 期。

⑥ 王颖、冯定雄：《双屿港命运与东西方历史的分野》，《浙江学刊》2012 年第 3 期。

⑦ 冯定雄：《中国明清时期西方与舟山群岛的关系》，《岛屿文化》（韩国）2013 年，第 42 卷。

⑧ 冯定雄、姚宇扬：《鸦片战争前英国人对舟山群岛的环境调查》，《浙江师范大学学报》（社会科学版）2022 年第 5 期。

⑨ 李诗媛：《鸦片战争期间英国人对舟山群岛的调查及其影响》，硕士学位论文，浙江师范大学，2018 年。

⑩ 풍정웅, 조분연:《중국청대주산염업및해도사회》，《도서문화》제54 집，2019 년。

⑪ 冯定雄、王鑫源：《古代舟山群岛的海洋风暴潮灾害》，《岛屿文化》（韩国）2021 年，第 58 卷。

观边缘到主观边缘以及从主动前沿到被动前沿的演变历程。[①] 郭万平、张捷主编的《舟山普陀与东亚海域文化交流》[②] 是一部研究舟山古代海洋、海疆史的重要论文集，收录的20篇论文内容不仅涉及面广，而且选题角度多有新颖，并利用了很多国内难见的相关材料，其中，近半数论文涉及明清时期。由于舟山群岛在我国海上丝绸之路中的重要地位，因此它也成为海上丝绸之路学界研究的重要议题。[③]

第二种趋势是国内学者在其他相关著作中涉及舟山群岛海洋史的内容，但其主题并不在于舟山群岛。王辑五的《中国日本交通史》[④] 和田久川的《古代中日关系史》[⑤] 对中国古代各时期舟山与日本的交通、文化交流等内容有所涉及。陈懋恒在《明代倭寇考略》[⑥] 的第三部分梳理了舟山群岛地区的历次倭患、主要卫所等。李光壁在《明代御倭战争》[⑦] 中探讨了朱纨巡海、胡宗宪对徐海、王直集团的剿灭、戚家军在舟山的抗倭等内容。杨金森、范中义在《中国海防史》中对舟山的抗倭战争、海防地位、清代在舟山的海防力量与部署、鸦片战争等进行了较多的讨论。[⑧] 卢建一的《明清海疆政策与东南海岛研究》部分涉及明清海防政策下舟山群岛的军事驻防等。[⑨] 龚缨晏在《浙江早期基督教史》中依据大量第一手文献材料，梳理了鸦片战争前后西方传教士与舟山群岛的关系。[⑩] 韩清波的硕士学位论文《传教医生雒魏林在华活动研究》[⑪] 探讨了英国传教医生雒魏林鸦片战争期间在舟山的医务传教活动。关于发生在舟山的鸦片战争的研究成果更多，如茅海建的《天朝的崩溃——鸦片战争再研究》第五章详细深

① Feng Dingxiong, Li Binbin, "Periphery and Forefront: The Evolution of the Status of Coastal Areas and Territorial Seas in Ancient Zhoushan Islands," *Journal of Marine and Island Cultures*, Vol. 11, No. 1, 2022.

② 郭万平、张捷主编：《舟山普陀与东亚海域文化交流》，浙江大学出版社2009年版。

③ 王建富主编：《海上丝绸之路浙江段地名考释》，浙江古籍出版社2017年版。其他相关著述较多，不一一列举，可参见冯定雄：《回眸海丝之路：改革开放以来国内的海上丝绸之路研究》，中国环境出版社2015年版，第82—108页；冯定雄：《新世纪以来我国海上丝绸之路研究的热点问题述略》，《中国史研究动态》2012年第4期。

④ 王辑五：《中国日本交通史》，商务印书馆1998年版。

⑤ 田久川：《古代中日关系史》，大连工学院出版社1987年版。

⑥ 陈懋恒：《明代倭寇考略》，人民出版社1957年版。

⑦ 李光壁：《明代御倭战争》，上海人民出版社1956年版。

⑧ 杨金森、范中义：《中国海防史》（上下册），海洋出版社2005年版。

⑨ 卢建一：《明清海疆政策与东南海岛研究》，福建人民出版社2011年版。

⑩ 龚缨晏：《浙江早期基督教史》，杭州出版社2010年版。

⑪ 韩清波：《传教医生雒魏林在华活动研究》，硕士学位论文，浙江大学，2008年。

入地研究了战争在舟山的情况。[①] 中国其他地区如台湾学者郑樑生编辑的《明代倭寇史料》及中日关系史系列论集也部分地涉及舟山的相关内容。[②] 但这些研究都不是专门以舟山群岛为视角和主体的。

在国外的研究中，日本学者涉及舟山群岛海洋史的研究较多。木宫泰彦的《日中文化交流史》[③] 及道端良秀的《日中佛教友好二千年史》[④] 中涉及了较多与舟山群岛相关的著名人物。田中健夫的《倭寇——海上历史》的第四、第五章涉及舟山群岛相关的内容较多。[⑤] 松浦章在《中国的海贼》中涉及包括孙恩、卢循起义、方国珍的海上活动、明代舟山的倭寇等诸多内容。[⑥] 这些著述同前述研究一样，其视角和范围并不局限于舟山群岛，都不是全面、专门以舟山群岛为主体和出发点的研究。

在欧美学者中，对于舟山群岛海洋史的记录或研究多集中在个人回忆录或报道中，前者如马戛尔尼的《1793 乾隆英使觐见记》、斯当东的《英使谒见乾隆纪实》、安德逊的《英使访华录》、郭士猎的《中国沿海三次航行记》等,[⑦] 后者如《中国丛报》（*The Chinese Repository*）（胶片）等，专门的专题性舟山群岛研究并没有出现。涉及其他舟山内容的著作往往关注重大事件（如鸦片战争），如 P. 费伊的《鸦片战争》等，对于舟山群岛的特别关注并不多。[⑧] 新近涉及古代舟山群岛的著作是利亚姆·达西-布朗的《舟山：英国占领的第一座中国岛屿——一段被遗忘的历史》,[⑨] 该著以相当丰富的西文第一手资料叙述了鸦片战争中的舟山。

从前面研究综述的梳理中可以看出，学界在对涉及海洋史的资料整理及某些研究方面取得了一定的成果，这也为本书的研究奠定了重要的基

---

① 茅海建：《天朝的崩溃——鸦片战争再研究》，生活·读书·新知三联书店 1995 年版。其他专门研究鸦片战争在舟山的著述更多，兹不一一列举。

② 郑樑生编：《明代倭寇史料》，台北文史哲出版社 1987 年版。

③ 〔日〕木宫泰彦：《日中文化交流史》，胡锡年译，商务印书馆 1980 年版。

④ 〔日〕道端良秀：《日中佛教友好二千年史》，徐明、何燕生译，商务印书馆 1992 年版。

⑤ 〔日〕田中健夫：《倭寇——海上历史》，杨翰球译，武汉大学出版社 1987 年版。

⑥ 〔日〕松浦章：《中国的海贼》，谢跃译，商务印书馆 2011 年版。

⑦ 〔英〕马戛尔尼：《1793 乾隆英使觐见记》，刘半农译，天津人民出版社 2006 年版；〔英〕斯当东：《英使谒见乾隆纪实》，叶笃义译，上海人民出版社 2005 年版；〔英〕爱尼斯·安德逊：《英使访华录》，商务印书馆 1963 年版；Charles Gutzlaff, *Journal of Three Voyages along the Coast of China, in 1831, 1832, & 1833, With Natices of Siam, Corea, and the Loo-Choo Islands*, London: Frederick Westley and A. H. Davis, Stationers' Hall Court, 1834。

⑧ P. W. Fay, *The Opium War*, Chapel Hill, N. C.: the University of North Carolin Press, 1975.

⑨ Liam D'Arcy-Brown, *Chusan, The Opium Wars, and the Forgotten Story of Britain's First Chines Island*, Kenilworth: Takeaway Publishing, 2012.

础。但是，也可以明显看出，关于古代舟山群岛海洋史的专门性系统化研究著作并没有出现，这就为本书的进一步研究留下了较大学术空间。

三

本书是关于古代舟山群岛海洋史的研究，时间范围从远古时代到19世纪鸦片战争爆发前夕。①

与传统史学的研究主题相比，学术界对海洋史的界定还不充分、清晰，海洋史研究的学术体系建构也并未完成。有学者认为，海洋史是关于海洋自然和人文一切要素的历史。正是由于海洋集自然与人文两个方面的属性，因此，海洋自然科学史与海洋人文科学史构成了海洋史学术体系的两大分支。从自然形态而言，海洋史是关于海洋自身所有自然形态的历史考察，其研究对象以各个历史时期的海洋地理地貌、海洋气象、海洋潮汐、海洋生物以及海洋灾害等为范畴，它因循海洋自然状态的所有表象，反映人类对海洋自然形态由远及近的历史认知，探寻海洋自身运动和变化的一般规律。从人文形态而言，海洋史是关于人在海洋的所有主观活动和行为的历史叙述，其研究对象则涵盖了各个历史时期的海洋思想、海洋政治、海洋经济、海洋外交、海洋军事、海洋文化等，它基于人与海洋产生的所有互动关系，还原海洋社会的历史进程，追溯海洋社会发展的历史轨迹，探求海洋社会演进的客观规律。尽管海洋自然科学史与海洋人文科学史的研究对象有所不同，但随着理论研究的日益演进和深化，二者之间的理论边际渐趋淡化，呈现越来越明显的相互交叉与交融，相互渗透与浸染的趋势。比如，人们在研究海洋自然科学史时，除了关注海洋自然、物理形态的进化过程，还将其延伸到海洋对人的影响、与社会的关系等层面。人们在研究海洋人文科学史时，不仅注意到不同历史时期海洋地理环境、海洋生物和非生物等多种海洋自然要素的社会作用及社会意义，甚至将其作为重要的研究视角或介质，来阐释海洋社会的种种历史现象。② 从这一意义上说，本书关于舟山群岛海洋史的研究属于海洋人文科学史范畴，涉

---

① 本书遵从学界关于中国近代史开端的通常用法，把中国古代的时间范围界定于鸦片战争爆发前夕。尽管鸦片战争的第一场真正的战斗就是在舟山群岛打响的，但为了便于本书的考察，也为了避免引起不必要的争议，故把鸦片战争“纳入”舟山近代史范畴而不涉及。另，虽然本书“遵从”学界关于中国近代史开端的通常用法，但并不代表本书“认同”这一通常用法。事实上，关于中国近代史开端的看法在本书中有明确的体现，权当个人看法。特此说明。

② 李国强：《关于海洋史与海疆史学术界定的思考——兼贺〈中国边疆史地研究〉出刊百期》，《中国边疆史地研究》2016年第2期。

及舟山群岛海洋自然科学史的内容微乎其微。即便这样，海洋人文科学史范畴的舟山群岛海洋史内容也是极其繁杂的，包括了“各个历史时期的海洋思想、海洋政治、海洋经济、海洋外交、海洋军事、海洋文化等”。对于这样庞杂的内容，本书不可能全面而均衡且深入地研究，只能根据已有材料的丰俭程度进行相应的归纳与总结，从而凝练出相应的讨论主题，如海洋渔业史、海洋盐业史、海疆史、海外贸易史、海外文化交流史、海洋信仰史等。此外，正如上所说，由于海洋自然科学史与海洋人文科学史二者“相互交叉与交融、渗透与浸染”，本书关于舟山群岛海洋史的研究也会交融相关海洋自然科学史内容，更重要的是，在上述研究主题的内容上也会交融，以便尝试着从中总结出相关历史规律，探索相关历史理论。因此，本书不仅是对上述相关主题的简单罗列，而是多视角、多维度的观察，以期展示出古代舟山群岛海洋史的系统化发展规律、立体式演进画卷。

在总体视角上，从“边缘与前沿”的视角和理论高度，对自远古至鸦片战争时期的舟山群岛地区在海洋开发史中的主要演变历程进行全面、系统、深入的研究，涉及古代舟山群岛的海洋渔业史、海洋盐业史、海疆史、海外贸易史、海外文化交流史、海洋信仰史等诸多内容，以舟山群岛“区域”为出发点和归宿，系统地展示古代舟山群岛海洋史的全貌。

在具体内容上，以时间为顺序，分别探讨不同时期的相关内容，特别是在不同的时期里对中国甚至世界历史都具有重要影响的内容。在不同时期，各研究主题的侧重点可能不一样，如史前时期的海岛文化、各历史时期的海疆开发、海岛地方社会与国家命运、从“边缘”走向“前沿”的历程等，通过对不同时期凸显出来的重大历史事件与现象的研究，展示出舟山群岛在我国东部海洋史中的重要地位。

事实上，舟山群岛以独特的海上地理位置和海上生产、生活方式，形成了独特的海岛社会与海岛文化，具有鲜明的海洋特色，彰显出中国古代社会和文化的海洋风采。自从舟山群岛拥有人类居民以来，它的整个古代历史的生产、生活都与海洋有着密切的关系，一定程度上说，一部舟山群岛古代史就是一部海洋史。这部海洋史由舟山先民们在与海洋发生关系的社会生产、生活及对外交往中产生的、具有鲜明海洋特色或性质的物质文化、制度文化和精神文化组成，具体地说，它们包括海洋渔业、海洋盐业、海洋造船业、海上贸易、海外文化交流、海洋信仰等方面。

舟山群岛属于我国典型的海疆地区。虽然早在新石器时代舟山群岛就有原始人类生活，但那时的人们还没有迈入文明的门槛，对他们而言，国家、政权等制度性概念是完全不存在的，自然也就不存在所谓国家疆域概念，更没有海疆概念。直到唐朝，舟山群岛才进入大陆政权行政界定的统治视线，大陆政权第一次在行政上对舟山群岛作为“海疆”进行行政界定。宋朝不仅复县，更有意识地加强对海外贸易的管理以及海疆海防建设，舟山群岛开始成为东海海疆的前哨。元朝的四次海禁政策、“官本船”制度以及倭患对舟山群岛的海疆发展产生了重要的影响。明初对舟山群岛两次徙民、推行海禁政策，实质上是闭关主义，它最终导致了中国社会生产力发展的停滞和生产关系的腐朽，从而阻滞了中国社会的发展，使中国逐渐落后于世界潮流。从某种程度上说，中西方历史的分野也在明代的海疆政策中得到了比较明显的见证。清朝不但没有从国策层面废除明朝的海禁政策，反而进一步强化，最终走向闭关锁国的道路，使中国的社会发展进一步落后于西方。作为中国历代海疆发展史见证者的舟山群岛，它本身就是一部中国海疆开发史的缩影。总体上看，古代中国的海疆政策和海疆开发既有可资借鉴的经验，但更多的则是严重的后果和深刻的教训。

从国家与地方的关系看，舟山群岛的历史显然属于地方史范畴，国家的兴衰决定着地方的命运，反过来，地方的命运也反映出国家的兴衰。作为地方的舟山群岛古代历史及社会的变迁与国家的关系也同样反映出这种辩证关系。舟山群岛是中国古代诸多王朝兴盛的见证者，也是诸多王朝走向灭亡的亲历者，一定程度上讲，舟山群岛古代史就是一部国家兴衰的折射史，是国家命运的晴雨表。

舟山群岛本身的地域发展和历史规律在中国古代史上经历了从“被动边缘”到“主动边缘”以及从“被动前沿”到“主动前沿”的过程，并时常与国家的兴替相联动。尽管舟山群岛历史悠久，但在很长时期里，无论是从中国国家政治发展视角看，还是从文明中心的角度观察，它都处于一种边缘地位。这种边缘地位，既是由舟山所处地理位置决定的，更是由古代社会生产力水平的低下、人口稀少等原因决定的。舟山群岛的边缘化并非中原（央）政治或政权对它的刻意漠视，它是一种“被动边缘”或“客观边缘”。直到唐朝，舟山群岛的“被动边缘”化状况才得到改变。但在唐置翁山县的 20 多年后，舟山群岛又被主动边缘化。长期以来，无论是舟山群岛的“被动边缘”化还是“主动边缘”化，都在一定程度上表明，舟山群岛远离国家政治中心，似乎在国家统治中的地位远不及天子生活的大陆重要。从北宋复县到元朝灭亡的 200 多年时间里，中华大陆上虽然政权更迭，统治中心不断变换，但所有朝代对作为东海重要门户的舟山群岛的统治脉络基本是一致的，都把它作为国家的重要前沿，舟山群岛的历史进入了主动前沿化时期。明清海禁政策对舟山群岛的发展造成了严重的后果，就在舟山即将成为中国与世界联系纽带的时候，即将成为中国与世界交流和交往前沿的时候，却被夜郎自大、盲目无知的统治者主动边缘化，强制关闭了这座前沿大门，成为中国政府主动边缘化的牺牲品，而舟山群岛的历史也只能走向被动前沿化。自宋开启的舟山群岛主动前沿化发展最终为明清的被动前沿化发展所替代。从世界历史的范围观察，舟山群岛的这种“边缘—前沿”过程或正面或反面地印证着世界历史发展的某些趋势。

在研究思路与方法方面，从微观层面看，从史前时代开始，按时序先后逐一展开各时期舟山群岛海洋史的变迁，直到鸦片战争在舟山爆发的前夕。研究主题涉及与海洋开发相关的各个方面，从而较详尽地展现出舟山群岛作为国家东部门户的详细历史。这种微观研究强调各种史料的全面扎实，史实尽可能求真，内容尽可能详尽充实。从中观层面看，从舟山群岛对国家内部社会变迁的调适以及对国家外部环境的“应战”两方面，揭示出舟山群岛海洋开发历程与中国从古代到现代的嬗变路径、基本特征及规律。中观研究尤其注重舟山群岛海洋史与中国社会变迁的内部关系。从宏观层面看，通过对不同时期舟山群岛历史与社会变迁的比较，结合古代中国与世界历史大视野，把它置于广阔的视野之下，重新认识舟山群岛在历史大视野下的地位，紧紧把握舟山群岛古代历史与社会变迁同国家关系的内在一致性与独特性，重新审视和认识它对中国历史的反映及对世界历史变化的照映与见证。

第一章　远古时代舟山群岛的自然与生物

东海介于北纬 23°—33°10′，东经 117°11′—131°，是由中国大陆、中国台湾岛、朝鲜半岛、日本九州和琉球群岛所围绕的一个边缘海，东北部以对马海峡、西南部以台湾海峡分别沟通日本海和南海，东部以琉球诸水道与太平洋沟通，面积为 75.2 万平方千米。海底地形比较复杂，大致以台湾岛与日本五岛列岛一线分界，其西北属于大陆架范围，大陆架向东南缓缓倾斜，坡度基本上不超过 0°02′，水下的古三角洲、古河道、古海滨等地貌保存较好。该线东南主要为大陆坡和冲绳海槽。东海平均水深 349 米，最大水深 2719 米（冲绳海槽处）。东海的海湾以杭州湾为最大，岛屿主要有台湾岛、舟山群岛，澎湖列岛、钓鱼岛等。①

中国第一大群岛——舟山群岛，位于中国东南沿海，中国大陆海岸线的中心，地理坐标为东经 121°30′—123°25′，北纬 29°32′—31°04′，是著名的长江、钱塘江和甬江的入海口。舟山群岛由星罗棋布的 2085 个岛屿组成，约相当于我国海岛总数的 20%，其中 1 平方千米以上的岛屿 58 个，占该群岛总面积的 96.9%。区域总面积 2.22 万平方千米，其中海域面积 2.08 万平方千米，陆域面积 1440 平方千米，常年有人居住岛屿 98 个。舟山市辖定海、普陀、岱山、嵊泗二区二县，总人口 98.6 万。舟山本岛面积为 502 平方千米，仅次于台湾、海南、崇明岛，是我国第四大岛，主要岛屿还包括岱山岛、朱家尖岛、六横岛、金塘岛等。这些岛屿中，南部大岛较多，海拔较高，排列密集，北部多为小岛，地势较低，分布较散。舟山市是 1987 年 1 月经国务院批准的唯一的省辖海岛港口旅游城市，当时也是全国唯一的一个以群岛组成的海上城市。2011 年 6 月，国务院正式批准设立浙江舟山群岛新区。

---

① 赵济主编：《中国自然地理》（第三版），高等教育出版社 1995 年版，第 70 页。

第一节 远古时代舟山群岛的自然

《新不列颠百科全书》曾对人类演进史做了一个形象的比喻："如果人们把整个人类社会的演进用 12 个小时来表示，那么现代工业时代只代表最后 5 分钟，而不是更多。"[①] 对于地球的演进历史，我们同样可以做出类似的比喻：如果人们把整个地球的演进用 12 小时来表示，那么人类社会时代只代表最后 5 分钟，而不是更多。

地球最早可能是由大大小小的星云团集聚而成的，一般认为在距今 47 亿年前它已经增长到与现代地球质量相近了。这时候的地球还只是许多微星的集合体，叫原地球，大约到 46 亿年前形成地核和地幔。大约在 35 亿年前形成了具有新陈代谢和自我繁殖能力的原始生命体，实现了从非生命到生命转变的过程。从距今 30 亿年前后到 5.7 亿年这段时间，地球进入了前古生代时期，但直到这一时期的末期，地球上只有菌类、藻类和一些低等原生动物、腕足类动物等。到距今 28 亿年前，地球上出现了最早的小块陆核，后来的大陆就是由陆核逐渐扩大而形成的。直到 25 亿年前，各大陆内才相继形成若干个小块稳定陆地。距今 17 亿年前后，地球经历了一次最有意义的稳定大陆形成事件，稳定大陆的面积在相对较短的历史阶段里大大增加，大陆差不多接近了它现在的规模。从距今 17 亿年到距今 14 亿年前后，地球经历了从原地台到地台的转变，到距今 14 亿年前后是稳定大陆的最终形成时期。从大约距今 5.7 亿年起，地球进入古生代时期。古生代时期的地层可分成早、晚两期，早古生代距今大约 5.7 亿年到 4 亿年；晚古生代距今 4 亿年到 2.3 亿年。这 3.4 亿年时间是最古老生命的时代。从距今 2.5 亿年到 6500 万年，地球进入了中生代时期。中生代是爬行动物时代，其中以恐龙最为繁盛，从爬行动物发展而来的两类更高级脊椎动物——鸟类和哺乳类，也在中生代出现了。新生代时期是地质历

---

① *The New Encyclopaedia Britannica*, 1997, Macropaedia 15th, Vol. 24, p. 280. 转引自马克垚主编《世界文明史》（上），北京大学出版社 2004 年版，第 599 页。美国史学家克里斯蒂安把整个宇宙 130 亿年的历史浓缩成 13 年，并认为，4 年半以前才有了太阳系，才有了地球；4 年前出现了最初的生命；3 星期前恐龙灭绝；50 分钟前，智人在非洲进化；然后，5 分钟之前出现了农业文明；包括中国文明在内的各个古文明出现在 1 分钟之前；工业革命发生在 6 秒钟之前；两秒钟之前发生了第一次世界大战；最后一秒钟之内发生了第二次世界大战、人类登月、信息革命。（〔美〕大卫·克里斯蒂安：《时间地图：大历史导论》，晏可佳等译，上海社会科学院出版社 2007 年版，第 538—539 页。）

史时期中最新的一个时代，包括现代在内整个新生代大约为6700万年，由第三纪和第四纪组成。在这个时期，地球表面海陆分布、气候状况，生物界面貌逐渐演变到现代的样子。新生代早期的动物主要有两大类：古有蹄类和古食肉类。到第三纪中晚期，古有蹄类包括马、犀、羊、牛等；古食肉类逐渐进化成各种猛兽，如狮、豹、虎等，并在这一时期进化出了地球上最重要的动物——人类。

舟山群岛的2085个岛屿，东北宽、西南窄、水深由西北向东南递增。一般认为，舟山群岛位于中国古陆东北端、浙江华夏褶皱象山嵊泗构造隆起带上，系浙东天台山脉向海延伸的余脉，受喜马拉雅地壳运动的影响，出现地垒、地堑式升降，升者成为山岭、沉者成为盆谷，在1万至8000年前，才逐步形成舟山群岛（包括海底）今天的地貌。所覆盖的地层大部分为中生界侏罗系、白垩系火山——沉积岩系，偶见上古生界变质岩系露头，新生界第四系分布在各岛屿边缘。[①] 群岛的最高峰是桃花岛的对峙山，海拔544.4米。整个群岛属于低山丘陵地貌类型。海平面的升降，长期的海浪冲蚀，群岛发育着海蚀阶地、洞穴。舟山岛上10米高的海蚀阶地到处可见，30米高的阶地更为清晰。著名的普陀山岛上的潮音洞等都属海蚀洞穴。潮流像一个大搬运工一样把大量泥沙搬运到群岛的隐蔽地带沉积，把几个岛屿连接起来，形成岛上的堆积平原。舟山岛、朱家尖、岱山岛都是由于海积平原的扩展形成的大岛。

在大地构造上，舟山群岛属于华夏大陆的一部分，地层与浙东陆地相同，大多由中生代火山岩构成，还有片麻岩、大理岩等古老的变质岩和新生代的玄武岩。第四纪以来，伴随着海平面的多次升降，又沉积了海相沙砾层和淤泥滩堆积。

与全世界的所有群岛相比，舟山群岛无论在岛屿面积、所涉海域面积、居住人口等各方面都并没有特别之处，但它至少有两方面的特色是全世界众多的其他群岛无法比拟的。其一，它所处的位置。舟山群岛位于亚洲大陆东部的中间沿海地区，是这一区域南下北上的重要咽喉，其自然地理位置十分重要。其二，它所处地区的气候宜人。舟山群岛位于北半球温带地区，气候温和，与极寒极热地区的群岛气候形成了鲜明的对比。与中国所有的其他群岛相比，舟山群岛不仅是中国最大的群岛，同时也具有上述地理位置、气候等方面的独特性（或优势）。正是由于舟山群岛在自然

---

① 胡连荣主编：《舟山海底哺乳动物化石与古人生存环境》，中国文史出版社2005年版，第4页。

环境中的特殊地位，在一定程度上也决定了它在当地政治、经济、军事、文化上的特殊地位，奠定了它在形塑中国历史过程中的特殊意义。

第二节　远古时代舟山群岛的生物

据科学家考证，在距今90万—50万年前，我国东部很多地区，包括华北与华东的广大沿海区域都曾是汪洋大海，[①] 或者一度遭受过大面积海侵。这一时期的舟山群岛区域可能也为海洋所淹没，因此这一时期的舟山群岛是不会有人类的。这种状况与我国东南沿海地区至今尚未发现旧石器时代早期的古人类遗迹的情况是相吻合的。据有关学者考察，第四纪以来，我国东部地区，有四次海浸地层，与地球上的几次间冰期有关系，间冰期中，江河解冻，海水上涨，凡有平原的沿海地区，都遭受过海水淹没，虽然每次淹没的范围不尽相同，水的深度也不一样，但对于童年中的早期人类来说，当然是根本无法居住的。更何况这一时期的直立人还没有迁徙至东部地区。[②]

2001年9月，舟山市定海区册子乡渔民贺伟元在金塘海域进行溜网作业时，捞起来许多大型哺乳动物的化石。舟山市博物馆馆长胡连荣研究员等人对这些化石进行了比较系统的研究，这对于我们了解远古舟山地形、气候、环境及古人类生存环境具有重要意义。[③] 从出海的大型哺乳动物化石看，主要包括淮河古菱齿象、达维氏四不像鹿、葛氏斑鹿、斑鹿（种未定）、河套大角鹿、德氏水牛、牛属黄牛种、额鼻角犀、真马等化石，其出海处的海水深度为90米，但从这些化石本身来看，可以看出它们当时的埋藏地并不是海里，而是河流或湖滨（海滨）。如标本编号ZSMV059的四不像鹿左前枝内叉远端加工成的角尖状器，在其角表面附有已经胶结的灰色黏土，黏土中含有微细发亮的云母颗粒，这表明其埋藏环境是湖边或海边较静水的沉积环境。标本编号ZSMV151、ZSMV027、ZSMV066等都证明它们当时的埋藏环境是河流或湖滨（海滨）。在晚更新世最后冰期期间

---

① 王乃文：《山西外旋九字虫（新属新种）的发现及其地层与古地理意义》，《地质学报》1981年第1期。

② 张群辉：《试探我国古人类的起源和迁徙》，载云南大学历史系编《史学论丛》（第4辑），1989年，第92—101页。

③ 胡连荣主编：《舟山海底哺乳动物化石与古人生存环境》，中国文史出版社2005年版。以下涉及舟山海底哺乳动物化石与古人类生存环境的介绍主要来自此书，特此说明。

(距今 7.5 万年到距今 1.2 万年前) 气候有过几次大的波动，气候冷暖有几次交替，最冷的一次距今 1.8 万—1.5 万年前，那时的舟山群岛与大陆相连，现在的海底在当时还是陆地，化石被埋在陆地上的河流相和湖滨相的堆积中，到距今 1.2 万年后，后冰期的到来，天气转暖，出现海进，大片陆地被海水所淹，舟山与大陆被海水隔开，更新世晚期的化石埋藏地也随之深入海底。

2003 年 8 月，舟山渔民同样在金塘水道打捞到了木化石，经考证研究和模拟试验，该化石标本可能是古人加工、使用过的原始木棒类工具的遗物，极有可能是原始人类作为狩猎时打击猎物的工具。该化石经过北京大学加速器质谱实验室和第四纪年代测定实验室做 AMS 碳 14 测试，测试其年代大于 4 万年前，但胡连荣认为这个碳 14 测年值可能偏大，他建议舟山海域哺乳动物化石生存年代放在距今 3 万—1 万年前比较合适。胡连荣认为从这些海底化石可以推测出当时舟山的环境变迁过程：3 万多年前，舟山应为滨海丘陵地带，不是今天我们见到的海岛，当时在舟山生长着大量的栎树等森林植被，古人利用这些树木制成生产、生活用工具进行劳作和捕猎，在生产和生活中，部分工具因损坏后而被遗弃于河流、水溪边或生长在近河流的栎树死后被河流堆积物埋藏，随后水平面迅速上升，海相沉积物覆盖在河流堆积物上，使得树木能够很好保存下来成为化石。随着海陆的变迁，舟山海域金塘水道现在是 90 多米深的潮汐通道，水深流急、处于冲刷状态，覆盖在木化石上面的海相沉积物被潮汐冲刷掉，使得木化石和其他哺乳动物化石暴露在海底，现生海洋生物及时附着在化石的表面，船蛆也及时寄生在化石上。

从 2001 年在舟山金塘水道第一次发现动物化石以来的三年时间里，在同一海区内共打捞出各类动物化石标本 300 件，其中同类的哺乳动物化石在台湾海峡的澎湖台地（海沟)、台湾浅滩西部、台中浅滩等区也有大量捞获，它们分布的水深从 10 多米到近 100 米不等。舟山的动物化石组合与台湾海峡发现动物群组合基本一样，符合晚更新世淮河流域的动物群组合特征。舟山海域虽然没有发现人类化石，但骨角器及人工砍磨的遗迹仍然很明显，这说明当时有人类栖息、生活于此。在台湾海峡不同区域曾发现过人类化石，如东山附近海域（台湾浅滩西部，距今约 1 万年前）发现人类的肱骨化石残段，台湾海峡澎湖海沟发现一件智人股骨化石和四不像鹿角的人工砍痕（距今 2.6 万—1.1 万年前)。在泉州找到的一件较为完整的人类右肱骨化石以及下颌骨与肢骨上的砍刮痕迹均来自台中浅滩，年代和澎湖海沟一致。从台中浅滩的人类右肱骨化石形态看，他们极有可能是一群跟随动物迁移的猎人，他们以狩猎为生，由于受第四纪冰期寒冷气候的影响，随淮河流域的古动物群向南迁移，这样东海大陆架的滨海平原就成了古动物群和古人类迁移过程中的必经之地。因此，舟山虽然没有发现古人类化石，但很可能在很早以前就有古人类活动或经过这里。

舟山海域动物化石的发现，可能对舟山群岛的形成提供了一种新的解释。如前所述，长期以来的传统观点认为，舟山群岛纯系地壳变动所成。在这一带海域水下近百米处发现大批陆地的哺乳动物化石，可能说明，几万年前的舟山曾与大陆相连，只不过由于冰期过后气候返暖、海平面回升，才形成现在这样屹立在钱塘门户、面对东海、由 2085 个大小岛屿组成的千岛之城①。

据现代学者研究表明，旧石器时代晚期（距今 3 万年前）因第四纪冰期海水下降等原因，中国大陆与日本列岛之间曾以“陆桥”相连，大陆上的古人类与古生物由此迁徙到日本。② 据考证，第四冰期中，海平面急剧下降，在玉木冰期最高峰，海面比现在低 132 米左右，现在水深平均 18 米的渤海和水深平均 44 米的黄海成为一片陆地，东海区域则有 2/3 以上的海区出露成陆。③ 更有学者经过研究证明，日本旧石器时代港川人与大约同时期的华南居民有最接近的亲缘关系，日本的人种和文化因素可能通过五个通道传进，即西伯利亚通道、朝鲜通道、东海通道、冲绳通道、南洋（指太平洋）通道。其中，日本港川人可以看作柳江人的“堂兄弟”，大约在 1.8 万年以前，原蒙古人种主干之一的华南支通过当时在亚洲大陆与冲绳和日本本土之间存在的陆桥，一支迁移到冲绳，另一支迁移到日本本土西部。港川人、牛川人、三日人和浜北人等本身可能就是从华南来的移民或者移民后代。④ 如果这些论断成立，那么作为华南支蒙古人迁往日本的重要通道的东海区域，则可能是其重要通道之一，这些古人类很可能曾在东海区域活动过或者经过这里。这一点也得到了舟山海底发现的极可能是原始人类狩猎时打击猎物的工具的木化石的印证。因此，我们可以推断出，至少到旧石器时代末期或第四纪冰期末期，在舟山群岛及其附近（即东海区域）已经有古人类生活、活动或经过于此。

早在 5 万年前更新世晚期，东海岸发生了第一次星轮虫海浸，海平面

---

① 胡连荣：《舟山海域更新世晚期动物化石的发现》，《化石》2003 年第 1 期。

② 裴文中：《从古文化及生物学上看中日的古交通》，《科学通报》1978 年第 23 卷。

③ 戴国华：《旧石器时代晚期中日文化交流的古地理证据》，《史前研究》1984 年第 1 期。

④ 王令红：《中国人和日本人在人种上的关系——颅骨测量性状的统计分析研究》，《人类学学报》1987 年第 1 期。

高出今海平面5—7米，大多数基岩岛首次成岛。到了近20000年前的第二次假轮虫海浸全盛期，海岸线内移至今东海20米等深线一带，海退时，今东海水深30米等深处以西复现为陆。到了距今7000年前的第三次卷转虫海浸全盛期，海水溯长江古道和钱塘江而上，东海岸线内移，东海岸大多数基岩岛与大陆再次分离成岛。到了距今6800年前后，海上渐趋平静，东海岸的基石岛基本稳定如现状。依此判断，除了上海口外的中国第三大岛崇明岛，这个由泥沙堆积而成的冲积岛，成形于1300余年前的唐武德年间外，东海岸的其他岛屿都形成于距今7000年前后的第三次海浸期。最近地处长江口外的嵊泗列岛海底古河道淡水资源开采成功，再次印证了东海岸岛屿在50000年中，三次沉入海底，三次浮现海面。东海岸岛屿形成之后，海上也相对平静下来，不久就出现了人类在东海岸岛屿的活动足迹。①

这些考古发现，与台湾澎湖海沟发现的近500件哺乳动物化石标本所反映的情况亦相吻合，再次证明了在末次冰期时，东海和南海海面分别下降130—150米和100—120米，台湾北部三海缩为一个长条，南海成为一个袋状的、半封闭的海，仅能凭借巴士海峡与大洋相通。各大河流的出口东迁至现今的大陆架上，台湾与大陆相连。澎湖海沟动物群的出现，或许可以从古脊椎动物的角度得到证明。② 这次海退海面达到最低位置，目前的东海大陆架均出露成为滨海平原。事实上，江淮流域—舟山—福建东山—台湾澎湖海沟连成一片，舟山海域动物化石的测年数据，正好说明舟山海域所发现的哺乳动物和台湾澎湖海沟、福建东山是一样的，分布在广泛出露的大陆架上。这批动物是否从淮河流域，甚至更北的地区迁移来的？虽然找不出直接的证据，但是，末次冰期时动物群的南迁是可能的。1971年，在黄海距大连铁山柏岚子渔港东南约90千米水深80米的海底，打捞出1件比较完整的披毛犀肱骨和1枚猛犸象的臼齿。1972年在渤海湾离海岸线数千米和200千米处，曾发现过披毛犀的臼齿化石。1977年在黄河河口海区发现过野牛化石。披毛犀、猛犸象以及野牛都是第四纪更新世（特别是晚更新世）期间我国东北披毛犀—猛犸象动物群（Coelodonta-Mammuthus fauna）中的主要成员。这说明末次冰期时，不仅淮河流域的动物向长江以南迁移，而且它们原先生活的地区又被来自更北方的动物所占

---

① 姜彬主编：《东海岛屿文化与民俗》，上海文艺出版社2005年版，第3页。

② 祈国琴、何传坤：《台湾第四纪澎湖海沟动物群及古地理环境》，《第四纪研究》1999年第2期。

据。末次冰期时的舟山群岛可能全部成陆，形成今天宁绍平原和杭嘉湖平原以东一条东北、西南向的弧形丘陵带，在这条丘陵带以东还可能有大片陆地，钱塘江口可能东延至现今河口以东上百千米。从孢粉资料来看，此时的舟山一带植被以针叶林为主，尤以落叶松占优势，还出现了云杉和冷杉，其时的年平均温度为 10—13°C。

虽然舟山海域至今仍没有发现人类骨骼化石，但是动物化石上的人工痕迹具有非常重要的史前文化意义。达氏四不像鹿生存的时间自晚更新世一直延续到全新世，浙江余姚河姆渡遗址出土过达氏四不像鹿的遗骨，这种动物曾是史前人类狩猎的主要对象之一。ZSV0001 号标本角柄上的砍痕，很可能是舟山地区古人类剥取鹿头皮时留下的痕迹。根据美国民族考古学家对爱斯基摩猎人处理猎物的经验推知，鹿角基部的砍痕大多出现在秋季的狩猎遗址中。一般猎人在剥除鹿头上的皮时异常小心，因为他们要用鹿皮来做衣帽，所以剥皮一般从角柄处下手，于是在此留下大小不一的砍砸痕。这当然是一种借鉴性的推测。

1973 年，在与舟山一水之隔的余姚发现了距今约 7000 年的河姆渡新石器时代遗址。从这个遗址出土了人类的头骨，还出土了稻子和大量的骨器和石器。特别是大量骨耜的发现，说明河姆渡人不仅能捕鱼捉鳖，而且已出现耜耕农业。我国著名考学家石兴邦曾提出，在河姆渡耜耕农业之前，在宁绍平原附近乃至整个三角洲地带，存在过一个采集、狩猎经济时代。这一时代是以细石器工具为特征的高级采集经济，农业是从它的发展中实现的。那些在舟山海域的鹿角上留下他们的痕迹的人们，也许就是这些采猎者。舟山群岛新石器时代遗址出土了大量的有段石锛，这些石锛在浙江沿海、台湾乃至遥远的太平洋岛屿上较晚的新石器遗址中都有发现。有专家认为，这是河姆渡文化通过赤道逆流的漂航向海外扩散的物证。这些地区发现的有段石锛，从其特征（如器身长，中脊高，分段显明，横断面为四角、三角、圆形、梯形等）看，无疑是有段石锛的晚期类型或变种。中外考古学家都认为，这种复杂的石器制造技术不可能在世界各地同步发生。一般是源于一地，然后随着制造者的迁徙而传播开来。胡连荣认为，宁绍平原完全可能就是有段石锛的起源地。末次冰期时代，由于海平面下降，陆地大面积裸露。澳大利亚同新几内亚相近，日本与中国东部相通，东印度群岛的许多岛屿如苏门答腊、爪哇，以及由婆罗洲爪哇海和暹罗湾变成的陆地与东南亚相连，这样使亚洲大陆和太平洋东南部不少岛屿之间出现陆桥，或使大陆和一些岛屿之间的水道变窄，原始的独木舟即可横渡。舟山海域哺乳动物化石上的人工痕迹显示了末次冰期时东海海域的先民们，在他们的生产活动和文化传播方面有可能有许多作为，他们是否远涉澳大利亚甚至美洲海岸，即我们史籍中所见的外越的一支呢？这也是我们今后要进一步探讨的重要课题。①

距今约 1.1 万年前，海平面的上升出现了一个高潮，舟山群岛即在这一时期形成。到距今 7000—6000 年，海水直漫会稽、四明山麓线，宁绍平原成为一片浅海。到新石器时代中晚期（距今 6000—5000 年），海平面逐渐达到目前海平面以下 5—6 米处，岱山岛与舟山岛、岱山岛与大衢岛、舟山岛与宁波、镇海之间，海峡增大，水位也随之变深。到西周初期（距今约 3000 年），海平面逐渐达到现在的水准。② 可见，今天的舟山群岛及其相关海域的最后定型时间是比较晚的。在今天的舟山群岛上，我们还没有发现任何旧石器时代的文化遗址或人类骨骼，但是不是就可以确定舟山群岛没有旧石器时代人类活动呢？很明显，我们不能下这样的结论，因为从舟山群岛及其附近海域的变迁过程可以看出，舟山群岛的各陆地直到很晚的时代还在不断变化，其总体趋势就是海水的不断“进犯”，陆地面积的不断退缩，而且被海水所吞没的地区不排除是地势平坦、水草丰美的适宜人居的平原之地，而这些地区更适合居住和繁衍。由于海水的不断浸没，这一地区的人类活动不断地向后退却至高地，这样，在旧石器时代可能存在的舟山先民们也不得不因海水入浸而离开本地，迁徙到高地生活，从而使其旧石器时代的文化遗存被埋葬在海底。正因如此，我们怀疑在今天的舟山群岛附近海域下，可能曾经存在过旧石器时代的文化遗址，只是我们现在还无法确定而已，当然，这只是一种猜测，是否合理，有待于考古发掘的成果来证实或否定。

小结　海洋自然科学史的重要表现

正如前言所述，有学者认为海洋史是关于海洋自然和人文一切要素的历史。从自然形态而言，海洋史是关于海洋自身所有自然形态的历史考察，其研究对象以各个历史时期的海洋地理地貌、海洋气象、海洋潮汐、海洋生物以及海洋灾害等为范畴，它因循海洋自然状态的所有表象，反映

---

① 胡连荣：《舟山海域哺乳动物化石研究》，《浙江海洋学院学报》（自然科学版）2004 年第 3 期。

② 王和平：《舟山群岛的原始居民与古代文化》，《舟山日报》1985 年 10 月 26 日第三版。后此文收入作者文集《探析舟山》（中国文史出版社 2010 年版）。

人类对海洋自然形态由远及近的历史认知，探寻海洋自身运动和变化的一般规律。

地球最早可能叫原地球，此时的舟山群岛自然还不知在哪里。大约在35亿年前，地球形成了原始生命体。从距今30亿年前后到5.7亿年这段时间，地球进入了前古生代时期。到距今28亿年前，地球上出现了最早的小块陆核。到距今14亿年前后稳定大陆最终形成。从大约距今5.7亿年起，地球进入古生代时期，从距今2.5亿年到6500万年前，地球进入中生代时期，此后进入新生代时期，人类开始出现。

直到距今90万—50万年前，我国东部很多地区，包括华北与华东的广大沿海区域都曾是汪洋大海，或者一度遭受过大面积海侵。舟山群岛区域在这一时期可能为海洋所淹没，不会有人类。舟山群岛在1万至8000年前才逐步形成。在大地构造上，舟山群岛属于华夏大陆的一部分，地层与浙东陆地相同，大多由中生代火山岩构成，还有片麻岩、大理岩等古老的变质岩和新生代的玄武岩。第四纪以来，伴随着海平面的多次升降，又沉积了海相沙砾层和淤泥滩堆积。海平面的升降，长期的海浪冲蚀，群岛发育着海蚀阶地、洞穴。舟山岛上10米高的海蚀阶地到处可见，30米高的阶地更为清晰。著名的普陀山岛上的潮音洞都属海蚀洞穴，舟山岛、朱家尖、岱山岛都是由海积平原的扩展形成的大岛。

舟山群岛系地壳变动所成。在这一带海域水下近百米处发现大批陆地的哺乳动物化石，可能说明，几万年前的舟山曾与大陆相连，只不过由于冰期过后气候返暖、海平面回升，才形成现在这样屹立在钱塘门户、面对东海、由2085个大小岛屿组成的“千岛之城”。

从舟山群岛的自然演进史看，无论是它的地理地貌的形成与变迁，还是其地质构造的变化与演进，包括伴随其中的海洋气象、潮汐、海洋生物等的变迁，都毫无疑问地属于典型的海洋自然科学史的重要组成部分，从群岛的形成与演变角度看，它具有一定的典型性，是海洋自然科学史的重要表现。

第二章　边缘之地的海洋史滥觞：舟山群岛的早期人类

由于现在的舟山群岛陆地版图是到很晚的时候才最终确定的，这里的早期人类相对于中国其他地区的远古人类而言，在时间上要晚得多。从考古材料来看，舟山群岛迄今为止发现的最早的早期人类遗址是新石器时代的遗址。

有学者认为，舟山群岛最早的居民是宁绍平原的越族原始居民。① 从第四纪更新世末期以来，宁绍平原曾经历了星轮虫（asterorotalia）、假轮虫（pseudorotalia）和卷转虫（ammonia）三次海侵，自然界的变迁频繁而剧烈。星轮虫海侵发生于距今 10 万年以前，海退则在距今 7 万年以前；假轮虫海侵发生于距今 4 万多年以前，海退则始于距今约 2.5 万年以前。假轮虫海退以后宁绍平原的古地理环境，对于这里的原始居民越族来说，条件的确是非常优越的，但是，当这个原始部族在这里繁衍生息了一段时间以后，另一次卷转虫海侵从全新世之初就开始掀起。到距今 1.2 万年前后，海岸就到达现代水深-110 米的位置上，到距今 1.1 万年前后，上升到-60 米的位置上，到了距今 8000 年前，海面更上升到-5 米的位置上。这次海侵在 7000—6000 年前到达最高峰，东海海域内伸到今杭嘉湖平原西部和宁绍平原南部。卷转虫海侵的过程，也是宁绍平原自然环境恶化的过程。当然，海侵的前期，首先蒙受影响的是东海大陆架的出露部分。这个地区的原始居民在自然环境恶化的过程中，或许还有部分内迁到舟山丘陵（即今舟山群岛）和丘陵以西的今宁绍平原。当距今 8000 年海侵发展到今海面-5 米的位置时，舟山丘陵早已和大陆分离成为群岛，而宁绍平原的环境恶化加剧。

卷转虫海侵约始于距今 1.5 万年前，经过 6000—7000 年之久，海面才达到现代海面的高度，因此，这次海侵的前期，宁绍平原自然环境并没有

---

① 陈桥驿：《越族的发展与流散》，《东南文化》1989 年第 6 期。

遭受较大的影响。但自从海面达-5 米以后，不过 1000 余年，整个宁绍平原就沦为浅海。因此，在海侵的末期，宁绍平原的环境恶化是非常剧烈和迅速的，也就是在 1000 余年时间中，原来在这片自然环境非优越的宁绍平原繁衍生息的越族居民，发生了他们部族历史中的大规模迁移。越族居民的迁移路线，一条是越过舟山丘陵内迁到今宁绍平原，另一条可能是外流，利用原始的独木舟漂向琉球、南日本、南洋群岛、中南半岛和今中国南部各省沿海等地，其间也有一部分利用舟山丘陵的地形安土重迁。这是这次迁移的第一阶段。在距今 1.2 万年前后，当海面上升到-110 米位置时，舟山群岛开始与大陆分离；而到了距今 1.1 万年前后，海面上升到-60 米时，舟山群岛已经形成。距今 1 万年以后，由于环境恶化，古代越族就进入了他们迁移中的第二阶段。海侵扩大以后，这些丘陵和舟山群岛一样成为崛起于浅海中的岛屿，这些越族居民也和舟山群岛的越族居民一样成为岛民。

有学者认为，夏越是同源关系，即都同源于更早的骆人；而越族则是南下的夏人与其同族系的骆人融合而成的族群。骆是越族的别称和最早名称，也是夏族的最早名称。① 如果此论断成立，那么夏越民族就属于同一族源，而舟山群岛的先民们也绝无例外地属于夏越同族子民，属于华夏民族的一员。

迁移到舟山群岛的越族原始居民们在舟山群岛的生产和生活历史是如何展开的呢？我们既缺乏完整、充分的考古材料的证明，更没有文字的记载，因此，接下来几千年的舟山群岛历史，只有依赖于现有的考古学的进展而书写。下述的舟山先民历史就是依据在舟山群岛上发现的原始居民遗址进行的概括。

从 20 世纪 70 年代起，在舟山群岛已经陆续发现了 20 多处原始居民遗址。这些原始居民遗址分布于舟山群岛各地，规模不一，内涵亦有差别，但可以明显地看出它们与大陆原始居民之间的联系及传承，而且都充分证明了舟山群岛悠久的历史与文明，从而为舟山市作为历史文化名城提供了有力的佐证。

第一节　舟山群岛的原始居民遗址

从 20 世纪 70 年代至今，舟山群岛已经发现了 20 多处原始居民遗址。从地区分布看，基本上遍布舟山各主要大岛。从舟山的定海之白泉、皋

① 谷因：《骆是夏越民族最早的名称》，《贵州民族研究》1994 年第 3 期。

泄、马岙、马目、盐仓、石礁、金塘，到岱山的孙家山、北畚斗、泥峙、东沙、大巨，直到北部嵊泗的菜园，都有原始居民遗址发现。这些原始居民遗址在时间上并不完全相同，大体上分布于距今约6000年到距今约4000年。在这些已经发现的遗址中，比较有代表性的主要包括定海白泉十字路遗址、岱山大衢岛上的孙家山遗址①和定海马岙乡的唐家墩遗址。

一 白泉原始居民遗址

白泉遗址位于舟山本岛中部的白泉十字路口附近，该遗址于1975年被发掘。从其断面看，包含文物遗址的层次比较平整（10—35厘米），其上下都是沉积的淤泥层。出土的遗物主要包括陶器、石器、红烧土、木桩和兽骨等。

完整的陶器有两件，陶片较多。从陶片看以夹砂红灰陶为主，泥质红灰陶次之，还有少量的夹炭黑陶。陶片以素面为主，还有一些有用裹着绳索的印棒自上而下转动压印出来的绳纹、手指捺纹和圆镂孔纹。陶器的火候较低，陶质粗松，均属手制。完整的陶器包括鸟形盏1件和陶纺轮1件。在陶片中，可辨的器型有：釜、豆、罐、鼎、支座等。釜为夹砂红陶。豆以泥质红陶为主，泥质灰陶次之。分为喇叭形豆和细把豆，豆把在陶片中占数量较多，均素面。罐无完整器和复原器，器耳较多，大多数是牛鼻形。陶质粗松，器壁较厚，有夹砂陶，也有夹炭黑陶。在夹炭陶土中有草类、谷壳等有机物，在器壁中还可以看到炭粒结晶，说明当时制陶技术还较原始。这与余姚河姆渡遗址出土的牛鼻式双耳罐相同。无完整器和复原器的鼎，鼎足较多，有圆锥形、三棱形、宽扁形等。支座分Ⅰ式和Ⅱ式，其中Ⅱ式与余姚河姆渡遗址第一、第二层出土的支座相同。在遗址试掘中出土了一件泥质猪头型的陶片，制作精细，形态逼真。石器以磨制为主，完整器仅石斧一件，石锛、石纺轮等均为采集品。白泉遗址出土的石器大部分为磨制，有的磨制粗糙。

白泉遗址出土器物种类不多，但文化内容很值得注意。从出土的陶器来看，陶质比较粗松，烧制火候较低，以素面为主，陶质以夹砂红陶较多，泥质红灰陶较少，还有一些少量的夹炭黑陶。出土器物简单，仅釜、鼎、罐、豆、支座几种。如牛鼻式罐耳、多角沿釜、猪鼻形、象鼻形支座

---

① 白泉十字路遗址和孙家山遗址的内容主要参考王和平、陈金生《舟山群岛发现新石器时代遗址》，《考古》1983年第1期。后载入王和平文集《探析舟山》，中国文史出版社2010年版。特此说明。

等器物与余姚河姆渡第二、第一文化层出土器物相比，在造型和陶质上都基本相同。这处遗址石器出土不多，仅石斧、石锛、石纺轮几种。该遗址的相对年代应当比余姚河姆渡第二文化层偏晚，学者们把它的年代定在距今5700—5300年。值得注意的是，以河姆渡（第二文化层）为典型代表的类似遗址不仅在舟山群岛和河姆渡得以发现，而且在余姚江中公社、鄞县都有发现，这些发现与之前发掘的嘉兴马家浜和吴兴邱城遗址在时代及文化面貌方面都是一脉相承的。[①] 这在考古层面上证明了舟山群岛的早期人类活动与今天的宁绍地区的人类文化活动是一致的，也再次证明了舟山群岛的历史与宁绍地区的历史及文化一样悠久、灿烂。

二 岱山孙家山遗址

该遗址位于岱山县大巨岛，于1978年发现。从该遗址出土的器物主要有陶器、石器、骨器、红烧土、螺蛳、贝壳等。还发现有残灰坑一个，呈锅底状，深30—105厘米，复原器较多。这批遗物大部分属采集品。

陶器完整器和复原器19件。碎陶片很多，分为夹砂红灰陶，泥质红灰陶二系，夹砂红陶数量最多；器型以圜底器为最多；纹饰以绳纹为最多。制法有手制和轮制。其中的完整器和复原器主要包括鼎复原2件、支座1件，豆复原3件，其中豆Ⅲ式与青浦裕泽遗址中层出土的陶豆相同，簋复原2件，盆复原1件，盘复原1件，罐1件，器盖完整及复原3件，陶纺轮1件。在大量的碎陶片中，可辨器型的有敞口釜、单把釜、泥质灰陶双耳壶等。石器60多件，包括石斧、石锛、石凿、石刀、犁形器、耘田器、石环、石箭头等。孙家山遗址出土石器大部分是通体磨制，有的磨制得比较精致光亮。

有学者认为该遗址的相对年代与余姚河姆渡第一文化层、青浦崧泽遗址中层文化相同，[②] 学者们把它的年代定在距今5500—4000年。

三 马岙唐家墩遗址

唐家墩遗址位于舟山本岛北部的定海区马岙镇，遗址面积4000平方米左右。1979年9月，该遗址因烧窑取土被发现。[③] 该遗址地层堆积层次

---

① 浙江省文物管理委员会等：《河姆渡遗址第一期发掘报告》，《考古学报》1978年第1期。

② 王和平、陈金生：《舟山群岛发现新石器时代遗址》，《考古》1983年第1期。

③ 唐家墩遗址的内容主要参考了王明达、王和平《浙江定海县唐家墩新石器时代遗址》，《考古》1983年第1期。后载入王和平文集《探析舟山》，中国文史出版社2010年版，第19—20页。

清楚，可分四层：第一层为耕土层，第二层呈黄褐色，遗物有夹砂红陶片、炭灰、兽骨及砺石等。第三层呈深黄褐色，黏性较强，遗物有石器、夹砂红灰陶片、泥质红灰陶片、猪骨、贝壳。以上二层为文化层。第三层下即为生土。由于试掘面积不大，复原完整器仅二件。第二层出土陶器为夹砂红陶，还有极少的泥质红陶。第三层有夹砂红灰陶和泥质红灰陶，还有零星的夹炭陶。该遗址出土陶器烧制火候都较低，陶质粗松，色泽呈橘红，器型简单，仅釜、鼎、盘几种。文化层中出土的小口釜，在陶片中占有很大数量，陶片以素面为主，还有饰绳纹、划纹和弦纹等。

第二层出土器物有釜［包括小口釜和直口釜（鼎）］和砺石、兽骨等。第三层出土器物有釜、鼎、盘、纺轮、石镞等。

该遗址文化层堆积较厚，但内涵较单纯，可能延续时间较短。出土的鱼鳍形鼎足与河姆渡遗址第一文化层出土的基本相同，该遗址的相对年代与良渚文化大致相当，大约距今5000年。

舟山群岛新石器时代遗存，远不止上面所述三处，从考古发掘看，它们的范围包括了从北到南的广大区域。这些新石器时代遗址的发现，对于我们了解和研究舟山群岛远古历史与文化具有重要意义。

在所有这些文化遗址中，最让学术界遗憾的是始终没有发现人类骨骼或骨骼化石。2005年，在舟山临城发现了一个人骨匕首，长约20厘米，粗约4厘米。该匕首经浙江海洋学院（现浙江海洋大学）医学院人体解剖学丁国芳教授和舟山市中医骨伤联合医院骨科专家周强博士的鉴定，可以确定是一女性骨骼，该女性年龄在25—35岁，身高约150厘米。由于对它进行年代测定需要花费巨额费用，因此一直没有对它进行年代测定。据原舟山市博物馆馆长胡连荣介绍，他估算其年代在距今四五千年前，而据原浙江省文物考古研究所副所长王海明估算，其年代在距今大约7000年。胡连荣根据其器物特征，甚至推测它可能是一个部落征服另一个部落后，用被征服部落首领的大腿骨制成的匕首，用于带在腰间，以显示其胜者的权威。不管该骨骼的具体年代是什么时候，我们可以基本肯定的是，这是舟山群岛发现的最早的新石器时代人类骨骼。这进一步有力地证实了舟山群岛早期人类的存在。

第二节　舟山群岛新石器时代原始人的社会生活

从舟山群岛发掘的原始人类遗址来看，在距今五六千年前，舟山群岛同河姆渡人类遗址一样，已经进入了典型的新石器时代，而且与河姆渡文化类型相同，是河姆渡文化的扩展和延续。

早期人类的活动大多受制于自然环境和气候条件，这也是为什么众多的古老文明产生于大河流域的重要原因之一。河姆渡文化同样也受自然环境和气候环境的影响。河姆渡先民们采集和渔猎周围丰富的动植物作为食物；利用自然环境提供的丰富原材料制作生产和生活用器；为适应周围湖沼地区低洼多水的自然环境，利用周围丰富的植物资源等，均是当时自然环境对河姆渡先民的影响。[①] 河姆渡文化的第一期，动、植物资源最为丰富，其气候正处于全新世大暖期中最为温暖湿润的阶段。第一期也是河姆渡文化最繁荣的时期，它所独有的文化特征也正是在这一期形成的。因此，可以说这种气候环境是河姆渡文化的典型特征形成的主要原因。[②] 舟山群岛新石器时代文化作为河姆渡文化的扩散和延续，在很大程度上也体现了这一特征，这从出土的文物中可以清晰地看出它们的相承性。

从生产工具看，新石器时代的舟山群岛原始居民都进入了磨制石器时代。白泉遗址出土的石器大部分为磨制石器，尽管有的磨制比较粗糙。孙家山遗址出土了60多件石器，这些石器大部分是通体磨制，有的磨制得比较精致光亮，如石斧、石刀、石镞等。马岙遗址中也出土了很多磨制石器。从这些磨制石器中可以看出，舟山群岛的先民们已经进入了新石器时代。石器的种类很多，主要包括石斧、石锛、石凿、石刀、石矛、石镰、石犁、石铲等。石斧既可作为生产工具，又可以作为防身武器，用途很广；石锛一般作耕种工具；石镰是收割工具。在岱山还发现有石犁，呈三角形，在犁铧后端磨有一个呈弧形的内凹，器型较大，在犁中间钻有三个大小基本相同的圆孔，背面平直，单面刃，器型较薄，在后面上端磨有一个小缺口，器身前侧钻有二厘米直径的圆孔，磨制光滑。“石锛磨得扁而薄，石斧、石刀穿上孔，可以做复合工具使用，有利于砍伐树木，清除杂草，提高劳动生产率。”[③] 这些先进的生产工具的出现，“说明祖先们已经脱离了刀耕火种那种古老的耕种方法，从而进入了犁耕农业阶段，这在农业史上是具有划时代意义的”[④]。

在白泉遗址和孙家山遗址中，鹿角、猪骨、螺蛳、蛤蜊等都有发现，

① 黄渭金：《试论河姆渡史前先民与自然环境的关系》，《农业考古》1999年第3期。

② 魏女：《环境与河姆渡文化》，《考古与文物》2002年第3期。

③ 乐承耀：《宁波古代史纲》，宁波出版社1995年版，第7页。

④ 王和平：《岱山最早的居民》，载岱山县政协文史委员会编《岱山文史资料》，1986年第1辑。后该文载入王和平文集《探析舟山》，中国文史出版社2010年版，第30—36页。

孙家山遗址还发现了一件骨锥。由此我们可以判断，当时的生产方式无疑包括狩猎、农耕、渔捞和大量的蛤蜊等水生动植物的采集等。这些生产生活方式，与河姆渡遗址所反映出来的情况非常相似，有些陶器如白泉遗址中的支座Ⅱ式甚至与河姆渡遗址出土的支座相同。

原始社会后期，人类社会发生了第二次社会大分工，即手工业从农业中分离出来。在舟山群岛，随着社会生产力的进步，原始居民的手工业也有了一定程度的发展和进步。从出土陶器的陶质来看，主要以夹砂红灰陶、泥质红灰陶居多，也有少量的夹炭黑陶（由黏土和一些炭化了的有机质，如稻叶稻秆、谷壳等组成）。在河姆渡遗址中，夹炭黑陶基本上集中在第三、第四文化层，而夹砂红灰陶和泥质红灰陶主要集中在第一、第二文化层，因此，从整体上看，在陶质的选取上，舟山群岛先民们多选用夹砂红灰陶和泥质红灰陶，而少用夹炭黑陶，可以看出他们在陶质选取上的进步。舟山群岛遗址群出土的众多陶器器型美观、厚薄较为均匀、弧度较为一致、接缝连接处自然得体、轮廓线条流畅，这样的陶器很明显需要掌握较高的制陶技术。舟山群岛遗址中出土的红、灰、黑、橙等色陶器说明舟山原始先民们已经掌握了高温操作技术，因为夹炭黑陶的烧成温度一般在800—850℃，而泥质陶的温度则要达到950—1000℃。在陶器种类方面，舟山群岛遗址出土的种类繁多，如釜、罐、豆、簋、盆、盘、壶等；在器型方面，包括长方形、三棱形、圆锥形、鱼鳍形等。由此可见，舟山群岛原始先民们在很早的时代就有了原始的手工业出现。

在岱山不少地方还出土了纺轮，孙家山遗址中还发现有骨针，这说明当时的纺织与缝纫可能已经成为一种原始手工业，它宣布了粗布和兽皮遮身的年代已经到来，而用树叶遮体的年代已经成为过去。[①]

在舟山群岛的原始遗址中，有一些值得注意的现象需要特别说明。首先是水稻的生产。河姆渡的水稻生产是河姆渡文化中最重要、最重大的内容之一，它在很大程度上改变了人们对水稻生产史的认识。“河姆渡遗址出土的古稻，不仅是迄今中国发现最早的人工栽培稻，而且也是迄今世界上发现最早的人工栽培稻。”[②] 在舟山群岛上，先民们水稻生产的痕迹同样也得到了发现。“在孙家山遗址中出土了一件用陶土制成的舂谷物的臼子，器壁很厚，底很尖，在使用时将一半或更多的臼子埋在土中，这样，在舂谷物时不易被木杵打碎。这在沿海地区可算是最古老的谷物脱壳用具了，

---

① 王和平：《岱山最早的居民》，载王和平《探析舟山》，第30—38页。

② 吴梓林：《从考古发现看中国古稻》，《人文杂志》1980年第4期。

它与‘断木为杵，掘地为臼’（《易经·系辞》）的记载相印证。另外，还有一种夹炭陶，在陶土中有草类、谷壳等有机物，至今还可看到一些炭粒结晶，这也能说明原始居民已能栽培水稻，并利用谷壳等羼和在陶中，以增强陶器的耐火度。”[①] 在马岙唐家墩遗址和金塘岛的中高墩遗址中，考古工作者在陶片中发现有夹杂在其中的稻谷壳，而且还发现有稻谷。这说明，在舟山群岛，很早就有先民们栽培稻谷。稻谷的生产，不仅对他们的生产和生活产生重要影响，也为稻作文化的对外传播，特别是东传奠定了基础。

另一个值得注意的现象是，在这一时期，舟山群岛文化遗址已经初步显示了海洋文化特色。如纺轮可以用作捕鱼渔具，说明这里的先民们把渔业作为重要的谋生手段之一。同时，在遗址中还发现先民们捕捞的蛏子、魁蚶等贝壳，鱼类、蛤蜊等水生动物，这说明渔猎经济在先民的生活中占有重要的地位，“这也能说明海岛和沿海地区主要是依靠自己特殊的自然资源而生存”[②]。这是他们在其自身发展过程中，对海岛特殊的地理环境作出的反应，反映了先民们向海洋拓展生存空间的举措，表现了先民们不怕牺牲、勇于开拓、勤劳进取的民族精神，创造了具有鲜明海岛特色的舟山稻作渔捞文化。由于自然环境的特色和制约，舟山群岛先民们在很早就显露出了他们所创造的海洋文化端倪。

随着社会生产和生活的不断进步，先民们的原始文化也开始表现出来。岱山出土的纺轮以及孙家山遗址中的骨针，说明原始的人类社会意识和最初的审美意识已经开始出现。维柯认为，男人把女人拉进山洞，意味着文明自此开始。[③] 原始人类的这种早期的人类社会意识和原始的审美意识的出现，也意味着舟山群岛步入了文明的门槛。

舟山群岛原始人类审美意识也可以从出土文物中反映出来。在孙家山遗址中，从出土器皿的用途看，它们逐渐改变了一器多用的情况。陶器上刻画的花纹数量很大，有些纹饰十分美观，如镂孔纹、方格纹、孤边三角纹、人字划纹、弦纹、绳纹，还有堆纹、连珠纹以及指捺纹、水波纹等，器物造型既别致，又有装饰性。这说明古代居民把在大自然中观察到的各种形象开始应用于器物的制作中，可谓一种原始的绘画艺术。在东沙北畚斗遗址中发现了几何图形印纹陶，印纹非常漂亮，这在古代绘画史

① 王和平：《岱山最早的居民》，载王和平《探析舟山》，第30—38页。

② 王和平、陈金生：《舟山群岛发现新石器时代遗址》，《考古》1983年第1期。

③ 转引启良《西方文化概论》，花城出版社2000年版，第325页。

上又是一大进步。这种类似的陶器纹饰在其他原始遗址中也有发现，如马岙唐家墩遗址等。这些原始的审美意识和原始艺术品的出现，充分反映这一时期舟山群岛原始居民们的社会进步和文化发展。

第三节　舟山群岛早期原始居民的海外交流

我国台湾已故著名民族学家凌纯声曾经提出这样一个观点：中国最下和最古老的基层文化，可能是以滨海的夷越文化为代表的海洋文化。这一观点对研究构成华夏文化重要基础之一的夏文化的来源颇具启发意义。有学者认为“骆”是夏越民族最早的名称，从而认为夏越民族存在同源关系，即都出自新石器时代居住在我国东南沿海地带的古骆人。古骆人是新石器时代分布在西太平洋海岸即我国沿海地带的古老族群，属于海洋型民族，习水便舟是其显著的文化特征，因此同源于古骆人的夏越民族亦具有习水便舟的文化特征。[①] 古骆人在新石器时代已有较高文化，新石器时期的考古文物资料提供了诸多有力的实物证明。古骆人在环太平洋的许多地方留下了他们的踪迹，如印度尼西亚的苏拉威西岛和婆罗洲，南太平洋的波利尼西亚群岛、美拉尼西亚群岛，以及南美洲的厄瓜多尔等。

舟山群岛原始居民属于古骆人后裔，在文化特征上与河姆渡文化一致，他们是否也在这些海外交往中贡献了自己的力量呢？我们现在还没有具体的实物来证明，但本书认为并非没有这种可能性存在，这一课题也值得我们进一步研究。

现在，越来越多的学者充分肯定了舟山群岛在中国稻作东传，特别是传入日本中的作用。毛昭晰在《稻作的东传和江南之路》一文中明确指出，河姆渡文化的稻作就是通过舟山群岛东传到日本的。毛昭晰认为，早在5000多年前，舟山群岛就已有人居住，并且在这里种植稻谷。虽然舟山群岛至今还没有发现远古的船和桨，不过分布在舟山群岛的许多新石器时代遗址说明当时肯定已经有航海的工具了。越人本来就有“便于舟”的传统，在进入舟山群岛之后，经过多年海上生活的历练，航海能力自然会有更大的提高，这就为他们越过大海到达日本创造了良好的条件。换言之，从航海工具和航海本领来说，最具备把稻作农业传播到日本去的，是生活在江南的种植水稻的越人。舟山群岛在稻作东传的过程中，有不可忽

---

① 谷因：《从习水便舟文化特征看夏越民族的同源关系》，《贵州民族研究》1996年第3期。

视的地位。这种地位，因海流和季风的关系而显得更加重要。

根据1955年美国海军对印度洋、南太平洋及北太平洋海流的测定，每年1月、2月、3月、4月，浙江东部海上的海流是从北往南的，到5月开始转向北方和东北方，6月、7月、8月三个月，浙江东部海面的海流都朝着东北，向对马海峡流去。到9月之后一直到次年4月，海流的方向又转为从北到南。在古代造船业和航海技术还不是很发达的时候，借助海流的力量，从中国的江南特别是经舟山群岛到达日本是最理想的航线。[①] 持同样观点的还有安志敏，安志敏也认为中国的稻作最初是在新石器时代通过舟山群岛传入日本的，他认为："河姆渡遗址发现木桨和陶船模型，同时沿海的舟山群岛也有同类遗址的分布，至少证实当时具有一定的航海能力。"同时，日本海的海流方向，也有助于海上交通的发展。借海流移动的力量，在造船和航海技术尚不发达的远古时期，由中国江、浙直接到达日本九州的东海路线确有实现的可能性。因此，"古代中日之间的海路交通，可能从河姆渡文化和绳文文化起已经开始了"[②]。陶和平则比较系统地总结了舟山群岛有可能是中日文化传播的中继地的可能性。作者主要总结了三方面的佐证材料。第一，在舟山的新石器时代遗址中，出土了大量的磨制石农具。农耕工具是稻作生产发展中必不可少的。大凡在有稻谷遗存的文化遗址中，随之出土的都有稻作农耕的生产工具。在舟山群岛的几十处新石器时代文化遗址中，也出土了大量的磨制石农具，且有一部分与日本和韩国一些遗址中出土的石农具相类似。这些石制农具在舟山群岛及其背靠的广阔腹地——长江三角洲地区的新石器时代文化遗址中被大量发现，且又与日本各地，尤其是北部九州出土的石农具相类似，这可能说明它们之间有着某种联系。第二，从长江口、钱塘江口经舟山有一条通向日本、朝鲜半岛的天然航路。第三，吴越先民早在7000年前已具有航海能力。[③]

从上面对相关研究成果的梳理，我们可以看出越来越多的学者认为舟山群岛在中国稻作东传的过程中，起着非常重要的中转的作用。这一方面体现在舟山群岛在很早的时候，就成为我国海外交流的重要基地，为日后

---

① 毛昭晰：《稻作的东传和江南之路》，载《中国江南：寻绎日本文化的源流》，当代中国出版社1996年版，第21—30页。

② 安志敏：《长江下游史前文化对海东的影响》，《考古》1984年第5期。安先生的这一观点遭到了一些学者的反对，参见蔡凤书《中日交流的考古研究》，齐鲁书社1999年版，第1—22页。

③ 陶和平：《稻作东传之路与舟山群岛》，《浙江海洋学院学报》（人文科学版）2000年第4期。

成为海上丝绸之路的中转站奠定了基础；另一方面，也充分反映了舟山群岛的历史与文化是海洋文化的典型之一。

小结　“边缘”之地的海洋史滥觞

距今1.1万年前后，舟山群岛已经形成了今天的基本地形。从舟山群岛形成的那一天开始，似乎就注定了它的“边缘”地位。它位于宁绍平原的最东部，而且位于大海之中，因此，这种“边缘”只不过是简单的地理位置的偏远，而且参照对象是其西部广袤的大陆。正是由于舟山群岛位于茫茫大海之中的“边缘”之地，四周临海，而且其形成过程也是经历了漫长的与“海”斗争才最终定型，因此，从自然形态而言，它的地理地貌、气象、潮汐、海洋生物以及海洋灾害等的演变历程本身就属于海洋自然科学史范畴。

到距今数千年前，基本可以确定舟山群岛已经开始有夏越族群在此定居。正是这批早期的先民们开启了舟山群岛最早的人类历史，也开启了舟山群岛最早的人类文明史。

舟山群岛的早期文明属于河姆渡文化，是河姆渡文化的扩展和延续，这从发掘出土的陶器的造型、陶质和石器的基本相同上可以明显看出。这与它们所处的宁绍平原的地理环境的雷同是分不开的。河姆渡文化与同时期的内陆大地文化相比有着迥然不同的特色。与河姆渡文化一样，舟山群岛的早期文明也与内地大陆文化风格颇异，其中，最具特色的是它的“海洋”性。从舟山群岛出土的考古材料看，舟山先民们的典型的海洋性特征在各个方面都有体现。

从生产生活上看，大量的石斧、石锛、石凿、石刀、石矛、石镰、石犁、石铲等先进生产工具能充分证明当时舟山群岛已经进入了犁耕农业阶段，特别是大量的谷壳及舂谷物的臼子，更说明农业当时在先民生产中的重要地位。另外，在白泉遗址和孙家山遗址中发现的螺蛳、蛤蜊等，说明当时的先民们也依靠特殊的海洋自然环境和资源生产和生活，渔猎经济在先民的生活中占有重要的地位，充分体现出海洋性特色。[①] 唐家墩遗址出土的鱼鳍形鼎足更充分反映出鱼类在先民们的生产、生活及审美、意识形

---

① 很明显，螺蛳、蛤蜊都是生活在浅海的海洋生物，这也从侧面反映出当时人们对海洋征服的程度还远不能达及深海。

态中的重要地位，体现出鲜明的海洋性特色。

在海外交流方面，作为海洋文化代表之一的滨海的夷越文化是华夏文化的重要基础之一。“骆”与夏越民族存在同源关系，都出自新石器时代居住在我国东南沿海地带的古骆人。他们属于海洋型民族，习水便舟是其显著的文化特征。他们在环太平洋的许多地方都留下了足迹，可能与早期人类的海外分布有一定关系。如果是这样，那么，舟山群岛的先民们在此过程中一定作出过积极贡献。此外，如果真如学者们所认为的那样，中国稻作是通过舟山群岛东传日本的，那么舟山群岛的海外交流作用就愈发显得特别了。

舟山群岛早期的生产生活及对外交流等方面都充分体现了其地域性特色，而这种地域性特色就是它的“边缘”性及海洋性特色，从这个意义上看，边远的舟山群岛的历史也是其海洋史的滥觞。

第三章　边缘与前沿之间：古代舟山群岛的行政归属

舟山群岛虽然早就属于大陆政治所知的地理范围，但它真正被纳入国家政治行政视野却是很晚的事，而且它的地位在古代中国一直在“边缘”与“前沿”之间摇摆。这既与舟山群岛本身的地理特征有密切关系，也与历代政权的国家意识紧密相连。但无论怎样摇摆，它总是显示出极具特色的海洋史特征。

第一节　宋以前的舟山行政归属

从新石器时代末到宋代关于舟山的地方志出现的漫长时期里，我们对舟山的历史了解并不多，且多伴有传说性质，因此，关于这一时期的舟山历史，我们仅以相关的文献及考古材料作为主要依据进行简要的、跳跃式的介绍。[①]

作为舟山群岛地名的“舟山”二字最早出现在宋宝庆《四明志》：“舟山去县五里，趋城由此涂出。令赵大忠新创堤岸，临江校官应繇记。”[②]《四明志》还记载说舟山设有“待潮亭”[③]。元大德《昌国州图志》载：“舟山，在州之南，有山翼如，枕海之湄以舟之所聚，故名舟山。”[④] 明朝在舟山“废县徙民”后，舟山群岛一片荒夷，仅有数百户居民获准留守舟山。大概正是在这个时期，“以舟之所聚”的津渡的“舟山”逐渐演变成为

---

① 关于古代舟山群岛的行政归属演变过程，参见冯定雄、林建《舟山群岛古代简史》，武汉大学出版社 2021 年版。

② （宋）罗濬：宝庆《四明志》卷 20《津渡》，载浙江省地方志编纂委员会编《宋元浙江方志集成》（第 8 册），杭州出版社 2009 年版，第 3537 页。

③ （宋）罗濬：宝庆《四明志》卷 20《公宇》，载浙江省地方志编纂委员会编《宋元浙江方志集成》（第 8 册），第 3530 页。

④ （元）冯福京修，郭荐纂：《昌国州图志》卷 4《叙山》，见凌金祚点校注释《宋元明舟山古志》，第 79 页。

舟山岛上小城的名称，后来随着“海禁”的松弛，居住地的扩展，“舟山”发展成为对整个舟山岛乃至舟山群岛的称呼。至嘉靖年间，胡宗宪所撰《舟山论》时，“舟山”地名的外延已基本上同于现在。清人顾栋高《春秋大事表》中明确记载：“定海县……勾章县东海中洲是也。勾章故城在今慈溪县西南三十五里海中，洲即舟山。为岙八十有三，五谷鱼盐之饶可供数万人。”[①] 由此可见，“舟山”作为民间地名的称呼一直得以延续下来，但舟山群岛特别是作为最大的主岛的舟山岛在行政上的称呼却是很晚时候的事，舟山地区在历史上的行政归属及称呼变化有着悠久的历史和漫长的历程。

与舟山有关的较早传说是西周时徐偃王曾到达过舟山。徐偃王，名诞，西周穆王时徐子国国王。徐偃王执政后，施行仁政，不修武备，江南的一些诸侯国都纷纷臣服于徐国。当时在江南一带，最为强盛的是楚国。楚王认为，徐国威望日益提高，必将危及楚国的统治，于是在周穆王十四年，兴师伐徐国，徐偃王不忍因战争给百姓带来痛苦和灾难，就逃战到彭城武原山（后改为徐山）下，当时有数万百姓相随。

最早记录该事件的是西晋时期的《徐偃王志》，但该志后亡佚。《博物志》曾引用过该志：“偃王仁，不忍斗害，其民为楚所败，逃走彭城武原县东山下，百姓随之者以万数，后遂名其山为徐山。山上立石室，有神灵，民人祈祷，今皆见存。”[②] 据《水经注·济水》，《徐偃王志》应作《徐州地理志》。这里的徐山即今江苏邳县西南。显然，《徐偃王志》（《徐州地理志》）中所载的徐偃王只是逃到今江苏徐州邳县境内，并没有说他到过其他地方。最早记载徐偃王到会稽（今浙江绍兴）之地的是唐代张守节。张守节《正义》云：

> 《括地志》云：“大徐城在泗州徐城县北三十里，古徐国也。”……《括地志》又云：“徐城在越州鄮县东南入海二百里。”夏侯《志》云翁洲（舟山）上有徐偃王城。传云昔周穆王巡狩，诸侯共尊偃王，穆王闻之，令造父御，乘騕褭之马，日行千里，自还讨之，或云命楚王帅师伐之，偃王乃于此处立城以终。[③]

---

① （清）顾栋高：《春秋大事表》卷6之中《浙江·宁波府》，景印文渊阁四库全书（第179册），台北商务印书馆1983年影印本，第367页下栏。

② （晋）张华原著：《博物志全译》卷7《异闻》，祝鸿杰译注，贵州人民出版社1992年版，第173页。

③ （汉）司马迁：《史记·秦本纪第五》，郭逸、郭曼标点，上海古籍出版社1997年版，第119页。

此后，著名文学家韩愈在《衢州徐偃王庙碑》云："或曰，偃王之逃战，不之彭城，之越城之隅，弃玉几研于会稽之水。"① 到清代，鄞县徐时栋又作《徐偃王志》云："于后，君乃之越，过会稽之水，投玉几砚焉。遂老于甬东，既薨，是葬之隐学之山，群臣谥之曰隐王。"②

正是由于这些记载，有学者在《徐偃王在舟山史迹考》一文中认为徐偃王到过舟山（甬东），并在舟山建城。③ 其实，这种看法是很难自圆其说的。首先，文中认为"楚文王认为，徐国威望日益提高，必将危及楚国的统治，于是在周穆王十四年，兴师伐徐国"就有明显的错误。楚文王在位的时间是公元前689—前675年，而周穆王在位时间约为公元前976—前922年，穆王十四年约为公元前951年，前后相差近300年，明显不可能。其次，文中所依据的材料也是唐及之后的记录，而且是以韩愈及之后的（文中并没有提到韩愈之前的张守节的《史记正义》）记录为依据的。再次，其所引用的考古材料也完全没有证明力。事实上，在唐之前的文献《博物志》所引的《徐偃王志》中，徐偃王到舟山的说法并没有出现，而最早出现徐偃王到舟山的说法开始于唐，而且，关于徐偃王逃亡之地的说法很多，如浙江台州、绍兴等地。因此，作为传说，说徐偃王到过舟山是有依据的，但如果作为史实，可能需要更加慎重的研究。

关于舟山最早的名称问题，多为后世追考。据明代夏在枢考证：

> 夏少康（前1875—前1855年）封其庶子无余为诸侯，以奉禹之祭祀，是为越国。其东境皆其采地也。至周元王三年戊辰（前473年），勾践灭吴，欲置夫差于甬东，君百家。《左传》注曰："甬东，即句章，东海中洲也。"《吴语》云："甬句东"，注："今句章东海外洲也。"④

少康封无余于越（今浙江省绍兴市），是为越国启端。21年后，少康病死，葬于阳夏（今河南省周口太康县），因此可以推断少康封无余于越

① 屈守元、常思春：《韩愈全集校注·衢州徐偃王庙碑》，四川大学出版社1996年版，第2106页。

② （清）徐时栋：《徐偃王志》卷1《记事第一上》，《丛书集成续编》（第272册），台北新文丰出版公司1988年影印本，第679页上栏。

③ 朱颖、陶和平：《徐偃王在舟山史迹考》，《浙江海洋学院学报》（人文科学版）2002年第1期。

④ （明）夏在枢：《翁洲辨考》，见（清）周圣化原修，缪燧重修康熙《定海县志》，凌金祚点校注释，舟山市档案馆2006年版，第14页。

的时间是公元前1876年。“其东境”均属越地，则可以基本肯定位于今天绍兴东部的舟山群岛亦属于其采地。

关于甬东之名的出处以及句践“欲置夫差于甬东”之事，在众多典籍中均有记载。《国语·越语》记载：

> 句践对曰：“昔天以越予吴，而吴不受命；今天以吴予越，越可以无听天之命，而听君之令乎！吾请达王甬句东，吾与君为二君乎。”夫差对曰：“寡人礼先壹饭矣，君若不忘周室，而为弊邑宸宇，亦寡人之愿也。君若曰‘吾将残汝社稷，灭汝宗庙。’寡人请死，余何面目以视于天下乎！”越君其次也，遂灭吴。①

《国语·吴语》记载：

> “寡人（即句践）其达王于甬句东，夫妇三百，唯王所安，以没王年。”夫差辞曰：“天既降祸于吴国，不在前后，当孤之身，实失宗庙社稷。凡吴土地人民，越既有之矣，孤何以视于天下！”……遂自杀。②

《史记·勾践世家第十一》记载：“句践怜之，乃使人谓吴王曰：‘吾置王甬东，君百家。’吴王谢曰：‘吾老矣，不能事君王！’遂自杀。……越王乃葬吴王而诛太宰嚭。”③《吴越春秋·夫差内传第五》：“吾请献勾甬东之地，吾与君为二君乎！”④《吴越春秋·勾践伐吴外传第十》：“勾践怜之，使令入谓吴王曰：‘吾置君于甬东，给君夫妇三百余家，以没王世，可乎？’吴王辞曰：‘天降祸于吴国，不在前后，正孤之身，失灭宗庙社稷者。吴之土地民臣，越既有之，孤老矣，不能臣王。’遂伏剑自杀。”⑤从众多典籍对夫差的结局的记载来看，夫差都是自杀身亡。但也有人认为在民间有吴王夫差流亡到舟山的传说，并绘声绘色地说夫差和王孙雄带着20

---

① 《国语》卷20《越语上》，见《国语通释》，仇利萍校注，四川大学出版社2015年版，第676页。

② 《国语》卷20《越语上》，见《国语通释》，仇利萍校注，第666页。

③ （汉）司马迁：《史记》卷41《越王句践世家第十一》，中华书局1959年版，第1745—1746页。

④ （汉）赵晔：《吴越春秋》卷第5《夫差内传》，苗麓点校，江苏古籍出版社1986年版，第71页。

⑤ （汉）赵晔：《吴越春秋》卷第10《勾践伐吴外传》，苗麓点校，第143—144页。

名护卫到舟山岛并病死在舟山。[①] 当然，传说归传说，毫无依据可信。据《翁洲辨考》记载：

> 《通典》云："越徙夫差于甬东。"韦昭曰："即句章，东浃口外洲。"《舆地广记》："定海有大浃江，是浃口外洲即翁州也。"翁州之地为甬东，自周而已然矣。……《九域志》云："句章，即山为名。"战国时有句章昧，又以邑为氏，是亦一证也。斯时宁府及诸县皆未立名，而幅员所辖甚广，历汉、晋、宋、齐、梁、陈，皆因之。[②]

据《汉书》记载，元鼎六年（前111），"秋，东越王余善反，攻杀汉将吏。遣横海将军韩说、中尉王温舒出会稽，楼船将军杨仆出豫章，击之"[③]。韩说，西汉韩人，元封元年（前110）以横海将军击东越有功，按道侯，征和二年（前91），为戾太子所害。如果该记载属实，那么，西汉军队在海上对东越的攻击至少应是在今天舟山群岛与浙江大陆东北之间的海域进行，至于是否到过舟山群岛，并无文献记载，且按《翁洲辨考》的说法，"宁府及诸县皆未立名"，那么汉武帝时代的舟山群岛肯定还没有行政建制。

开皇九年（589），隋文帝平陈，并余姚皆入句章，而隶于吴州，后改越州。至唐高祖武德四年（621），始析句章置姚州、鄞州。七年（624），废姚州入余姚。八年（625），废鄞州为鄮县，而并隶于越。唐"开元二十六年（738）析（鄮县）置翁山县"[④]。初城烦河，后移治镇鳌山麓。[⑤] 这也是舟山群岛建县之始。翁山县因县东三十里有翁山（又名翁洲山），相传葛仙翁炼丹于此而得名，唐又以此山名县。[⑥] 据《唐会要》载："明州，开元二十六年七月十三日，析越州鄮县置，以秦昌舜为刺史。仍置奉化、慈溪、翁山等县，慈溪以房琯为县令，翁山以王叔通为县令。广德元年

---

① 何雷书：《吴王夫差曾流亡舟山》，http://www.1-123.com/Article/W/wu/wuwangfujue/26953.html，访问时间2012年7月5日。

② （明）夏在枢：《翁洲辨考》，见（清）史致驯、黄以周等编纂光绪《定海厅志》卷5《建制》，柳和勇、詹亚园校点，上海古籍出版社2011年版，第64—65页。

③ （汉）班固：《汉书》卷6《武帝纪第六》，中华书局2007年版，第47页。

④ （宋）欧阳修、宋祁：《新唐书》卷41志第31《地理五》，中华书局1975年版，第1061页。

⑤ （清）史致驯、黄以周等编纂：光绪《定海厅志》卷22《营建·城池》，柳和勇、詹亚园校点，第568—569页。

⑥ 《嘉庆重修一统志》卷291《宁波府·山川》，中华书局1986年影印本，第14351页。

(763) 三月四日，因袁晁贼废。”[①] 763 年，因袁晁据翁山率众起义，官军“久不克”，于是废翁山县建置，地仍属鄮县。翁山作为山名则继续存在。五代十国时期，沿袭旧制，翁山隶属明州。[②]

第二节 宋至清的舟山行政演变

五代十国时期，舟山群岛在行政上隶属于吴越国。州县是吴越国最基本的地方行政单位，舟山群岛隶属于明州。[③]

公元 960 年，宋太祖赵匡胤建立北宋王朝。北宋之初，吴越一直禀行钱镠“子孙善事中国，勿以易姓废事大之礼”[④] 的遗训，立即奉表称臣，以保境安民，维护割据统治。开宝八年 (975)，北宋灭吴越国的唇齿国南唐，同年，钱俶王上表请求纳土归宋，北宋政府完成了对南方的统一。吴越归宋后，北宋政府在其旧地设置两浙路，明州属上州，下辖 2 望县 (鄞、奉化) 2 上县 (慈溪、定海) 2 下县 (象山、昌国)。

自唐废翁山县，舟山地区的行政级别就仅限于乡、里。熙宁六年 (1073)，鉴于舟山的重要地理形势和在对外贸易中的重要地位，在王安石的奏请下，宋神宗同意在舟山恢复被废三百年的翁山县，并赐改县名为“昌国”，“既而创县，名为昌国，意其东控日本，北接登莱，南亘瓯闽，西通吴会，实海中之巨障，足以昌壮国势焉”[⑤]。神宗在舟山这样一个地处海内外交流的要冲，恢复“昌壮国势”的县制，既反映出他富国强兵以改变国家贫穷状况的抱负和决心，也反映出舟山在北宋时期的重要地位，特别是在海外贸易中的作用。

北宋时期，县的长官称知县事或知县，另有主簿和尉，也按照县内户口不同所决定。开宝三年 (970) 规定，一千户以上的县设县令、主簿、县尉，最初的昌国县拥有蓬莱、安期、富都三乡，属于下县，人口户数不

---

① (宋) 王溥:《唐会要》卷 71《州县改置下》，中华书局 1985 年版，第 1273 页。

② (清) 吴任臣:《十国春秋》卷 112《十国地理表下》，徐敏霞、周莹点校，中华书局 1983 年版，第 1617 页。

③ 关于吴越国的地方统治体制，参见何勇强《钱氏吴越国史论稿》，浙江大学出版社 2002 年版，第 199 页及以下。

④ (清) 吴任臣:《十国春秋》卷 78《吴越二 · 武肃王世家下》，徐敏霞、周莹点校，第 1106 页。

⑤ (元) 冯福京修，郭荐纂:《昌国州图志》卷 1，见凌金祚点校注释《宋元明舟山古志》，第 42 页。

足一千，故不按此例设置。元丰元年（1078）又将原属定海县（今镇海、北仑）的金塘乡归属昌国县，昌国辖四乡一盐监，昌国“定为上县，凡七乡”[①]。乡以下设有坊（城厢）里（乡村），分置坊正和里正。

北宋后期国势日渐衰微。女真族却在日益崛起。1115年，阿骨打称帝，国号“大金”。阿骨打称帝后，金朝屡次打败辽军。北宋统治者看到辽朝有必亡之势，希望借助金人的力量收复燕云诸州。1120年（宣和二年）的“海上之盟”后，金兵对辽的战争势如破竹。[②] 1125年（宣和七年）2月，金灭辽后，一鼓作气，于是年十月兵分东西两路南下，直抵北宋都城开封。1127年4月金军北撤，带走包括徽、钦二帝在内的全部俘虏和大量财物，这就是历史上的“靖康之难”。北宋的统治结束。

宋政府南逃后，1129年（建炎三年）11月，金兀术统领金兵两路过长江，高宗仓皇逃到越州（今浙江绍兴）。高宗在金军追捕之下，漂泊于温州、台州濒陆海域三四个月之久。一方面，金军生长在北方地区，对南方潮湿的气候很不适应；另一方面，金军主要兵力都用于南下灭宋，从而致使后方空虚，加上岳飞屯驻宜兴，韩世忠据守江阴，使其归路有可能被截断，因此，兀术只得早日撤军。金军北撤后，宋朝廷于建炎四年（1130）四月返回越州，改次年年号为“绍兴”。绍兴元年（1131）十月，升越州为绍兴府。绍兴二年，高宗第二次驻跸临安，[③] 绍兴八年（1138）正月，高宗从建康迁回临安，并正式定都临安。宋政权的变化，对昌国地区的行政建制影响并不大，南宋建立后，昌国地区纳入南宋统治范围。

至元十二年（1275），元军大举南下。至元十三年春，“宋将张世杰舟师至庆元朐山东门海界，哈喇歹追之，获船四艘，上其功，行省增拨军七百并旧所领士卒，守定海港口。秋七月，宋昌国州、朐山、秀山戍兵舟师千余艘，攻夺定海港口，哈喇歹迎击，虏其裨将并海船三艘。八月，宋兵复攻定海港口，哈喇歹击退之”[④]。昌国地区属于浙江抵抗元军最激烈的地区之一。但此时的南宋气数已尽，元政权统一全国乃大势所趋，任何反抗都不会起到实质性作用，昌国也一样。“德祐二年（1276）丙子三月，圣

---

① （宋）罗濬：宝庆《四明志》卷18，载浙江省地方志编纂委员会编《宋元浙江方志集成》（第8册），第3490页。

② （宋）徐梦莘：《三朝北盟会编》卷4，上海古籍出版社1987年影印本，第25上栏—31页下栏。

③ 第一次是建炎三年（1129）二月，宋朝廷迁至杭州，七月升杭州为临安府。

④ （明）宋濂等：《元史》卷132《列传第十九·哈喇歹》，中华书局1976年版，第3216页。

朝混一，今中书左丞、行浙东道宣慰使哈巴岱提师压境，遂归附焉。”① 昌国地区完全归顺元朝。

至元十三年（1275），元把南宋的庆元府改为庆元路（今浙江宁波），属江浙行省，领有奉化州，鄞县、慈溪、定海、象山4县以及昌国地区。昌国在元朝的行政地位有一个变化过程，“至元十三年，县仍旧。至元十五年二月，朝廷谓海道险要，升县为州，以重其任。……至元十七年（1280），复置县隶于州。二十七年（1290），县仍废，止单州焉”②。州设有达鲁花赤、州尹或知州，以及同知、判官等。昌国因“海道险要”“人口倍增”而由县升州以后，其行政编制也以州的编制而定设。为“体国经野”③，昌国设置了一系列的政府行政官吏对之进行统治：达噜噶齐一员，知州一员，同知州事一员；巡捕司由判官兼；镇守五所，分别是本州、岱山、三姑、北界、浡涂；僧司正置正副各一员。在盐司上，至元三十一年（1294）以东江属正监，高亭属岱山浙东盐使司；元贞元年（1295）废，各道盐使改场为司，置司令司丞管勾各一员；置正监盐司 、芦花盐司、岱山盐司。设巡检司五处：螺头、岑江、三姑、岱山、北界。税使（司）都监一员（省差）、副使一员（本路总管府差）。还设有医提领所，提领二员。昌国州下辖富都、安期、金塘、蓬莱4乡，管都21。乡、都设有负责人，乡称里正，都设主首。

元朝末年，全国各地武装起义不断。庆元地区的抗元斗争时有发生。浙东有影响的、规模较大的抗元斗争则是元初杨镇龙起义和元末方国珍起义，而方国珍起义的重要据点之一就是舟山群岛。元顺帝至正八年（1348）春，方国珍聚众数千人反元，后被封为庆元定海尉。至正十年（1350）十二月，方国珍再次起兵。至正十一年（1351）二月，元政府命江浙行省左丞孛里帖木儿、浙东道宣慰使都元帅泰不花追讨，兵分二路包围方国珍。十八年（1358）年底，朱元璋军队攻占衢州、婺州（今浙江金华）等地，方国珍于次年正月降于朱元璋，于洪武七年（1374）三月病死。方国珍割据的结束，也彻底宣告了元朝在昌国地区统治的结束，从此，昌国地区进入了明朝统治时期。

---

① （元）冯福京等：《昌国州图志》卷1《叙州》，见凌金祚点校注释《宋元明舟山古志》，第42页。

② （元）冯福京等：《昌国州图志》卷1《叙州》，见凌金祚点校注释《宋元明舟山古志》，第42页。

③ （元）冯福京等：《昌国州图志》卷5《叙官》，见凌金祚点校注释《宋元明舟山古志》，第88页。

昌国初归明朝，仍为昌国州，隶属庆元路。洪武二年（1369），明政府对元朝的庆元路下辖的行政区划作了调整，把奉化州、昌国州降为属县，这样昌国就成为宁波府的6个属县之一。洪武十二年（1379）设昌国卫城，守御千户所，十七年（1384）改昌国卫，同年，昌国卫迁往象山县东，昌国地区改置中中、中左二所，卫千百户，镇抚三十七员，旗军二千二百四十名，后只存一千一百一十六名。[①] 万历七年（1579），革螺、岱二司，仅存岑江、宝陀。昌国废县为二所后，只存有富都一乡，元代时的另外三乡都废除了。

除了乡里制，明政府为了加强统治，还实行关津制。洪武、永乐年间，明政府在宁波府设有九关，舟山关是其中之一，各关拨卫卒加以防守。直到宣德年间（1426—1435），御史尹常高以海道宁靖才把它废去。同时，明政府在宁波府共设有18个巡检司，其中在舟山地区的巡检司包括螺峰、岑江、岱山、宝陀、甬东等。每巡检司设有巡检、副巡检、司吏。巡检司的主要任务是缉捕盗贼，盘诘奸伪，盘查往来的奸细以及贩卖私盐的犯人、逃囚、没有路引的面生可疑的人。明政府通过里甲制和关津制，加强了对舟山地区的行政管辖和统治。

在军制设置与建制方面，明初，昌国地区置巡检司，设巡检；常盈一仓、二仓，正统年间（1436—1449）革二仓，止存一仓。昌国卫迁象山，昌国地区存中中所、中左所，洪武二十五年（1392），二所改隶定海卫，共辖二十百户、所正千户、副千所，镇抚百户。1387年，昌国废县后，朝廷认为沿海地方原设总督、备倭都司，后来倭寇为患，而督阃权轻，策应不前，于是添设参将一员，驻扎定海，分守宁绍地方，下设“三哨”，即正兵哨、正游左哨、正游右哨。舟山设舟山营，团练把总一员，哨官五员，军队什兵杂役五百二十六名。昌国陆营，团练把总一员，哨官七员，军队什兵役七百三十一名；昌国水营，备倭把总一员，哨总三员，哨官七员，在汛期，与陆营把总一员、哨官四员一起，统领所部兵，防守舟山冲要。

明朝对舟山地区的管理具有一些重要特征。第一，舟山地区的民政管理地位在不断地降低，而军事管制地位在不断地强化。第二，组织严密。舟山地区的行政级别虽然一再降低，但其行政管理组织仍然保持了明朝的基本体制，而且与军事管制紧密配合。第三，管辖范围广泛，“东西五百

---

① （清）周圣化原修，缪燧重修：康熙《定海县志》卷5《军制》，凌金祚点校注释，第141页。

里，南北三百里。昔人云海面际天，本不可以里计也”[①]。第四，协作管理。这一方面体现在当地的乡、里、村等行政组织与卫、所、巡检司之间的军政协作；另一方面，也体现在舟山与宁波府、浙江布政司乃至与明中央政府之间的上下协作。

顺治六年（1649）十月，鲁王朱以海以监国年号在舟山建立行宫。八年七月，清军兵分三路进攻舟山：淞江张天禄部出崇明、金华，马进宝部出海门，闽浙总督陈锦督水师出定海蛟门（今宁波市甬江口）。顺治十八年（1661）永历帝及太子被清军俘获，明统告绝。1662年11月13日鲁监国去世，清军彻底清除了南明势力，明朝与舟山群岛的关系也彻底结束了。

清军在占领舟山的过程中，烧杀掳掠，战争把舟山地区变成废墟，给舟山人民带来了深重的灾难。在消除南明势力的过程中，由于当时清军水战兵力和经验都不足，为了避免明军长期以舟山为基地形成对清政府的严重威胁，清政府决定把舟山城郭房屋全部拆毁，居民统统赶回内地，这就是著名的清初“迁海”政策，它给舟山人民带来了更大灾难。浙东是抗清力量集中的地方，因此，这里也成为清廷迁界的重点地区，其中舟山、镇海、象山以及宁海等地都有迁界，以舟山受害最深。顺治十三年（1656），“北人以舟山不可守，迫其民过海，溺死者无算，遂空其地”[②]。《定海县志》记载：“（顺治）十三年（1656）八月，大将军宜尔德等统兵进剿，奏请起遣，人民徙入内地，撤回汛守老岸，钉桩立界。”[③] 从这时起到展复海界，舟山群岛基本成了一片废墟。康熙二十三年（1684），海氛既靖，议复温、宁、台三郡沿海地。二十六年五月，改舟山名为定海山，二十七年（1688），建县治，即赐名定海县，而改旧定海县为镇海县。[④] 此后一直沿用此名。

清代的地方行政机构与明代基本相同。在舟山改定海县之前，并无县级行政官秩，只有一些无品级、无地位的低级基层组织，它们既无行政裁量权，也没有常设主管官，其功能性以军事为主，如岑港司巡检、宝陀司

① （明）何汝宾修，邵辅忠校正：天启《舟山志》，见凌金祚点校注释《宋元明舟山古志》，第138页。

② （清）翁州老民：《海东逸史》卷2《监国纪下》，浙江古籍出版社1985年版，第18页。

③ （清）周圣化原修，缪燧重修：康熙《定海县志》卷1《沿革》，凌金祚点校注释，第14页。

④ （清）周圣化原修，缪燧重修：康熙《定海县志》卷1《沿革》，凌金祚点校注释，第14页。

巡检。在行政建制方面，从鲁王到清初，舟山与以前行政管辖并没有什么变化。从舟山改名定海，建县以来，舟山正式纳入清政府的县级行政体制之中。清代的基层行政组织是乡里制。乡里组织复杂，有乡、里、图、都、庄、厢。一般是乡、都、图三级制。清代定海县的基层行政组织也比较复杂，包括乡、图等。在具体行政事务上，可能会出现行政与军事交叉管理的现象，如"收买余盐"即是比较典型的例子。道光二十一年（1841）定海升县为直隶厅，隶属浙江宁绍台道，下置富都、金塘、安期、蓬莱4乡，辖35庄。乡以下的行政单位还称图、岙等。此后，舟山的管理建制也从知县、儒学、巡检、典史简化为直隶同知、儒学、巡检司狱，而直隶同知的官品远比知县官品高。[①] 舒恭受于道光二十一年（1841）任定海知县，同年定海县升为定海直隶厅，由王丕显代理直隶同知，真正的第一任直隶同知是林朝聘。定海第一任儒学教谕是董恪，可以明确考证的第一任巡检司狱是萧贡琅，于道光二十五年（1845）任职。

在军事方面，顺治八年（1651），设舟山协镇副总兵一员，辖中、左、右三营水陆、马步、战守兵共3000名。康熙二十三年（1684），移定海镇总兵驻舟山，为舟山镇，二十六年，舟山置定海县，因改为定海镇。[②] 水师官制方面，清初在舟山设总兵一员，统辖水师亲标官兵中、左、右三营，第营游击各一员、守备各一员、千总各二员、把总各四员。舟山总兵兼辖绍兴协镇海营。雍正五年（1727），舟山添设外委千总六员，外委把总十四员，仍列马战兵数内。乾隆二十六年（1761），舟山添设额外外委把总十员，仍列马战兵数内。

附记

上面介绍了古代舟山群岛的行政归属演变，这里以附记的形式简要介绍一下宋代以前舟山群岛的经济发展，虽有画蛇添足之嫌，但一则为了内容上的所谓完整性，再则是由于方便本书后面内容的安排。

由于文献资料的匮乏，我们对自夏至宋的舟山经济社会发展状况了解得不多。比较零星的信息主要来自考古材料。1982年，在舟山本岛的定海县城关镇蓬莱新村发现了一处战国文化遗存。该遗存出土了一系列陶器及炭化稻谷。

---

① 知县品秩为正七品，而同知品秩为正五品。

② （清）史致驯、黄以周等编纂：光绪《定海厅志》卷19《军政》，柳和勇、詹亚园校点，第490—504页。以下关于定海军制内容，主要来源于此，不再一一注明。

蓬莱新村遗存面积约40平方米，呈圆形状，似为房屋建筑。出土的陶器主要有印纹硬陶和夹沙陶，印纹硬陶为多，夹沙红陶次之，还有少量泥质陶。印纹硬陶碎片以罐、缶为主，硬陶有红灰二色，陶色橘红的居多；夹沙陶纹饰单一，均为绳纹，器物以炊器釜、鼎为主；比较完整的泥质陶纺轮两件，形如算盘子，在周围均施弦纹。在红烧土中，发现有炭化稻谷，稻谷夹杂在大块烧土的最多，有的还粒大饱满，清晰可辨。谷粒形状大小与现代栽培稻基本相同，在有的谷粒上还留有清晰的谷芒。稻谷有粳稻和籼稻两种，以粳稻为多，这两种稻谷品种均应属人工栽培。经鉴定，这批稻谷的相对年代应属战国时期。这说明，舟山群岛地区早在2000多年前已经盛行人工栽培水稻。[①] 这也说明，即使在舟山海岛地区，古代农业也在人们的生产生活中占有重要地位。

1983年，在舟山本岛中部的定海县皋泄公社富强大队第十七生产队发现了一罐唐代窖藏钱币，总计2500枚。钱币大部分已经腐锈，保存比较完整的有600枚，主要是“开元通宝”，还有少量“乾元重宝”。除此之外，唐之前和唐以后的钱币均未发现，从盛装钱币的陶罐的表面釉色来看，与唐代器物釉色相似，因此该窖藏的年限应为晚唐时期。唐开元二十六年（738）舟山就设置县治，这批窖藏钱币的出土地点离当时的县城较近。[②] 这些钱币的发现在一定程度上反映了当时舟山商品经济的发展程度。

小结　边缘与前沿之间：摇摆中的古代舟山政治

舟山群岛很早就进入了大陆政治所知的地理范围。据《国语》《左传》等记载，舟山群岛在公元前5世纪已经进入了大陆政治的认知视野。但它真正被纳入国家政治县级行政序列进行有效管辖却是很晚的事。舟山群岛的政治地位在古代中国一直摇摆于“边缘”与“前沿”之间。这既与舟山群岛本身的地理位置有密切关系，也与历代政权的国家意识紧密相连。但无论怎样摇摆，它总是显示出极具特色的海洋史特征。

甬东的名字在文献中的最初出现多少有些令人尴尬。句践在灭吴王夫差后，“欲置夫差于甬东”，其实就是流放夫差，可见当时的甬东在越王眼中，是极其偏远的边缘之地。汉武帝曾遣人“出豫章”击东越王，此时的

① 王和平：《浙江定海县蓬莱新村出土战国稻谷》，《中国农业考古》1984年第3期。

② 王和平：《浙江舟山发现唐代窖藏钱币》，《考古》1985年第10期。

舟山群岛仍无行政建制，仍属于大陆政权的边缘之地。

唐开元年间开始在舟山设置翁山县。此时的舟山群岛开始纳入中央政府的县级行政建制中，这既是唐政权设置的边缘之县，但也是唐政权的海疆前沿之县。不过，仅三十余年时间，翁山县级建制就被废除，其政治行政地位再次被边缘化。

北宋神宗因舟山的“海中之巨障”地位，“创县名为昌国”，再次恢复舟山的县级行政建制。毫无疑问，神宗的“昌壮国势”之举足以显示出舟山群岛在国家中的前沿地位。高宗南迁，在舟山群岛多有漂流。元代，昌国县制地位不仅得以保留，此后还因“海道险要”“人口倍增”而由县升州，其前沿地位进一步彰显。

昌国初归明朝，仍为昌国州，但很快就降低了它的行政级别，甚至连乡级建制也废除了，只是通过里甲制和关津制，维持对舟山地区的行政管辖和统治。至此，舟山群岛在国家政治行政中的地位彻底边缘化。持续200多年的整个明代，舟山的行政政治几乎一片荒漠，这种情况一直持续到清朝初年，整整长达300年。后来，清朝虽然恢复了舟山的县级行政建制，但从明开始的闭关锁国意识和政策并没有被遏制和改变。当鸦片战争在舟山爆发时，此时的舟山群岛再次以国家前沿的姿态进入人们的视野，不过此时的这种被动前沿与宋元时期的主动前沿已非同日而语，被动的前沿带来的必定是被动的命运。

舟山群岛的政治行政地位一直摇摆于“边缘”与“前沿”之间在很大程度上是当时统治者政治意识外在的表现。

越王句践为报夫差曾经的不杀之恩，在灭吴后，也没有杀夫差，欲置夫差于甬东，“唯王所安，以没王年”，其实就是流放夫差。在越王句践眼中，甬东之地乃边缘僻壤之地，不会担心夫差东山再起。唐代翁山县因袁晁起义而废，也反映出唐代统治者眼中的翁山乃边缘偏僻之地，可以废之。

北宋在舟山复县，统治者的目的非常明确，即“昌壮国势焉”。这不仅反映出神宗富国强兵以改变国家贫穷状况的抱负和决心，也反映出舟山群岛在北宋统治者眼中的前沿地位，“东控日本，北接登莱，南亘瓯闽，西通吴会，实海中之巨障”，其国家前沿地位的思想体现得淋漓尽致。高宗本人在舟山的经历不仅使他认识到舟山的重要前沿地位，更在政策上积极加强舟山群岛的海防建设，从而使舟山群岛的海疆前沿地位开始形成。元代虽有海禁，但它的“官本船”制度还是能流露出对海上地位重视的意识。

明清统治者对舟山群岛的地位的认识远不能与以前时期相比。在明清统治者看来，边缘的舟山群岛只会是国家内部祸患之地，是外来入侵的门户之地，因此，对它最简单的办法就是徙民，实行海禁，让它成为荒芜之地，成为靖海之地。这种主观上对舟山群岛的边缘化意识带来的后果必然是灾难性的。

英国著名社会学家安东尼·吉登斯认为，传统国家（阶级分化的社会）的本质特性是它的裂变性（segmentary），其政治中心的行政控制能力很有限，以至于政治机构中的成员并不进行现代意义上的“统治”，并认为传统国家有边陲（frontiers，即边疆）而无国界（borders）。[①] 用这种观点分析古代舟山群岛的政治演变颇有意义。无论是古代中国（传统国家）的行政控制能力，还是其统治意识，其实它们对舟山群岛及其海洋范围，很难说有明确的“国界”意识，但毫无疑问的是，它一定有明确的边疆意识，只不过这个边疆是它的边缘还是前沿问题。

无论是在行政上的还是统治者意识上，古代舟山群岛的地位都在边缘与前沿之间摇摆。不管是前沿还是边缘，它的历史都因其特殊的客观地理环境、地理地位而决定，都带有强烈的海洋史特征。夫差被遣甬东，那是因为甬东乃远离大陆、孤立的海上之地；唐在翁山建县，乃因其海上地位的重要性，翁山县被废也因海上起事而废；宋元时期舟山群岛的复县及由县升州，仍然是因为它重要的海上地位；明清舟山群岛的边缘化也在于其海上起事、海疆不靖。因此，我们可以清晰地看到，古代舟山群岛的政治建制和地位的演变都与它的“海洋”地位密不可分，成为海洋史的重要组成部分。

---

① 〔英〕安东尼·吉登斯：《民族—国家与暴力》，胡宗泽、赵力涛译，生活·读书·新知三联书店 1998 年版，第 4 页。

第四章　边缘之地的海洋文化特色：古代舟山的海洋渔业

舟山群岛是我国最大的群岛，由 2085 个岛屿组成，是著名的长江、钱塘江和甬江的入海口。群岛周围和外侧的海域，便是著名的舟山渔场，它是我国东海大陆架浅海的一部分，是渔业上最有价值的海区。舟山群岛海洋渔场是我国最大的海洋渔场，也是世界上著名的海洋渔场之一。舟山渔场的海洋渔业发展可以追溯到很早的时候。

第一节　宋代以前舟山的海洋渔业

舟山群岛海洋渔业历史悠久。1964 年后，在衢山、泗礁、朱家尖和舟山本岛 20 多处发掘出土了大量贝壳遗骸，说明早在 10000—4000 年前的新石器时代，舟山群岛已有人定居，并在涂面采蚌拾贝，捉鱼摸虾，以及使用简单的工具，在涂面、礁边、潮间带捕捉一些随潮进退的鱼虾蟹类。1975 年、1976 年，又在衢山虾蟆岭附近距海约 1.5 千米的地方，发掘出一批新石器时代的陶制网用沉锤，在定海小碶跟发掘出一批完整的、直径 5 厘米左右的蚶、蛤等贝类化石。这些发现表明，至少在新石器时代，舟山已经有人类从事采捕鱼贝类的活动。

舟山居民早期的采捕生产可能只是为了满足自身生活的需要，且可能只是在涂面、浦边采拾。海涂是人们进行渔业生产的主要场所，也是获得食物的重要基地，定居在同一块涂边的人们，把附近海涂作为共有的“领地”，不让别处的人来此采捕。涂面浦边采捕贝类和鱼虾，对自然界的依赖很大，人们只能在风平浪息时乘每天潮水退落的间隙进行生产。由于产量不高，又不能充当主食，所以居住在这里的人，一面上山务农或采集野生植物，一面下海捕鱼捉虾，都是在山下的涂边或当时曾积集有大量涂面的山边。当时人们在海涂上捉到鱼虾看来并不难，但哪些鱼、虾、贝、蛤可以食用，哪些不能食用，人们却需要经过亲身实验，因此常常要付出生命的代价。

海涂采捕不需要工具，也不需要专门的技术，各居民点都在彼此分散孤立的状态下从事生产，同外界联系很少，生产力发展缓慢。经过长期的摸索、积累，人们对海洋里的一些情况，如潮汐的涨落，鱼虾的活动规律，有了一定的认识，才逐渐开始使用一些简单的工具，如竹簖、布网，逐步走到稍深的海面。早期人类的双脚还没有离开涂面或陆地。①

自公元前21世纪至秦统一中国，包括舟山海洋渔业在内的浙江海洋渔业和全国一样，可以看作海洋渔业的初期发展阶段。《竹书记年》载，夏代帝王芒“东狩于海，获大鱼”，很可能是用索镖或箭射捕鱼。用这种方法捕杀大型鱼类，延续到秦代，秦始皇曾派人在海上射杀较大的鲨鱼。浙江沿海部分地区在周代为越国境界，《国语·越语下》载，越自建国，“滨于东海之陂，鼋鼍鱼鳖之与处，而蛙黾之与同渚”②；句践当政时期，“上栖会稽，下守海滨，唯鱼鳖见矣”③。《吴地记》有一段文字记载，公元前505年，吴越两国在海战时期，吴王大捕石首鱼，“吴王归，思海中所食，问所余，所司云：‘并曝干。’王索之，其味美，因书美下着鱼，是为鲞字”④。这一记载说明当时捕获之丰，虽然没有说明用什么渔具，但从当时两国地理位置和航海、捕捞技术水平看，捕鱼海域的最大可能是在杭州湾口、岱衢洋一带，捕获的是大黄鱼。这些记载说明，浙江沿海渔场，特别是大黄鱼渔场，早在2500年前就已开发利用了。⑤

周代，海洋捕捞业是沿海诸侯国的主要生产活动之一，也是其富强的源泉之一。正如韩非子所说，“寄形于天地而万物备，历心于山海而国家富”⑥。据《吴都记》载，“松江东泻海口，名曰扈渎。《舆地志》曰：扈业者，滨海渔捕之名，插竹列于海中，以绳编之，向岸张两翼，潮上即没，潮落即出，鱼随潮碍竹不得去”⑦。东部滨海之民不但从事渔业，而且对捕鱼作业进行了改进。越国成为当时“海王之国”之一。司马迁在《史记》中说：“楚越之地，地广人希，饭稻羹鱼，或火耕而水耨，果隋蠃蛤，

① 《舟山渔志》编写组：《舟山渔志》，海洋出版社1989年版，第10—11页。
② 《国语》卷20《越语下》，见《国语通释》，仇利萍校注，第694页。
③ （汉）赵晔撰，薛耀天译注，《吴越春秋译注》，天津古籍出版社1992年版，第155页。
④ （唐）陆广微：《吴地记》，曾林娣校注，江苏古籍出版社1999年版，第178页。
⑤ 浙江省水产志编纂委员会编：《浙江省水产志》，中华书局1999年版，第96—97页。
⑥ （战国）韩非：《韩非子·大体》，秦惠彬校点，辽宁教育出版社1997年版，第78页。
⑦ （唐）徐坚等：《初学记》上册卷8《州郡部·江南道》，中华书局2004年版，第187页。

不待贾而足。”① 当时海产品能够作为商品与西部中原地区进行交换，足以说明浙江海洋捕捞业已经达到一定水平。

秦代以后，浙江海洋捕捞业的发展缓慢。汉唐时代，浅海滩涂捕捞业仍然是海洋捕捞的主体。② 西晋文学家陆云（262—303）给车茂安的一封信里，曾对舟山渔业作了如下描述：“若乃断遏海浦，隔截曲隈，随潮进退，采蚌捕鱼，鳣鲔赤尾，鉅齿比目，不可纪名。鲙鰡鳆，炙鮆鯸，烝石首，臛鯊鯊，真东海之俊味，肴膳之至妙也。及其蚌蛤之属，目所希见，耳所不闻，品类数百，难可尽言也。”③ 从中可以看出，当时捕获的水产品种类很多，吃法也讲究。从作业方法看，当时主要还是在潮间带附近的浅海滩涂上插簖、堆堰，随潮进退，捕捉鱼虾贝类。但当时的作业区域已经开始从原先的在潮间带开始逐渐向近海扩张，其最明显的证据就是一些海洋鱼类如石首鱼、鯸鱼已经成为烹饪的常见原料。这些鱼类一般无法通过滩涂插簖等办法捕捉，唯一的可能就是当时的渔民已经掌握了近海捕捞技术。④

对于海味的烹饪，时人写过《会稽郡造海味法》一书，专门总结了会稽郡的饮馔经验。清人徐时栋说：“按《隋书·经籍志》有《会稽郡造海味法》一书，考六朝以前，会稽郡封域甚广，而鮆网海物，则为句章、鄞、鄮所独擅之技，书名虽题会稽，其实亦吾乡之方物志也。”⑤ 尽管徐时栋所论不免有些武断，但《会稽郡造海味法》这部著作包含了宁波，当然也包括舟山（句章）先民烹制海鲜的经验则是可以肯定的。⑥

舟山居民从海涂采捕到近海生产的过程很漫长，完成这一转变的具体时间，大约在唐代。唐开元二十六年（738），舟山建县后，由于岛上秩序比较安定，人口不断增殖，社会生产力的发展，渔业生产从涂面采捕发展到近海生产，由坐等自然界的恩赐到向自然界索取；由自采自食的自然经济，发展成为自产自销、地产地销的小商品经济。这种经济形式为生产发展开创了一个新的起点。⑦

---

① （汉）司马迁：《史记》卷 129《货殖列传第六十九》，第 3270 页。
② 浙江省水产志编纂委员会编：《浙江省水产志》，第 97 页。
③ （晋）陆云：《陆云集》卷第 10《答车茂安书》，黄葵点校，中华书局 1988 年版，第 175 页。
④ 傅璇琮主编：《宁波通史》（史前到唐五代卷），宁波出版社 2009 年版，第 180 页。
⑤ （清）徐时栋：《宋元四明六志校勘记》（下）卷 9 余考《明越风物志》，《丛书集成三编》（第 82 册），台北新文丰出版公司 1997 年影印本，第 33 页上、下栏。
⑥ 孙善根、白斌、丁龙华：《宁波海洋渔业史》，浙江大学出版社 2015 年版，第 22—23 页。
⑦ 《舟山渔志》编写组：《舟山渔志》，第 12 页。

第二节 宋代舟山的海洋渔业

北宋期间，由于两浙长时间未受战火的侵袭，渔业发展较为迅速。宋太宗赵炅时，由于宋与北方辽国正处于持续的战争状态，雍熙三年（986），为了防止辽国从海路入侵，朝廷曾对两浙、江南、淮西和岭南诸州等地沿海，实施渔禁措施，组织水军兵力封锁各地入海关口，严禁渔民入海捕鱼捉虾。但三年后，随着军事斗争形势的缓和，宋廷宣布解除两浙等沿海各地渔禁，准许渔民入海从事捕捞生产。从渔禁到解禁，这是宋代渔业发展的一个重要机遇期，昌国地区的渔业得到了较大的发展。

北宋昌国地区的渔业资源丰富，据新编《岱山县志》记载："宋时，洋山海域已形成大黄鱼渔场。"[①] 宋代复县后，近海生产的生产力得到了较快地发展，渔业生产的情况也在地方志等文献上得以记载。宋宝庆年间编修的方志，所列的海产品中，鱼类就有石首（大黄鱼）、春鱼（小黄鱼）、鳣、鲨、鲵、地青鱼、鯊鱼、泽鱼、银鱼、鰳鱼等 12 种。[②] 由于沿海地区土地贫狭，昌国居民大多靠海吃海，从事海洋捕捞成为居民重要谋生手段之一。北宋渔业捕捞的重大变化是，随着民间造船技术的进步，海洋捕捞水域进一步扩大，开始从沿海采捕逐渐发展到近海捕捞，这在当时的渔船、渔具、渔法、鱼产品加工等方面都有所体现。

在渔船方面，北宋浙江造船业发展迅速。船身由唐时的 4.5—5.5 米增大至 8—10 米（三丈左右），载重 3—4 吨，大海船能载员数百人，贮有一年口粮，船上甚至还可以养猪、酿酒、织布。在船体一侧安装"玉肋"（船肋）的，称"单搁河"；船体左右两舷都安装玉肋的称"双搁河"。在船头两侧还开始装饰"船眼睛"。船头两侧均装上船眼睛的，称为"亮眼龙头""亮眼木龙"；没有装饰船眼睛的称为"瞎眼龙头""瞎眼木龙"[③]。不仅海洋渔船逐渐增大，而且船型结构渐显雏形。据推断，当时海洋木质渔船的船体用柏树木、松树木、梓木、杉木、樟木和各种杂硬木等原材料构成。其整体结构可以简略地分为"纵、横、内、外"四个部分，总体结构有船壳、风帆、橹、桨、锚、木桅等。

---

① 岱山县志编纂委员会：《岱山县志》，浙江人民出版社 1994 年版，第 122 页。

② 姜彬：《东海岛屿文化与民俗》，第 81 页。

③ 普陀县志编纂委员会编：《普陀县志》，浙江人民出版社 1991 年版，第 227 页。

在渔具方面，据记载，宋代捕鱼所采用的渔具与渔法，与前代相比，要完备得多，除了继承前代的一些渔具和鱼法外，有了新的发明和创造。[①] 宋代张达明任吴江县知事时，在前代基础上，经过调查研究加以损益，编绘成渔具图，并各系之以诗计 17 首。根据《中国大百科全书》记载宋代浙江渔业捕捞所用渔具按结构特点和作业原理分为 4 种类型。[②] 第一类，钓渔具。通常由钓钩、钓饵、钓线等组成，有些还装上浮子、沉子、钓竿或其他附件。钓钩是结缚在钓线上起钩刺作用的部分。钓饵的选择常是影响渔获丰歉成败的关键，可分为真饵和拟饵两种。真饵按来源不同可分为动物性饵和植物性饵。在海洋钓捕中一般用鱼类、头足类、甲壳类等动物性鱼饵；淡水中则以蚯蚓和昆虫为主。植物性饵用于诱捕淡水鱼类，主要用米、麦、番薯等制品。拟饵系利用羽毛、布片、木材等制作，伪装成钓捕对象喜爱的动物性饵，或制成足以刺激鱼类捕食反应的其他诱惑物。北宋宣和年间出现了拖钓，渔民捕鱼时在大钩上缚上一只鸡或鹅为诱饵，等待大鱼来吃，渔民则乘机将鱼捉住。[③] 第二类，网渔具。网渔具由绳索、网片、浮子、沉子等组成。根据捕捞对象和作业方式不同，渔具可分为大莆网、刺网、围网、拖网、大拉网、敷网、抄网、掩网、陷阱等。莆网是一种定制张网，又分打桩拖网和抛碇张网两大类。张网渔获物较杂，各类鱼、虾、蟹均有，也可以捕捞海蜇。它用两只单锚将网具固定在浅海中，网口对着急流，利用流水，把鱼冲进网内，这是宋代浙江沿海捕捞大黄鱼等的重要渔具。刺网即帘，成长带型，长有百余尺，用双船布放，底下槌上铁，下垂到水底，刺捕马鲛。围网是一种围捕集群鱼类的网具。拖网类中，有乌贼拖网、拖虾网，还有地拉网。抄网类，则有推揖网、串网、板缯网等小型网具。第三类，耙刺类。具有耙挖、突刺等性能的渔具。前者带有锋利齿爪的耙，将潜于泥沙底中的捕捞对象耙挖而捕获；后者包括鱼镖、炮锯、长柄钩等投射器和空钩等，捕鱼时瞄准想要捕获的对象，将投射器射入对象体内，或利用空钩尖刺捕获。第四类，笼壶类。利用某些捕捞对象喜欢钻穴的习性，在其经常栖息逗留的水域设置带有小孔的笼、罐、海螺壳等，引诱其潜入而捕获，如鳝鱼笼、虾笼、海螺笼等。

在渔法方面，北宋捕鱼所采用的渔法也有所改进，特别是通过掌握鱼类的各种习性进行捕捞。比如带鱼喜欢微光，常在早晨和傍晚的时候集结

---

① 田恩善：《网具的起源与人工鱼礁小考》，《农业考古》1982 年第 2 期。

② 《中国大百科全书》总编委会：《中国大百科全书》（精华本），中国大百科全书出版社 2002 年版，第 4872 页。

③ 丛子明、李挺：《中国渔业史》，中国社会科学出版社 1993 年版，第 38 页。

在水面表层，在这两个时段捕鱼产量较高。这也产生了利用鱼的趋光性捕鱼的方法。另外还有一种方法就是罧业，鱼喜欢隐秘的环境，将柴木、杂草之类放到水里面，鱼会争相藏入其中，到时候只需用薄网将其围住即可捕获这些隐藏其中的鱼，数量一般相当可观。听鱼声捕鱼也是一种常见的方法，如每年三四月份，大黄鱼汛期，大黄鱼到来时声音如雷，渔民只要将竹筒放入水底，听到声音后下网拦截就可。利用生物捕捞则主要是用水獭和鸬鹚捕鱼。在流水水体底部多岩石的区域，利用鸬鹚或水獭捕鱼或赶鱼是有效的渔法，宋朝时这种方法大为流行，当然，这种方法主要用于淡水捕捞中。

随着捕捞业的发展，渔产品产量大增，渔民们除将部分鲜货直接投放周边市场外，大部分则通过特殊加工予以贮存，渔产品加工业随之兴起。当时，鱼类食品的加工主要采用腌制、干制，或腌制后再曝干，成为腌腊食品。如石首鱼，“盐之可经年，谓之郎君鲞”；鲞鱼“夏初曝干，可以致远”。短鱼、魟鱼、鲟鳇鱼等也多制作成鲞或鲊。[1] 此外，也有将海产品加工成酱类食品的，如昌国县岱山制作的鲎酱，以风味独特而出名，“海族，则岱山之鲎酱独珍，他所虽有之，味皆不及此”[2]。另外，渔产品还经常被加以药用，鲨鱼翅、皮、肉、肝、胆，以及一些鱼类如鳓鱼、鲤鱼、草鱼、鲢鱼、鳙鱼、鲥鱼、鲫鱼、鲈鱼、鲳鱼、鲀、海鳗、赤魟、带鱼及大小黄鱼都可以入药。草鱼可以益眼明目，治疗水火烫伤；鲢鱼可以治疗胃寒腹痛、腹胀、久病体虚和水肿；鲤鱼可以治疗胃痛、胸前胀痛、消化不良、久咳气喘、急性及慢性中耳炎和红眼肿痛；鳙鱼可以治疗风寒头痛和妇女头晕；鲫鱼则有助于治疗胃痛作呕、消化不良、头目昏闷、久咳、脾胃虚弱不欲食、反胃吐食。[3]

北宋昌国地区渔业的发展，还可以从当时的一些诗词中看出。北宋文学家苏轼在《送冯判官之昌国》中写道：

斩蛟将军飞上天，十年海水生红烟。惊涛怒浪尽壁立，楼橹万艘屯战船。兰山摇动秀山舞，小白桃花半吞吐。鸱夷不裹壮士尸，白日貔貅雄帅府。长鲸东来驱海鳝，天吴九首龟六眸。锯牙凿齿烂如雪，屠杀小民如有仇。春雷一震海帖伏，龙变海鱼安海族。鱼盐生计稍得

① 傅璇琮：《宁波通志》（史前到唐五代卷），宁波出版社2009年版，第65页。

② （宋）罗濬：宝庆《四明志》卷20《昌国县志·叙产》，见凌金祚点校注释《宋元明舟山古志》，第22页。

③ 张昌礼：《鱼的药用选方介绍》，《科学养鱼》2003年第8期。

苏，职贡重修远岛服。①

该诗生动地描绘了当时昌国地区的渔业发展。

南宋定都临安后，江南地区相对稳定，有利于社会生产的发展。随着人口的不断增加，生产力的不断发展，在浙江沿海地区出现了较大的船网工具，捕捞生产规模日渐扩大。“宋高宗绍兴十五年（1145），方碧佑长房迁居肥艚方城底，发展涨水作业，以苎编网。”② 海洋鱼类的捕获种类越来越多，捕捞规模也越来越大。据记载，“岱山以渔盐为业，宋时称盛”③。宋代昌国县令王存之④撰写的重修隆教寺碑文中记载，昌国居民“网捕海物，残杀甚伙，腥污之气溢于市井，涎壳之积厚于丘山”⑤，可见捕捞业之盛。又据宋宝庆《四明志》载：“三、四月业海人每以潮汛竞往采之，曰洋山鱼。舟人连七郡出洋取之者，多至百万（原文如此，疑为上万——引者注）艘。盐之可经年，谓之郎君鲞。”“春鱼似石首而小，每春三月，业海人竞往取之，名曰捉春，不减洋山之盛。冬天簖中有者，曰簖春。”⑥ 当时大黄鱼汛和小黄鱼汛生产规模之大，略见一斑。宋开庆元年（1259）修成的《四明续志》载，庆元府（宁波、舟山）六县共辖船 7916 艘，温州府四县共辖船 5083 艘，台州府三县共辖船 6288 艘，全省合计 19287 艘。⑦

南宋时期，作为公共渔业资源的砂岸，大部分都被地主、渔霸所占，凡能捕捞鱼虾的“茭荡”，渔民们都必须缴纳租税。府学收取的砂岸钱是昌国人民的一项重税，据记载：

昌国县：石弄山砂岸。右皇子魏惠宪王奏请拨赐，令本学自择砂主。……石弄山砂岸租钱五千二百贯文（省陌钱二分半，官会七分半）。秀山砂岸租钱二百贯文（官会）。……石弄山砂岸及续拨到诸处

---

① （宋）苏轼：《苏轼诗集》卷 48《送冯判官之昌国》，王文诰辑注，中华书局 1982 年版，第 2667 页。

② 苍南县水产局等编：《苍南渔业志》，江西人民出版社 1992 年版，第 4 页。

③ 浙江省水产志编纂委员会编：《浙江省水产志》，第 97 页。

④ 绍兴三十年（1160）出任，隆兴元年（1163）再任。

⑤ （宋）张津：乾道《四明图经》卷 10《隆教院重修佛殿记》，载浙江省地方志编纂委员会编《宋元浙江方志集成》（第 7 册），第 2997 页。

⑥ （宋）罗濬：宝庆《四明志》卷 4《叙产》，载浙江省地方志编纂委员会编《宋元浙江方志集成》（第 7 册），第 3176—3177 页。

⑦ （宋）梅应发、刘锡纂修：开庆《四明续志》卷 6《三郡隘船》，载浙江省地方志编纂委员会编《宋元浙江方志集成》（第 8 册），第 3690—3691 页。

> 砂岸，淳祐六年，制帅、集撰颜公颐仲申省，并在外官民户砂岸，一例蠲除，弛利予民，使当地民船团结保伍（有石刻并须知无）。各以保护乡井为念，仍截拨钱岁偿府学养士原额，及昌国县官俸。省札附于下方。……府学：石弄山砂岸、石坛砂岸、秀山砂岸、虾辣砂岸、鲎塗砂岸、大嵩砂岸。淳祐六年，制帅、集撰颜公颐仲申省蠲除，仍截拨府库钱三万七百十九贯四百文十七界，分作上下半年，偿学养士元额，永为定例。①

虽然作为定例被确定下来，而且中央也一再要求“蠲除”砂岸钱，但是各级官府截拨现象仍然很严重，就在淳祐六年，昌国县砂岸“仍截拨版帐钱四千余贯，充县官俸料钱”②。

“砂岸者，濒海细民业渔之地也。浦屿穷民无常产，操网罟资以卒岁，巨室输租于官，官则即其地龙断而征之，或兴或废。”③ 正是由于沿海居民没有“常产”，只有“操网罟资以卒岁”，加之“巨室输租于官，则即其地龙断而征之”。皇子魏王主政四明期间，最先“尝拨砂岸入学养士”④。后来，砂岸钱被用于政府各种开支：“旧所收砂租钱，初以供郡庠养士贴厨、水军将佐供给、新创诸屯及出海巡逴、探望、把港军士生券、本府六局衙番盐菜钱之费。”⑤ 砂岸税成为沿海居民的沉重负担，导致了盐民与官府之间矛盾的尖锐，成为国家不稳定的重要因素之一。早在淳祐年间（1241—1252），“尝蠲之，就本府支钱代偿”⑥。但可能一直实行得不彻底，据史载：

> 宝祐五年（1257）正月，大使、丞相吴公奏请复归于学。继而争佃之讼纷如，准制札仍拨归制司，却于砂岸局照元额发钱养士。六年

① （宋）罗濬：宝庆《四明志》卷2《钱粮》，载浙江省地方志编纂委员会编《宋元浙江方志集成》（第7册），第3134—3137页。

② （宋）罗濬：宝庆《四明志》卷2《钱粮》，载浙江省地方志编纂委员会编《宋元浙江方志集成》（第7册），第3137页。

③ （宋）梅应发、刘锡纂修：开庆《四明续志》卷8《蠲放砂岸》，载浙江省地方志编纂委员会编《宋元浙江方志集成》（第8册），第3715页。

④ （宋）梅应发、刘锡纂修：开庆《四明续志》卷1《赡学砂岸》，载浙江省地方志编纂委员会编《宋元浙江方志集成》（第8册），第3612页。

⑤ （宋）梅应发、刘锡纂修：开庆《四明续志》卷8《蠲放砂岸》，载浙江省地方志编纂委员会编《宋元浙江方志集成》（第8册），第3715页。

⑥ （宋）梅应发、刘锡纂修：开庆《四明续志》卷1《赡学砂岸》，载浙江省地方志编纂委员会编《宋元浙江方志集成》（第8册），第3612页。

五月，以砂岸烦扰，复奏请弛以予民。却于翁山十五酒坊岁趁到酒息钱内拨还府学。[①]

至此，砂岸钱才又复归于府学。但是，砂岸钱仍然是昌国人民的沉重负担之一。

第三节　元代舟山的海洋渔业

元朝初年，由于长期遭受战争的破坏，北方地区的生产处于停滞甚至倒退状态，南方则由于战争影响较少，加上中原民户不断南移，增加了劳动力，生产力一直在缓慢发展。元在征服北方的过程中，大量农田被荒废为牧场。但在中原和江南地区，由于先进农业经济的影响，蒙古统治者不得不放弃其落后的游牧经济和剥削方式，实行“汉法”，世祖在位时期，“首诏天下，国以民为本，民以衣食为本，衣食以农桑为本”[②]，并采取了一系列有利于恢复、发展经济的措施，从而促进了经济的发展。昌国地区在归附元朝以后，经济也得到了较大发展。

昌国地区四面环海，多山少土，且土地贫瘠，亩产量低，这为昌国地区人民的靠海吃海提供了便利。到元代，昌国地区的各类物产种类比较齐全，今天舟山群岛地区的物产种类在元代基本上都有了。在海族类方面，据元大德二年（1298）编修的《昌国州图志》记录的“海族”中，鱼、虾、贝的种类极其繁多，包括“鲈鱼、鲵鱼、鲳鱼、梅鱼、春鱼[③]、鳙鱼、石首鱼[④]、鳇鱼（可为鲊）、带鱼、魮鱼、鲂鱼、箬鱼、比目鱼、泥鱼、短鱼、华脐[⑤]、乌鱼、鲻鱼、鲥鱼、邵洋鱼、乌鲗、鲵鱼[⑥]、书篦鱼、黄鱼、鲎、海鲫、鳗、水母、竹夹鱼、章巨、鲟鱼、望潮、香螺、赤虾、苔虾、蛤蜊、淡菜、蝤蛑、赤蟹、蟚、桀步、彭越、蛏子、白蟹（有子者曰子蟹）、白虾、瓦垄、辣螺、丁螺、拳螺、生蜒、地青、

① （宋）梅应发、刘锡纂修：开庆《四明续志》卷1《赡学砂岸》，载浙江省地方志编纂委员会编《宋元浙江方志集成》（第8册），第3612页。

② （明）宋濂：《元史》卷93《志第四十二·食货一》，第2354页。

③ 似石首而小者。

④ 一名鳆鱼，又名洋山鱼。

⑤ 一名寿鱼，一作鲛，一名老婆鱼，又名琵琶鱼，以其形似之。

⑥ 一名河豚，一名乌郎。

龟脚、弹涂”[①] 等数十种。河塘鱼主要有鲤鱼、鲫鱼、鳝、鳅等。

除此之外，昌国地区还有很多水中特产。据《浙江通志》记载，主要包括：石花菜，《普陀山志》载，生岩石间，色近紫菜而叶碎小，一名凤尾，与紫菜皆洛迦山之产。紫菜，至正《四明续志》载，生定海昌国海岸，一云出伏龙山者著名，干则黑。石首鱼，《能改斋漫录》载，两浙有鱼名石首。云是明州来，问人以石首之名，皆不能言。张勃《吴录》载，吴有石首鱼，至秋化为冠凫，头中有石。(《岭表录异》：石首鱼状如鳜鱼，随其小大，脑中有一石子如荞麦，莹如白玉。《海族志》：腹中鳔可作胶。成化《四明郡志》：石首鱼首有魫，细如牙，坚如石，故名石首。腊月则韧皮为良。三月、八月，味次之。孟夏之交，缘海之民以巨艘小舠竞入洋山海中捕取，潮汛往来有限，谓之洋山鱼)。海鳅，《舟山志》载，大者长数十丈，海中浮载如一二里山，俗呼为浮礁，舟行避之。鲒，《元丰九域志》载，鲒，蚌也。鲒崎亭其中多鲒，故以名亭。(《定海县志》载，琐鲒，如螺半身。饥则蟹出求食，蟹入则饱)。螺，《定海县志》载，生深海中，壳可为酒杯者曰鹦鹉螺，靥白而香者曰香螺，壳尖长者曰钻螺，味次之有刺者曰刺螺，其味辛者曰辣螺，又有拳螺、剑螺、斑螺、丁螺。海镜，《定海县志》载，瓦楞子本名鬼蛙，一名蜮，一作蚶，壳圆厚而有纹，俨如屋瓦楞。海月，形圆如月，亦谓之海镜，土人鳞次之为天窗。[②]

昌国地区丰富的海产种类和海洋物产，一方面充分体现出昌国地区的地域特色，即临海、多山；另一方面，它们也构成了昌国地区海洋物质文化的重要组成部分，充分展示出这一地区的海洋文化特征，当然，也在一定程度上反映出元代昌国地区海洋渔业的发展。

元代昌国地区海洋渔业的发展，不仅表现在鱼类种类的增加，而且在课税方面，渔业税也越来越重要。随着渔业的发展，渔业税也成为政府重要的税源，“岁办不等，旧实无之。盖附海之民，岁造鱼鲞，多买有引，客盐为用，官未尝置局也。自至元三十年（1293），昉于燕参政之奏。于海边捕鱼时分，令船户各验船料大小，赴局买盐，淹浥鱼鲞……自是岁严一岁，买数愈增。大德元年（1297）至买及八百余引”[③]。还有些海产品

---

① （元）冯福京等：《昌国州图志》卷4《海族》，见凌金祚点校注释《宋元明舟山古志》，第86页。

② 浙江省地方志编纂委员会编：清雍正朝《浙江通志》卷130《物产三》，中华书局2001年版，第2381—2393页。

③ （元）冯福京等：《昌国州图志》卷3《叙赋》、卷4《叙山》，见凌金祚点校注释《宋元明舟山古志》，第76—77页。

被作为特产税加以征收，“鲨鱼皮，岁纳九十四张。本州实无所产……乃在他处买纳，遂以为例”；“鱼鳔，岁纳八十斤，于出产都分科征，始于至元三十年（1293）”①。

从前面的叙述里，我们可以看出元代昌国地区海洋渔业发展的一些大致特征。第一，舟山渔场上现在捕捞的各主要品种，当时都已被开发利用。第二，用船下海生产已成为当时生产的主要方式，官府摊销渔盐，也以渔船的大小作为摊派多少的标准，以一船买渔盐一引计算，就至少有800多只渔船在这里生产。第三，“岁造鱼鲞”已成为普遍现象，加工用盐量以鱼货的25%计算，800引渔盐可加工鱼130万斤以上。第四，官府已把这里看作一个渔业产地，要渔民用鲨鱼皮、鱼鳔等高档产品作为课征物品。

第四节　明清时期舟山的海洋渔业

明初舟山群岛的徙民有两次，第一次是洪武四年（1371）的废县徙民，第二次是洪武十九年（1386）迁卫、废县及大规模徙民。舟山废县徙民，给舟山人民带来了巨大的灾难。后来，王国祚冒死进京，奏请朱元璋，“面陈不当尽徙之状”，并力陈“民兵与官兵交足之法”，才得以保留了部分居民。王国祚冒死奏请太祖朱元璋后，得到允许将舟山岛的8805人不予迁徙，而其余46岛的13000余户、34000余人悉数迁往浙东、浙西各州县及汤和老家安徽凤阳县。整个舟山群岛，除了舟山本岛的8000多名居民外，其余岛屿几乎全成空岛。明初在舟山群岛实行的废县徙民措施是整个明朝政府在全国实行海禁政策的一部分。它与基本上贯穿有明一代的海禁政策及明末清初的“迁海”一致，使舟山的社会经济发展遭到重大挫折。舟山的废县徙民以其持续时间长、范围广、受害深、影响烈而载入史册。明政府的废县徙民措施连同清初实施的“迁海”政策，使舟山的经济、社会发展停顿了近400年；并间接地使中国丧失了一次开放国门、走向变革、实现现代化的机遇。

清军在占领舟山的过程中，烧杀掳掠，把舟山变成废墟，给舟山人民带来了深重的灾难。给舟山人民带来更大灾难的是清政府的沿海迁界政

① （元）冯福京等：《昌国州图志》卷3《叙赋》、卷4《叙山》，见凌金祚点校注释《宋元明舟山古志》，第77、78页。

策。在消除南明势力的过程中，由于当时清军水战兵力和经验都不足，为了避免明军以舟山为基地形成对清政府的严重威胁，清政府决定把舟山城郭房屋全部拆毁，居民统统赶回内地。这就是著名的清初“迁海”政策。郑成功、张煌言率领舟师展开的长江战役显示了以他们为首的东南沿海义师还拥有雄厚实力，而大江两岸缙绅百姓的群起响应，更使清朝统治者不寒而栗，他们感到当务之急是不惜代价切断义师同各地居民的联系，顺治十八年（1661）清廷断然决定实行大规模的强制迁徙濒海居民的政策。[①]“迁沿海居民，以垣为界。三十里以外，悉墟其地”；立界时“大较以去海远近为度，初立界犹以为近也，再远之，又再远之，凡三迁而界始定”[②]。康熙二年（1663），“奉檄沿海一带钉定界桩，仍筑墩堠台寨，竖旗为号，设目兵若干名昼夜巡探，编传烽火歌词，互相警备”[③]。从这时起到展复海界，舟山群岛基本成了一片废墟，直到清康熙二十三年（1684），全国统一、开放海禁后，舟山的渔业、盐业、农业、水利和城镇建设才有缓慢发展，但文教事业却一蹶不振，直至咸丰、光绪年间始有起色。[④]

明清两代的“海禁”政策，使舟山的渔业生产濒于中断，但是，被遣渔民仍然冒着禁令偷偷捕鱼。1683 年到任的定海知县缪燧在一件呈禀中谈到衢山时说，虽然“自明初起遣，永行废弃”，但每到“夏秋渔汛之期，闽浙渔船，集聚网捕”[⑤]。舟山的渔业生产似乎并没有完全消失。

清康熙二十三年（1684），清政府“海禁”重开，准许人们到舟山各岛定居。1736 年前后，岱山、衢山、长涂、秀山、金塘、六横、桃花、虾峙等岛陆续复垦。1838—1850 年，一批福建小钓船到中街山列岛钓目鱼。此后，瑞安、鄞县等地渔民也来此拖捕目鱼，并逐步定居下来，青滨、庙子湖、黄兴、东福等岛成为渔村。

随着人口的增长，舟山海洋渔业的近海作业得到恢复和新的发展。在迁入的居民中，很大部分人原先就是渔民，且常来舟山渔场生产，复垦后为了生产方便，他们举家迁来定居，不仅带来了船、网和其他工具，而且

---

① 顾诚：《南明史》，中国青年出版社 1997 年版，第 1059 页。

② （清）王胜时：《漫游纪略》卷 3《粤游》，樊尔勤校，上海新文化书社 1934 年版，第 20 页。

③ 浙江省地方志编纂委员会编：清雍正朝《浙江通志》卷 96《海防二》，第 2213 页。

④ 包江雁：《明初舟山群岛废县徙民及其影响》，《浙江海洋学院学报》（人文社会科学版）1999 年第 4 期。

⑤ （清）史致驯、黄以周等编纂：光绪《定海厅志》卷 14《疆域》，柳和勇、詹亚园校点，第 282、284 页。表述略有不同的同样记载见周圣化原修，缪燧重修康熙《定海县志》卷 3《山川》，凌金祚点校注释，第 67 页。

带来了丰富的生产知识。蚂蚁岛的张网作业，就是由一个原住镇海的陆姓渔民传授过来的。虾峙岛的黄石岙，在约 300 年前，原本是个荒无人烟的“乱石岙”，镇海渔民蒋思义等人，由于经常到小岛旁边拖目鱼，年复一年，就在这里安了家。几年后，同族的蒋慕文，同村的吕家和陆家也搬来定居。至今，黄石岙还有民谣流传：“一岙逢三姓，烟村十二家，捕鱼兼务农，鱼米堆成仓。”从此，黄石岙变成了一个渔村。①

清代舟山渔业生产力与过去相比有了很大提高，生产者的收入也大为增加，蚂蚁岛、桃花岛、虾峙岛等地的渔民都在当地建屋定居。生产工具和生产人员也增加了，比如蚂蚁岛开始只有一户陆姓居民搞张网，不久就发展到 30 多户；虾峙岛的栅棚，原先只有顾姓和王姓两户在海边张“高椿”，后来发展到 300 多户，小对船、小流网作业也相继出现。伴随这些而来的是海洋渔业的生产地位由先前的副业逐渐转为主业，渔获物的商品化程度得到提高。同时，大片海涂被围垦成稻田或盐田，农、盐生产也得到了发展，不但专业农（盐）民和渔民的界限更加分明，而且出现了以农（盐）为主的农（盐）村和以渔为主的渔村、渔岛。

复垦初期的近海生产，其作业方式、组织形式和分配方法，基本上沿袭了宋代的方式方法，但发展速度、生产规模都更快更大。清代舟山的这种海洋渔业生产状况持续了一百多年，从公元 1700 年前后到 1850 年前后，但它的某些作业一直沿用到今天。在舟山海洋渔业发展过程中，舟山渔民进一步熟悉了海洋情况，习惯了海洋生活，丰富了海洋生产知识，为以后进一步开拓渔场、发展远洋作业积累了经验。②

明清时期，随着社会的发展，特别是随着造船技术的进步，舟山海洋渔业取得了很多进步。渔民在长期的生产实践中创造了适合本地区捕捞的各种渔具和渔法，拖网类、围网类、刺网类、张网类、敷网类、钓具类以及其他渔具进一步完善发展，捕捞水域从沿岸浅海扩大到近海，甚至外海，形成了较为完备的捕捞作业体系。在作业方式方面，鄞县东钱湖渔民创造了独一无二的大对作业，象山爵溪渔民开创了独捞作业，台州、温州引进了福建的延绳钓渔业，奉化渔民创造了大捕渔业，镇海澥浦渔民开创了外海大流网渔业，等等，所有这些作业方式，都可能在舟山渔场得以应用。在技术知识方面，人们对海洋水产资源的分布、海流潮汐、底质水深、暗礁位置、气象规律、鱼类习性等都有了进一步的认识。清光绪八年

---

① 《舟山渔志》编写组：《舟山渔志》，第 16 页。
② 《舟山渔志》编写组：《舟山渔志》，第 16 页。

(1882) 编成的《定海厅志》对所列鱼类的形态、汛期和用途都作了简要介绍，如“石首鱼”一栏说：“尾、鬣皆黄，一名黄鱼。首有二枕骨在脑户中，其坚如石，故以名之。冬月者佳，名报春，三月者名鳆。八月者次之，名桂花石首。至四五月，名黄鱼。出北洋（指岱衢洋），每至夏至，渔人竞集网捕，谓之鱼市。凡三汛，至五月中方散。”① 在捕捞工具方面，船只网具逐步大型化和多样化，大、中、小型渔船和拖、围（对）、流、钓、张、光诱等渔法，已具备了当代捕捞渔具的雏形。在作业渔场方面，除多数在沿岸近海渔场外，少数渔船已去江苏省吕泗洋渔场用流刺网捕鳓鱼，甚至远至琉球、对马海域流捕铜盆鱼（鲷）、金线鱼、青、黄鳟（鲐、鲹鱼）。在渔获物利用方面，除用盐腌制外，懂得了更多的加工知识，如大黄鱼加工为白鲞、鱼胶，乌贼加工成螟蛹鲞和海膘绡入药，贻贝煮熟为淡菜干，贝壳烧灰作粉可以涂壁以及建造冰厂储冰以为保鲜之用。②

小结　边缘之地的海洋文化特色

舟山群岛地处我国中部沿海的边缘之地，但它在全国首屈一指的丰富的海洋渔业资源却使它在中国海洋渔业史上占据重要地位。舟山群岛以海洋渔业为基础形成的海洋渔文化彰显出典型的海洋文化特色。

海洋渔文化是泛指与海洋生产生活相关的文化呈现，是人们在从事涉渔实践中所创造的文化成果的总和。以海洋鱼类为中心形成的海洋渔文化主要包括以下内容：海洋渔业生产（捕捞和养殖等）文化，如海洋捕捞工具（渔船及各种渔具）的制造，海洋捕捞技术（渔场的开发、鱼汛的掌握、渔具的科学使用等），鱼类养殖技术（鱼饲料的开发、制作及养殖技术等）。海洋鱼产品文化，主要包含海洋鱼类的保存、加工和流通等内容，如鱼的保鲜和保存技术文化，鱼的原初加工方法和技术文化，鱼烹饪文化，鱼的商贸流通文化等。涉渔习俗文化，主要包括与鱼有关的生产、生活习俗等文化，如渔生产习俗文化，包括生产工具制造及渔场生产中所形成的约定俗成的规定、禁忌及习惯行为；渔民日常生活习俗文化，包括日常涉渔生活习惯及禁忌等，渔民的信仰与崇拜文化，渔民村落、民居建筑

① （清）史致驯、黄以周等编纂：光绪《定海厅志》卷24《物产》，柳和勇、詹亚园校点，第657页。

② 浙江省水产志编纂委员会编：《浙江省水产志》，第98页。

及装饰文化，其他涉渔生活经验等。渔审美文化，主要包括人们传达涉渔审美意识的艺术创造，如民间涉渔歌谣、故事等，涉渔内容的文学作品创作，包括涉渔诗、小说和散文等，其他涉渔的审美文艺（如涉渔审美绘画、涉渔审美舞蹈和音乐等）。渔文化史研究，主要是有关渔业发展研究的文化成果，如涉渔内容的博物馆建设、涉渔文物收集、资料整理及渔文化研究等。①

渔业是人类社会最古老的海洋原始产业，也是发展得较为完善的海洋经济领域。从海洋文化发展的角度看，正是由于人类从海洋中获取了较充足的鱼类食物，才使濒海人群获得了生存和发展。人们在长期的渔业捕捞中，认识潮汐规律，掌握风潮变化，并随着海洋渔业捕获需要的扩大和能力的提高，促进了造船、航海、海洋贸易及海洋食品加工等方面的全方位发展，也为涉海人群的海洋审美文化的创造奠定了基础。

舟山海洋渔文化的所有这些内容，都是在舟山群岛海洋渔业几千年的发展历程中逐渐形成的。在海洋渔业生产文化方面，舟山群岛海洋渔业历史悠久。早在新石器时代，先民们便在涂面采蚌拾贝，捉鱼摸虾，并用简单的工具在涂面、礁边、潮间带捕捉随潮进退的鱼虾蟹类，他们的这些活动，也开启了海洋渔文化的先声。衢山虾蟆岭发现的新石器时代的陶制网用沉磓是非常引人注目的捕鱼工具文物，在舟山早期海洋渔业生产文化史上占有重要地位。随着生产力的进步，竹簖、布网等工具的使用，先民们逐步走到稍深的海面从事渔业生产活动。大概从唐朝开始，舟山居民的渔业生产从涂面采捕发展到近海生产。北宋时期，随着民间造船技术的进步，海洋捕捞水域进一步扩大。北宋时期渔业的船身由唐时的4.5—5.5米增大至8—10米，载重3—4吨，大海船能载员数百人，贮有一年口粮，船上甚至还可以养猪酿酒织布。船型结构也渐显雏形，其整体的结构可以简略地分为“纵、横、内、外”四个部分，总体结构有：船壳、风帆、橹、桨、锚、木桅等。此时的渔具与渔法，与前代相比，要完备得多，并出现了新的发明和创造，如钓渔具、网渔具、耙刺类等。南宋时期出现了较大的船网工具，捕捞生产规模日渐扩大。渔船规模也越来越大，庆元府六县（含舟山）共辖船7916艘。明清两代的“海禁”政策，使舟山的渔业生产濒于中断，但每到“夏秋鱼汛之期，闽浙渔船，集聚网捕”。舟山的渔业生产似乎并没有消失，相反，渔民们在长期的生产实践中创造并进一步完善了适合本地区捕捞的各种渔具和渔法，捕捞水域也不断扩大并形

① 柳和勇：《舟山群岛海洋文化论》，海洋出版社2006年版，第76—77页。

成了较为完备的捕捞作业体系。

在海洋渔业产品文化方面，新石器时代先民们的海洋渔业产品主要是蚶、蛤等贝类。到西晋时期，从车茂安信中可以看出，舟山当时的渔产品已经很丰富。大约到唐代，自采自食的渔业自然经济，逐渐地发展成为自产自销、地产地销的小商品经济，为渔业产品文化的发展开创了一个新的起点。到北宋时期，方志中明确记载的海洋鱼类就有 12 种。随着渔产品产量的增加，渔民们除将部分鲜货直接投放周边市场外，大部分则通过特殊加工予以贮存，从而使渔产品加工业随之兴起。南宋时期，昌国地区的鱼产品“腥污之气，溢于市井，涎壳之积，厚于丘山”。到元代，今天舟山所有的海洋渔业物产在当时的昌国地区都已经出现，此外，当时还有很多海中特产，如石花菜、紫菜、石首鱼、海鳅等，鲨鱼皮、鱼鳔等高档海产品甚至作为课征特产，比较突出地体现出昌国地区海洋渔文化中产品文化的地域特色。明清时期，舟山渔民们不但捕获渔产品数量大大超过以前，而且经过加工的鱼产品也越来越多，这些加工产品直到今天仍然在舟山沿袭。

在海洋渔业习俗文化方面，在长期的渔业摸索实践中，先民们对海洋里的一些情况，如潮汐的涨落，鱼虾的活动规律，有了一定的认识，并在此过程中，形成了相关的渔业习俗文化。西晋时期，人们烹饪技法有脍、炙、蒸、臛（做成肉羹），石首鱼、鮸鱼已经成为烹饪的常见原料，其他的烹饪原料还有蚌蛤之属、石首鱼科的齿（银牙的古称）、鲟科鱼类中的鳣鲔、鲽形目鱼类中的比目等，[①] 车茂安说“东海之俊味”正是当时海洋渔业食俗文化的明显体现。明清时期，人们对海洋水产资源的分布、海流潮汐、底质水深、暗礁位置、气象规律、鱼类习性等都有了进一步的认识。清初“海禁”重开后，福建、瑞安、鄞县等地渔民来到舟山，并逐步定居下来，逐渐形成青滨、庙子湖、黄兴、东福等海岛渔村。此后，著名的海岛渔村还有黄石岙、蚂蚁岛、桃花岛、虾峙岛等。这些独具特色的渔村成为舟山群岛海洋渔业习俗文化的重要标志和载体。

在海洋渔业审美文化方面，渔歌作为民间海洋文学的重要样式，反映出鲜明的地域涉海内容，具有其内在的艺术美学特征，如自由的诗歌形式、歌咏化的生活语言、率直的涉渔内容等。渔歌的主要类型包括劳动号子、涉渔小调、渔知识歌谣等。[②] 这些文化都是舟山群岛渔民们在漫长岁

① 孙善根、白斌、丁龙华：《宁波海洋渔业史》，第 22 页。
② 柳和勇：《舟山群岛海洋文化论》，第 96—117 页。

月里进行的文化创造成果。另外，历史文人墨客对舟山渔业文化的描写也成为舟山海洋渔业审美文化的重要组成部分。如北宋文学家苏轼在《送冯判官之昌国》中对当时舟山鱼盐生产有过如下诗句："春雷一震海帖伏，龙变海鱼安海族。鱼盐生计稍得苏，职贡重修远岛服。"再如清代刘梦兰的《蓬莱十景诗》中，[1] 其中好几首与渔业有关，兹节录如下：

南浦归帆

南浦湾环水一汀，野航多在此间停，
归来稳泊芦花岸，航尾茶烟逗月青。

鱼山蜃楼

大小鱼山气吐银，惯看楼阁起鳞鳞，
岛间时有乘槎客，未许凭栏一问津。

横街鱼市

丁沽港口海船回，小市横街趁晚开，
狂脱蓑衣寻野店，挈鱼换酒醉翁来。

衢港渔灯

无数渔船一港收，渔灯点点漾中流，
九天星斗三更落，照遍珊瑚海上洲。

竹峙怒涛

不关风起亦生涛，夕汐朝潮势怒号，
十八浪中帆侧过，回头犹见雪山高。

① 岱山县志编纂委员会：《岱山县志》，第662—663页。刘梦兰、字少畹，舟山岱山泥峙朝北岙人，清嘉庆道光年间贡生。

第五章 边缘之地的“人文景观”：古代舟山的海洋盐业

食盐是人们生活中最重要的必需品之一，在人类社会生活中占有重要地位。我国海盐生产历史悠久，早在仰韶文化时期已经用海水煮盐。[①]《说文解字》里说：“古者宿沙初作煮海盐。”[②] 有学者经过考证，认为宿沙氏是一个长期居住在山东半岛的古老部落，和传说中的洪荒时期的炎帝部落有密切的联系。宿沙部落长期与海为邻，不仅首创了煮海为盐，而且大概在商、周之际，已在当地推广和普及煮盐。正因如此，宿沙氏被后世尊崇为“盐宗”[③]。

浙江东部濒海，滩涂广袤，生产海盐的土地和海水资源丰富，自古以来就是东海著名的产盐之地，也是我国海盐的重要出产地。浙江东部沿海地区的气候条件对盐业生产有利有害，日照充足但短晴多雨，影响蒸发，且多风潮灾害。由于舟山地多斥卤，古代就以海盐为一大产业。我们通过对舟山盐业演变的梳理，追寻海岛社会的特定区域社会历史脉络，在明晰的“地点感”的基础上，在情感、心智和理性上都尽量“走进历史现场”[④]。不过，

---

① 张耀光：《中国海洋经济地理学》，东南大学出版社 2015 年版，第 284 页。

② （汉）许慎撰，（宋）徐铉等校：《说文解字》，上海古籍出版社 2007 年版，第 591 页。

③ 郭正忠主编：《中国盐业史（古代编）》，人民出版社 1997 年版，第 21—22 页。

④ 陈春声：《走向历史现场（历史·田野丛书总序）》，《读书》2006 年第 9 期。专门探讨舟山盐业的研究成果不多，孙峰在《唐代宁波盐政机构——富都监之新考》（《盐业史研究》2014 年第 1 期）中考证了唐代十监之一的富都监始设于翁山县，后受浙东袁晁起义影响而迁址明州鄮县（宁波）境内，五代吴越时期仍设富都监。钱丰的《盐、神庙与革命——清代以来舟山群岛社区历史的个案研究》（硕士学位论文，中山大学，2012 年）探讨了自雍正年以来，官府在整顿舟山私盐过程中，岱山岛上的神庙如何被刻意利用，并作为岛民日常生活的组成部分而加以整合；进入 20 世纪，岱山岛上的革命故事又被融合到庙史中，体现出岱山革命运动与岛上地方社会间的充分互动。武锋在《浙江盐业民俗初探——以舟山与宁波两地为考察中心》［《浙江海洋学院学报》（人文科学版）2008 年第 4 期］中考察了舟山及宁波地区的盐生传说、盐产崇拜、盐业祠祀等盐业民俗。其他涉及舟山盐业的著作都只是简单地提及，如曾仰丰的《中国盐政史》（上海书店 1984 年版，第 60 页），田秋野、周维亮编著的《中华盐业史》（台北商务印书馆 1979 年版，第 373—385 页）等。冯定雄、赵文燕在《중국 청대 주산염업 및 해도사회》（中国清代舟山盐业与海岛社会）［《岛屿文化》（韩国），第 54 卷，2019 年 12 月］中对清代舟山盐业发展有比较系统的研究，并进一步考察了清代盐业与舟山海岛社会的关系。

很遗憾的是，由于宋代以前相关文献严重不足，我们对宋代以前舟山群岛的盐业生产情况所知甚少。

浙盐产区最早始于钱塘江—杭州湾两岸，春秋有越之朱馀（今绍兴市），汉代吴郡的海盐县“海滨广斥，盐田相望。吴煮海为盐，即盐官县境也”[①]。目前能找到的关于舟山盐业较早的记载是在南宋宝庆《四明志》中：“（昌国）县东南一百八十步，唐曰富都，十监之一也。以丧乱废。皇朝端拱三年（990）八月十五日复建。”[②] 该记载只说在舟山设有盐业管理机构富都监，没有其他信息。同样在宝庆《四明志》中还提到过富都监巡吏刘赞。[③] 至于富都监存续的时间，史载只说“以丧乱废”，具体时间并不清楚。这里的“以丧乱废”即唐宝应元年（762）的浙东袁晁起义。宝应元年八月，袁晁在台州起义，旋分三路，北路于十月占领明州（宁波），迅即渡海取翁山（舟山），在此建立水军，后攻苏杭，震骇朝野，唐开元二十六（738）始建的翁山县遂废于袁晁之乱。有学者经过考证后认为，富都监设置于宝应年间（762—763），最初的位置就在翁山县境内。后来虽经袁晁之乱，翁山县废，但富都监仍然存在，只是把它迁到了明州鄮县境内，后来唐朝明州行政区划调整，富都监则设于海望镇（镇海）境内，因此，富都监并没有因为“以丧乱废”而取消，相反，它一直存在，只是位置并不在翁山县而已。富都监不但存在，而且至少到公元920年前后还一直存续，吴越大臣元图曾经在富都监任职。[④]

虽然我们对唐代及之前的舟山盐业发展情况并不清楚，但是，不管怎样，我们可以肯定的是，到唐朝时期，舟山的盐场已经成为当时东南地区的十大盐场之一。关于舟山盐业发展情况比较明确和丰富的材料是从北宋开始的。

第一节　宋代舟山群岛的海洋盐业

北宋时期，昌国县的制盐业在唐代的基础上有进一步的发展。自端拱

① （唐）徐坚等：《初学记》（上册）卷8《州郡部·江南道》，第187页。

② （宋）胡榘、方万里、罗濬：宝庆《四明志》卷20《昌国县志·仓库场务等》，《宋元方志丛刊》（第5册），中华书局1990年影印本，第5246页下栏。“端拱”是宋太宗的第三个年号（988—989），前后只有两年时间，此称“端拱三年”应有误。——引者注

③ （宋）胡榘、方万里、罗濬：宝庆《四明志》卷19《定海县志·叙祠》，《宋元方志丛刊》（第5册），第5239页下栏。

④ 孙峰：《唐代宁波盐政机构——富都监之新考》，《盐业史研究》2014年第1期。

二年（989）以来，北宋政府先后在舟山设立岱山盐场、昌国东盐场、昌国西盐场。从盐业管理看，当时主要是官制，由国家直接经营盐业生产。《宋史》载："宋自削平诸国，天下盐利皆归县官。官鬻、通商，随州郡所宜，然亦变革不常，而尤重私贩之禁。"[①] 当时的盐主要分为两类："盐之类有二：引池而成者，曰颗盐，周官所谓监盐也；煮海、煮井、煮碱而成者，曰末盐，周官所谓散盐也。"[②] 无论是颗盐还是末盐，都纳入政府的统一管理。北宋初年，由于外患的存在和军需的增加，加上皇宫为夸示升平景象，大肆建造宫苑、索取花石，使得政府财政空虚，这加快了政府的财赋集权步伐，[③] 其中重要措施之一是创立一些特殊的征调项目，如崇宁年间（1102—1106）、太观年间（1107—1110）掏收东南茶盐之利。[④] 昌国地区的盐业管理比较混乱，"自昌国县置发引铺，而公私之货混淆不可辨，其利于公者削矣"[⑤]。张司勋为官昌国后，对昌国盐市进行了整饬，收到了明显的成效，"公至则除引铺，使民市于官市，于官者不为定格，益严其禁，期不敢犯。未几，入缗钱八十万，既足其目，而又益三百万"[⑥]。

在盐业管理中，两浙刑狱卢秉实行的盐法是比较重要的。熙宁五年（1072），以卢秉权发遣两浙提点刑狱专提举盐事。在他到来之前，"灶户鬻盐，与官为市，盐场不时偿其直，灶户益困。秉先请储发运司钱及杂钱百万缗以待偿，而诸场皆定分数"[⑦]。卢秉决定对盐业加强政府统一管理。

> 元丰（1078—1085）初，卢秉提点两浙刑狱。会朝廷议盐法，秉谓：自钱塘县杨村场，上流接睦、歙等州，与越州钱清场等水势稍淡，以六分为额。杨村下接仁和县汤村，为七分。盐官场为八分。并海而东，为越州余姚县石堰场、明州慈溪县鸣鹤场，皆九分。至岱山、昌国，又东南为温州双穟、南天富、北天富，十分。着为定数。盖自岱山及二天富，皆取海水炼盐，所谓熬波也。自鸣鹤西南及汤村，则刮硷以淋卤，以分计之，十得六七。……后来法虽小变，公私

① （元）脱脱等：《宋史》卷181《食货志下三·盐上》，中华书局1977年版，第4413页。
② （元）脱脱等：《宋史》卷181《食货志下三·盐上》，第4413页。
③ 黄宽重：《从中央与地方关系互动看宋代基层社会演变》，《历史研究》2005年第4期。
④ 包伟民：《宋代地方财政史研究》，上海古籍出版社2001年版，第92页。
⑤ （宋）沈辽：《云巢编》卷9《张司勋墓志铭》，景印文渊阁四库全书影印本（第1117册），台北商务印书馆1986年影印本，第618页上栏。
⑥ （宋）沈辽：《云巢编》卷9《张司勋墓志铭》，第618页上栏。
⑦ （元）脱脱等：《宋史》卷182《食货志下四·盐中》，第4436页。

所便，大抵不易卢法。[①]

从卢秉盐法来看，当时昌国地区的盐不仅质量好，而且征税额也比较高。卢秉盐法要求严格执行，禁止盗贩，对于盗贩者，“罪不至配虽杖者，皆同妻子迁五百里”[②]。政府对昌国盐业的集赋专卖，使昌国对当时贫弱的北宋政府财政增加作出了较大贡献。据史载，北宋鬻海为盐凡六路（京东、河北、两浙、淮南、福建、广南），至道三年（997），政府鬻钱总数为一百六十三万三千余贯，“其在两浙曰杭州场，岁鬻七万七千余石，明州昌国东、西两盐二十万一千余石”[③]。

熙宁六年（1073），北宋政府在昌国设立正监、东江、芦花三个盐场，下设晓峰、甬东、桃花三个子场。“昌国监文武各一员，岱山场监盐、押袋武二员，东江高南亭二场各武一员，芦花场文一员（以上并昌国）。”[④]著名词人柳永就曾做过晓峰盐场的监盐官，在此期间，他还作过著名《煮海歌・悯亭户也》，描写当时盐民的生产和生活状况，这也是宋代少见的描写手工业工人苦难的诗，堪与唐代李贺的《老夫采玉歌》媲美而文笔更为质朴。

煮海盐歌（悯亭户也）

煮海之民何所营，妇无桑织夫无耕。
衣食之源太寥落，牢盆煮就汝输征。
年年春夏潮盈浦，潮退刮泥成岛屿。
风干日曝盐味加，始灌潮皮溜成卤。
卤浓盐淡未得闲，采樵深入无穷山。
豹踪虎迹不敢避，朝阳出去夕阳还。
船载肩擎未遑歇，投入巨灶炎炎热。
晨烧暮烁堆积高，才得波涛变成雪。
自从潴卤至飞霜，无非假贷充餱粮。
称入官中得微值，一缗往往千缗偿。
周而复始无休息，官租未了私租逼。

① （宋）姚宽：《西溪丛语》卷上，商务印书馆1939年版，第15页。
② 浙江省地方志编纂委员会编：清雍正朝《浙江通志》卷83《盐法上》，第1980页。
③ （元）脱脱等：《宋史》卷182《食货志下四・盐中》，第4434页。
④ （宋）罗濬：宝庆《四明志》卷3《叙产》，载浙江省地方志编纂委员会编《宋元浙江方志集成》（第7册），第3159页。

驱妻逐子课工程，虽作人形俱菜色。
煮海之民何苦辛，安得母富子不贫。
本朝一物无失所，愿广皇仁到海滨。
甲兵净洗征输辍，君有余财罢盐铁。
太平相业惟尔盐，化作夏商周时节。①

有学者认为，柳永的《煮海歌》至少反映出三点。第一，《煮海歌》完整记述了当时海盐生产的过程，对我们了解北宋时舟山盐民的制盐技术有极大帮助，是一份不可多得的舟山盐业生产史资料。第二，《煮海歌》具体生动地描述了舟山盐民制盐的辛苦与生活的极度贫苦，深刻记录了北宋时代社会底层所蕴含的严重危机，是一份真实形象的舟山社会史资料。第三，柳永当时的身份是晓峰盐场的监盐官，从职位来说应当站在官家的立场维护官家的利益，而他在诗中却站在了盐民的立场，以哀告的口吻诉说盐民的种种辛苦与不幸，要求朝廷减轻对盐民的征敛，对当权者表示了委婉而严厉的批评。② 柳永的描述与当时的历史实际是比较符合的，比如，当时明州地区每斤盐的收购价是四文，政府贱价从亭户那里强买过来，然后高价向农民卖出。③ 正是由于政府对亭户压迫，使得昌国盐民生活十分艰辛，到哲宗时期，北宋政府采取过一些对盐户减免盐税的措施，（哲宗）“诏蠲免二浙盐亭户课盐旧钱。钱塘、仁和、盐官、昌国亭户计丁纳盐，历岁已久，至是除之”④。尽管如此，昌国地区盐户的负担还是比较重的。

北宋著名政治家王安石也到过昌国，写有诗篇《收盐》：

州家飞符来比栉，海中收盐今复密。穷囚破屋正嗟欷，吏兵操舟去复出。海中诸岛古不毛，岛夷为生今独劳。不煎海水饿死耳，谁肯坐守无亡逃。尔来贼盗往往有，劫杀贾客沉其艘。一民之生重天下，君子忍与争秋毫。⑤

---

① （宋）柳永：《柳永集》；孙光贵，徐静校注，岳麓书社 2003 年版，第 207—208 页。

② 李凌：《柳永和他的〈煮海歌〉》，《盐业史研究》1989 年第 1 期。

③ 乐承耀：《宁波古代史纲》，第 141 页。

④ （宋）李焘：《续资治通鉴长编》卷 440《哲宗》，元祐二年八月辛卯条，上海师范大学古籍整理研究所、华东师范大学古籍整理研究所点校，中华书局 1992 年版，第 9836 页。

⑤ （宋）王安石：《王安石全集》卷 51《收盐》，秦克、巩军标点，上海古籍出版社 1999 年版，第 421 页。

诗中不仅可以看到渔民的制盐习俗，而且渔民的艰辛生活也可见一斑。

北宋时期明州地区盐的产量和质量都名列浙江前茅。[1] 就产量而言，至道三年（997），昌国东、西两盐场每年卖给国家的盐达 201000 石，折合 5025 吨，是杭州场的 2.61 倍，[2] 这里还没有把岱山盐场的产量算进去，如果算进去，舟山地区的盐产量就更高了。在质量方面，岱山盐场出产的“岱盐”，“盐质晶莹、洁白、粒细、味鲜，闻名省内外”[3]。前面提到的卢秉权发遣两浙提举盐事，因水势的咸淡定各场分数，其中杨村下接仁和县汤村为七分，盐官场为八分，余姚县石堰场、慈溪县鸣鹤场定为九分，而岱山、昌国（以及温州双穟、南天富、北天富）则为十分，这说明当时舟山地区盐的质量是比较高的。当然，这种分数的确定也与当时盐的生产方式有关。当时的盐的生产方式主要有两种，即“熬波”法和“刮硷淋卤”法，[4] 岱山使用的是“熬波”法。

> 盖自岱山及二天富，皆取海水炼盐，所谓熬波也。自鸣鹤西南及汤村，则刮硷以淋卤。……盐官汤村用铁盘，故盐色青白。而盐官盐色或少黑，由晒灰故也。汤村及钱清场织竹为盘，涂以石灰，故色少黄。竹势不及铁，则黄色为嫩，青白为上。色黑多卤，或又有泥石，

---

① 乐承耀：《宁波古代史纲》，第 141 页。

② （元）脱脱等：《宋史》卷 182《食货志下四 · 盐中》，第 4434 页。

③ 浙江省地名委员会编：《浙江地名简志》，浙江人民出版社 1988 年版，第 479 页。

④ 刮硷淋卤法又称“刺土法”（或“刮土法”“淋土法”），即刮取海滨富有盐分的咸土，用经过选择的海水浇灌咸土，以制取卤水。《太平寰宇记》对此法有详细的记载：“凡取卤煮盐，以雨晴为度，亭地干爽。先用人牛牵挟，刺刀取土，经宿铺草藉地，复牵爬车，聚所刺土于草上成溜，大者高二尺，方一丈以上。锹作卤井于溜侧，多以妇人、小丁执芦箕，名之为黄头，欿水灌浇，盖从其轻便。食顷，则卤流入井，取石莲十枚，尝其厚薄，全浮者全收盐，半浮者半收盐，三莲以下浮者则卤未堪，须却刺开而别聚溜。卤可用者，始贮于卤漕，载入灶屋，别役人丁驾高车，破皮为窄连，络头皮绳，挂着牛犊，铁檥钩搭，于草场取采芦柴藕草之属，旋以石灰封盘角，散皂角，于盘内起火煮卤。一溜之卤，分三盘至五盘，每盘成盐三石至五石。既成，人户疾着水履上盘，冒热收取，稍迟则不及收讫。接续添卤，一昼夜可成五盘。住火而别户继之。上溜已浇者，摊开□□，刺取如前法。若久不爬溜之地，必锄去蒿草，益人牛自新耕犁，然后刺取。大约刺土至成盐不过四五日，但近海亭长及晴雨得所，或风色仍便，则所收益多，盖久晴则地燥，频雨则卤薄，亭民不避盛寒隆暑，专其生业故也。然而收溜成盐，固不恒其故也。”（宋）乐史撰：《太平寰宇记》卷 130《淮南道八 · 海陵监》，王文楚等点校，中华书局 2007 年版，第 2569 页。前述柳永的《煮海歌》中也对刮硷淋卤法有描述：“年年春夏潮盈浦，潮退刮泥成岛屿，风干日曝盐味加，始灌潮皮溜成卤。”

不宜久停。若石堰以东，虽用竹盘而盐色光白，以近海水咸故尔。[①]

由此可以看出，当时可以用竹盘制盐，说明制盐技术大大超过了唐代，而且盐的质量也大为提升。[②]

南宋时期继续实行两税法，对农民征收地税和丁赋，缴纳的赋税作为夏秋二税的正税以外，还有名目繁多的各种杂税。昌国地区多山，土地贫瘠，相对于平原地区，农业并不发达，但赋税却并不轻，“白米七百四十七石八斗七升三合八勺。湖田糙米一千六百二石一斗五升九合。谷二千二百一十五石二斗七升九合九勺。河涂钱二百二十贯九百九十一文（省陌钱，会中半）。租地钱一百二十贯五百六十三文（省陌钱。会中半）……东安乡屋钱日掠三十九文”[③]。这种赋税，对于土地较少且相对贫瘠的昌国地区，是很重的负担。昌国主要以盐业和渔业为重要的经济产业，征税的主要来源也是盐业和渔业。据记载，当时昌国地区向政府承担的盐课是“明州昌国两监二十万一千余石”[④]，《浙江通志》沿用了这一记载。[⑤] 宝庆《四明志》则记载：“昌国场额一万二十六袋一石九斗九升二合五抄。岱山场额一万四千六十袋一石一斗。东江场额一万二十六袋一石一斗九升六合二勺五抄。”[⑥] 据马端临的考证，“明州昌国东、西监三十万一千余石”[⑦]。无论哪种记载，都能说明昌国地区的盐税是非常沉重的。

第二节　元代舟山群岛的海洋盐业

元代舟山的盐业政策承袭前朝。元政府在庆元（宁波）设立了专门的机构浙东盐司管理盐业，其职责是“掌场灶，榷办盐货”，并在庆元设置大嵩、鸣鹤、清泉、穿山、龙头、长山、玉泉、岱山、正监、芦花 10 所

---

① （宋）姚宽：《西溪丛语》卷上，第 15 页。

② 乐承耀：《宁波古代史纲》，第 141 页。

③ （宋）罗濬：宝庆《四明志》卷 2《钱粮》，载浙江省地方志编纂委员会编《宋元浙江方志集成》（第 7 册），第 3135 页。

④ （元）脱脱等：《宋史》卷 182《食货志下四·盐中》，第 4434 页。

⑤ 浙江省地方志编纂委员会编：清雍正朝《浙江通志》卷 83《盐法上》，第 1979 页。

⑥ （宋）罗濬：宝庆《四明志》卷 6《叙赋下》，载浙江省地方志编纂委员会编《宋元浙江方志集成》（第 7 册），第 3214 页。

⑦ （宋）马端临：《文献通考》卷 15《征考》二《盐铁》，上海师范大学古籍研究所、华东师范大学古籍研究所点校，中华书局 2011 年版，第 435 页。

盐场，每所设司令一员，司丞一员，管勾三员（元贞元年改为一员），其中，岱山、正监、芦花三盐场属昌国地区。

庆元地区的盐产量丰富，成为两浙重要的盐产区。大德三年（1299），两浙盐运司辖盐场34所，庆元所属10所，占29.4%。昌国地区又是庆元地区重要的盐产区。至正年间，庆元地区盐的产量有所增加。大德到至正年间庆元地区的盐产量分别如表5-1所示。

表5-1　**元大德到至正年间庆元地区盐产量**[①]

地区	盐场	延祐年间		至正年间		增长比例
单位		岁办盐额（引）	折合（吨）	岁办盐额（引）	折合（吨）	
总计		93415		119606		28%
鄞县	大嵩	5988	1197.6	9291	1858.2	55.16%
慈溪	鸣鹤	28000	5600	24485	4897	12.55%
定海（镇海）	清泉	7337	1467.4	19115	3823	
	穿山	7292	1458.4	12139	2427.8	
	龙头	6735	1347	9449	1889.9	
	长山	8483	1696.6	7146	1429.2	
合计		29847		47849		60.31%
昌国州	岱山	7005	1401	8183	1636.6	
	正监	6361	1272.2	8572	1714.4	
	芦花	6871	1374.2	8209	1641.8	
合计		20237		24964		23.36%
象山	玉泉	9343	1868.6	13017	2603.4	39.32%

从表5-1的情况来看，昌国地区的盐产量的绝对数量还是比较大的，从所占比例来看也是比较适中的，因为毕竟昌国地区原本就面积狭小。

但是，产量巨大的盐业并没有给昌国地区人民带来相应的福祉。盐是国家的专卖物资。元政府通过盐税，获得了巨大的利益，盐课收入在元财政收入的钱钞部分中所占比例很大，达到了十分之七八。[②] 由于征收的数额高，一旦遇到灾荒与饥馑，盐民就会拖欠很多，“饥馑荐罹，逋负益广，

① 乐承耀：《宁波古代史纲》，第252—254页。这里引用时有所修改。

② 傅璇琮主编：《宁波通史》（元明卷），宁波出版社2009年版，第33页。

急之则疲愁叹，黧色骨立，见于耄稚”[①]，百姓深受其苦。元统治者在庆元路实行“食盐法”，即根据地区居民口数强制分摊一定数额的盐额。根据延祐年间的配额，庆元路所属州县每年食盐课 21266 引。按延祐时期，1 引为 150 贯计，庆元地区要征收 3189900 贯，合中统钞 63798 锭，这无疑给庆元地区百姓带来了沉重的负担。昌国州属海岛地区，“别无蔬菜，惟食咸水鱼鲜，贫户无盐亦可度日”[②]。但在至元二十七年（1290）的额办食盐就有 2005 引，此外还有强制船户购买用来腌制鱼鲞的渔盐 800 引。当时昌国州共有 22400 多户，103500 多口，“应诸色人户，计口请买”，而且不论年龄大小，每人月买盐 10 多两。此后由于百姓逃亡等原因，户口有所减少，但盐额却不变，只能摊派在乡村里正、主首或其他人户身上。

对于如此沉重的负担，当时的有识之士有清楚的认识，州判官冯福京指出：“盖海山之民多无常产，若不从宜均定，不惟失误官课，将恐民不聊生、流为盗贼，深系利害。”[③] 盐课负担过重，不仅使百姓不能正常完税，还可能导致官逼民反。因此，一些官员纷纷为减轻地方百姓盐额而奔走呼号。由于昌国州官员的上奏，大德元年（1297），江浙行省减轻了昌国州十分之二的盐额，减为 1604 引。但到大德二年（1298），转运司又以盐课壅滞为借口，增加了盐课，州判冯福京也无可奈何地慨叹：“若将来盐法通流，则横增之数必在削去，仍办八分之数矣。”[④] 这种高额盐课现象一直持续到顺帝至正二年（1342）。[⑤]

虽然元代昌国地区的盐课非常沉重，但我们从反面来看，也可以看出这一地区盐业发展的重要性以及它在全国（至少在江浙行省及庆元路）的重要地位。

这一时期昌国地区盐业发展的一个重要表现是制盐技术的进步。当时昌国正监盐司管勾黄天祐改进了制盐工具。在盐卤制成后，就进入了煎炼阶段，煎盐设备，以前多用大铁盘取土。黄天祐改铁盘为篾盘，充分利用

---

① （元）袁桷：《清容居士集》（六）卷 19《两浙转运盐使分司记》，中华书局 1985 年版，第 336 页。

② （元）冯福京等：《昌国州图志》卷 3《食盐》，见凌金祚点校注释《宋元明舟山古志》，第 76 页。

③ （元）冯福京等：《昌国州图志》卷 3《食盐》，见凌金祚点校注释《宋元明舟山古志》，第 76 页。

④ （元）冯福京等：《昌国州图志》卷 3《食盐》，见凌金祚点校注释《宋元明舟山古志》，第 76 页。

⑤ 傅璇琮主编：《宁波通史》（元明卷），第 33—35 页。

天时，改进制盐工具。

> 本监，旧皆铁盘，取土于六月两汛之间，八月始起煎。亭户虽有上半年之逸，若两汛时分阴雨稍作，则岁计遂误。大德元年（1297），管句黄天祐始以上命，巧出方略，改铁盘之制，用篾盘随时起土，一如他所，春即起煎。亭民遂得时，用其力，预期补办，无岁终积欠敲扑之峻，实多便之。人皆称黄天祐之有才，亦典史刘子敬、颜园、潘厚处置规划之力云。①

制盐工具的改进，有利于劳动生产率的提高。竹编篾盘虽然容易损坏，但它有利于提前食盐的生产期，有利于促进制盐业的发展。

第三节　明代舟山群岛的海洋盐业

明代的盐业制度基本上继承了宋元旧制。但是，从洪武十九年（1386）起，明政府强令舟山海岛居民迁往内地，盐业几近荒废，给舟山带来了灾难性的后果。

在浙江，官府占有盐田、草荡及铁锅等生产资料和生产工具，对灶户进行剥削。宁波府各县所属盐场设有盐课司，由大使、副使、攒典等官吏对盐场加以管理。各地盐场都设盐课司。灶户制盐立团，每团分几灶，按灶计丁，按丁收盐。所产盐如数交官，由官府给以工本。盐有定额。各场灶丁，必须聚团煎办，不允许离开盐场私自煎办，违者以私盐治罪。为稳定盐业生产，在明初给灶丁以卤地、草荡，免除杂役。但在嘉靖以后，灶户仅向官府缴纳盐课，实行盐课新银征收办法。从而打破了官府对盐的生产和销售的垄断，促进了民营制盐业的发展，使得盐场有一定规模。

洪武二十五年（1392），明政府设官攒，给铜记，盐政管理机构正式成立。浙江的盐政管理机构称为两浙都转运盐使司，下辖嘉兴、松江、宁绍、温台4分司。宁绍分司下辖12个盐课司，宁波府设8个盐课司，舟山地区的昌国正盐场盐课司是其中之一。正统二年（1437），昌国正盐场盐

① （元）冯福京等：《昌国州图志》卷5《盐司》，见凌金祚点校注释《宋元明舟山古志》，第89页。

课司被裁革，岱山盐场归并大嵩场盐课司催办。[①] 从行政关系上看，盐课司直属两浙都转盐运司及宁绍分司管理，不受宁波地方政府管理，系垂直管理。盐场是一种“官营企业”，每年由政府提供工本米（后改为工本钞），规定灶户“额办盐课，计引征收”[②]。所产盐如数交官，由官府给以本。盐有定额，即盐课。灶户的编制单位是团，每团分几灶，按灶计丁，按丁收盐。各场灶丁，必须聚团煎制，不允许离开盐场私自煎制，违者以私盐治罪。

在煮盐生产方法方面，山地区可以说是走在前面的。明朝浙江煮盐方式主要有两种，一种是以鸣鹤场为主的刮硷以淋卤，另一种就是以岱山盐场为主的“熬波”法，即取海水炼盐。

第四节　清代舟山盐业与海岛社会

在清代，盐政与河工、漕运、兵饷一起被称为清代的“四大政”。盐税在清代财政收入中一直占有相当重要的地位，是清代财政的重要支柱之一，特别是清代军费的主要来源之一。盐业在舟山经济和社会生活中占有重要地位，对于清朝国家财政也有重要影响。

清初舟山盐制承袭明制，从康熙到光绪年间，舟山的盐制经历了一系列变化，这些变化不仅是清政府国家盐政的写照，也是舟山地方政府与中央、私人利益博弈的反映，同时它还反映了舟山群岛独特的海岛社会特征。

一　清政府的盐业政策与舟山盐政的“计丁销引”

清代的盐业管理与明朝差不多，初期沿袭明代旧额。所谓明代旧额，是以清初田赋依据明代万历课额为例来说，盐引的派销也应以万历额为据。但清初盐引分配所依据的明代旧额却远在万历额之上，如两浙比万历引额要高1倍。[③] 在管理制度上，《清史稿·食货志》中列举了七种（实为六种）盐法：“其行盐法有七：曰官督商销，曰官运商销，曰商运商销，

① （民国）汤濬：《岱山镇志》卷4《志盐》，见凌金祚点校注释《宋元明舟山古志》，第353页。

② 嘉靖《宁波府志》卷12《额征》，俞福海主编《宁波市志外编》，第447页，转引自傅璇琮主编《宁波通史》（元明卷），第265页。

③ 陈锋：《清代盐政与盐税》，中州古籍出版社1988年版，第75—76页。

曰商运民销，曰民运民销，曰官督民销，惟官督商销行之为广且久。”[①] 其中，清代实施最广且时间最长的是“官督商销”，即官方为监督人，将盐专卖的主要业务，尤其是贩运部分委托给指定的资本雄厚、享有信誉的大商人承办，这通常被称为纲法（专商引岸制[②]）。这种官商结合、垄断运销的引岸制度，一般是根据各大盐区的产量、地域远近、运输便利以及传统习惯等方面的因素，划定各盐场的行销范围，称为销岸（口岸）。各盐区设场若干，销量多少（引数）、销往何处均有定章。如需变动，地方主管盐务的官宪在报请中央批准后方可实行。销区采取法律形式严格划分，即某一府县只能贩卖和食用特定产区所产的食盐。甲岸之盐到乙岸出售为侵灌，乙岸食户到甲岸购盐为犯私，均为法律所不容。此界彼疆，俨若国界。引岸划分，几乎成为专商的世袭领地。往往一个村落的居民不得就近购食邻岸廉价的食盐，却要远行数十里购买所属引岸的高价之盐。如果购食另一销区的盐，即使是同样纳了税的盐，也称为私盐，轻则处罚，重则有杀身之祸。政府在食盐的产区和销区设有种种机关。驻有缉私官兵，并允许专商拥有若干“商巡”，来维护这种不合理的制度，保障专商的垄断权利。只有少数地区清政府批准可以并销两个或两个以上盐产区所产的食盐。如湖北襄阳等 30 个县规定为川盐、淮盐并销。河南汝光等 14 县为芦盐与淮盐并销区域。[③]

由于明朝对昌国地区的废县徙民，原属昌国县的各盐场归属亦发生了变化。正统二年（1437）裁革宁波府岱山、芦花二盐场，盐课归并大嵩场盐课司催办。从此，舟山群岛地区的盐业管理在行政上不再隶属舟山本地，也不销派盐引，其盐课即以前解纳给鹾宪[④]的每年每乡征盐课原额 769 两。

康熙三十一年（1692），两浙巡盐御史认为舟山地处海滨，既然已经设立了定海县，照例应当销引办课，饬令设厂开煎食盐，计丁销引，即推行食盐专卖。这一做法本来是为了增加国家课赋，亦属应当，但它却关系到舟山地方老百姓的重大利益问题，知县周圣化不敢奉行，召集士民会议，认为如果设灶煎烧食盐，则沿海涂田将会变成盐滩，“籽粒尽归乌有”，减少耕种土地；煮煎食盐需要大量的柴草，植被破坏，严重损害农

① （民国）赵尔巽等：《清史稿》卷 123《食货四・盐法》，中华书局 2020 年，第 2580 页。

② 引，即盐引，既代表食盐的计量单位，又是借以运销食盐的凭证。凡引有大引、小引之别；又有正引、改引、余引、纲引、食引、陆引、水引之目，各有含义。

③ 丁长清、唐仁粤：《中国盐业史（近代当代编）》，人民出版社 1999 年版，第 18 页。

④ 即盐务使。

业；而且舟山孤悬海岛，日烟夜火，匪类易于潜藏，扰害滋弊。于是他请求浙江总督和巡抚向朝廷上奏，允许定海县依照象山办法，不设厂煮盐，所需食盐由外县调入，未蒙允行。于是他又要求参照江南省崇明县，实行计丁包课制度，缴足全年盐课，居民所需食盐允许用食锅自煎自食。最终朝廷允许定海县参照，但永不许设厂砌盘煎烧私贩。规定每20丁销引一道，共销101引，一丁每引完课银2钱9厘6毫1微2纤8沙5尘7渺8漠，每年完包课银42两1钱4分5厘，随征车珠银①4钱2分1厘，统入一条鞭项下征解。

对于民间的食盐，只允许食锅煎煮，自煎自食，永不许设厂砌盘，煎烧私贩。舟山地处海岛，这一政策利于民生，居民食用、加工鱼虾和蔬菜等需大量食盐，若向盐商购买，耗费颇重，自煎自食大大减轻了盐税负担，因此它得到了老百姓的拥护，在缪燧任定海知县的康熙三十四年（1695），居民恐更改章法，要求勒石建碑，永为定例，“阖邑称便，呼请勒石县庭，永为定例”②。缪燧遵民意，在县庭立碑为永例。

二　私盐盛行与“大开盐厂”呈请的屡屡受挫

舟山群岛虽地处海中，但其生产、生活主要仍然以农业为主。在古代农本社会中，“重农抑商”思想根深蒂固，在整个社会占据主导地位，舟山亦不例外。但是，由于舟山地处海上，盛产海盐，它不仅成为普通百姓私贩的重要产品，而且也成为商人们发财致富的重要觊觎目标，因此，私贩食盐事件时有发生，这种私贩食盐的现象在当时被称为“余盐收买”，有学者称其为“自由贩卖论”③。

由于制盐利大，盐商买通盐司，千方百计想在舟山设厂砌盘煎烧，即“大开盐厂”。如康熙三十八年（1699），商人汪德新以私煎漏课等事，三

---

① 车珠锭是乾隆中晚期以后盐税固有型制。

② （清）史致驯、黄以周等编纂：光绪《定海厅志》卷17《田赋盐课》，柳和勇、詹亚园校点，第399—400页。知县缪燧（康熙三十四年上任）勒石碑文：“康熙三十二年，阖邑士民吴沄等具呈为课引循例包销，海邑永为定则，吁请勒石，恩昭不朽事呈请：定海系昌国一乡，蒙前院查饬，加引议照崇明例，计丁包课，蒙本府看详转请，各宪洞悉民依，转详具题，奉旨俞允。包课银两统入条鞭项下征解，惟丁数、引目、岁完钱粮，虑恐日久紊制，棍徒违犯煎烧，或事远无稽，吏胥藏奸妄派，亟叩勒石，永垂不朽等情。据此随经备详各院宪，遵奉批允，合行勒石。嗣后民间食盐，止许食锅煎煮，每年包销引二百一道零，一丁包课并车珠共银四十二两八钱六分零，统入条鞭下征解。毋得私行设厂，砌盘煎烧。一体遵照。”

③ 〔日〕渡边惇：《乾隆末至嘉庆期的盐政改革与自由贩卖论》，载彭泽益、王仁远主编《中国盐业史国际学术讨论会论文集》，四川人民出版社1991年版，第108页。

十九年（1700）以沥卤即系私煎等事，四十五年（1706），商人汪本宁以号恩收买余盐等事，四十九年（1710）又以叠获大伙私盐等事，一再具呈旧盐体制痼弊，呈请"大开盐厂，砌盘煎烧"，但都被定海知县拒绝，如1710年，知县缪燧"历陈利弊，其事得寝"①。雍正九年（1731），由于风潮和暴雨等灾害，许多盐区产量大减，出现食盐紧缺，朝廷拨国库银两收买岱山、秀山居民自煎自食余盐。雍正十三年，在岱山设公、盛、丰、济四厫，后又增设板、北、剪、水四厫，② 专收岱盐运至乍浦分销。其中，拨靖江、江阴引地6462引，长洲、元和、吴县三县（今苏州）引地5000引，共计11462引。每引400斤，每百斤官方价格为银5钱2分，后来由于银贵，改付制钱520文。乾隆十六年，宁波府商人请持万金在定海收盐，遭到反对，"遂即中止"③。乾隆十八年（1753）据商人张元裕等呈请，黄岩镇中营游击派人带着国库银到定海收买余盐，但知县包自厚"力陈旧例"，受到阻止。

乾隆二十年（1755），由于崇明岛盐产减少，据徽商方一元禀报，岱山、秀山之外，在舟山其他自煎食盐的地方应该有余盐可供收购，他愿意带上本金白银2000两前往，会同岱、秀办员收运，这对老百姓确实是有益处的，于是上级宪台批准执行，并将谕单下发给该商人。准许该商人带课前往，会同办员收买余盐，运往靖江以济民食；同时，将买运盐数报查，并候檄知该营，转饬遵照缴。据查，当时定海县有茅洋、沈家门、芦花、洞岙、吴榭等岙，历来就属于人民自煎自食的范围，确有余盐可买。但是，这一做法遭到了定海知县庄纶渭的极力反对。庄纶渭主要的理由有以下几个方面。④

第一，定海县邑孤悬海外，自从国朝展复以来，就是以计丁包课，沥卤调羹，民生相安，历经数十年都是如此，这说明前人立法（指缪燧勒石碑文）是有深谋远虑的，与前些年头的商人们屡次呈请"大开盐厂，砌盘煎烧"不同，他们的企图都被前知县缪燧揭发，一直坚持不可，而这些前例都已经载入《县志》、镌勒石碑了，是有据可查的。

---

① （清）史致驯、黄以周等编纂：光绪《定海厅志》卷17《田赋盐课》，柳和勇、詹亚园校点，第400页。

② 厫是官督商办的食盐储、运、销机构。

③ （清）史致驯、黄以周等编纂：光绪《定海厅志》卷17《田赋盐课》，柳和勇、詹亚园校点，第407页。

④ （清）史致驯、黄以周等编纂：光绪《定海厅志》卷17《田赋盐课》，柳和勇、詹亚园校点，第400—403页。

第二，岱山、秀山远处穷岛，不产米谷，而且为鱼汛汇集之地，渔蜇需盐处处都能体现出来，于是居民只能以煎盐为生，且不顾例禁，常贩私盐，并出现了雍正九年通过官方收购其余盐的情形。这是“以其所利者而利之”，属于“因地制宜”，“故可稍为权变”。其余各庄均无盐灶，所需食盐都是通过食锅煎烧，并无余盐。

第三，如果允许收买余盐，势必导致本地奸民和外来不逞之徒闻风趁利，公然设厂，大锅煎烧。如果加以禁止，他们会以商人收买余盐为借口而塞责，如果听之任之，则会聚匪滋事；如果外来灾民知道这里可以煎烧食盐，都前来私煎，不但奸匪潜踪，而且米粮消耗会加重，更何况对地方的无穷大患还要远远超过于此。①

第四，除了岱山、秀山没有粮田外，其余各庄中，山田苦于坚硬贫瘠，涂田苦于盐卤充斥，必须在沿海各地区筑堤、安碶才能抵御海上咸潮，内储淡水，这样才可以保证旱涝无忧，开辟涂田。因此，知县庄纶渭每年都会在农闲时亲自到沿海地区勘察，对于“堤身坚固者勉以酒食，倾圮者立押修筑”。如果实行余盐收买政策，则“射利棍徒必不顾堤脚概行刮土，以便堆泥沥卤”。② 这样会导致泥土浮薄，堤身不固，因此，不要说飓风大作导致如山海浪倾倒堤塘，就是平常风潮到来，也必然会使所修堤倒塌，这势必会将数十年已经开辟的田畴重新斥卤，直接危及民生。

第五，定海一年所产之谷，远不够一年食用，加上地处偏僻海隅，米商不至，本已很艰难，如果再鼓励收买余盐，不但沿海刮土，对堤塘有害，而且大家都趋利煎盐，“必致尽废农功”。

此后，定海知县又反复地向上级宪台陈情申辩，要求禁止贩卖私盐、禁收余盐，其理由基本同《庄纶渭详文》相同，只是言辞更加恳切，要求更加强烈。如在《为循例买运事》中，针对方一元收买余盐事件，反复陈述了余盐收买带来种种弊端后，强烈要求禁止收买余盐，“请即收回成命，仍循往例，勒碑示禁，则地方幸甚！卑职幸甚！”③ 在《请停止收买余盐书》中，所陈述的理由也同以前一样，只不过其侧重点更加强调舟山地区

---

① 在《为循例买运事》中，知县庄纶渭提到“从前该地（定海县）居民不过百余户，今则有一千数百余户……自温、台、福建及邻邑至者，居其大半”。（清）史致驯、黄以周等编纂：光绪《定海厅志》卷17《田赋盐课》，柳和勇、詹亚园校点，第404页。

② 这里的制盐方法是煎盐法，其基本步骤是刮土取卤→淋卤→试卤→煎卤成盐，这种方法需要大量的泥土以及薪材燃料等。

③ （清）史致驯、黄以周等编纂：光绪《定海厅志》卷17《田赋盐课》，柳和勇、詹亚园校点，第405页。

的特殊性，放开余盐收买会给舟山带来重大灾难，再次强烈要求禁止收买余盐，“仰冀宪台俯念海疆重地，贻害实深，慨赐批销，并立碑永禁，则卑职幸甚！地方幸甚！”[①]

舟山私盐业的盛行与当时全国盐政中的浮费泛滥有密切关系。在顺治帝和康熙帝两朝期间，各种陋规浮费的摊派勒索已经非常严重，尽管朝廷有革除陋规浮费之令，但总难收效。[②] 清政府盐政的陋规浮费加剧了盐业成本，抬高了盐价，这也为私盐的盛行提供了土壤，清初舟山私盐的盛行正是其生动缩影。私盐的盛行，一方面它可以便利民生，活跃商品经济；但另一方面，它也会削弱地方财政收入，影响到社会的正常经济秩序。[③]

三　《收买章程》六条与余盐收买的合法化

尽管定海地方官员出于对定海特殊地理位置的考虑，屡屡反对余盐收买，但是定海余盐的私售并不能禁止，在这种背景下，出现了“商运法”。雍正十三年（1735），徽商方一元在岱山申报盐课，获准发帑设厫，煎户就厫交卸，官为捆运乍浦，由乍浦再拨往靖江、江阴行销，计 6462 引；后增开长洲、元和、吴县三邑，计 5000 引，两处合计 11462 引，每引计盐 400 斤，每百斤官给帑银 5 钱 2 分。到乾隆年间，朝廷不得不面对余盐私售的现实，于是决定通过官方对定海余盐进行收买。乾隆三十六年（1771），朝廷颁布了《收买章程》六条，承认了定海余盐存在的现实并把它纳入官营之列。

《收买章程》六条的内容具体如下。

第一，在定海收买余盐事宜由文、武官吏共同均匀分管，文由定海知县承领，武由定标中军游击承领。全县共计 37 岙，设置 8 厫进行分管，只收买民食余盐。收买帑本由盐道库收存公费银中拨发 4 万两，等收买余盐余息充裕时归还。按年将文、武领帑、收盐、配引、输课支存余息各数，一并造入帑盐盈余册内题销。武官管理的各厫事务，由定海镇总兵稽查，年底会同宁波知府盘查结报；文官管理的各厫事务，由宁波知府稽查，年底会同定海总兵盘查结报。

第二，定海有内港、内洋共计 37 岙，其中邻近城邑的内港 15 岙归定海县四厫收办，离城较远的内洋 22 岙归镇标中军四厫收办。所有各岙煎

① （清）史致驯、黄以周等编纂：光绪《定海厅志》卷 17《田赋盐课》，柳和勇、詹亚园校点，第 409 页。

② 郭正忠主编：《中国盐业史（古代编）》，第 790—791 页。

③ 周琍：《清代广东盐业与地方社会》，中国社会科学出版社 2008 年版，第 218—229 页。

户之多寡听民自便，有余交官，即给现价，无余盐者听之，不得限数追取，以滋民累。

第三，收盐价格必须核定，每收盐 100 斤，加耗盐[①] 20 斤，定价为 300 文，用通用钱文收买。商人按时价，折银完帑，营、县按时价易钱，散给煎户。收盐秤均遵照部执校定平准，送盐政衙门烙发应用；煎户内有愿订官秤者，许其自订，呈送烙发给用，以免争执。如果在厫丁役及其管官有轻出重入等舞弊、徇私枉法行为者，严加惩处。

第四，对于余盐收买、运送过程中所产生的文书纸札、弁兵食工、缉私赏号等办公经费，参照岱山收买余盐之例，每百斤收余息银 8 分；鉴于松江城内民食盐经常“不敷接济”，而定海至松江“海运甚便”，可调剂定海余盐拨运江苏松江郡城销卖，每年以 4300 引为额。

第五，定海各岙民食盐斤应循其旧，勿容更改。定海居民自食盐斤一向系包课，包课银为 40 余两，此乃便民之道，应遵循旧制，“听民自行买卖”。

第六，设厫收盐，书手、巡丁均不可少，每厂酌定兵役 4 名，派委官弁一员，按年更换。其官弁、兵役所需薪水、饭食及赏赉银两，在余息项内支销。其中，文职由宁波府属下派拨，武弁由定海镇所属派拨，兵役均于定海本地营、县内派拨，不必另行添设，按年更换。岱山惯例是每员每月薪水为银 4 两，书役每名每日饭食 2 分 3 厘，各厫参照执行。[②]

其中，管理沿海内港 15 岙的文厫名为风、调、雨、顺四厫，由定海知县管辖收运；悬山内洋 25 岙的武厫名为河、清、海、晏四厫，由定海中营游击统辖收运。[③] 由于岱山产盐尤多，额设公、盛、丰济四厫，后又增设板、北、剪、水四厫，由提中府遥辖管理，名曰岱厫。“岱厫所出之盐，核与定辖文、武八厫有盈无绌。”[④] 其中，定海配销松江提标额定 4300 引，每引收盐百斤，加耗盐 20 斤，定价给制钱 300 文。到咸丰年间，由于“库款支绌，奉文停收”。

从乾隆三十六年到咸丰三年的 82 年间，定海拨运至江苏松江的余盐

---

① 耗盐是指用以抵耗在收买过程中存厫流失以及捆配过程中被糟蹋损坏的部分盐。

② （清）史致驯、黄以周等编纂：光绪《定海厅志》卷 17《田赋盐课》，柳和勇、詹亚园校点，第 409—413 页。

③ （清）史致驯、黄以周等编纂：光绪《定海厅志》卷 17《田赋盐课》，柳和勇、詹亚园校点，第 410 页。

④ （清）史致驯、黄以周等编纂：光绪《定海厅志》卷 17《田赋盐课》，柳和勇、詹亚园校点，第 416 页。

每年为4300引，这期间总共拨运了352600引余盐。“每引计盐四百斤”，即每引实际重量为320公斤，总共实为112832吨，加上每引耗盐20斤，即耗盐5641.6吨，实际收余盐为118473.6吨，那么每年征收余盐1444.8吨。这个数字还只是定海“余盐”，既不包括官盐，更未把岱、秀之官、余盐计算在内，如果把整个舟山群岛所有的盐都计算在内，其产量会大得多。舟山余盐的合法化及其数量的庞大，其实是此前私盐盛行的延续。顺、康时期的陋规浮费虽然在雍正朝得到了一定的整顿，但雍正之后浮费勒索再度猖獗，这也表明当时盐政、吏治的日趋颓废。[①]

四　从“票运法”到“推广引地”

由于清代盐业管理比较混乱，积弊较深，有学者指出：“清自乾隆时代，报效既多，商力疲敝，各省盐务，皆有不可收拾之势。故及嘉道年间，言事者屡以取消专商，改革盐法为请。……凡督销局仪栈之总办，均系一年更易，职事业脞，莫可究诘，惟以营私舞弊为主义。”[②] 舟山地区的盐政和盐业面临着同样的问题，只是它的问题并不一定与全国其他地区完全雷同。据史载：“至道光二十年夷扰[③]以后，库款渐绌，厫弊渐滋，盐仍运岱，给帑无期。”[④] 舟山地区是鸦片战争的首冲之地，战争给舟山经济上带来的严重影响势必会波及舟山的盐业。“咸丰初，西匪肆逆，[⑤] 军需旁午，帑遂停给，盐亦停运。自此旧章废，新法行，官厫闭，私贩盛矣。”[⑥] 早在咸丰二年（1852），以煎盐为生的舟山煎户因“官厫闭”，无以为生，于是赴省请求“调剂”，运宪指示化私为官，着令岱山盐权运江苏张家库，委员设局，饬同横浦场司兼收，但是不到半年时间，张家库便因帑银不继而停止收购。于是岱山盐民又赴省呈请，但缪运宪认为“军饷要紧，盐帑接济大营不敷，尔等自行调停”[⑦]。这样，盐民们各自装载，赴沿江售卖觅食，结果遭到匪徒勒索、抢劫，走投无路的盐民们只好再次呈请缪运宪及

① 郭正忠主编：《中国盐业史（古代编）》，第791—792页。

② 曾仰丰：《中国盐政史》，上海书店1984年版，第117—118页。

③ 指1840年鸦片战争。

④ （清）史致驯、黄以周等编纂：光绪《定海厅志》卷17《田赋盐课》，柳和勇、詹亚园校点，第416页。

⑤ 指第二次鸦片战争。

⑥ （清）史致驯、黄以周等编纂：光绪《定海厅志》卷17《田赋盐课》，柳和勇、詹亚园校点，第416页。

⑦ （清）史致驯、黄以周等编纂：光绪《定海厅志》卷17《田赋盐课》，柳和勇、詹亚园校点，第416页。

祝姓委员，请求他们再赴张家库设局抽厘，每斤计厘钱 2 文，补课助饷，结果很快又受到粤逆冲散而停收。

咸丰三年（1853），奉议在舟山推行票运法。其实，早在道光十二年（1832），淮北就已经改行票盐，于板浦之西临疃太平堰、中正场之花垛垣、临兴场之临浦潼、富安疃各设一局，专管场盐实卖放运。无论何人皆可赴本场大使公署照章纳税，请票赴局，买盐运贩，名为票盐，实类于就场征税。道光三十年（1850），复将淮南亦改票盐。[①] 此后，其他各盐场多有推行票运法。因此，舟山实行票运法，在全国并不是什么先例。咸丰三年，刘厅宪到岱山设置立票局，又设置总办，在吴淞设验票局。定海每觔盐抽课钱 5 文，抽厘钱 5 文，拙局资钱 1 文，合计先缴 11 文，然后给票赴淞口验售，但没有人愿意前往。当时有镇江的米船 70 余只，经过刘厅宪的劝告，他们先将米本先缴局捐，命令各船装盐赴淞口，答应他们“到埠五日，即俾销通领帑”。结果，当船到达埠头时被扣留，拖延了四五个月也没有将盐全销，于是又换埠求售数船，然则被捉作私枭惩办，船货充公。“因此破家倾产者，不可胜计。”[②] 这样，票运法在舟山地区的推行效果并不好，因此不能长久维持。

咸丰四年（1854），舟山又推行官运法。浙江抚部院委派冯督办赴淞江设报运局，并酌添苏、淞、常、镇、泰四府一州引地。命各煎户三五品搭，代官袋盐赴淞，希望卖盐以养家糊口，但盐至起储惠丰栈内，要等候其售后付款，结果拖延至二三月，遥遥无期，船愈积而愈多，盐愈堆而愈耗，致煎户积欠滋事，致干宪怒。这就是所谓的官运法，其运行情况并不佳。

从同治十一年（1872）起，舟山地区又实行商运法。是年，奉抚运宪谕，委派萧督办协同甲商[③]许庆曾、厫商陈宝康，查实晒盐板数共计 19 万有余，综计雨旸时若每年板约产盐 1 引，印给板照。分设元、亨、利、贞四厫，除鱼蜇食盐外，筹充 10 万资本，按板尽数秤收，每斤给价 4 文。月定 4000 引，捆运江苏张家库，与场盐分成搭销苏、松、常、镇、泰四府一州引地。同治十二年 11 月，厅宪陈晋省传集各甲商，于场 66000 引

---

① 曾仰丰：《中国盐政史》，第 118 页。

② （清）史致驯、黄以周等编纂：光绪《定海厅志》卷 17《田赋盐课》，柳和勇、詹亚园校点，第 417 页。

③ 道光年间把引商中声势最盛者称为甲商，并在杭州、绍兴、松江、嘉兴划为四所，各设甲商一人，人选由盐商公推，报官府备案，各地有关运销、完课及整顿事宜，均由甲商具名禀办。

地中禀请抚运宪划出33000引地，又将靖江3000引地合并，专归岱山盐销路。但不及两年，商本短绌，闭厫停收。这就是所谓的商运法，其结果是“上有虚恩，民无实惠”。

光绪四年（1878），又奉抚运宪推广引地，拨销常、江交界之永寿沙2000引，共计岱盐引额38000引，核之产盐，已得五分之一。历奉大宪体恤岛黎，推广销地，饬商收运，“海岛穷丁具有天良，有不仰感宪天之恩者乎?”

由于清后期盐政的积弊和鸦片战争对舟山盐业生产带来的消极影响，舟山的盐业生产也受到了严重的影响。从咸丰三年的票运法、咸丰四年的官运法，到同治十一年的商运法、光绪四年的推广引地，短短20多年时间，舟山的盐政历经反复，这也反映出当时时局的动荡和国家的困窘。

五　舟山盐业与海岛社会

清代舟山地区盐业政策经历了极其复杂的变化过程。但是，这些变化措施万变不离其宗的核心是官方利益。在官、商利益与民的生计博弈中，舟山盐法不停地变换，但总体来看，这些政策的变化趋势是“非不便于商，即不便于民”，“不便于商，则折本停运，不便于民，则私充官滞。夫产盐为岛民之生计，贩私非穷黎所乐为。官商停收，民庶望盐嗷嗷坐毙者，不得已就近岛峙，向销鱼鲞之处，载易升斗，逼而走险。外来匪徒，逆计贩私干禁，不敢出首控官，冒充缉私扮商，沿海劫夺，转而贩私，由此海氛渐炽，而岱私之名目愈振。此实岛民所痛哭流涕而无告者”[①]。因此，有识之士指出：“夫惟照旧设厫，月收盐，节省浮费，宽集商本，将余剩之盐尽数收缴，完课捆配，并乞定地分销之中推广加成之法，则于鹾政无所窒碍，而岛民积盐待销有路，不致起意走私。则私贩绝，官运畅，而盐纲肃矣。”[②] 从这里可以看出，作为舟山地区最重要产业之一的盐业，在几百年里政策反反复复，从终点又回到起点反而成为一种人心所向的趋势。这种情形的出现，与当时全国的盐业管理混乱状况是相符的，也反映出有清一代舟山区域社会的变迁与区域经济层级的演变。

清代舟山盐业的变化过程明显地反映出舟山海岛社会的一些重要特征。

---

① （清）史致驯、黄以周等编纂：光绪《定海厅志》卷17《田赋盐课》，柳和勇、詹亚园校点，第417—418页。

② （清）史致驯、黄以周等编纂：光绪《定海厅志》卷17《田赋盐课》，柳和勇、詹亚园校点，第417—418页。

首先，舟山地处海岛，具有浓郁的海洋生产、生活特征，但整个舟山社会是以农耕生活为主的农业社会。早在北宋时期，舟山渔业产量巨大，渔民们除将部分鲜货直接投放周边市场外，大部分则通过特殊加工予以贮存，制成腌制、干制、腌腊食品、酱类食品以及药品。今天舟山渔场上现在捕捞的各主要品种，早在元代就已全被开发利用，而且当时舟山出产的某些海产品如鲨鱼皮、鱼鳔等就被作为特产税进行征收。① 舟山渔场在清代已经成为全国最大的渔场，渔业在舟山居民中占据重要地位，这从清代盐业政策中也可以明显地反映出来，如历任定海知县在为民请命的时候一再强调舟山居民的“渔蜇需盐”“鱼虾之盐”等对食盐的需要，要求对舟山的盐业政策予以特别的考虑。但是，就整个舟山居民的社会生活而言，尽管舟山孤悬海外，地处偏僻，土地稀少且贫瘠，但居民主要的生活依赖和来源仍然是田地和农业，舟山仍然是以农耕生活为主的农业社会，无论是从舟山历代方志还是遗留下来的土地文书中都明确地反映出舟山居民的农业生活特征。② 这一特征在整个清代舟山的盐业政策中也得到了明显的体现。如从康熙三十一年起，定海历任知县在抵制国家对舟山加重盐业税的过程中，就一再担心沿海涂田变成盐滩，减少耕地，植被破坏，损害农业，“概行刮土”会导致泥土浮薄，堤身不固，田畴斥卤，毁坏农业等。

其次，舟山盐业的变化过程既体现了地方与中央的博弈，又体现出舟山作为海岛社会的特征。康熙三十一年，当清政府试图在舟山恢复食盐专卖制度时，遭到了定海知县周圣化的反对，最终经过讨价还价实行计丁包课制度，并勒石建碑，永为定例。计丁包课制度的实行，实质上是地方与中央的反复博弈，最终达成的妥协。后来，当清政府要求在舟山“大开盐厂”时，知县庄纶渭同样据理力争，与上级政府对抗，并痛陈理由无数，而在此过程中的实质仍然体现的是地方与中央的利益博弈。私盐问题在中国历史上一直表现激烈，梁启超甚至感慨：“各国无枭而独产于我国。”③ 私盐是官盐应运而生的“叛逆物”或“对立物”，在私盐的活动中充分体现了国家与地方社会、官与商、官与民、商与民、官与盗、民与盗等错综复杂的社会关系。④ 舟山的私盐问题同样也反映出这种复杂的社会关系，

① （元）冯福京等：《昌国州图志》卷3《叙赋》，见凌金祚点校注释《宋元明舟山古志》，第77—78页。

② 冯定雄：《土地买卖与海岛社会——基于清代舟山展茅史家宗族契约文书的考察》，《档案学研究》2017第3期。

③ 梁启超：《盐政丛刊·序》，《盐政丛刊》，盐政杂志社，民国十年（1921）。

④ 周琍：《清代广东盐业与地方社会》，第278页。

只是在此过程中，舟山地方官府表现出来的并不是与民争利，而是与“官”争而为民利，体现出地方与中央博弈的微妙关系。此后的票运法、官运法、商运法直至光绪年间的推广引地，其实都是地方与中央在盐业利益上的反复博弈，只是情况越来越复杂而已。

在舟山与中央博弈的过程中，它又明显地体现出舟山作为海岛社会的重要特征。纵观有清一代的舟山盐业政策和发展，舟山的海岛特征在以下几个方面体现得最为明显。

第一，舟山孤悬海外，地处偏僻，地域狭小，且土地坚硬贫瘠，尽管农耕与农业是其主要生产、生活方式，但其农业基础并不稳固，常伴盐卤充斥涂田、泥土浮薄、海风海浪对海堤之破坏等之苦，更经受不起大规模的刮土取卤、“尽废农功”之祸。[①] 岱山、秀山等远处穷岛，更是不产米谷，只有仰赖耕地及渔盐之利生存。

第二，海洋渔业在清代舟山居民生活中占有重要地位。在舟山盐业发展过程中，历任知县在为舟山抗争过程中，无不提到舟山的情况与其他地方不一样，不能用国家的一统办法管理舟山盐业，其中最重要的理由之一就是舟山乃“渔汛会集之地”，渔蜇所需之盐量非常大，远非其他盐区所能相比。由此可以看出舟山的海洋渔业在舟山居民生活中的重要地位。

第三，舟山孤悬海外，海盗、盗贼易于藏匿。自宋元时期起，舟山群岛就一直是海盗、倭寇、海上其他势力的重灾区，也是历代政府海疆安全考虑的重要区域。对于地方政府来说，海岛社会安全必然也是其重要任务，因此，在舟山盐业政策的制定过程中，必然会以海岛安全为重要前提。

第四，清代舟山的盐业发展深受国家海疆政策和海外势力的影响。明初舟山遭受两次废县徙民（洪武四年和洪武十九年），清初的海禁政策对于舟山而言同样是首当其冲之地。伴随明初废县徙民的是原昌国各盐场被革，清初对舟山的盐业政策沿袭了明朝政策，到清政府对舟山展复后，其政策才发生相应变化，舟山盐业发展直接受到国家海疆政策的影响。另外，舟山是鸦片战争的真正第一战场，也是近代中国第一个“伪县官”政权所在地。[②] 鸦片战争给舟山的盐业生产带来了严重的影响，“库款渐绌，厥弊渐滋”。第二次鸦片战争期间，“军需旁午帑遂停给，盐亦停运”，战争使得舟山盐业滞销，民生更加艰辛。

---

① 虽然到嘉庆年间舟山已经出现了板晒制盐法，但舟山最盛行的制盐方法仍然是传统的刮土淋卤，取卤燃薪熬盐法。

② 道光二十年六月初八（1840 年 7 月 6 日），英军占领舟山定海县城，英军翻译、德国传教士郭士猎成为定海县的“伪县官”，这是中国近代史上的第一个伪知县。

总之，清代舟山盐业的发展既反映出清代国家盐业发展的普遍性特征，又明显地体现出其海岛社会与海洋密切相关的海洋生产、生活属性，具有比较典型的海洋区域性文化特征。通过对舟山盐业的演变，追寻海岛社会的特定区域社会历史脉络，在明晰的“地点感”的基础上，有助于我们在情感、心智和理性上都尽量“走进历史现场”。

小结　边缘之地的“人文景观”

盐业自古以来就在人类社会生活和国家财政中占有重要地位，在清代更成为“四大政”之一。但是，对于古代舟山人民而言，一部盐史就是他们的一部生活艰辛史。早期盛行的制盐法是刮硷淋卤法，这需要大量的人力，是极其艰辛的劳作。柳永的《煮海盐歌（悯亭户也）》的标题就是对盐户（亭户）的怜悯，它对盐户的艰辛及悲惨生活进行了深刻的描写："卤浓盐淡未得闲，采樵深入无穷山。豹踪虎迹不敢避，朝阳出去夕阳还。载肩擎未遑歇，投入巨灶炎炎热。晨烧暮烁堆积高，才得波涛变成雪。”无以为生的盐民只有靠贷充饥，而卖给官府的盐却根本不足以偿还债务，“自从潴卤至飞霜，无非假贷充糇粮。秤入官中得微值，一缗往往十缗偿。周而得始无休息，官租未了私租逼。驱妻逐子课工程，虽作人形俱菜色。煮海之民何苦辛，安得母富子不贫。”柳永呼吁朝廷仁厚之德能尽快泽被海滨盐民：“本朝一物不失所，愿广皇仁到海滨。”王安石在《收盐》中对盐民遭受官府逼迫、盗贼破坏的惨状亦有生动描述，也呼吁国家不要与盐民争利，“一民之生重天下，君子忍与争秋毫”。但是，有识之士的呼吁并不能减轻舟山盐民的负担。元代舟山州判官冯福京也呼吁政府“若不从宜均定，不惟失误官课，将恐民不聊生，流为盗贼”。宋哲宗时，政府虽然采取过一些对盐户减免盐税的措施，但昌国地区的盐户的负担还是很沉重。元大德元年，江浙行省虽减省了昌国州十分之一的盐税额，但大德二年又找借口增加了昌国的盐税。清代后期盐政的积弊对舟山盐业生产带来了严重的影响，特别是后期实行的商运法，“上有虚恩，民无实惠”。由于历代政府对舟山盐民的压榨，舟山人民的艰辛苦难生活状况从未得到真正的改善。

舟山盐民的苦难还来自盗匪的劫掠及战争动乱。王安石的《收盐》中“尔来贼盗往往有，劫杀贾客沉其艘”，可以说是当时盗匪对昌国盐民劫掠的真实写照。康熙年间，舟山知县周圣化多次向朝廷禀报“匪类易于潜藏，扰害滋弊”，抢劫盐民；乾隆年间，定海知县庄纶渭反对收买余盐时，其原因之一是担心“听之任之，则会聚匪滋事”；咸丰二年以后，由于收购盐业的“官廒闭”，盐民们只好自行装载，赴沿海销售，结果遭到匪徒勒索、抢劫而无以为继，后来希望在张家库设局抽厘，但很快又受到“粤逆”冲散而停收。外来匪徒甚至冒充缉私进行劫夺，“岛民所痛哭流涕而无告者”。而战乱给舟山盐民带来的灾难就更深重了。唐代袁晁起义、元末方国珍起义、晚明政权的垂死挣扎，都给舟山盐业带来了灾难性的后果。作为鸦片战争的首冲之地，鸦片战争给舟山盐业也带来了巨大的灾难，“道光二十年夷扰以后，库款渐绌，廒弊渐滋，盐仍运岱，给帑无期”就是其灾难的真实写照；第二次鸦片战争期间，“西匪肆逆，军需旁午，帑遂停给，盐亦停运”，同样是对战争带给舟山盐业的灾难性后果的生动描写。

舟山群岛的盐民大多是沿海地区贫穷困苦之人，他们往往生活无着落才到舟山从事渔盐之事。海岛熬盐，本就是在恶劣的自然环境中挣扎，再加上官府压榨，盗贼劫掠，盐民的生活极其艰辛，因此，可以说，一部舟山盐史就是盐民们的一部生活艰辛史。

舟山海洋盐业是舟山地方财政的重要组成部分，当然也是江浙行省乃至全国财政的重要组成部分。早在唐代，舟山的盐场已成为东南地区的十大盐场之一。北宋至道三年，鬻海为盐凡六路（京东、河北、两浙、淮南、福建、广南），鬻钱总数为1633000余贯，其中明州昌国东西两盐201000余石，[①] 以当时浙江地区的出售盐价为每斤40文计算，[②] 昌国鬻海钱为964800贯，占当时六路总数的59.08%。[③] 如果我们按这里的“石”为“贯”之误，按“贯”计算而不是按“石”计算，当时昌国占六路的比例也已经达到22.6%，其重要地位是不言而喻的。盐课收入在元政府财政收入的钱钞部分中占有很大比例，达到了十分之七八的程度。元代舟山盐业同样在国家财政中占有重要地位，延祐年间，昌国州的产盐量占庆元路的20.24%，到至正年间占20.87%，维持着正常的产盐量。

---

① （元）脱脱等：《宋史》卷182《食货志下四·盐中》，第4434页。

② 李恩琪：《宋朝国家专卖盐价浅析》，《价格月刊》1988年第4期。

③ 本书严重质疑这个比例。本书怀疑昌国东西两盐应为201000余“贯”，而不是“石”，如果是“贯”，这个占比是12.3%，从情理上看可能更合理。同样的，当时两浙的另一外鬻海是杭州场，史载为77000石，如果照“石”计算，占比为22.6%，加上昌国的占比的59.08%，两浙达到了六路的81.68%，显然不合理，因此，杭州场的77000“石”可能也是77000“贯”，如果是“贯”，其占比为4.71%，加上昌国，两浙占六路的比例为27.31%，这个数字可能更合理。

盐政在清政府的财政收入中一直占有重要的地位。随着盐课的不断加增，盐课在财政中的地位越来越重要：“逮乎未造，加价之法兴，于是盐税所入与田赋国税相埒。”[①] 据学者统计，顺治初年盐课征收不足二百万两，顺治中期到康熙中后期为二百数十万两，康熙末年到雍正末年为四百万两左右，乾隆朝到光绪朝则浮动于五百万至七百万两左右。[②] 据《清圣祖实录》卷一百五十七载，康熙三十一年（1692），全国盐税收入2697163两，据《定海厅志》卷十七《田赋盐课》载，政府“议开煎食盐，计丁引销”时，原额769两，占全国总比为0.0286%。这个比例看似很低，但把它与当时舟山人口占全国人口的比例相比能看出其中的重要意义。康熙十八年（1679）全国人口为1.6亿，[③] 舟山人口按明初废县徙民前约3.4万人计算，舟山人口占全国比例仅为0.0212%，其盐税贡献要高于人口比。虽然这种算法比较勉强，但在一定程度也能反映出某些状况。如果再加上自乾隆三十六年到咸丰三年的82年间，定海拨运至江苏松江的余盐每年为4300引（总共拨运了352600引余盐），其在国家财政中的地位可能更显重要。地域狭小、面积几乎不足挂齿的舟山群岛，在古代中国历史上，其海洋盐业为国家财政作出重要的贡献。

古代舟山盐业史也是一部舟山地方与中央的博弈史。中央政府总是希望能尽可能多地从地方收取赋税，但舟山地方政府总是力争为地方百姓减轻负担，为百姓争取最大的利益。北宋晓峰盐场的监盐官柳永在《煮海盐歌（悯亭户也）》呼吁“皇仁到海滨”“征输辍”“罢盐铁”，为民请命之心跃然纸上。王安石在《收盐》中也恳请圣上重民生，不要与民争利，为舟山盐业请命。元代昌国州判官冯福京等地方官员纷纷为减轻地方百姓盐额而奔走呼号。如前所述，康熙三十一年，计丁包课制度在舟山的实行，实质上是地方与中央的反复博弈，最终达成妥协的结果。后来，当清政府要求在舟山“大开盐厂”时，知县庄纶渭同样据理力争，与上级政府对抗，其实质仍然体现的是地方与中央的利益博弈。舟山的私盐问题同样反映出国家与地方社会、官与商、官与民、商与民、官与盗、民与盗等错综复杂的社会关系。

“新区域地理学”理论不再视景观为固定的自然与人文面貌，而是将其当作可以解构的“文本”，它运行于特定的历史与地理环境中，特别是

---

① （民国）赵尔巽等：《清史稿》卷123《食货四·盐法》，第3581页。

② 陈锋：《清代盐政与盐税》（第2版），武汉大学出版社2013年版，第228页。

③ 葛剑雄主编，曹树基著：《中国人口史》（第5卷）下，复旦大学出版社2005年版，第832页。

决定人文景观的社会亦非一成不变，而是不断地由人类的行为进行着再创造。[①] 如果我们把这种方法运用到分析古代舟山群岛的海洋盐业这一“人文景观”，似乎可以得出一些新的认识。古代舟山盐民的历史就是一部生活苦难史，但它却生动地反映出远离大陆政权的边缘之地的古代以海为生的社会底层民众的生存状况，从而拨开帝王将相史的繁华与夸张，“自下而上”地观察人类历史的细胞，展示出狭小区域历史中的海洋性特色，展示出历史的多面相真实。古代舟山群岛的海洋盐业这一“人文景观”与中央财政和经济相对比，它最多只能算是衬托红花的绿叶，而且可能是最边缘的绿叶，但红花终究需要绿叶的陪衬方才更显芬芳。在地方社会与中央政府的博弈中，古代舟山群岛的海洋盐业这一“人文景观”也构成了生动的图景，官与商、官与民、商与民、官与盗、民与盗等错综复杂的社会关系也呈现舟山群岛自身的特征。有学者指出，中国是个幅员广阔的大国，各地区社会经济发展很不平衡，若不作分区的深入研究，很难掌握经济发展的自身要求，也有学者指出，如果从现代历史学的观念出发，就会发现没有一个地方在全国范围内不具有典型性，中国历史也不是由各个地方的历史叠加而形成的。[②] 这些看法对于古代舟山盐业这一“人文景观”的考察也具有极大的帮助，透过这一“人文景观”，我们可以看到边缘之地的“人文景观”的另一种面貌，彰显出自身的“典型性”与“代表性”。

---

① 转引自周琍《清代广东盐业与地方社会》，第278页；参见冯定雄：《清代的盐业与区域社会——读〈清代广东盐业与地方社会〉与〈明清山东盐业研究〉》，《盐业史研究》2013年第3期。

② 黄国信：《区与界：清代湘粤赣界邻地区食盐专卖研究》，生活·读书·新知三联书店2006年版，第10页。

第六章　从被动边缘到被动前沿：古代舟山群岛海防地位的演变

海防史是海疆史的重要组成部分。“海疆”虽然在中国古代早就存在，但它没有形成一个相对规范的概念。今天，学术界对“海疆”概念的确切内涵与外延的界定也并没有完全统一。2001 年《中国边疆史地研究》第 2 期刊载了一组关于“中国海疆理论及相关问题研究”的笔谈专稿，围绕“海疆”的定义、海疆史研究的性质和任务、海疆史研究的学术内涵和外延等问题集中进行了理论探讨；[①] 2010 年《云南师范大学学报》第 3 期发表了讨论海疆史研究的专栏文章，对海疆史基础理论和学术体系进行讨论；[②] 2014 年《史学集刊》第 1 期刊发了“中国古代边疆问题研究”笔谈专栏，也对海疆史研究的一些基本问题进行了探讨。[③]

有学者认为：“中国古近代海疆史的‘海疆’概念应定位于中国的沿海地区，主要指海岸带，包括沿海的陆地、滩涂、港湾、岛屿。从政区上界定，上古时期以‘九夷’居住地区为限；春秋战国时期特指沿海的诸侯国；其后，则以沿海的郡（秦）、州（汉）、道（唐）、路（宋）和省（元以后）为区域单位。鉴于‘海疆’概念的古今差异，我们应从实际出发，在具体内容叙述上合理地照顾到沿海水域问题。”[④] 张炜、方堃认为海疆首先是一个国家范畴，从客观上说，中国古代的海疆早就存在，它不是一个海岸线或海岸带的概念，而是一个区域的概念，从空间界定，它是由海岸线以内的沿海地区及其靠近大陆的海岛构成的，有着海洋文化特征的“沿

---

① 该组专稿包括张炜的《中国海疆史研究几个基本问题之我见》，李国强的《关于中国海疆史地学术研究的思考》，方堃的《中国沿海疆域开发与发展的几个规律》，刘庆的《神圣国土：不可缺少的蔚蓝色》，李金明的《南海“9 条断续线”及相关问题研究》5 篇文章。

② 该专栏包括李国强的《海岛与中国海疆史的研究》，杨国桢、周志明的《中国古代的海界与海洋历史权利》，张炜的《“夷夏交争”——中华民族早期的陆海融通》3 篇文章。

③ 该笔谈专栏涉及海疆史的文章主要包括李国强的《关于海疆史研究的几点认识》和方铁的《关于边疆史若干问题的思考》。

④ 张炜：《中国海疆史研究几个基本问题之我见》，《中国边疆史地研究》2001 年第 2 期。

海疆域”。海疆概念的演进，与社会生产力的发展相联系，与人类从认识陆地到认识海洋进而征服海洋的客观进程相一致。海疆史演绎的主题是海洋与陆地的关系，海洋与人的关系，它既包括自然地理要素，也包括人文要素。作为客观的物质世界，海洋与陆地一样，是人类社会生产实践活动的客体。人类开发海洋的活动以沿海陆地为依托，以满足人类生存基本需求为起点，创造了反映海洋特性及其发展规律且不同于陆地文明的海洋文明，也形成了人类对海洋的理性认识（即海洋观念）。[①] 也有学者特别强调海岛在海疆史研究中的地位：“海岛在海疆史研究中具有十分重要的地位，无论是其人文特征，还是其人文形态，不仅凸显出海疆史研究的内涵和精髓，而且成为海疆史学术体系中不可或缺的核心环节。”[②] 有学者在总结我国近年来海疆史研究时认为：“海疆开发史应包括海洋渔业史、海水制盐业史、造船史、航行史等多方面内容。……我国是一个陆地大国，也是一个海洋大国，中华民族开发海洋、经略海疆有着数千年的历史，沿海各地遗留有丰富的海洋历史文化资源……广泛搜集、整理史料，进行研究分析，系统、客观、准确反映我国人民探索海洋、开发海洋、经略海疆、保卫海疆的历史是海疆史研究的基本任务。”并认为，海疆区域史的研究内容既是海疆开发史、海防史等专题史研究的重要组成部分，同时由于其内容广泛，又有着浓厚的区域特色，海洋区域史研究呈现勃兴状态，已成为海疆史的学科增长点。[③]

无论从哪个角度观察，舟山群岛都属于我国典型的海疆地区应该是没有问题的。舟山群岛海洋区域史研究能否或者能在多大程度上为海疆史的学科增长点贡献力量，也有待学术界的检验。这里无意对海疆概念进行深入、全面的探讨，仅就古代与舟山群岛海上活动相关的内容，特别是它的军事、海防内容，进行线性式的具体描述，从而展示舟山群岛在我国海疆发展史上的地位。

舟山群岛虽然早在新石器时代就有原始人类生活，但那时的人们还没有迈入文明的门槛，对他们而言，国家、政权等制度性概念是完全不存在的，自然也就不存在所谓国家疆域概念，更没有海疆概念。

---

① 张炜、方堃主编：《中国海疆通史》，中州古籍出版社 2003 年版，第 1—2 页。

② 李国强：《海岛与中国海疆史的研究》，《云南师范大学学报》2010 年第 3 期。

③ 侯毅、项琦：《中国海疆史研究评述（1998—2018 年）》，《中国边疆史地研究》2019 年第 2 期。

第一节　宋代以前舟山群岛在军事上的地位

我国的国家政权起源于内陆，远离舟山群岛。早期国家是否对舟山群岛完全了解，我们没有确切的证据。不过，可以肯定的是，最初的国家对舟山群岛进行过有效行政管辖的证据是没有的，自然也谈不上早期国家对舟山群岛的海疆开发。在此后漫长岁月里，尽管大陆政权对舟山群岛有所了解，但真正有效的行政管辖仍然没有。相反，在这些政权的统治者看来，舟山群岛只不过是边远的不毛之地。

据说西周时期的徐偃王曾到过舟山。徐偃王，名诞，西周穆王时徐国（今徐州）国王。徐偃王执政后，施行仁政，不修武备，国力强盛，来归者日增。慑于徐偃王的威德，周穆王以徐偃王"僭越"称王、"逾制"建城等为借口，与楚国一起伐徐。但正如前文所述，徐偃王"逃走彭城武原县东山下"，并没有到过舟山。最早说徐偃王在舟山"立城以终"的是唐开元年间的张守节，这个时候唐朝刚开始在舟山设立县制，即便如此，舟山也仅是遥远的"海疆"而已。再说，即便徐偃王逃往舟山，那也在一定程度上反映出舟山当时的边陲地位。

一定程度上，我们还可以从"甬东之悔""甬东之叹"中看出舟山群岛在长时期里处于海疆边陲地位。越王句践来吴后，没有杀死夫差，"欲置夫差于甬东""以没王世"，但夫差并没有前往舟山，而是"伏剑自杀"。在越王句践看来，免夫差之死可以，但得流放他，流放、发配之地不可能是富庶中心之地，越王句践之所以选择舟山，也可以看出舟山在当时属于海疆边陲之地，无论是在政治上还是军事上，对于越王来说可能都是无关痛痒的，至少是不具威胁的。《资治通鉴》在描写秦魏公苻廋写给吴王慕容垂和皇甫真的信中说"恐异日燕之君臣将有甬东之悔矣"①，《旧唐书》在讲述唐"复国五王"时也说"甬东之叹"②，这些"悔""叹"既是感慨夫差的英雄末路，也从侧面反映出舟山在当时的政治军事地位，可谓意味深长。

秦始皇曾为求得长生不老之药，"遣徐市发童男女数千人，入海求仙

---

① （宋）司马光编著，（元）胡三省音注：《资治通鉴》卷110《晋纪二十三》，中华书局1956年点校本，第3210页。

② （后晋）刘昫等：《旧唐书》卷91《列传》第41，中华书局2000年版，第1992页。

人”[①]。宋代有文献记载说徐福曾到过蓬莱，“蓬莱山在昌国县，四面大洋，徐福求仙尝至此”[②]。不管这种说法是否可靠，但至少在秦朝时期，舟山群岛都还只是边陲偏僻甚至遥远神秘之地，其在政治和军事上的海疆地位并不重要，甚至不为朝廷所了解。

东晋隆安三年（399）爆发了孙恩、卢循起义，这次起义一直延续到义熙七年（411），引起东晋朝廷的极大震动。孙恩、卢循实力最盛之时，士兵十余万，楼船千余艘，一度攻占浙江、广州沿海郡县，并杀以王、谢为代表的世家大族。起事最后在世家大族特别是北府将领刘裕等的镇压下失败。孙恩、卢循起事打击了很多世家大族的力量，给予东晋王朝致命一击。十年之后，依靠镇压孙恩、卢循起家的刘裕趁机改朝换代，建立刘宋王朝。孙恩、卢循起事对于东晋晚期的政局走向有很大影响。孙恩、卢循一旦遇到困难，或者失掉浙东地区，往往逃到海上，继续坚持战斗。舟山海域海岛众多，形势险要，最易蛰伏其中而不被发现，所以史籍记载此处“四际皆海，山谷连延，至四百余里不为隘矣”[③]。孙恩、卢循以浙江海域的海岛为基地作战的过程大体有四次：第一次，隆安三年（399）十月，孙恩从海岛出发进攻上虞，打起反晋旗帜。同年十二月，因为谢琰与刘牢之的反击，孙恩率众退守海岛。第二次，隆安四年（400）五月，孙恩自浃口（今浙江镇海地区）登陆，接连攻占余姚、上虞、邢浦、山阴，在山阴之战中杀掉谢琰及其二子，五月到十月间，因为受到北府将领刘牢之的阻击，孙恩重新撤回海岛。第三次，隆安五年（401）二月，孙恩又从浃口登陆，并进攻句章，但是受到刘牢之与刘裕的夹攻再次退回海岛。十一月，孙恩在与刘裕的作战中失利，从沪渎、海盐撤退，从浃口再次退守海岛。第四次，元兴二年（403）正月，接替孙恩的卢循从临海重新打起反晋义旗，进攻东阳，转而攻永嘉，因为作战不利，遂从浙东南下广州，从此孙恩、卢循的部队离开浙东地区把反晋斗争引向了广东地区。这次起义之所以选择舟山群岛作为其大本营之一，其中很重要的原因就是舟山群岛特殊的地理位置。[④] 孙恩、卢循起义其另一层重要意义在于，它体现了舟

① （汉）司马迁：《史记》卷6《秦始皇本纪第六》，第247页。

② （宋）祝穆编，祝洙补订：《宋本方舆胜览》卷7《庆元府》，上海古籍出版社2012年影印本，第101页上栏。

③ （清）施世骠：《修定海县志序》，见（清）周圣化原修，缪燧重修康熙《定海县志》，凌金祚点校注释，第2页。

④ 武锋：《东晋孙恩、卢循起事的浙东因素》，《浙江海洋学院学报》（人文科学版）2011年第6期。

山群岛在国家海疆中的重要地位，这也可能是后来唐朝在舟山开始设置县制的间接原因。

开元二十六年（738），唐政府分鄮县之“海中洲”置“翁山县”，成为舟山群岛建县之始。至此，舟山群岛正式作为国家的县级行政单位纳入政府视野。可以这样说，舟山群岛作为国家海疆的重要组成部分，开始正式得到国家的重视。虽然仅三十多年后，其建制就因为袁晁据翁山起义而“以丧乱废”，但它在政治和军事上的重要地位已经提上日程。舟山群岛真正成为国家海疆的海防前哨地位是在宋代，特别是随着国家政治重心的南移，其地位更加凸显。

第二节　宋代舟山群岛海防前哨地位的初步形成

神宗熙宁六年（1073），北宋政府鉴于舟山群岛的重要地理形势和在对外贸易中的重要地位，恢复被废三百年的县制，改名“昌国”。神宗恢复昌国的原因和目的很明确，“其东控日本，北接登莱，南亘瓯闽，西通吴会，实海中之巨障，足以昌壮国势焉”①。舟山群岛在北宋海疆中的重要地位得到了明确的说明。

北宋时期，昌国地区已经是中外海上丝绸之路的重要中继站，它在中外贸易和交流中的地位不断加强。中外贸易与交流的频繁，一方面能促进国家经济发展和文化发达，但另一方面，也难免有不法之徒或海外盗贼乘虚而入，给国家带来不安定因素。此外，由于个别官吏为己私利，甚至勾结海外奸商，危害国家，给国家的边疆海防带来隐患，因此加强“对内”海防显得很有必要。

南宋建立后，由于失去了中原大片土地，同时，由于国家都城在临安，离东部海域，特别是四明地区的沿海海域很近，沿海海防安全直接关系到国家的命运，因此，加强对外海防（特别是东部海域的海防）问题尤其突出。靖康之难以后，高宗被金兵追赶，长时间流亡东部海上，才得以保全江南半壁江山，他本人对东部海上的重要性也有切身体会。

正是由于以上原因，南宋时期的海防思想和海防建设逐步形成体系。昌国地区又正好是东海海域中的重要前哨和堡垒。舟山群岛无论在南宋政

---

① （元）冯福京修，郭荐纂：《昌国州图志》卷1，见凌金祚点校注释《宋元明舟山古志》，第42页。

府的"对内"海防和"对外"海防中都占有很重要的地位，对此，时人郑兴裔曾有切身体会。

郑兴裔（1126—1199）是南宋颇有政绩的一位官员，曾除知福建路兵马钤辖、知扬州、庐州，后历浙东、浙西、江东提刑，官终知明州兼沿海制置使。在他任明州知事兼沿海制置使期间，曾上书朝廷，禁止高丽入贡往来：

> 臣伏见高丽人入使，明、越二郡困于供亿，骚然不宁。既至阙，则馆遇燕赉赐予之费以巨万计，而馈其主者不预焉。我朝遣使答报，舟楫费不赀三节，官吏縻爵捐廪，皆仰县官者甚伙。前礼部尚书臣苏轼言于先朝，谓高丽入贡无丝毫利而有五害，以此也。且国家行都在临安，与东都事体大异。昔高丽使人之来，率由登莱。登莱距梁汴山河之限甚远也。今日三韩直趋四明，四明距行都限一浙江尔。虽自四明至高丽海道渺弥，中隔洲岛，然南北行各遇顺风，则历历险如夷。杨应忱（一作杨应诚——引者注）建炎戊申之役，其回也，九月癸未发三韩，戊子至明州之昌国县，仅六日耳。海道之当防，若是乞止入贡，报答之使省縻费，以裕军储，严番舶往来之，禁固封疆，以杜衅端，宗社幸甚。①

从郑兴裔的奏章中可以看出，南宋主张禁止与高丽往来的原因主要基于两方面。第一，与高丽往来，使明州、越州"困于供亿，骚然不宁"，"馆遇燕赉赐予之费以钜万计，而馈其主者不预"，南宋遣使答报，"舟楫费不赀三节，官吏縻爵捐廪，皆仰县官者甚伙"，因此"无丝毫利而有五害"。关于这一点，北宋的苏轼早就指出过，② 而且他所指出的馆待丽使和赐赠礼物所费甚巨，是有事实根据的。当时与高丽通航的主要城市，如明州、杭州、登州等，苏轼曾于此三地当过地方官，他比一般士人对高丽有更多的了解。他在杭州曾接待过丽使，经手财务支出，花费达 24600 贯，是年浙西饥荒，这笔钱可"全活几万人矣"。一次来使的接待费用约需 10 万贯。③ 南宋时期，宋丽关系延续了前朝态势，因此，奏章所议，无论我

---

① （宋）郑兴裔：《郑忠肃奏议遗集》卷上《请止高丽入贡状》，景印文渊阁四库全书（第 1140 册），台北商务印书馆 1986 年影印本，集部，第 206 页下栏—207 页上栏。

② "礼部尚书苏轼言：'高丽入贡，无丝发利而有五害，今请诸书与收买金箔，皆宜勿许。'"《宋史》卷 486《外国三 · 高丽》，第 14048 页。

③ 平山久雄：《鹅湖书院前的沉思》，《随笔》1993 年第 4 期。

们今天怎样评价它，但在当时也并非空穴来风、无稽之谈。

第二，出于国家安全考虑。南宋“国家行都在临安”，与北宋时都在开封的情况大不一样，开封离海疆遥远，中间间隔数省，有足够的缓冲地带。现在都在临安，如果外敌入侵四明地区，则直接威胁都城。尽管高丽与四明“海道渺弥，中隔洲岛，然南北行各遇顺风，则历险如夷”，因此，防海道不仅可以“省糜费以裕军储”，还可以“禁固封疆，以杜衅端”，从而确保国家安全，宗社稳定。在这里，我们可以看到，奏章所议，是十分保守封闭的海防设想，其实是出于当时南宋“对内”与“对外”的海防考虑。

类似的例子我们还可以从当时著名的政治家、诗人王十朋弹劾明州知事韩仲通擢升绍兴知府的奏章中看到：

> 臣闻古之为民师帅者，能以德化人，则人耻于为盗；能以威服人，则人不敢为盗；能以智略屈人，则可以除一时之盗。三者俱无焉，则何以为民师帅，共理天下乎？……臣窃见知明州韩仲通不能防御海寇，致昌国、定海诸县皆被其毒，而海道为之不通。初有捕致海寇者，仲通从而纵之，遂致其徒益炽。昌国令尝献谋于郡，仲通忽而不听，四明人莫不切齿，朝廷既不罢黜之，又除知绍兴府。仲通不能治一郡，其可以典大藩、帅一路乎？①

王十朋之所以弹劾韩仲通，主要原因也可以概括为两个方面，一是因为韩“不能防御海寇”，结果导致昌国、定海（镇海）深受外来之害，对外海道不通；二是与盗贼勾结，危害当地。

不管是出于对外防止外来入侵还是防止官商（匪）以沿海前沿为据相互勾结，危害地方和国家，加强沿海海防都是十分必要的。从前面两个奏章中可以明显地看出，四明的昌国地区，无论是在防止沿海官商（匪）勾结还是在防止海外敌人入侵方面，都已经处于南宋政府的前沿地位，在南宋政府的海防体系中占有很重要的地位了。

当然，南宋的海防并不仅限于明州地区，更不只限于昌国地区，北起江苏沿海，南至福建沿海，都是南宋重要的海防岸线，都纳入了南宋政府的统筹设防体系之中。在南宋的海防建设中，时任明州知府的吴潜作出了重要贡献。

---

① （宋）王十朋：《王十朋全集·文集》（下）卷3《论韩仲通俞良弼札子》，梅溪集重刊委员会编、王十朋纪念馆修订，上海古籍出版社2012年版，第621—622页。

吴潜（1195—1262），字毅夫，号履斋，宣州宁国（今安徽休宁县）人，宁宗嘉定十年（1217）举进士第一，官至左、右丞相。宝祐年间（1253—1258）任明州知府兼沿江制置。由于日本、高丽的海盗猖獗，滋扰沿海地区，他积极加强海防并组织抗倭斗争，成为中华民族最早抗击倭寇的民族英雄。在海防建设中，他采取了一系列措施。

第一，推行“义船法”。由于“商舶之往来于日本、高丽，虏舟（指当时华北的金兵）之出没于山东、淮北，撑表拓里，此为重镇”[①]。可见，明州一带是宋政府的海防重地，因此，早在嘉熙年间（1237—1240），官府就设立制置使掌管调度明州、温州和台州三郡民船保卫定海（镇海）、淮东一带。由于时间久远，这些民船“或为风涛所坏，或为盗贼所得，名存实亡”，而且当时的民船是“按籍科调”，不管每户能否负担得起，都同等征调，而“吏并缘不恤有无，民苦之”[②]。对此，吴潜上书朝廷，痛陈加强海防的重要性及具体措施：

> 本司自嘉熙年间准朝廷指挥，团结温、台、庆元三郡民船数千只，分为十番，岁起船三百余只，前来定海把隘，及分拨前去淮东、镇江戍守。夫以百姓营生之舟，而拘之使从征役，已非人情之所乐，使行之以公，加之以不扰，则民犹未为大害。奈何所在邑宰，非贪即昏，受成吏手。各县有所谓海船案者，恣行卖弄。其家地富厚，真有巨艘者，非以赂嘱胥史隐免，则假借形势之家拘占，惟贫而无力者则被科调。其二十年前已籍之船，或以遭风而损失，或以被盗而陷没，或以无力修葺而低沉，或以全身老朽而弊坏，往往不与销籍，岁岁追呼，以致典田卖产，货妻鬻子，以应官司之命，甚则弃捐乡井而逃，自经沟渎而死，其无赖者则流为海寇。每岁遇夏初，则海船案已行检举，不论大船小船，有船无船，并行根括。一次文移，遍于村落，乞取竭于鸡犬，环三郡二三千里之海隅，民不堪命，日不聊生。待至起到舟只，则大抵旧弊破漏，不及丈尺，贡具则疏略，梢火则脆弱，亦姑以具文塞责而已。民被实扰，官亏实用。且天险之防，以人心为本，而先使百姓憔悴，根本动摇，脱有缓急，何恃而亡恐？臣已结为义船法，谓如一都（郡），每岁合发三舟，而有船者五六十家，则令

① （宋）梅应发、刘锡纂修：开庆《四明续志》卷6《三郡隘船》，载浙江省地方志编纂委员会编《宋元浙江方志集成》（第8册），第3689页。

② （宋）梅应发、刘锡纂修：开庆《四明续志》卷6《三郡隘船》，载浙江省地方志编纂委员会编《宋元浙江方志集成》（第8册），第3689页。

> 五六十家自以事力厚薄，办船六只，船身必坚耐，贡具必齐整，梢火必强壮。岁发三舟，而以三舟在家营生，一岁所得之息，则以充次年修船、办贡具、招梢火之用。立以程限，守以信必，每岁遇当把隘之日，则如期驾发，以至军港听候调遣。于是有船者无幸免之理，无船者无科抑之患，永绝奸胥猾吏卖弄乞觅之苦，永销滨海居民破家荡产之忧。人心固则天险固，三郡边海之人莫不欣然听从，行将就绪，实为海道无穷之利。朝廷照得义船结约，若果民户乐从，则速与行下。但船久则有损弊，民户他日宁无贫富不齐，须与入细，立为经久不废之规，使官司、民户两便，方可行。圣旨依札，送沿海制置大使司关牒施行。[①]

吴潜的上书不仅强调明州是宋政府的海防重地及原有海防措施的问题，还详细列举了一系列其他问题，如地方官吏的“贪”“昏”导致的各种乱象，得被征调船只的不合理，以及原措施带来的“百姓憔悴”、民不聊生的严重后果等。

宝祐五年（1257）七月，已任大使丞相的吴潜认为：“人心固则天险固，根本动摇，奚恃无恐？”[②] 于是实行“义船法”。“义船法”主要内容如下：

> 下之三郡（即温、台、庆元），令所部县邑各选乡之有材力者以主团结。如一都（郡）岁调三舟，而有舟者五六十家，则众办六舟，半以应命，半以自食其利，有余赀，俾蓄以备来岁用。凡丈尺有则，印烙有文，调用有时，井然著为成式，且添置干办公事三员，分莅其事。三郡之民无科抑不均之害，忻然以从。船自一丈以上，共三千八百三十三只，以下一万五千四百五十四只。又下而不堪充军需者，或谓飘忽去来于沧溟汗漫之中，呼俦啸侣，亦得以贻吾忧，并为之印籍，阴寓防闲。公先事而虑，销患未形，至是无遗算矣。[③]

---

① （宋）梅应发、刘锡纂修：开庆《四明续志》卷6《三郡隘船》，载浙江省地方志编纂委员会编《宋元浙江方志集成》（第8册），第3689—3690页。

② （宋）梅应发、刘锡纂修：开庆《四明续志》卷6《三郡隘船》，载浙江省地方志编纂委员会编《宋元浙江方志集成》（第8册），第3689页。

③ （宋）梅应发、刘锡纂修：开庆《四明续志》卷6《三郡隘船》，载浙江省地方志编纂委员会编《宋元浙江方志集成》（第8册），第3689页。

由于沿海居民深受倭盗之苦，因此他们积极性非常高，“船户莫不响应，各以保护乡井为心，竞出大舟，分泊府岸”①，这一办法很快得以落实。从“义船法”的效果来看也非常好，一方面募集了大量民船，另一方面也招募了大批水手，“又招募到驾船水手一千二百人”②。义船水手，“不时轮番下海巡绰……旦日于三江合兵、民船阅之，环海肃然”③。“义船法”对于调动沿海民众积极海防取得了很大成功。“义船法”实质上是对民间力量的调动，是民间武装力量的调集。被征调的民船主要在南宋海防的重心江浙沿海一带，以及淮东沿海、广西沿海前线。民间武装力量的参与，充实了海防力量，使南宋政府能够在千里海岸建立起防御体系，并为实施海上防御战略提供了作战船只和熟悉水性的作战从员。④

第二，置烽燧二十六铺。由于浙江地理位置特别重要，因此，吴潜“朝夕思维，几忘寝食，尤不敢以纸上具文塞责”⑤。他将台、温、明、越四郡海域分为上中下三屯，使民船泊于岱山、本江、三姑山、烈港四处，并“置烽燧水递，互相应援等事”。他亲自统制定海水军，指授图册，带领精干人马，亲涉海岛，相度地势，设置烽燧二十六铺。这二十六铺分别是：

> 自定海水军招宝山至烈港山，自烈港山至五屿山，自五屿山至宜山，自宜山至三姑山，自三姑山至下干山，自下干山至徐公山，自徐公山至鸡鸣山，自鸡鸣山至北砂山，自北砂山至络华山，自络华山至石衕山，自石衕山至壁下山，此大海洋之中十二铺也。又自招宝山至陶家店，自陶家店至贝念五家前，自贝念五家前至澥浦山头，自澥浦山头至沙角山头，自沙角山头至伏龙山尾，自伏龙山尾至施公山，自施公山至周家塘，自周家塘至下泽山头，自下泽山头至新建向头山，水军、土军两寨，此自定海水军至向头山之九铺也。自招宝山至石桥渡，自石桥渡

---

① （宋）梅应发、刘锡纂修：开庆《四明续志》卷6《水阅》，载浙江省地方志编纂委员会编《宋元浙江方志集成》（第8册），第3695页。

② （宋）梅应发、刘锡纂修：开庆《四明续志》卷6《水阅》，载浙江省地方志编纂委员会编《宋元浙江方志集成》（第8册），第3695页。

③ （明）冯梦龙：《智囊全集》卷8《经务·义船》，栾保群、吕宗力校注，中华书局2007年版，第240页。

④ 杨金森、范中义：《中国海防史》（上册），第16页。

⑤ （宋）梅应发、刘锡纂修：开庆《四明续志》卷5《新建诸寨》，载浙江省地方志编纂委员会编《宋元浙江方志集成》（第8册），第3684页。

至马阻汇，自马阻汇至路林，自路林至白沙，自白沙至本府看教亭，此自定海水军至庆元府城下之五铺也。①

二十六铺烽燧的设置，使得南自乌崎头北自石衕，中自三姑山至大七小七，与夫神前、礁岙、马迹、朐山、长涂、岑江、岱山、烈港及近准行下洋山等处，分布摆泊，从而形成了一道牢固的海上防线。

各烽燧都设置在陆上或岛上，而外海的防御也不得不加以考虑，而且由于各烽燧相距遥远，特别是海上的烽燧，孤立海中，四无畔岸，云气昏塞，风雨晦暝，觌面之间犹无所睹，因此，如何加强它们之间的联系显得尤其重要。

为了加强各烽燧的联系，各烽燧以烟火为号。但是以烟火为号联络烽燧又有另一个问题，那就是往来经商之舟，常与贼船相混，遇夜停泊，也要举烟火，如何区别它们？为此，官府规定，烽燧烟火必以五起五落为准，而且要等到附近烽燧有回应之后才能住火。如果遇到诸如云雾弥瘴天气，各烽燧之间可能看不到烟火，为此，“遇旗烟号火不可睹望之时，则以举炮为号，是云气昏塞不足以隔我之应号也”②。

对于孤悬遥远的烽燧，兵力较少，可能会遭到敌贼的袭击，为此，就需要在离它最近的各烽燧增派精干兵力，授之以最先进的武器，使它们可以相互护卫。

第三，针对外敌从新旧海洲入海的三条路径，以关键之地为核心，统筹辖制“三洋”。海上烽燧的设置，都位于陆地或各海岛上，对于辽阔外海，巨浸滔天，茫茫无际，目力之所不接，兵力之所不及，对敌盗的防范要完全防之于藩篱之外，如待其入吾腹心而图之，则晚矣。因此，有必要未雨绸缪，拒敌盗于茫茫大洋之外。敌盗从新旧海洲入侵必经之道：

有三路，所谓三路者，贼欲侵扰淮东，则自旧海发舟，直入赣口羊家寨，迤逦转料至青龙江、扬子江，此里洋也。若欲送死浙江，则自旧海发舟，直出海际，缘赣口之东杜、苗沙、野沙、外沙、姚刘诸沙，以至徘徊头、金山、澉浦，此外洋也。若欲送死四明，则外洋之

---

① （宋）梅应发、刘锡纂修：开庆《四明续志》卷5《新建诸寨》，载浙江省地方志编纂委员会编《宋元浙江方志集成》（第8册），第3684—3685页。

② （宋）梅应发、刘锡纂修：开庆《四明续志》卷5《新建诸寨》，载浙江省地方志编纂委员会编《宋元浙江方志集成》（第8册），第3685页。

> 外，自旧海放舟，由新海界分东陬山之表，望东行，使复转而南，直达昌国县之石衕、关岙，然后经岱山、岑江、三姑以至定海，此大洋也。①

这三条入侵之路，“其源头皆自新海东西陬山之表里，所谓防之于藩篱之外者，或其在此上下乎？”② 因此，要防范敌盗入侵，必须以东西陬一带为核心，统筹加强“三洋”统制：

> 贼若不由大洋以窥定海，则或转料从里洋而窥扬子江，否则由外洋径窥浙江。其由转料从里洋而窥扬子江，则有许浦水军。其由外洋而窥浙江，则有澉浦、金山水军。但转料一说，恐非敌人行军之径路。盖海商乘使巨艘，满载财本，虑有大洋、外洋风涛不测之危，所以缘趁西北大岸，寻觅洪道而行。……若贼舟窥伺叵测，岂肯旷日持久，迂回缓行，使人知而避之。此转料从里洋入扬子江一路，潜以为决不出此。③

因此，必须增加东西陬上下一带之备，以遏其源头。若论二洋形势，则外洋尤紧，因此，吴潜新置向头一寨与金山澉浦相接，从而成为朝廷密布的“第二重门户”。总之，对于外海的防御，必须以东西陬为核心，统筹辖制“三洋”，从而与烽燧二十六铺形成一个严密而牢固的海上防护带。

对于吴潜的海防体系，明朝冯梦龙曾给予了极高的评价：“海上如此联络布置，使鲸波蛟穴之地如在几席，呼吸相通，何寇之敢乘！”④ 这种评价可以说是非常中肯的。

在南宋的海上防御体系中，昌国地区处于最前沿阵哨。在官府设置的海上烽燧中，“三姑山”（大洋山）、“徐公山”“鸡鸣山”（金鸡山）、“北砂山”（疑为北鼎星岛）、“络华山”（绿华岛）、“石衕山”（花鸟山）、“壁下山”七铺都位于今天的嵊泗海疆之内，作为海上藩篱的昌国之地在军

---

① （宋）梅应发、刘锡纂修：开庆《四明续志》卷5《新建诸寨》，载浙江省地方志编纂委员会编《宋元浙江方志集成》（第8册），第3686页。

② （宋）梅应发、刘锡纂修：开庆《四明续志》卷5《新建诸寨》，载浙江省地方志编纂委员会编《宋元浙江方志集成》（第8册），第3686页。

③ （宋）梅应发、刘锡纂修：开庆《四明续志》卷5《新建诸寨》，载浙江省地方志编纂委员会编《宋元浙江方志集成》（第8册），第3686页。

④ （明）冯梦龙：《智囊全集》卷8《经务·义船》，第240页。

事上具有重要地位。关于这一点，今天在徐公岛上的考古发掘也能证实。[①]

第三节　元代舟山群岛的海疆

元朝在中国历史上的时间很短，但是，就海疆发展而言，这一时期在舟山群岛历史上却不得不提，这不仅是因为舟山群岛曾是元朝东征日本的重要出发地之一，而且后来数百年祸患中国沿海地区的倭患，也是在这一时期形成规模的。舟山群岛在元朝的抗倭斗争中占有重要地位。

一　元朝东征日本与舟山群岛

自从唐武宗灭佛到蒙古人建立元朝，日本和中国脱离外交关系长达4个世纪。元世祖忽必烈早就有使日本臣服之心。为了改变此前的状况，元世祖不断派遣使臣到日本，要求日本跟其他政权和民族一样臣服于蒙古人。另外，1259年蒙古在东方完全征服了高丽，后来，由于高丽向元朝统治者忽必烈控诉倭寇的威胁，这为忽必烈征伐日本找到了借口。[②]

忽必烈首先向日本政府派遣纳贡使者，并以委婉的语气表达了如果日本拒绝投降元朝，元朝将用兵日本的意图。当时日本执政的是镰仓幕府，他们“一方面将此事报告了朝廷，同时拒绝这一要求，并令使者回国”[③]。蒙古使节在要求没有得到满足的情况下，于返回的路上掳走日本人塔二郎、弥二郎二人。忽必烈此时因蒙古与南宋战事紧张无法分出兵力东征日本，因此他仍希望以和平手段压制日本政府就范，于是他释放了塔二郎、弥二郎，并让他们带去给日本国的信，但仍与前几次一样没有任何回音。后来忽必烈又三次遣使前往日本，但均为日本政府拒绝。1270年，蒙古使节第五次到达日本，传达了忽必烈的旨意：如果日本不向蒙古朝贡，蒙古人即将出兵云云。当时18岁的日本执政者北条时宗（1251—1284），“坚决拒绝这一要求，压制了朝廷的妥协态度，下令西国的守护和地头准备防御”[④]。忽必烈闻此讯后，抑制不住五次遣使、五次被拒绝的愤怒与耻辱，

---

① 贝逸文：《舟山嵊泗发现宋代临港型古文化遗址》，浙江文物网2009年8月26日，http://www.zjww.gov.cn/news/2009-08-26/192779622.shtml，访问时间：2012年12月6日。

② 〔日〕井上靖：《日本历史》，天津市历史研究所译校，天津人民出版社1974年版，第180页。

③ 〔日〕井上靖：《日本历史》，天津市历史研究所译校，第180页。

④ 〔日〕井上靖：《日本历史》，天津市历史研究所译校，第180页。

他不顾蒙古与南宋激战正酣，下令准备军队、船只、粮饷，向日本发起战争攻势。日本军队也在北条时宗的命令下严阵以待。

早在至元七年（1270），忽必烈就曾下令将出征日本的军队增加到25000人。十月，元军从合浦（今朝鲜马山）出发，直捣日本。日本天皇征集藩属兵10万余人迎战。元军攻占对马、一岐两岛，在肥前松浦郡、筑前博多湾（今福冈附近）登陆。但在日军坚决抵抗下，首战只获小胜，未能深入。不久，因台风将大部分战船毁坏，加上兵疲箭尽，元军只得仓促撤回。因该年是日本龟山天皇文永十一年，故这场战役在日本史上被称为"文永之役"。蒙古人第一次东征日本便以失败而告终，这在蒙古兴起以后的战争史中是不多见的，蒙古人战无不胜的神话在海战中被彻底粉碎。

忽必烈听到征服日本失败的消息后，非常震惊，他几乎不相信战无不胜的蒙古人能败在日本国手下。为了挽回蒙古人的面子，他决心与这个岛国周旋到底。但由于消灭南宋的战争正进入关键时期，他只是再次派遣使节，并以强硬的态度要求日本纳贡，否则将诉诸武力。日本也加强了防范，并加强了日本与元朝之间的海防线，还处死了忽必烈派遣的使节。这是对元朝的极大羞辱。因为蒙古人认为斩除使者是对他们最大的污辱。忽必烈与他的祖父一样，决心不惜一切代价惩罚日本国。他一方面招募军队、筹集资金；另一方面，遣使要求日本迅速朝贡，否则元军将至。北条时宗再次拒绝了忽必烈的要求，并积极策划远征高丽。忽必烈别无选择，他于至元十八年（1281）远征日本。兵分两路：江南军队行动迟缓，没有按预定时间与东路军会合，东路军在等待无望的情况下，侵袭日本，元军战败，退至鹰岛、对马、一岐、长门等地，与姗姗来迟的江南军会合。黄仁宇在《中国大历史》中描写当时的情景说："公元1281年的远征已在南宋覆亡之后，兵力增大数倍。北方的进攻部队有蒙古和朝鲜部队40000人，船只900艘，仍循第一次路线前进；南方军由宋降将范文虎率领，有大小船只3500艘，载兵10万，由浙江舟山岛起航。规模之大，是当时历史上所仅有，这纪录直到最后才被打破。"①

江南军实际上是由行省右丞相阿塔海、右丞范文虎（南宋降将）、左丞李庭、张禧等率领，从庆元（宁波）、定海启航的。② 七月，两路大军在平壶岛会合后，主力驻屯鹰岛，偏师进屯平壶岛，计划分数路进攻太

---

① 黄仁宇：《中国大历史》，生活·读书·新知三联书店1997年版，第168页。

② 内蒙古社会科学院历史所：《蒙古族通史》，民族出版社1991年版，第121页。

宰府。但是，元军统帅之间不和，影响了军务，加上日军戒备森严，元军在鹰岛滞留达一个月之久。八月初一夜，元军遭飓风袭击，大部分船只沉没，军士溺死者无数。初五，范文虎临阵脱逃，“独帆走高丽，死者三数十万”①，竟把10多万元军将士遗弃在海岛上。日军上岛后，元军大部分将士背水战死，数万士卒被俘。战俘们被日军押往八角岛做奴隶。此次背水大战生还者概不足五分之一。② 此年为日本俊宇多天皇弘安四年，日本史志称这次战役为“弘安之役”。

两次出师失利，并未使忽必烈放弃征服日本的计划。至元二十年（1283）年初，忽必烈下令重建攻日大军，建造船只，搜集粮草，引起江南民众的强烈反抗，迫使其暂缓造船事宜。至元二十二年（1285），再次下令大造战船。年底，征调江淮等地漕米百万石运往高丽合浦，下令禁军五卫、江南、高丽等处军队于第二年春天出师，秋天集结于合浦。后因部分大臣反对，尤其还要对安南用兵，忽必烈才不得不于至元二十三年（1286）正月下诏罢征日本。此后，元朝虽然还有过征伐日本的议论和准备，但均未能实现。至此，出征日本以元朝的彻底失败而结束。

二　元代倭患的形成

在频繁的商舶和僧侣往来中，伴随着战争、贸易冲突与寇患，元日关系呈现相当复杂的态势。总的说来，至大元年（1308）发生的日商焚掠庆元（宁波）事件是明显的分界，前期元军虽两次侵日，双方亦不断强化戒备，但商贸与僧侣往来大体上和平进行；从焚掠事件开始，倭寇不断袭扰中国沿海，情势趋于严重。

忽必烈于至元二十三年前后正式放弃侵日计划，但日本为防“元寇”再度“来袭”，在西部沿海构筑海堤，并命各地“御家人”轮番服役，加强海防，幕府还一度对船舶进行搜索，制止外国人来日。在元朝一方，仍对商船持一贯欢迎立场，但在日方始终拒绝通好的情况下，显然也加强了戒备。弘安之役12年（至元二十九年）后，“日本舟至四明，求互市，舟中甲仗（杖）皆具，恐有异图，诏立都元帅府，命哈喇带将之，以防海道”③。大德三年（1299），成宗从妙愚弘济大师、江浙释教总统补陀（普

---

① （元）方回《桐江续集》卷32《孔端卿东征集序》，景印文渊阁四库全书（第1193册），台北商务印书馆1986年影印本，第660页上栏。

② 内蒙古社会科学院历史所：《蒙古族通史》，第121页。

③ （明）宋濂：《元史》卷17《世祖本纪十四》，第367页。

陀）僧一山（一山一宁）[1] 之请，命其持诏使日，表示“日本之好，宜复通问”以及“惇好息民”的愿望。

一山随日本商舶至太宰府，被疑为间谍，曾一度遭禁锢。后在日本大弘禅法，日僧来华与日俱增，但日本当政仍以拒不正面作答的方式实际表示了拒绝通问。此后，元方显然加强了防务，如大德六年和八年先后改江浙宣慰司为宣慰司都元帅府，专门管理日船来华主港庆元，“镇遏海道”，再“置千户所，戍定海，以防岁至倭船”[2]。大德八年（1304）二月，“以江南海口军少，调蕲县王万户翼汉军一百人、宁万户翼汉军一百人、新附军三百人守庆元，自乃颜来者蒙古军三百人守定海”[3]。到武宗执政时，终于发生日本商船焚掠庆元事件。日商用随船带来的硫黄等物焚烧官衙、寺院、民舍，乃至“恣意掠夺”，显然是一次严重的寇掠事件。

关键在于这次事变的影响。在我们看来，该事变称为倭寇的前奏也好，萌芽也好，显然是一个明显的信号，其后寇患不断发生，倭寇成为元代东南沿海的严重威胁。相关中文材料有些直接记录了倭寇的袭扰，有些加强海防的材料，亦可间接印证当时东南沿海为其所困扰的状况。

作为海上重要交通枢纽和重要前哨的舟山群岛，毫无疑问也是倭患的首冲之地。在元代，与舟山群岛相关的日本倭寇事件有很多，这里只列举直接而明确地记载了与舟山群岛地区相关的事件。

延祐七年（1320）某“中夜”，有“倭奴”40余人“摄甲操兵，乘沙入港”，于至大二年（1309）调防来庆元的蕲县万户府达鲁花赤完者都（四库馆臣改为谔勒哲图）“得变状”，将倭人所赂“上官”金征还之。但倭人旋即至昌国（舟山）北，“掳商贸十有四，掠民财百三十家，渡其子女，拘能舟者役之，余氓奔窜”。完者都“亟驾巨舰追之，进其酋长谕之曰：……圣上仁慈，不忍殄歼，汝敢怙终复肆蚤毒，汝亟用吾命幸宽贷

[1] 一山一宁（1247—1317），俗姓胡，“一山”是号，临海城西白毛村人。自幼出家，先于邑之浮山鸿福寺师事无等慧融，学临济宗大慧法系禅法。又入四明普光寺，从神悟处谦习《法华经》，受天台教义。因嫌“义学之支离”，继上天童寺、阿育王寺就简翁居敬、环溪惟一、藏叟善珍、东叟元恺、寂窗有照、横川如珙等禅师参禅。至元二十一年（1284），出主昌国祖印寺。至元三十一年（1294），由愚溪如智举荐为普陀寺的住持，得法于顽极行弥，清谨自持，为道俗所尊仰。大德二年（1298），元政府拟再派名僧为使，赴日以“通二国之好”。第一次出使未果的愚溪如智，以己年事已高，力保一宁担任使者。于是元成宗敕宣慰使阿达剌等五十余人至普陀寺，宣读宣慰使手书及僧录司官书。赐一宁金襕袈裟及“妙慈弘济大师”称号，命充“江浙释教总统”，又出使日本。后潜遁越州，于1317年圆寂。关于他在日本的活动，本书后文有叙。

[2] （明）宋濂：《元史》卷21《成宗纪四》，第459页。

[3] （明）宋濂：《元史》卷99《兵二·镇戍》，第2548页。

之，稍予迟违，则汝无遗类矣。皆股栗战恐，愿尽还所掠以赎罪”①。

泰定二年（1325）十月，“倭人以舟至海口”，浙东道宣慰使都元帅马充实奉命至定海，宣布有关外商舶船不得进入庆元（以庆元外港定海作为贸易口岸）以及相关市舶则法，对方“始疑骇，不肯承命；反复申谕，讫如教，于是整官军，合四部以一号召，列逻船以示备御。戢科调，减驺从；除征商之奸，严巡警之实，虑民之投宪，为文以谕。收其帆橹器械，而舶法卒不敢移减自便”。共用137天时间“渊思曲画，若防之制水”，“事既毕，贸区市虚，陈列分（纷）错；咿嗄争奇，踏歌转舞”景象的出现，已显示出对某些亦商亦寇、莫从辨识的日船的坚决而切实的范防。②

至顺元年（1330）升（张震）为同知庆元路事。“先是，倭舶交易，吏卒互市，欺虐凌侮，致其肆暴蓄毒，火攻残民骨肉”，张震至，“议于帅，接之以诚而防其不测，交易而退，遂以无事”③。元后期福建邵武隐士黄镇成于至顺间北上游历，“浮海而返”时，“登补陀（普陀）”，“慷慨赋诗”，《岛夷行》一首可能作于此时。该诗描写的虽未必是至顺时倭寇横行情况，但也颇可参证。诗云：“岛夷出没如飞隼，右手持刀左持盾。大舶轻艘海上行，华人未见心先陨。千金重募来杀贼，贼退心骄酬不得。尔财吾橐妇吾家，省命防城谁敢责。”④

至正十七年（1357）方国珍降明后，受命“控制东藩”，据称，“自是东方以宁”，但元末明初乌斯道的一段描述足可显示元末倭寇鸱张情景：“倭为东海枭夷……比岁候舶踔风至寇海中，凡水中行而北者病焉”；“彼与海习樯橹剽轻，出入波涛中若飞。有不利则掎沙石，大舟卒不可近”；“且彼既弗归顺，素摈弃海外，今又犯我中国地，枭馘固当。第俘吾中国人日伙，就为向导，为羽翼，原其心岂得已哉！”⑤

自至大元年庆元焚掠事件以来，倭患已经对舟山群岛地区构成了严重的威胁。事实上，并不仅仅是舟山群岛地区，整个江浙及福建地区都面临着严重的倭患，后来倭患更是肆虐于辽东、山东沿海地区。从倭寇产生和

---

① （元）程端礼：《畏斋集》卷6《万户府达噜噶齐谔勒哲图公行状》，《丛书集成续编》（第133册），台北新文丰出版公司1988年影印本，第737页下栏。

② （元）袁桷：《清容居士集》（六）卷19《马元帅防倭记》，第335页。

③ 虞集：《道园类稿》卷43《顺德路总管张公神道碑》，《元人文集珍本丛刊》（六），台北新文丰出版公司1985年影印本，第308页上栏。

④ （元）黄镇成：《秋声集》卷6《岛夷行》，《续修四库全书本》（第1323册），上海古籍出版社2002年影印本，集部，第569页下栏。

⑤ （明）乌斯道：《春草斋集》卷8八《送陈仲宽都事从元帅捕倭寇序》，《丛书集成续编》（第138册），台北新文丰出版公司1989年影印本，第182下栏—183页上栏。

发展的情形看，它并不是偶然事件，更不是一时表现，在元代它已经出现并且日趋严重，[①] 到明代时，它已经严重危及了国家的安全。但与明代不同的是，元朝对倭寇并没有采取中断贸易的消极办法进行防御，而是坚持积极接纳来商，并通过派遣能臣前往口岸监市，力求缓解矛盾，这与后来明朝的海禁政策是完全不一样的。

第四节　明代舟山群岛的海疆

明朝在舟山群岛的废县徙民政策，使得舟山群岛的社会经济与文化发展几乎中断，时间长达数百年。另外，从明中后期开始严重的倭患给舟山群岛人民带来了巨大的灾难。舟山群岛不仅在明代的抗倭斗争中作出了重要贡献，而且针对舟山群岛海防地位的争论也丰富了我国古代海防思想，这更彰显出舟山群岛在我国海疆中的重要地位。

一　舟山地区的废县徙民

明初舟山群岛的徙民有两次，第一次是洪武四年（1371）的废县徙民，第二次是洪武十九年（1386）迁卫、废县及大规模徙民。关于第一次废县徙民的原因，有学者认为主要是由方国珍及其残余势力对明朝政府的反抗导致的。[②] 在平定方国珍余部反明势力后，明政府于洪武二年（1369），把已具有 91 年历史的昌国州改为昌国县，隶于明州。为了消除方国珍余部的影响，洪武四年十二月，“诏吴王左相、靖海侯吴祯，籍方国珍所部温、台、庆元三府军士，及兰秀山无田粮之民尝充船户者，凡十一万一千七百三十人，隶各卫为军，仍禁濒海民不得私出海”[③]。接着，在洪武十一年（1378）调明州卫中右千户所守昌国，并于十七年置昌国卫，加强了海岛的防卫。

有学者认为，如果说，明洪武四年的迁民是明政府为肃清方国珍余部

---

① 也有学者认为“倭寇”萌生于 13 世纪初期（南宋理宗即位前后），但所谓的“前期倭寇”时间却在 14 世纪初。高荣盛：《元代海外贸易研究》，四川人民出版社 1998 年版，第 103、105 页。

② 包江雁：《明初舟山群岛废县徙民及其影响》，《浙江海洋学院学报》（人文社会科学版）1999 年第 4 期。

③ 《明太祖实录》卷 70，洪武四年十二月丙戌，台北“中央研究院”历史语言研究所校印，1962 年，第 1300 页。

在海岛的再次作乱，迁徙的对象主要是方国珍的余部及被怀疑为方的余部（即无田之民），那么，洪武十九年的迁卫、废县及大规模的徙民行为则是汤和不分清红皂白的一次公报私仇。汤和于征闽还师途中在昌国“为秀兰山贼所袭，失二指挥，故不得封公”。这次，他奉旨到舟山，不作实地调查，就以“海岛居民外联海盗，内相仇杀”为由，奏请徙民废县。① 本书认为将汤和的废县徙民视为“不分青红皂白的一次公报私仇”是缺乏依据的。其原因主要如下。

第一，说汤和征闽还师途中在昌国“为秀兰山贼所袭，失二指挥，故不得封公”的耻辱使之耿耿于怀的依据是站不住脚的。我们从《明史·汤和传》中可以看到，太祖之所以不对汤和“封公”，“遇袭”只是借口，真正的原因在其他：

> 和沉敏多智数，颇有酒过。守常州时，尝请事于太祖，不得，醉出怨言曰：“吾镇此城，如坐屋脊，左顾则左，右顾则右。”太祖闻而衔之。平中原师还论功，以和征闽时放遣陈友定余孽，八郡复扰，师还，为秀兰山贼所袭，失二指挥，故不得封公。伐蜀还，面数其逗挠罪。顿首谢，乃已。其封信国公也，犹数其常州时过失，镌之券。②

也就是说，汤和在镇守常州时，曾有事请求于太祖，但太祖没有答应他，于是汤和在酒后出怨言，狂言自己所镇守的常州，如同屋脊，想往哪一边倒就可以往哪一边倒，这是明显对太祖的挑衅，太祖听说后也铭记于心，刻意要打击他的嚣张气焰。正因如此，在平中原还师论功行赏时，太祖才故意以“秀兰山之乱”为借口不对其封公。不仅如此，在汤和伐蜀而归时，太祖还当面数落其怯阵而避敌之罪（逗挠罪），直到汤和当即谢罪，太祖才饶过他。就是在后来封汤和为“信国公”时，太祖还念念不忘其“常州时过失”，要求他铭记教训。从此可以看出，太祖对汤和的真正不满源自汤和在常州时的口无遮拦，后来太祖以“秀兰山之乱”为借口不对其封公、伐蜀还当面数落其罪行、封其为信国公后还时常提醒他在常州时之过错，所有这些，其实都只有一个原因，那就是对汤和的狂言耿耿于怀。从文字中看不出是因为汤和本人对“秀兰山之乱”的耿耿于怀而“不问青

① 包江雁：《明初舟山群岛废县徙民及其影响》，《浙江海洋学院学报》（人文社会科学版）1999年第4期。

② （清）张廷玉等：《明史》卷126《列传第十四·汤和》，中华书局1974年版，第3754页。

红皂白的一次公报私仇”。

第二，洪武十九年，朱元璋命令已封为信国公的汤和到浙江筹划海防。汤和要求熟悉沿海防务的方国珍的侄子方鸣谦一同前往。方鸣谦向汤和提出的建议是：

> “倭海上来，则海上御之耳。请量地远近，置卫所，陆聚步兵，水具战舰，则倭不得入，入亦不得傅岸。近海民四丁籍一以为军，戍守之，可无烦客兵也。”帝以为然。①

从这里可以看出，废县徙民的方案实际上是方鸣谦提出的，而且是得到朱元璋的同意的，并没有反映出汤和有什么意见。因此，也不能说是汤和本人有什么“公报私仇”的企图在里面了。如果没有太祖朱元璋的认同，就算汤和有“公报私仇”的企图，那也是不可能得逞的。

第三，从汤和实施废县徙民的具体过程和结果来看，也看不出汤和本人有什么“公报私仇”的挟私报复心理。据史载，汤和到了浙江后，其工作可谓尽心尽职：

> 和乃度地浙西东，并海设卫所城五十有九，选丁壮三万五千人筑之，尽发州县钱及籍罪人赀给役。役夫往往过望，而民不能无扰，浙人颇苦之。或谓和曰：“民讟矣，奈何？”和曰：“成远算者不恤近怨，任大事者不顾细谨，复有讟者，齿吾剑。”逾年而城成。稽军次，定考格，立赏令。浙东民四丁以上者，户取一丁戍之，凡得五万八千七百余人。②

《广志绎》也记载了当时的徙民情况以及汤和雷厉风行的作风和态度：

> 宁（波）、台（州）、温（州）滨海皆有大岛，其中都鄙或与城市半，或十之三，咸大姓聚居。国初汤信国奉敕行海，惧引倭，徙其民市居之，约午前迁者为民，午后迁者为军，至今石栏础、碓磨犹存，野鸡、野犬自飞走者，咸当时家畜所遗种也，是谓禁田。如宁之金堂、大榭，温、台之玉环，大者千顷，少者亦五六百，南田、蛟巉诸岛则又次之，近缙绅家私告垦于有司，李直指天麟疏请公佃充饷，萧中丞恐停

① （清）张廷玉等：《明史》卷126《列传第十四·汤和》，第3754页。

② （清）张廷玉等：《明史》卷126《列传第十四·汤和》，第3754—3755页。

倭，仍议寝之。①

从以上可以看出，汤和到浙江以后，积极贯彻太祖之命，且认为自己是在“成远算”“任大事”，因此他不顾“民譊”，“稽军次，定考格，立赏令”。从这之中也看不出汤和有什么私心私仇影响他执行太祖的政策。更何况，第二年，汤和又赴福建，督众于沿海筑城堡多处，然后回京复命。汤和的所有这些任务完成后，太祖对他大加褒奖，“和帅妻子陛辞，赐黄金三百两、白金二千两、钞三千锭、彩币四十有副，夫人胡氏赐亦称是。并降玺书褒谕，诸功臣莫得比焉”②。太祖之所以如此厚赏汤和，正是因为他对太祖旨意认真、彻底贯彻执行并取得了令太祖满意的效果。这里看不出汤和本人有什么私仇要报的。

由此可以看出，对于舟山群岛的废县徙民政策，不管是出于什么直接原因或导火索，它都只是明朝海禁政策的一部分，而海禁政策则是明朝基本上具有一贯性的基本国策。汤和只不过是这一政策的具体执行者之一，他本人并不应该对此负有根本责任。尽管从明朝到今天，不断有人在批评汤和在舟山地区实施废县徙民措施时的做法，③ 但如果把根本原因归结到他个人身上，可能有失公允。如果说他有什么值得后人责备的话，不妨说他因在常州失言而引起朱元璋的猜忌，为了消除太祖猜忌，他拼命地严厉执行太祖政策以求将功补过，从而在客观上给舟山地区带来了人去岛空的严重而可悲的后果。

舟山废县徙民，给舟山人民带来了巨大的灾难。后来，王国祚冒死进京，奏请朱元璋，“面陈不当尽徙之状”，并力陈“民兵与官兵交足之法”，

---

① （明）王士性：《广志绎》卷4《江南诸省》，吕景琳点校，中华书局1981年版，第73页。

② （清）张廷玉等：《明史》卷126《列传第十四・汤和》，第3755页。

③ 胡宗宪在《舟山论》中对信国公汤和提出了批评：“信国公汤和经略海上，区划周密，独于舟山似有未妥者。……信国以其民孤悬，徙之内地，改隶象山（应是卫迁象山），止设二所，兵力单弱。虽有沈家门之水寨，然舟山地大，四面环海，贼舟无处不可登泊；设乘昏雾之间，候风潮之顺袭至。舟山海大，而哨船不多，岂能必御之乎？愚以为，定海乃宁绍之门户，舟山又定海之外藩也，必修复其旧制而后可。”（何汝宾：天启《舟山志》卷一《舟山论》，凌金祚点校注释，第152—153页）明末清初的顾炎武在《天下郡国利病书》中评论道：“汤信国奉诏处置地方……革卫、县学校，而迁其民于内地，夷县为二所，带属定海县。噫！信国是举，与我皇祖改州为县，增立卫所之意，不亦天渊也耶？”（顾炎武：《顾炎武全集》第15册《天下郡国利病书・舟山志》，华东师范大学古籍研究所整理，上海古籍出版社2011年版，第2540页）顾炎武的评论实际上来自天启《舟山志》：“噫，信国是举，与我皇祖改州为县、增立卫所之意不亦天渊也耶？抚今追昔，废兴因革之数，岂其微矣？”（何汝宾：天启《舟山志》卷1《沿革》，凌金祚点校注释，第138页）无论是胡宗宪还是《舟山志》作者，甚至包括顾炎武，他们在哀叹舟山之废县徙民，有谁敢把责任归咎于太祖朱元璋呢？既然不敢把责任归咎于皇帝，最好的办法就只有让信国公来顶罪了。

才得以保留了部分居民。王国祚，舟山浦东人（《定海厅志》作紫薇人），“亲老，家贫，矢力耕读”，但适逢明朝对舟山废县徙民，于是“祚奋趾扬袂，语同难者曰：‘丈夫值今日弗鲜效尺寸力为桑梓谋，奚以为人？’”并认为“皇帝豁达大度，改州为县，增设卫所，以慎海防。遣徙非本意”。于是兼程赴金陵，面陈太祖，认为：“今县卫虽革，犹留在城居民四里，兵二所（即中中所、中左所），朝廷岂遽弃翁州乎？既不遽弃，而所留之民与兵如此。其弱盗至，则以肉餧虎耳。”并阐述了舟山的重要性：“外盗之不敢入四明者，恐翁州之兵出其后也。翁州之防御疏，盗入四明无所忌，由是台温不安，松苏亦不安。且内盗之起，视外盗为动静。海疆失守，内盗必蜂起。复翁州，所以全内地也。”“翁州之兵弱内地之沿海者，增垒益饷，防御之费必多。若重兵镇翁州，以省内地之费，非朝廷之善策乎？即不然，官兵不足，可用土团法以守之也。”“兵农之分，固久矣。然翁州之民，与其遣徙、失业、冻馁他乡，岂若以土团法且耕且守之为逸乎？则计田出资，以足民兵，可立成也。”朱元璋允奏，降批札云：“看得尔处有好田地，许尔辈搭屋居住，看守犁耙。贼人登岸，自备枪刀，杀了来说。”[①] 王国祚回乡，传谕乡人，已徙者，远近皆复里。巡检官因为没有收到官方文书而降罪于王国祚，并擒拿到金陵，得到太祖复证后，乃“归之复翁州之事”。翁州人民感激王国祚，尊称其为“复翁先生”。清人胡邦器曾作诗以赞，清代著名学者黄式三也对此大加赞赏。[②]

王国祚冒死奏请太祖朱元璋后，得到允许将舟山岛的 8805 人不予迁徙，而其余 46 岛的 13000 余户、34000 余人悉数迁往浙东、浙西各州县及汤和老家安徽凤阳县。这样，整个舟山群岛，除了舟山本岛的 8000 多名居民外，其余岛屿几成空岛。

明初在舟山群岛实行的废县徙民措施是整个明朝政府在全国实行海禁政策的一部分。它与基本上贯穿明朝一代的海禁政策及明末清初的“迁海”，使舟山的社会经济发展遭到重大挫折。舟山的废县徙民持续时间长、范围广、受害深、影响烈。废县徙民后，舟山的渔农业长期荒芜、交通停顿、文

---

① 上述引文参见（清）周圣化原修，缪燧重修康熙《定海县志》卷 6《人物》，凌金祚点校注释，第 233—234 页；（清）史致驯、黄以周等编纂：光绪《定海厅志》卷 9《人物》，柳和勇、詹亚园校点，第 159—160 页。

② 胡邦器诗云：境入瀛洲触处佳，迁民痛忆旧生涯。奏闻京国三千里，诏复闾阎十万家。海上有天重日月，山中无地不桑麻。丈夫功绩应难泯，特扁高堂永岁华。黄式三称王国祚“竭肫诚之心，有回天之力，其有德于乡里固卓绝矣”。（明）何汝宾：天启《舟山志》卷 3《名贤》，凌金祚点校注释，第 237 页；（清）史致驯、黄以周等编纂：光绪《定海厅志》卷 9《人物》，柳和勇、詹亚园校点，第 160 页。

教中断。由于舟山处于中国最富庶的长江三角洲的外围，也是明朝政府对日朝贡贸易的唯一港口——宁波港的外围，一批要求通商、开放互市的民人如王直、毛海峰等人以舟山各岛作为根据地，形成了武装走私基地，使东南沿海的经济遭到更大的摧残。明政府的废县徙民措施连同清初实施的“迁海”政策，使舟山的经济、社会发展停顿了近400年，并间接地使中国丧失了一次开放国门、走向变革、实现现代化的机遇。直到清康熙二十二年（1683），全国统一、开放海禁后，舟山的渔业、盐业、农业、水利和城镇建设才开始缓慢发展，但文教事业却一蹶不振，直至咸丰、光绪年间始有起色。①

二　明初的海疆不靖

明朝是朱元璋在与各地武装力量斗争的过程中建立起来的。到明朝建立时，朱元璋所面临的形势即使不算险恶，也是很艰难的，如南方的福建、两广还是元朝的属地，四川在明玉珍的控制之下，北方广大地区还在元朝或新产生的军阀势力的统治下。在沿海地区，当时海疆不靖给新生政权带来巨大麻烦甚至威胁。

明朝初年的海疆不靖主要表现在两个方面。第一是沿海地区元末武装力量的残存。明朝建立后，南方沿海地区还没有完全征服，其中对明朝威胁最大的两股势力，一是福建的陈友定，二是盘踞在浙江沿海地区的方国珍残部。吴元年（至正二十七年，1367）十月，朱元璋平定方国珍的割据势力后，开始制定对福建的用兵方略。朱元璋采用水陆两路包围夹击的战术，消灭陈友定的割据势力。同年十二月，陆路由中书平章胡廷瑞为征南将军、江西行省左丞何文辉为副将军，率领安吉、宁国、南昌、袁州、赣州等地卫军经杉关入闽，直取邵武、建阳。水路由汤和为征南将军，与副将军廖永忠率舟师自明州取海道入福建。朱元璋的部队势如破竹，相继攻陷邵武、建阳、崇武、浦城等地，陈友定的守将或降或战死。汤和部迅速包围了福州。陈友定分兵对抗。洪武元年（1368）正月，汤和部占领福州后，挥兵南下，与胡廷瑞部会师，围攻孤城延平。明军以汤和部隔水布阵，廖永忠率部攻西门。陈友定见大势已去，服毒药自尽，但并未死去，后被明军俘获，其子陈宗海领兵前来救援，也被俘虏，一同押送京城，后父子均被处死。同年二月，明军先后攻取了兴化、泉州、漳州、潮州等地。陈友定的余部虽然在金子隆、冯谷保等率领下在将乐、清流、宁化等地据山寨进行反抗，但已无济于事，

---

① 包江雁：《明初舟山群岛废县徙民及其影响》，《浙江海洋学院学报》（人文社会科学版）1999年第4期。

至同年七月，相继被明军剿平。

如果说明军在取道海上平定福建的陈友定时，一路上还算顺利的话，那么，明军在平定浙江的方国珍余部时则遇到了不小的麻烦。

1368 年正月，就在汤和平定陈友定班师回明州时，在昌国州兰山、秀山遭到了方国珍余部叶希戴、陈君祥部的袭击，明军徐珍、张俊两指挥战死。三月，叶希戴等带兵乘胜追击，驾船二百余艘，通过甬江，攻打明州府城，被驸马都尉王恭歼灭。在定海（今镇海）招宝山港口，兰山、秀山的另一首领陈魁四拦截明军。明朝政府下决心出兵镇压。四月，征南副将军吴祯平定福建陈友定后，亦率水师进入昌国，合力围剿，并于四月十八日击溃陈君祥队伍。

1368 年 5 月，陈群祥的一部分余党退攻象山，被县民蒋公直等集乡兵并联合王刚甫击溃。六月，在高丽的明州人鲍进保向明朝政府报告，称陈君祥等在高丽。于是，六月二十四日，明朝派千户丁志、孙昌甫等到高丽，使高丽将陈君祥兄弟及其余党一百多人移交明朝使臣，至此，兰山、秀山之乱彻底平定。兰山、秀山之乱不仅给昌国地区带来了巨大的灾难，甚至威胁到了新生的明政权，正因如此，朱元璋不得不重视对沿海边疆的防范，“明太祖的‘海禁’政策，极可能起因于洪武元年的兰秀山居民的叛明事件”①。

与方国珍余部同样的势力还有张士诚的余部。张士诚以三吴为根据地，盘踞江浙，割据势力北到山东济宁，南到浙江绍兴，西至安徽北部，东到大海，其势力比方国珍更强大。张士诚在被朱元璋攻灭以后，其余部也大多逃亡海上，继续与朱明王朝为敌。史载：“及张士诚、方国珍分据东南海上，而遗孽窜岛中，两浙、淮阳驿骚矣。”② 他们不仅活动于东南海上，有时还到达辽东、山东沿海。“高皇帝即位，方国珍、张士诚相继诛服。诸豪亡命，往往纠岛人入寇山东滨海州县。”③ 明代的山东包括现在的山东省和大部分辽宁省。张、方余部还常与日本海盗相勾结，为祸海上。“元末濒海盗起，张士诚、方国珍余党导倭寇出没海上，焚民居，掠货财，北自辽海、山东，南抵闽、浙、东粤，滨海之区，无岁不被其害。”④ 不仅如此，这些势力，“东借日本之诸岛悍夷以为爪牙，而西南借交趾、占城、阇

① 陈尚胜：《“怀夷”与“抑商”：明代海洋力量兴衰研究》，山东人民出版社 1997 年版，第 33 页。

② （明）王世贞：《日本志》，载焦竑：《国朝献征录》卷 120，上海书店出版社 1987 年版，第5311 页。

③ （清）张廷玉等：《明史》卷 322《列传第二百十·外国三·日本》，第 8341 页。

④ （清）谷应泰：《明史纪事本末》卷 55《沿海倭乱》，中华书局 2018 年版，第 832 页。

婆、暹罗以为逋薮。此其于疾也，在骨节辏理之间，而非可汤药去也。而又内接山寇，以为腹心之援”①。再如，洪武六年，张汝厚、林福等在海上自称元帅，劫掠海上，反被占城（今越南南半部）军攻破，“汝厚等溺水死，获其海舟二十艘，苏木七万斤”②。这支反明势力在“环海千里、蛮夷诸岛”的广阔海域上，“交舶万艘，常候风潮，毒机矢以待”③。这些海上武装在广阔的海域里神出鬼没，与明军为敌，给新建立的明政权造成很大的威胁。

明初海疆不靖的另一个重要表现是沿海地区倭患不断。倭患早在元朝就已经出现了，前面已有介绍，这里不再赘述。元朝的倭患持续到明初，不但没有减轻，反而越来越严重。洪武元年，“倭寇出没海岛中，乘间辄傅岸剽掠，沿海居民患苦之”④。明初，整个中国沿海地区不断地受到倭寇的入侵，山东、辽东、直隶、浙江、福建、广东等沿海地区都饱受倭患之苦。有学者对洪武年间的倭患进行过统计（见表6-1）。

表6-1 **明洪武年间倭寇入侵情况** （单位：次）

时间 区域	辽东	山东	南直隶	浙江	福建	广东	合计
洪武元年					1		1
二年		1	3	2		1	7
三年		1		1	1		3
四年		1		1		1	3
五年			1	3	2		6
六年		2		1			3
七年		2	2			1	5
十三年						2	2
十六年				1			1
十七年				2			2
十八年			1				1
二十二年		1					1
二十三年				1			1

① （明）王世贞：《弇州史料》后集卷30《岭南弭寇策》，见四库禁毁书丛刊编纂委员会编：《四库禁毁书丛刊》（史部49），北京出版社1998年影印本，第596页下栏。

② 《明太祖实录》卷84，洪武六年八月戊戌条，第1505页。

③ （明）章潢：《图书编》卷38《陕西图叙》，台北商务印书馆1986年影印本，第796页下栏。

④ （清）张廷玉等：《明史》卷130《列传第十八·张赫》，第3832页。

续表

区域＼时间	辽东	山东	南直隶	浙江	福建	广东	合计
二十四年				1		1	2
二十六年				1			1
二十七年	1			1			2
三十一年		1		1		1	3
合计	1	9	7	16	4	7	44

从表6-1至少可以看出两个问题：第一，倭寇入侵沿海两个地区最为严重：一是辽东、山东，一是浙江。第二，从纵向入侵频率来看，倭寇的入侵呈马鞍形，洪武七年（1374）前较为频繁，然后有一段寂静，直到洪武二十二年（1389）又严重起来。这以辽东和山东最为典型。从洪武元年到洪武三十一年（1398）的31年中，倭寇共入侵44次，平均每年有1次多。倭寇主要是在沿海，还没有深入内地，规模也不是很大，其最重要的原因是明朝建国初期，政治清明，国力强盛，不断加强防御，入侵的倭寇在强大的明朝水陆军的打击下往往难以得逞。[①] 如果与元朝时期的倭患相比，明初倭寇的入侵规模及危害程度却是远超元朝的。

以浙江为例，在洪武年间，较大规模的倭寇进犯主要包括以下十余次。洪武二年（1369），倭寇进犯温州中界山，永嘉、玉环皆被剿掠。三年六月，倭夷寇山东，被击退后转掠温、台、明三州沿海居民。四年，倭寇再次侵犯浙江。五年，倭寇犯温州。命羽林卫指挥使毛骧、於显，指挥同知袁义等，领兵追捕苏、松、温、台濒海诸郡的倭寇。毛骧等在温州下湖山大败倭寇，追至石塘大洋，缴获倭船12艘、倭弓一宗，生擒130余人。六年，倭犯浙江滨海地区。七年，倭掠焚沿海诸地，靖海侯吴祯败之于琉球洋，斩获甚众，悉送京师。十六年，夷船18只，寇金乡小沪寨，官兵敌却之。这年八月，赏温州、台州二卫将士擒杀倭寇有功者，凡1964人，文绮、钞布、衣物有差。十七年正月，命信国公汤和巡视浙江、福建沿海城池。不久，倭人寇定海，千户所总旗王信等9人，擒斩倭贼，并缴获器仗一宗。与此同时，台州也有倭寇登陆，杀巡检。十九年，倭寇海盐。二十三年，倭夷由穿山浦登岸，杀虏军士、男女70余人，掠夺其财物，守御百户单政未能及时追捕倭寇，致其逃遁。单政为此被诏令斩杀。二十四年，海盗张阿马，引导倭寇抢掠。杭州响运百户孔希贤率兵与之交战，不胜而死，兵船皆被张

① 范中义、仝晰纲：《明代倭寇史略》，中华书局2004年版，第18页。

阿马等掠去。百户金鉴，不畏强暴，率众奋起还击，斩杀其首领一人，张阿马等慌忙退去，军校费丽保、吴庆等，乘胜追击，至海岸，将张阿马俘获并斩杀。二十六年、二十七年间，倭寇两次入侵小尖亭。三十一年，倭贼2000余人、船34余艘，入寇海澳寨，楚门千户王斌、镇抚袁润等率兵抵御。倭寇恃众气焰十分嚣张。王斌、袁润殊死决战，以身殉职。

从上面所列举的倭寇进犯情况来看，我们还可以得出一些相关的结论。首先，倭寇入侵是很频繁的（虽然还不能与明中后期的倭患相比），仅就洪武年间而言，其入侵浙江的次数就远远超过了元朝时期倭寇入侵中国的总和。其次，倭寇本性贪婪，行为野蛮，不但剽掠沿海居民，而且与明朝军队作战，众多明军将领牺牲，明显是威胁明王朝政权的外敌入侵。①

① 这里涉及对倭患性质的认识问题。对倭寇的组成人员及倭患性质的争论一直是学术界争议较多的问题。早在20世纪三四十年代，就有诸如陈懋恒、罗时旸等学者认为，倭寇是侵略中国的日本海盗。后来有学者（如陈牧野）认为，部分中国商人和失业贫民混迹于倭寇之中，他们的武装反抗具有反封建色彩，曲折地反映了资本主义萌芽，只是由于与倭寇相勾结，而使反封建色彩很快消逝下去，成为强盗和掠夺行为。中国台湾学者陈文石则认为沿海私人贸易与海禁的冲突，似乎是嘉靖倭寇的原因。到了七八十年代，对倭寇的研究成果更丰富，其中出现了不少具有新意的著述，产生了一些比较有代表性的观点。如戴裔煊认为嘉靖年间的倭寇不是外敌入侵，而是国内的阶级斗争。戴先生在仔细考察了倭寇的组成成分后认为："佛郎机、真倭、海盗山寇和奸豪、势要、贵官家，虽然同嘉靖年间的倭寇有着不同程度的关系，却并不能构成倭寇的主体，体现倭寇运动的本质。构成倭寇的主体，体现倭寇运动本质的，是占倭寇总数十分之八九的假倭，即伪装成真倭的中国东南沿海特别是浙闽漳潮等地区违禁出海从事贸易的人民。……嘉靖年间的倭寇运动，实质上是中国封建社会内部资本主义萌芽时期，东南沿海地区以农民为主力，包括手工业者、市民和商人在内的被剥削压迫的各阶层人民，反对封建地主阶级及其海禁政策的斗争，是中国历史上资本主义萌芽的时代标志之一。这场斗争主要是中国封建社会内部的阶级斗争，不是外族入寇。"（戴裔煊：《明代嘉隆年间的倭寇海盗与中国资本主义的萌芽》，中国社会科学出版社1982年版，导言；《倭寇与中国》，《学术研究》1987年第1期）持这种观点的学者还包括林仁川、陈抗生、王守稼等。陈学文、郝毓楠、张显清等学者则持传统观点，认为"御倭战争是完全正义的爱国自卫行动，并不是国内战争"，"其中起决定作用的，决定倭患性质的则是'合力'中的主导力量即日本倭寇、西方殖民者及与之结合、同化的华人倭寇头领。他们的武装杀掠行径决定了倭寇的侵略性、破坏性和反社会性，而抗倭则是维护国家安全和历史前进的正义斗争。"（陈学文：《明代的海禁与倭寇》，《中国社会经济史研究》1983年第1期；张显清：《关于明代倭寇性质问题的思考》，《明清论丛》［第二辑］，紫禁城出版社2001年版）范中义、仝晰纲在对倭寇的主要成分即真倭、与倭寇合流的海盗和依附的"小民"进行了仔细甄别后认为，"嘉靖年间的倭寇就本质来讲，同洪武、永乐年间的倭寇没有什么区别，都是外族的入寇，中国人民所进行的那场御倭战争就是一场确确实实反对外族入侵的战争"。而且，"从武器装备和战术来讲，倭寇也是日本人，而不是中国人，抗倭战争也绝不是什么'中国封建社会内部的阶级斗争'，而是中国人民反对外族入寇的战争"（关于这些讨论，参见范中义、仝晰纲《明代倭寇史略》，前言）。

伴随明初海疆不靖而来的是明初海禁。明朝的海禁政策一直是学术界研究的热点问题之一，对于它产生的原因，学者们也进行了深入的探讨。[①]从本书前面的叙述中可以看出，明初实行海禁政策的重要原因就在于海疆不靖，包括沿海地区残存的元末武装力量及海岛盗贼的扰民甚至与明军的冲突，“禁滨海民不得私出海，时国珍余党多入海剽掠故也”[②]。另一个重要原因就是倭患的不断。

三　舟山倭患

舟山地区是明朝中国沿海遭受倭患最严重的地区之一。从明朝建立直到万历年间戚继光荡平浙江倭患的200年时间里，舟山地区不断受到倭患的侵略和袭扰。倭寇对舟山群岛的侵袭和劫掠给舟山人民带来了沉重的灾难。

（一）舟山倭患的猖獗

早在明洪武二年（1369），倭寇“犯温州。中界山（洞头岛）、永嘉、玉环诸处，皆被剽掠”[③]。倭寇的这次入侵，还侵犯明州边海，劫掠舟山地区。

嘉靖二年（1523）五月，宁波发生“争贡事件”。日本勘合贸易船使者宗设谦道，斗杀另一拨使者瑞佐、宋素卿，焚嘉宾馆，劫市舶库，追杀至绍兴，还窜宁波，一路焚掠，掳卫指挥袁斑，又夺船浮海出舟山。备倭把总、都指挥刘锦追击海上，战亡，千户张镗、百户胡源亦战死。

嘉靖三年（1524），葡萄牙人占双屿港从事海上走私，葡人于“货尽将之时，每每肆行劫掠”。

嘉靖十九年（1540），贼首李光头、许栋勾结倭寇、葡人、海盗和中国沿海走私官员、通番商人，结巢于双屿港，从事海上走私和劫掠，其党

---

① 关于海禁政策的研究成果颇多，而且关于海禁政策实行的原因，以往多有学者认为倭患完全是明政府实行海禁政策逼出来的，倭寇所进行的是反海禁政策的斗争（如林仁川、王守稼、李洵等），这种观点听起来好像很符合逻辑。但也有学者在仔细考察倭患与海禁政策的历史后认为，不是海禁导致倭患，而是倭患正是海禁政策出台的原因（范中义、仝晰纲：《明代倭寇史略》，前言）。本书也倾向于后者，因为至少前者是没办法解释洪武四年（1371）海禁政策出台前的倭患现象与海禁政策的关系的。

② （清）谷应泰：《明史纪事本末》卷55《沿海倭乱》，第828页。如前所述，甚至有学者认为“明太祖的‘海禁’政策，极可能起因于洪武元年的兰秀山居民的叛明事件”（陈尚胜：《怀夷与抑商：明代海洋力量兴衰研究》，山东人民出版社1997年版，第33页）。

③ （明）郑若曾：《筹海图编》卷5《浙江倭变纪》，李致忠点校，中华书局2007年版，第320页。

羽包括王直、徐惟学、叶宗满、谢和、方廷助等。这些人“出没诸番，分䑸剽掠，而海上始多事矣”①。

二十一年（1542），宁波知府曹浩以“通番船招致海寇”取缔海上走私，逮押通番商人。地方士绅因获利丰厚为之说情解脱，不法之徒乘机伙入。官兵惧倭怕番，前往剿倭，结果反为所败。

二十四年（1545），王直从日本增引倭酋博多津助等股倭合伙。

二十六年（1547）十二月，海寇犯宁波、台州诸郡，官民廨舍，焚毁数千区。巡按御史裴绅等弹劾分守参议郑世威、分巡副使沈翰、备倭都指挥梁凤之罪，世宗命抚按官逮郑世威等究问治罪，并令沿海严为戒备。

二十七年（1548），浙江沿海倭乱日多，由于明军纪律松弛，浙江、福建两省为了保存实力，相互推托，消极抵御，致使倭寇肆无忌惮。于是朝廷命朱纨担任浙、闽巡抚，负责御倭。四月，都御史朱纨遣福建镇都指挥佥事卢镗及副使魏一恭，率刘恩至、张四维、张汉等集战船480艘，水陆兵6000余人，围剿双屿寇巢。

> 贼初坚壁不动，迨夜风雨昏黑，海雾迷目，贼乃逸巢而出。官兵奋勇夹攻，大胜之，俘斩溺死者数百人。贼酋许六、姚大总与大窝主顾良玉、祝良贵、刘奇十四等皆就擒。镗入港，毁贼所建天妃宫及营房战舰，贼巢至此荡平。余党遁往福建之浯屿，镗等复大败之。翌日，贼船有泊南麂山、女儿礁、洞门、青岙者，知巢窟已破，无所归去，之下八山潜泊。
>
> 五月，官兵筑双屿港，朱公纨初欲于双屿立营戍守，为一劳永逸之计。而平时以海为生之徒，邪议蜂起，摇惑人心，沮丧士气。福（建）兵亦称不便。朱公叹曰：“济大事，以人心为本；论地利，以人和为先。”不得已，从众议，聚木石筑寨港口。由是贼舟不得复入。而二十年盗贼渊薮之区，至是始空矣。时五月二十五日也。②

六月二十日，卢镗与金山卫指挥吴川围击倭船，生俘许栋及其弟杜武。王直、徐惟学、毛烈收其余党，继续猖獗犯事。此时广东贼首陈思盼自立为阵，与王直关系不和，王直用计掩杀陈思盼，自此，海上之寇完全受制于王直，王直之名开始“振袭海舶”。

① （明）郑若曾：《筹海图编》卷5《浙江倭变纪》，李致忠点校，第322页。

② （明）郑若曾：《筹海图编》卷5《浙江倭变纪》，李致忠点校，第322—323页。

二十八年（1549）三月，朱纨又遣将击走葡萄牙海盗，捕杀浙闽通寇内奸96人，擒斩真倭60人，从倭3人。之后，朱纨上书朝廷，认为赶走外国盗寇不难，但要赶走中国之盗很难，矛头指向当时与倭寇相勾结的盘根错节的地方豪门大族，同时，朱纨筑塞双屿港以及后来对福建月港、走马溪大海商的剿灭，使得他不断遭到豪门大族的弹劾和诽谤。首先向朱纨发难的是福建籍御史周亮。二十七年七月周亮联合给事中叶镗弹劾朱纨越权扰民，说朱纨“原系浙江巡抚，所兼辖者止于福建海防，今每事遥制，诸司往来奔命，大为民扰”①。在朱纨处决了在走马溪俘虏的90余名大海商之后，“一时诸不便者大哗。盖是时通番，浙自宁波、定海，闽自漳州月港，大率属诸贵官家，咸惴惴重足立，相与诋诬不休”②。二十八年四月，代表闽浙豪门势家利益的御史陈九德上章指责朱纨擅杀：

> 今都御史朱纨巡视海洋悉心效力，擒斩前项贼党数多，臣不敢谓其无功，然九十六人者未必尽皆夷寇也。同中国姓名者，非沿海居民乎？又恐未必尽皆谋叛者也。……军法从事，中间枉与不枉，当不当，今皆不可得而知。臣不知纨何心而乃残忍如此也。且其一面具题，一面行事，是不暇候命而已，自独断之矣。臣又不知纨何人而乃专杀如此也。臣料纨之意不过谓奉有令旗令牌，可以径行杀戮。然旗牌恐为督阵而设，将以励军士之临阵退缩者，非所以用于既擒之贼，可以待命之日也。又不过谓奉有敕书，可以便宜行事，恐为随时防守，相机剿捕一应事务而言，非谓生杀之权得以自由也。纨之无知一至此哉。况其平日残暴乖方，大率类此，如凌辱知府，绑缚知县及用板棍齐打人两腿，伤死人命数多，两省士民怨入骨髓。③

结果朱纨遭到罢免，后服药自尽，卢镗被逮下狱。

朱纨死后，朝廷内外官员不敢言边事海防。兵员裁撤，战船搁滩，任凭浪击日晒。将校无措，士卒离心。正因如此，朱纨死后的几年，成为沿海倭患最为严重的时期。

从嘉靖三十一年到三十六年是有明一代倭患最为频繁和最为严重的时

---

① 《明世宗实录》卷338，嘉靖二十七年七月甲戌，第6167页。

② （清）谷应泰：《明史纪事本末》卷55《沿海倭乱》，第834页。

③ （明）朱纨：《甓余杂集》卷6《都察院一本为夷船出境事》，四库全书存目丛书编纂委员会编：《四库全书存目丛书集》（集部第78册），台南庄严文化事业有限公司1997年影印本，第156页上栏—下栏。

期。这一时期的倭患主要有两个特点：一是次数多，时间长，规模大，地域广。这之前，进犯沿海地区的倭寇次数少、时间短、规模小、地域窄，之后的倭寇进犯次数频繁、时间长、规模大。有的一年不是几次，而是几十次，不是登岸掠夺后就走，而是在陆地建立据点，长年盘踞，随时掠夺，入侵人数不是几十几百，而是成千上万，几千几万。从地域上看，倭寇进犯的重点是浙江、南直隶和福建地区，又向南扩展到广东，向北蔓延至山东。二是构成贼寇的成分与前期不同。前期葡萄牙海盗占有相当大的比重，而这之后，未见有葡萄牙人，主要是日本海盗和中国海盗，其头目除了王直，还有邓文俊、林碧川、沈南山、萧显、郑宗兴、何亚八、徐铨、方武、徐海、陈东、麻叶（叶明、叶麻）等十余人。①

三十一年（1552）春，王直导倭至大衢山，诱杀据岛盗首陈思盼，并其众。又出卖另一股盗首龚十八。乃以捕杀思盼、十八为功，率倭突入定海关，“叩关献捷，求通互市”，官军（念其助杀思盼）馈米百石，拒而却之。王直“以为薄，大诟”，投米海中，入泊烈表山港（沥港），据以为巢。朝廷遣宁绍参将分守舟山，嘱小事专断，大事请于总兵官而行。二月，王直遣徐海、陈东、萧显、麻叶、毛勋等，连舸百余，陷定海（镇海）关，掠翁山岑江。四月，“漳、泉海贼勾引倭奴万余人，驾船千余艘，自浙江舟山、象山等处登岸，流劫台、温、宁、绍间，攻陷城塞，杀虏居民无数”②。同月，倭寇出沥港，犯台州，破黄岩，陷象山赤坎游仙寨，义士汪较战死，百户秦彪战亡。再犯爵溪，屠数十人，四散掳掠十余日。五月，贼犯象山、定海诸县，知事武伟战死。六月，从黄岩退出的倭寇，乘势进攻郭巨千户所，二十日夜半，风雨交加，电闪雷鸣，倭贼先用竹竿挑草人至城墙试探，见无反应，遂爬墙入城。指挥樊懋闻知后，急忙督兵力战，不幸战至死，守御指挥魏英督军夜战，至天亮，倭寇才从北门退出。七月，朝廷复议再设巡视重臣，以都御史王忬提督浙闽抗倭军务，巡抚浙海道及福、兴、漳、泉。王忬荐举参将俞大猷、汤克宽为心臂，保释因坐朱纨案系狱之卢镗，委以都指挥，与尹风、柯乔等，以为别将，统狼土诸兵，严督防御，分兵围剿，重创股倭。十一月十二日，汤克宽水师入温州，战倭下马洋，擒斩数千人，获倭酋邓文俊。③

嘉靖三十二年（1553）春，俞大猷败倭石浦，收复昌国卫城，倭势有

① 范中义、仝晰纲：《明代倭寇史略》，第114—115页。
② 《明世宗实录》卷384，嘉靖三十一年四月丙子，第6789页。
③ （清）谷应泰：《明倭寇始末》，中华书局1985年影印本，第8—9页。

所收敛。三月，倭寇侵占普陀山，王忬遣俞大猷、汤克宽破袭，当时正值大风不止，倭寇逃逸。下旬，俞大猷再击倭于普陀山，海战接陆战，官兵阵亡300余人。闰三月，王忬细探烈港形势之后，集水陆重兵往剿。俞大猷督水陆兵击列港，由烈表门直入进击。汤克宽于西堠门堵截，断其退路。尹风于金塘近海设伏待机，把总张四维、黎秀分屯龙山、郭巨应急后援。潜使小股精卒，登陆金塘，在木岙设立指挥所，近敌指挥。战前，又从军中挑选熟知烈港地形之军士候得等从木岙进入烈港，约期纵火。十一日晚四鼓，募善伏者潜从背逼其巢穴，候得等在烈港倭营四处纵火，官军见火光，如约齐进。倭寇匆促争舟，盲目应战，四出迎击，一片混乱。官军水陆并进，四面合击，所向披靡，贼辎重尽毁，大溃。值火炮齐发，胜负未决，俞大猷舟挂倭船缆，橹楫不能动，倭众方逞。军士叶七径自取斧，投水砍缆。倭以乱枪投刺，中其项，七重伤，乃大呼曰："吾死必断其缆！"连砍数斧，缆断，七歿。俞大猷挥师而进，又遣两"敢死军士"潜入王直军营，点火引爆火药库，王直炮无药不得发。官军齐进，一举捣毁贼巢。是夜擒斩300余人，溺者不可胜计。天明复战，期以全歼，飓风骤起，吹折战船。倭集精锐亡命，冒飓风突围而出。尹风伏兵截住追战，于表头、北蛟海域犁沉倭船数艘，斩俘200余人。是役擒斩500余级。溃倭突入翁山，中中所百户陈表见事危急，先负母出城，再纳印于千户金鳌，率兵拒倭被围住激战，全部阵亡。百户刑国泰率众反攻翁山城，亲冒矢石，全部陷阵而亡。倭寇据翁山城有日，毁城出掠。

王直随倭寇精锐从烈港突围，俞大猷率舟师穷追至马迹潭（泗礁），遇大风，官船尽拆，众倭侥幸得脱。王直、王澈、萧显泊马迹潭，后又逃向日本，踞日本萨摩洲松浦津，纠集浪人，再造巨舰，联舫数百丈，容千人。以多郎次郎、四助四郎为部，徐海、叶宗满、徐惟学、叶明为将，谢和、方廷助、麻叶为谋士，从子王汝贤、义子王澈为腹心，立"京国"，称"徽王"，图再起。五月，大举入犯，连舰数百，蔽海而至。浙东西、江南北、滨海数千里同时告警。倭寇数股，分别登陆舟山，破掠苏、松、宁、绍诸卫所州县，焚劫20余处，留屯3个多月。俞大猷、汤克宽、卢镗并苏州同知任环，分别逐击倭寇于舟山（东岳宫山）、沥港、普陀山及昌国（象山）、宝山、临山、松阳、太仓、南汇、吴淞、江阴、嘉定、海盐、海宁、新仓、乍浦。卢镗阵斩倭酋萧显。俞大猷逐至翁山外洋，焚其舟50余艘，斩俘千余。乍浦一战，卢镗折俾下都指挥周应祯及知县唐一岑。六月，守备把总刘恩至等在岑港大败倭寇。六月间，各路倭寇从容遁去。战后，汤克宽升任副总兵官，驻金山卫，提督海防诸军务，汤克宽擢任环为佥事。

八月，倭寇萧显旧部一股，由崇明经舟山，图返日本。俞大猷水师截住激战。在沈家门、普陀山、洛伽山、临江海域三战三捷。倭寇无法东渡，遂登普陀山，依险掘堑，立寨为巢。二十二日夜，俞大猷率军攻普陀山，命张四维率水师由西北巡检岙登岸，自与刘恩至等率主力由石牛湾登岛正面进击，指挥邓城、武举火斌、黎俊民等率先陷阵，大军继至。倭寇大败，退至茶山绝顶固守。次日，俞大猷挥师四面围攻，邓城从东北千步沙进，火斌由鹦哥咀进，黎俊民由中路进击，俞大猷和刘恩至统军居后，合力猛攻。经战数日，全歼倭众数百人。战后，火斌领300人守普陀山。

嘉靖三十三年（1554），倭寇以官军无力拒止，野心日炽，进而在海岛（翁山、烈港、岑江）、内陆（苏松、两浙）设营立寨，扩大根据地，图谋大举。廷议征用广东、广西土兵（狼兵）剿倭，以张经曾总督两广，有德惠，深为士兵所爱戴。乃令南京兵部尚书张经总督江南北、浙江、山东、福建、湖广诸军事，任右都御史兼兵部右侍郎，专讨倭寇事宜。改王忬为左副都御史巡抚大同。王忬原任巡抚之职由徐州兵备副使李天宠继之。张经设府嘉兴，以俞大猷为总兵官，总督海防诸军务，使与狼山（江苏南通狼山港）总兵官水陆相应。大猷于苏松河川编练水军以备。四月，大猷战倭于普陀洋，倭攻普陀山，武举应袭，指挥同知火雷之弟、武举火斌等守普陀山达旬，终因倭寇势众，官军后援不济，火斌与黎俊民、魏本、康阜等300余将士全部阵亡，倭寇占据普陀山肆虐。卢镗于石墙墩邀击，斩首200余，倭始敛。同月，贼踞李家岙，义士朱汀奋力战死。

三十四年（1555）正月，倭寇入翁山，犯乍浦、海宁，陷崇德，掠塘栖、新市、双林。四月，倭寇从舟山甬东窜向宁波崇丘张，然后折回奔向鄞江桥，经过小溪、樟村，宁海卫百户韩纲迎战，奋战至死。然后再窜向会稽、萧山、富阳并奔向直隶、徽州等地。六月，倭寇自观海出洋逃跑，指挥王霈、把总闵溶、张四维、武举郑应麟等追击败寇于霍山洋面，悉沉其船，斩获无遗。参将卢镗败倭贼于马鞍山新林，复追，败贼于龟鳖洋。八月，孙宏轼破倭于阵山（嵊山）岙，擒倭酋林碧川。参将卢镗败倭于金塘岛。徐海等退踞翁洲谢浦（今临城鳌头浦、田螺峙一带），又占吴家山（今临城惠民桥一带）、柯梅山（今白泉柯梅）及邵岙（普陀勾山一带）、朱家尖岛为巢。明军围剿柯梅，倭寇挟村民为先导以拒。村民在前，官军箭弩不能发。村民骚动，回首向倭，群起殴抗，倭乱刀以屠，仆者如蚁，血流成河。官军掩杀乃退。此后，风雨晦暝之日，大门岭时有刀剑击斗之声，村民呐喊、呼唤皇天之声……遂称大门岭为皇天岭。胡宗宪勒石以记。[①] 九月，据翁山倭寇出谢浦掠鄞县、奉化、余姚、慈溪，窜四明，遇剿而退。十二月，观海卫指挥闵溶，义士吴德四、吴德六合攻舟山（东岳宫山）、柯梅、谢浦（倭寇巢穴），闵溶战亡于柯梅。吴德四向舟山倭寨直前，斩倭酋于辕门。寨内众倭惊噪而出，吴德四格杀数倭，不敌，阵亡。怯卒返旗走，德六呼曰：兄死矣，仇必报，独前击杀数众，后兵不继，吴德六寡不敌众，陷阵而亡。

三十五年（1556），驻临山总兵官移定海，留参将于临山。定海、舟山增兵13000人。赵文华以败绩报战功还京，言余寇无几，不难剿灭。盛毁杨宜中而荐胡宗宪，于是胡宗宪进兵部侍郎代（抗倭）总督。三月，参将卢镗与定海（镇海）知县宋继祖、武举郑应麟、生员李良民、武生娄楠合力进剿盘踞在舟山谢浦的倭巢，大破倭寇，贼移屯邵岙。五月，倭寇再次侵犯慈溪县城，焚县治。俞大猷、卢镗，追倭于翁山海上，擒斩300余人。七月，赵文华率10万官军入浙，胡宗宪主力屯海盐、平湖，遣俞大猷、卢镗舟师在洋山、马迹一带海域设伏，断倭归路。遣应天巡抚都御使、提督张景贤领兵扼守松江，堵倭北遁。俞大猷、卢镗及海道副使许望东、指挥邓城分股包围，先后歼灭。卢镗设伏烈港，生擒倭酋辛五郎等83人，追倭海上，沉倭船数十艘，擒斩650余人，救出被掳男女700余口，取得烈港平倭大捷。[②] 此后，苏松倭平，唯翁山倭寇尚据险结巢，官军数度攻之不能克。九月，倭寇入舟山巢穴，都佥事俞大猷和副使王询领兵进击，截斩150余级。倭寇入谢浦、吴家山，据险与持。时各地狼兵已归，川贵兵始至，胡宗宪以川贵兵6000人增援翁山，归俞大猷统辖。十月，巡按浙江御史赵孔昭上奏说：浙西倭寇已平息，而浙东丘家洋余贼400余人奔逃山奥，与舟山倭寇聚合在一起，仍对周边地区构成威胁，宜令守臣严格防备。十二月，俞大猷与张四维乘大雪之夜，率近万官军进剿吴家山，火攻倭巢，俘斩无遗，阵斩140余级，救出被掳男女100余人。冠带把总莫翁送与倭寇战于舟山，壮烈牺牲。嘉靖三十五年，两浙倭寇人数超过20000人，“皆次第就擒”。

嘉靖三十六年（1557）四月，贼犯定海关，应袭百户俞宪章战死，贼寇也逃走。后倭船漂至沈家门，副使王询、总兵俞大猷令把总张四维诱降

---

① 该勒石碑早已毁，岭亦平。

② 天启五年（1625）五月，定海（镇海）知县何愈在沥港立平倭碑记其事，沥港改名平倭港。

贼53人。至定海关后，得知俞宪章被杀，恐诱降贼寇生变，于是全部斩杀之，并移兵击新到贼寇，败之，贼寇连夜逃遁。七月，在日本的蒋洲约王直偕日本贡使德阳至舟山。十月初，王直率其党及倭酋（日本岛主40余人）偕日使妙善至翁山岑港倭巢，与王激、叶宗满，谢和等会师。胡宗宪施计诱降王直，巡台御史王本固把王直等人下狱，胡宗宪上书请求宽恕王直，免死罪以系人心，受到王本固的反对，胡宗宪陷入被动。其原本希望朝廷赦免王直，以散其党徒，重建海防。王直下狱后，其子王滶大怒，与谢和等人肢解人质夏正及官役朱尚礼等，接着进逼舟山城，焚道隆观及塔、（受降）亭，又焚舟登岸，栅舟山（东岳宫山），据险屯驻，阻岑港以守。胡宗宪命俞大猷、戚继光等四面围攻，倭寇死斗，官军死伤甚众，不能克。

三十七年（1558），新倭增兵岑港。胡宗宪督翁山守军数千人进击，倭寇坚壁拒战，只留一径外通。明军鱼贯而入，“行将尽，贼兵自尾击之，我兵大溃，死者过半”。二月，王滶遣人回日本引倭大举入犯，图解脱王直出狱。入犯倭寇一面增援舟山（岑港）各巢穴，一面分艅出掠，犯太平，入乐清，攻金乡。官军连战失利。金磐卫（金乡卫和磐石卫）指挥刘茂、朱廷钥，千户周宾，百户秦煌、李爵、刘深等先后战亡。把总张四维、都指挥袁冲霄等拼力战于海上，擒斩倭酋多人，倭势稍敛。官军屡攻岑港，屡战失利。三月一战，风雨交加，山水骤发，溪涧涌溢，倭“于山之高堑处，相其堤者堤之，官兵进击，决而注之，兵多漂死”，伤亡惨重。[①] 四月，新倭复大至，先是泊普陀小道头，继而窜沈家门与岑港贼（倭）合，势大张。又出岑港，犯温、台、宁，合兵攻温州。戚继光率军往援，败倭寇于磐石馆（瓯江北岸），解温州围。六月，倭寇再攻温州。岑港久而未克，温州又起烽火，南人噪起。朝廷责宗宪，宗宪上书陈功。朝廷怒，尽夺总兵俞大猷、参将戚继光、把总刘英之等职，令免官，戴罪办贼，限期克平。又剥夺副使陈元珂、曹金之俸禄。俞大猷等惧，攻战愈急，倭寇守之愈坚。胡宗宪遣军增援，以水师围堵岑港口，大举攻。倭寇依山阻水，列栅坚守，火器还击，官军陷阵者多战亡。诸将逼垒而阵，更番迭战，连攻多日，伤亡惨重，终不能下。胡宗宪无奈，乃思自媚于上。会得白鹿于翁山，献之。未几，复得白鹿，又献之。六月，胡宗宪移帅营于定海（镇海）。督令俞大猷、戚继光、张四维猛攻岑港寇巢，仍未下。官军遣死士赴战，折其锐气，又遣谍员随岑港僧人入倭巢，厚贿重赂，散

① （明）采九德：《倭变事略》，上海书店1982年，第116页。

布谣言，施计惑之，致倭互相猜疑，至持刀自击。又乘隙间人，倭众乱起。又夜间纵火焚其（倭）舟，倭奔就巢，官兵蹑踪，砍栅直入。自是，其巢不能守。七月，王激自毁岑港倭巢，大掠翁山城南村落，尽毁城南演武（场）亭，备足桐油、铁钉等物，移屯柯梅，造巨舰。八月，官兵进剿舟山贼巢，平之。①

三十八年（1559）二月，倭寇2000余人入翁山、川沙等地，犯象山、台州、通州、海门、崇明，巡抚都御史李遂、兵备副使刘景韶、游击邱陞、通政史唐顺之、以都督佥事充总兵官卢镗、副总兵刘显等分击合围，折指挥张谷，战月余乃平。三月，倭800人寇象山何家缆等地，海道副使谭纶率部往剿，斩100余人，倭溃。转犯定海，为戚继光击败。倭寇入翁洲，官军追击海上，遇瞬间飓风，400余战船一齐覆没。

三十九年（1560）正月，加胡宗宪太子太保，五月晋兵部尚书兼右都御史。胡宗宪巡视海防，入翁山，在翁山城南道隆山受降亭（嘉靖三十六年四月建，十二月毁于倭），勒石志记。命笔赋诗：

> 十年海浪喷长鲸，万里潮声杂鼓声。圣主拊髀思猛士，元戎讵意属书生。身经百战心犹壮，田获三狐志幸成。报国好图治安策，舟山今作受降城。都督卢镗和诗：手提长剑斩妖鲸，八面威风四海声。白发尚能酬壮志，舟心应不负平生。群蛮俯伏归王化，万姓欢歌庆有成。祸本已除环海静，此城端拟汉三城。②

四十年（1561）四月，倭寇一两万，连舸数百，犯台、温，入昌国。戚继光率“戚家军”至定海，与卢镗、参将牛天锡等在翁山马岙沙蛟、长白港等地合力围剿。贼寇逃奔至陆上，时舟山冠带把总章延廪引兵设伏，同时与水兵合击，大败贼寇。五月，贼犯台州，戚继光手歼其魁，仙居一战，尽歼之，无脱者。戚继光先后九战皆捷，斩四千有奇，取得抗倭斗争的决定性胜利。九月，胡宗宪奏报斩俘浙江沿海倭寇凡1400余人。

此后，浙江沿海倭寇之患逐渐平息，其势渐衰，倭寇的侵扰移向南方的福建、广东，特别是隆庆开放后，浙江倭患远比之前（尤其是嘉靖年间）少得多。此后舟山的倭患主要集中在万历年间。比如，万历二年

---

① （明）郑若曾：《筹海图编》，李致忠点校，第341—342页。

② （清）史致驯、黄以周等编纂：光绪《定海厅志》卷26《杂志古迹》，柳和勇、詹亚园校点，第708页。

(1574)七月，倭寇进犯宁、绍、台、温等处，官兵扼敌，在外洋沉获倭船，斩首78级，诏赏巡抚浙江督御史方弘静等。四年，倭寇连艘突犯韭山、浪冈、渔山等洋，逼近定海道，参将督兵截剿，斩级73人。三十七年（1609）四月，倭寇侵入昌国的牛栏，再入温州的麦园头，毁明兵船，杀明官兵。四十四年（1616）十一月，倭船各两艘分别侵入宁波和大陈山姆岙，把总童养初率40余艘战船击敌。倭寇被逐出宁、台海域，毕集于温州海域，共有大小船20余艘，明水军联合船队与之死战，双方互有伤亡，倭船遁去。四十五年（1617）四月，一伙侵犯鸡笼、淡水失利的长岛倭寇，侵犯浙江台州地区，杀官兵，夺战船，在菲韭山、牛栏山、南麂、白犬澳等处，抢掳渔户，往来劫掠。在此之后，我们就很少见到舟山地区有关于倭患的报道了。

（二）倭患对舟山的影响

明代舟山200多年的倭患给舟山群岛各地带来了极其深重的灾难，在此期间，舟山人民生活在水深火热之中。对于倭寇给中国沿海地区带来的深重灾难，有学者把它归纳为两个主要方面：第一，烧杀劫掠，百姓遭殃；第二，破坏社会生产，阻碍社会进步。[①]

明朝著名史学家郑晓曾参与过抗倭战争，他说倭寇："其喜盗、轻生、好杀，天性然也。"[②] 抗倭名将俞大猷说："倭人之桀骜、剽悍、嗜货、轻生非西南诸番之比。"[③] 倭寇在入侵过程中，大肆杀人放火，抢劫财物和人民，这些罄竹难书的罪行在明代典籍中比比皆是，令人发指。[④] 倭寇杀人如麻，而且动辄上千、几千甚至上万地杀人，实非畜生堪比。如嘉靖三十二年（1553），倭寇四次寇掠海盐，百姓死者约3700人，第二年四月，倭寇进攻海盐，明军与战失败，战溺死者1475人。嘉靖三十八年（1559）五月，严山老、洪泽珍之党勾引倭寇入侵福建"诸郡县及诸乡井，近海者苦之，男妇被杀掳无虑数千人"[⑤]。嘉靖四十二年（1563）十一月，倭寇

---

① 范中义、仝晰纲：《明代倭寇史略》，第208—228页。

② （明）郑晓：《吾学编·四夷考》上卷《日本》，《北京图书馆古籍珍本丛刊》（第12册），书目文献出版社1987年影印本，第710页上栏。

③ （明）俞大猷：《正气堂集》卷7《论海势宜知海防宜密》，《四库未收书辑刊》（5辑·20册），北京出版社1997年影印本，第191页上栏。

④ 如采九德的《倭变事略》、郑若曾的《筹海图编》、徐学聚的《嘉靖东南平倭通录》、王士骐的《皇明驭倭录》、卜大同的《备倭记》、谢杰的《虔台倭纂》、宋应昌的《经略复国要编》，以及大量涉及倭寇问题的奏疏、文集等。

⑤ （明）谢杰：《虔台倭纂》上卷《倭变二》，《北京图书馆古籍珍本丛刊》（第10册），书目文献出版社1987年影印本，第248页下栏。

攻陷兴化府城，“乡宦士民男妇咸就掳杀，死者万余，庠士三百五十、乡宦十七、举人二、太学生六、妇女义不辱而骂贼以死者，不知其几也。宝器金玉锦绮，或传自唐宋者，咸归于贼”[①]。这里，我们仅据舟山志书记载的情况，摘录倭寇在舟山地区的斑斑劣迹。

嘉靖三十二年（1553），倭寇侵犯昌国，刘晋的祖父因年老有疾不能行走，当时其他人都逃走了，只有刘晋背负着祖父而逃。倭寇快要追上时，其祖父说：“我已经老了，死了也心甘，你赶紧逃走吧！”刘晋不忍心舍弃老人，结果祖孙二人都被倭寇残忍杀害。嘉靖三十五年（1556），当时倭寇占据邵岙，义士姚思敬率领丁壮数百人前往贼所打击倭寇，等贼出来抢掠时，挺戈迎击，他一人独杀十余倭贼，其余的人也奋力杀贼，最后全部奋战至死。嘉靖年间，倭寇侵犯东山，族人仓促避难逃离，孝子陈十三请求其父随族人逃走，其父不肯离去，之后，陈十三偕其父向西逃，被倭贼追上，杀其父。十三抱父尸大哭，并为所执，驱之偕行，陈拒抗，不从去，倭寇并杀之，弃尸道上。数日后，族人归，收其尸。陈十三身首异处，而右手抱其父牢不可松。[②]

倭贼不仅大肆杀戮，还抢劫霸占民女，这类记载在明代典籍中也不绝于书，其凶残野兽本性显露无遗。更有牲畜不如的野蛮行径，令人发指，如正统四年（1439）四月，倭寇以勘合贸易为名，骗过明官兵，“大举入桃渚，官庚民舍，焚劫驱掠。少壮发掘冢墓。束婴孩竿上，沃以沸汤，视其啼号，拍手笑乐。得孕妇，卜度男女，刳视中否，为胜负饮酒，积骸如陵”[③]。嘉靖四十二年，戚继光在平海大捷后救出被掠男丁女妇3000人，继而攻仙游倭寇，解救被掠子女3000人。

邑人傅梓女儿，年方十七，美姿色，尚未出嫁。嘉靖年间，倭寇入侵，由于傅氏家临海，因此其女被贼所抓获，傅女当即以石破面，血涂地，后被倭贼斩杀分尸。柯梅的张栋夫妻被倭贼抓获，倭贼杀死张栋，其妻李氏大哭，痛骂倭贼，义不受辱，被倭贼乱刀斩杀。林景昭妻子张氏早年守寡，带着二女一子三个幼小的孩子，孤苦伶仃，好不容易把孩子拉扯长大，得以使子女完婚嫁。但倭寇侵入舟山后，家庭被毁，儿子病死，留下两个小孙子，“痿弱不支，张（氏）殚心鞠育，苦楚万状”，后来儿媳亦去世，张氏带着两个孙子“转徙蓁莽间”，几乎过着乞讨的生活，其苦

---

① （明）王士骐：《皇明驭倭录》卷8，嘉靖四十二年，《北京图书馆古籍珍本丛刊》（第10册），第169页上栏。

② 何汝宾：天启《舟山志》卷3《名贤》，第238页。

③ 谷应泰编：《明倭寇始末》，第4—5页。

难之深重，不堪言表。[①]

更为可恶的是，倭寇把无辜百姓挟持为人质，作为对付明军的盾牌。明军在围剿柯梅倭寇时，倭寇挟村民为先导以拒。村民被挟至大门岭，与官军对阵。村民在前，官军箭弩不能发。村民骚动，回首向倭，群起殴抗，倭乱刀以屠，仆者如蚁，血流成河。官军掩杀乃退。这些倭寇真是人性丧尽，惨绝人寰，他们给舟山人民带来的深重灾难实在罄竹难书。

四 明朝的海禁政策

据《明实录》记载，早在洪武四年（1371）十二月朱元璋就颁布了海禁诏令："禁濒海民不得私出海。"[②] 此后不断加以重申。洪武十四年（1381）十月，朱元璋正式宣布"禁濒海民私通海外诸国"[③]，这标志着海禁作为明王朝的一项基本国策正式确立，并被后世作为"祖训"而遵从。[④]

此后，朱元璋不断重申和强调海禁政策。洪武十七年（1384）正月，"壬戌，命信国公汤和巡视浙江、福建沿海城池，禁民入海捕鱼，以防倭故也"[⑤]。洪武二十一年（1388）正月，"温州永嘉县民，因暹罗入贡，买其使臣沉香等物。时方严交通外夷之禁，里人许之，按察司论当弃市。上曰：永嘉乃暹罗所经之地，因其经过与之贸易此常情耳，非交通外夷之比也，释之"[⑥]。洪武二十三年（1390）十月，"诏户部申严交通外番之禁。上以中国金、银、铜、钱、段匹、兵器等物，自前代以来，不许出番。今两广、浙江、福建愚民无知，往往交通外番，私易货物，故严禁之。沿海军民官司纵令私相交易者，悉治以罪"[⑦]。洪武二十七年一月，朱元璋发布诏令："禁民间用番香番货。先是，上以海外诸夷多诈，绝其往来，唯琉球、真腊、暹罗许入贡。而缘海之人，往往私下诸番，贸易番货，因诱蛮夷为盗。命礼部严禁绝之，敢有私下诸番互市者，必置之重法。凡番香番货，皆不许贩鬻，其见有者，限以三月销尽。民间祷祀，止用松柏枫桃诸香，违者罪之。其两广所产香木，听土人自用，亦不许越岭货卖。盖虑其

---

① 何汝宾：天启《舟山志》卷3三《烈女》，第240页。

② 《明太祖实录》卷70，洪武四年十二月丙戌，第1300页。

③ 《明太祖实录》卷139，洪武十四年十月己巳，第2197页。

④ 安峰：《明代海禁政策研究》（硕士学位论文，山东大学，2008年）。有学者认为"朱元璋实行海禁政策开始的时间是在洪武四年以前，因在洪武四年（1371）的两条禁令中一个用'仍禁'，一个用'尝禁'"（范中义、仝晰纲：《明代倭寇史略》，第73页）。

⑤ 《明太祖实录》卷159，洪武十七年正月壬戌，第2460页。

⑥ 《明太祖实录》卷188，洪武二十一年正月条，第2815页。

⑦ 《明太祖实录》卷205，洪武二十三年十月乙酉，第3067页。

杂市番香，故并及之。"[①] 三十年（1397）四月颁诏"申禁人民无得擅出海与外国互市"[②]。

明王朝的海禁政策还载于《大明律》中。据《兵律》中"私出外境及违禁下海"条载："凡将马牛、军需、铁货、铜钱、缎匹、细绢、丝绵，私出外境货卖，及下海者，杖一百。……物货船车，并入官。……若将人口军器出境及下海者，绞。因而走泄事情者，斩。"[③] 同时，政府还以法律的形式鼓励告发"私通外夷"者。据《户律》中"舶商匿货"条载："凡泛海客商，舶船到岸，即将物货尽实报官抽分。若停靠沿港土商牙侩之家不报者，杖一百；虽供报而不实者，罪亦如之。物货并入官。停藏之人同罪。告获者，官给赏银二十两。"[④]

从洪武年间对海禁政策的一再强调可以看出，明初的海禁政策主要包括以下内容：禁止民间私自出海；禁止私自出海捕鱼；禁止私通海外诸国；禁止擅自出海与外国互市。这些内容一句话概括就是：禁止沿海居民在海上有任何活动和关系。但这些规定对于沿海居民而言，特别是以海上捕鱼为生的海岛居民而言，实际上是断了他们的生存之路。一方面，明政府在努力实施其海禁政策，舟山地区的废县徙民就是极端的表现；另一方面，这些措施也不可能真正完全落实，这从后来明朝的海外贸易，特别是私人海外贸易并没有中断也可以看出。尽管如此，明朝的海禁政策与元朝海禁政策还是具有明显的不同，那就是明朝的海禁自开国以来一直是作为"祖训"既定的国策加以实施的。尽管在不同时期，海禁政策的具体落实有所差异，如永乐年间海禁政策一度松弛，并出现了郑和下西洋的壮举，但从洪熙到弘治年间，海禁政策又重新有所强化，到正德年间，明政府实行抽分制，标志着明代海禁政策有了明显的放松，但到嘉靖年间，明政府再度严厉海禁，直到隆庆开放。到明末的天启、崇祯年间，海禁的"祖训"和各种有关诏令虽然已经如一纸空文，海禁政策更加废弛，但是，作为朱元璋所制定的"祖训"，终明一代始终没有任何一个皇帝敢明令废除。这种情况一直延续到清朝，清朝不但没有从国策层面废除明朝的海禁政策，反而进一步强化，最终走向闭关锁国的道路，使中国的社会发展更进一步落后于西方。

---

① 《明太祖实录》卷 231，洪武二十七年正月甲寅，第 3373—3374 页。

② 《明太祖实录》卷 252，洪武三十年四月乙酉，第 3640 页。

③ 《大明律》，怀效锋点校，辽沈书社 1990 年版，第 117 页。

④ 《大明律》，怀效锋点校，第 78 页。

第五节　清初的迁海与舟山“展复海界”

清军在占领舟山的过程中，烧杀掳掠，战争把舟山地区变成废墟，给舟山人民带来了深重的灾难。给舟山人民带来更大灾难的是清政府的沿海迁界政策。在消除南明势力的过程中，由于当时清军水战兵力和经验都不足，为了避免明军以舟山为基地形成对清政府的威胁，清政府决定把舟山城郭房屋全部拆毁，居民统统赶回内地。这就是著名的清初“迁海”政策。

学术界一般认为郑成功以东南沿海为基地，保存了强大的抗清实力，从而成为清政府的心腹之患。[①] 特别是顺治十六年（1659），郑成功、张煌言展开的长江战役，虽然没有取得最后的胜利，但其政治影响却不可低估，它显示了以郑成功、张煌言为首的东南沿海义师还拥有雄厚实力，特别是大江两岸缙绅百姓的群起响应，使清朝统治者不寒而栗，他们感到当务之急是不惜代价切断义师同各地居民的联系。因此，顺治十八年（1661）清廷断然决定实行大规模的强制迁徙濒海居民的政策，史称“迁海”。

清初迁海令的实施实际上有一个过程。早在顺治六年（1649）六月十日，张学圣已经建议“严禁接济，设法提防”[②] 郑成功。十一年，“代（刘）清泰为浙江福建总督。疏请申海禁，断接济，片帆不得出海，违者罪至死”[③]。代任的佟国器说：“至于福州府、兴化府、福宁州等沿海地方，而职自履任以来，檄行郡邑……严禁下海，则私贩屏迹矣。”[④] 因为他不认为抚局能解决问题，断绝其接济，在山东、淮、扬、苏、松、浙、粤、闽等沿海地方连成一防线，共同严厉执行禁海政策，不许片帆入海，断其粮

---

① 王日根：《明清海疆政策与中国社会发展》，福建人民出版社 2006 年版，第 142 页；卢建一：《明清海疆政策与东南海岛研究》，海峡出版发行集团、福建人民出版社 2011 年版，第 44 页。

② 厦门大学台湾研究所、第一历史档案馆编：《郑成功满文档案史料选译》，福建人民出版社 1987 年版，第 17 页。

③ （民国）赵尔巽等：《清史稿》卷 240《列传二十七 · 刘清泰传》，第 6290 页。闽督佟岱（屯泰）云：“前总督陈锦、刘清泰在任时，均有禁海法令在案，可供查阅。”陈锦任职于顺治四年（1647）四月，遇刺于顺治九年（1652）七月七日，刘清泰继锦职，至十一年七月病免，佟岱继之。《郑成功满文档案史料选译》，第 195 页。

④ 顺治十二年六月十一日《福建巡抚佟国器揭帖》，《明清史料 · 丁编》第二本，第 112 页。

源，自可困绝明郑。佟岱自称这是他赴任后所筹之策，曾经与浙、闽二巡抚，并所有沿海各镇、道加以讨论，经过“严防海域，片帆不得下海”之推动试行后，“据陆续呈报”，郑成功因此而绝粮道，致有“粮绝而恐慌异常”之成效，使其倡议增添了不少说服力。经顺治着兵部研究分析回报后，获世祖批准，依其议成为条例而颁布谕旨于东南，时为顺治十二年（1655）六月十九日，而此疏请则上于十二年五月间，试行期应在佟岱于十一年（1654）七月二十九日升为浙闽总督，抵达福建衙门履任后的事了，试行之期，快则当在该年年底，慢也当在十二年初，此后其十二年五月上疏可推知。① 十二年六月，“严禁沿海省份，无许片帆入海，违者置重典”②。经众臣疏请，最后到王益臣建议迁海、建墩台时得到实现。顺治十二年，闽浙总督佟岱建议亦被清廷采纳，旨令：“海船除给有执照许令出洋外，若官民人等擅造两桅以上大船，将违禁货物出洋贩往番国，并潜通海贼，同谋结聚，及为向导，劫掠良民；或造成大船，图利卖与番国；或将大船赁与出洋之人，分取番人货物者，皆交刑部分别治罪。至单桅小船，准民人领给执照，于沿海附近处捕鱼取薪，营汛官兵不许扰累。”③ 同年还宣布：

> 自今以后，各该督抚镇著申饬沿海一带文武各官，严禁商民船只，私自出海，有将一切粮食、货物等项，与逆贼贸易者，或地方官察出，或被人告发，即将贸易之人，不论官民，俱行奏闻正法，货物入官，本犯家产，尽给告发之人。其该管地方文武各官，不行盘诘擒缉，皆革职，从重治罪，地方保甲，通同容隐，不行举首，皆论死。凡沿海地方，大小贼船，可容湾泊登岸口子，各该督抚镇，俱严饬防守各官，相度形势，设法拦阻，或筑土坝，或树木栅，处处严防，不许片帆入口，一贼登岸。④

清廷的禁令收效并不大。顺治十六年（1659）福建漳州府海防同知蔡

---

① 王日根：《明清海疆政策与中国社会发展》，第143页。

② （清）蒋良骐：《东华录》卷7，顺治九年三月至顺至十三年十一月，中华书局1980年版，第119页。

③ （清）昆冈等修，刘启端等纂：《钦定大清会典事例》卷629《兵部·绿营处分例·海禁一》，《续修四库全书》（第807册），上海古籍出版社2002年影印本，史部，第753页上栏。

④ 《世祖章皇帝实录》卷102，顺治十三年六月癸巳，《清实录》（第3册），中华书局1985年影印本，第789页下栏。

行馨在《敬陈管见三事》一文中写道：

> 至于沿海一带每有倚冒势焰，故立墟场，有如鳞次。但知抽税肥家，不顾通海犯逆。或遇一六、二七、三八等墟期，则米、谷、麻、篾、柴、油等物无不毕集，有发无发，浑迹贸易，扬帆而去。此接济之尤者，而有司不敢问，官兵不敢动也。[①]

在顺治十八年的全面迁界以前，少数地方已经采取了把海滨居民赶入内地的措施。例如，顺治十七年九月，"户部议覆福建总督李率泰疏，言海氛未靖，应迁同安之排头、海澄之方田沿海居民入十八堡及海澄内地，酌量安插，从之"[②]。

大规模迁海政策的提出，史籍中有不同说法。其一是说出自郑军的降将黄梧的献策：

> 一、金厦两岛弹丸之区，得延至今日而抗拒者，实由沿海人民走险，粮饷、油、铁、桅船之物，靡不接济。若从山东，江、浙、闽、粤沿海居民，尽徙入内地，设立边界，布置防守，不攻自灭也。二、将所有沿海船只，悉行烧毁，寸板不许下水。凡溪河竖桩栅。货物不许越界，时刻瞭望，违者死无赦。如此半载，敌兵船只无可修葺，自然朽烂；敌众许多，粮草不继，自然瓦解。此所谓不用战而坐看其死也。[③]

黄梧认为：

> （郑）成功全藉内地接济，木植、丝绵、油麻、钉铁、柴米，土宄阴为转输，赍粮养寇，请严禁；并条列灭贼五策，复请速诛成功父芝龙。率泰先后上闻，琅得擢用，芝龙亦诛。寻命严海禁，绝接济，移兵分驻海滨，阻成功兵登岸，增战舰，习水战，皆用梧议也。[④]

① （清）仁和琴川居士编：《皇清奏议》卷13《请除弊害以图治安七条》，《续修四库全书》（第473册），上海古籍出版社2002年影印本，史部，第130页上栏。

② 《清世祖实录》卷140，顺治十三年九月癸亥，第1081页。

③ 江日升：《台湾外纪》卷11，《丛书集成三编》（第99册），史地类，台北新文丰出版公司1997年影印本，第856页下栏。

④ （民国）赵尔巽等：《清史稿》卷261《列传四十八·黄梧传》，第6525页。

另一种说法是清廷采纳了旗下汉人房星焕的献策。清初王胜时写道：

> 呜呼，倡为迁海之说者谁与？辛丑（顺治十八年）予从蔡襄敏公（蔡士英）在淮南。执政者遣尚书苏纳海等，分诣江浙粤闽，迁濒海之民于内地。蔡公曰："此北平人方星焕所献策也。"余请其说，公曰："星焕者，北平酒家子也，其兄星华，少时，被虏出关。大凌河之战，明师败绩。监军太仆卿张公春被执不屈。……星华归其主家。从入关始，与其弟星焕相聚。星华官至漳南太守，星焕从之官。海上兵至，漳城陷，兄弟皆被掠入海，旋纵之归。其主因问海外情形，星焕乘间进曰：'海舶所用钉、铁、麻、油，神器（指火炮），所用焰硝，以及粟、帛之属，岛上所少，皆我濒海之民，阑出贸易，交通接济。今若尽迁其民入内地，斥为空壤，画地为界，仍厉其禁，犯者坐死；彼岛上穷寇，内援既断，来无所掠，如婴儿绝乳，立可饿毙矣。'其主深然之。"今执政新其说得行也，盖蔡公之言如此。……呜呼，不仁哉，执政者方忻然以为得计也，骤迁星焕官至山左监司。①

阮旻锡《海上见闻录》持同样说法，只是方星华写作房星烨，方星焕写作房星曜。

> 京中命户部尚书苏纳海至闽迁海，迁居民之内地，离海三十里，村社田宅，悉皆焚掠。……原任漳州知府房星烨者，为索国舅门馆客，遂逃入京，使其弟候补通判房星曜上言，以为海兵皆从海边取饷，使空其土，而徙其人，寸板不许下海，则彼无食，而兵自散矣。升房星曜为道员，病死无嗣。至是上自辽东，下至广东，皆迁徙，筑短墙，立界碑，拨兵戍守，出界者死，百姓失业流离死亡者以亿万计。②

---

① （清）王胜时：《漫游纪略》卷3《粤游》，第19—20页。

② （清）阮旻锡：《海上见闻录（定本）》卷1，厦门郑成功纪念馆校，福建人民出版社1982年版，第47页。据夏琳《闽海纪要》卷上记，建议沿海迁界者为苏纳海。"苏纳海议曰：'蕞尔两岛，得遂猖獗者，实恃沿海居民交通接济。今将山东、浙江、闽广海滨居民尽迁于内地，设界防守，片板不许下水，粒货不许越疆，则海上食尽，鸟兽散矣。'从之。"（清）夏琳撰：《闽海纪要》，林大志校注，福建人民出版社2008年版，第58页。

从上面可以看出，先后提出过类似建议的并不限于一个人，但直接引起清廷重视导致发布全面迁海令的却是房星烨、房星焕兄弟。[①]

顺治十八年清政府正式下令迁海。“迁沿海居民，以垣为界，三十里以外，悉墟其地”；立界时“大较以去海远近为度，初立界犹以为近也，再远之，又再远之，凡三迁而界始定”[②]。“福建、浙江、江南三省所禁沿海境界。凡有官员、兵民违禁出界贸易，及盖房居住，耕种田地者，不论官民，俱以通贼论处斩，货物家产，俱给讦告之人。”[③] 以上措施，都旨在断绝郑成功军需供应。郑成功如果没有船料来源，粮草不继，战船损坏无法修理，便会自然瓦解，“不攻自灭”。一般认为清廷发布的迁海诏书中规定以距海三十里为界，[④] 实际上由于地势不同和奉行官员的任意专断，各地所立的边界距海里数并不一样，甚至在同一县内各处迁界的里数也不完全一致。

浙东是抗清力量最集中的地方，因此，这里也成为清廷迁界的重点地区，其中舟山、镇海、象山以及宁海等地都有迁界，以舟山受害最深。顺治十三年（1656），“北人以舟山不可守，迫其民过海，溺死者无算，遂空其地”[⑤]。顺治十八年，“以温、台、宁三府边海居民迁内地。康熙二年（1663），“奉檄沿海一带钉定界桩，仍筑墩堠台寨，竖旗为号，设目兵若干名昼夜巡探，编传烽火歌词，互相警备”[⑥]。据《定海县志》记载：“（顺治）十三年八月，大将军宜尔德等统兵进剿，奏请起遣，人民徙入内地，撤回汛守老岸，钉桩立界。”[⑦] 从这时起到展复海界，舟山群岛基本成了一片废墟，史载：“塘碶久废，河与海通，朝潮夕汐，靡日不浸。田畴禾黍不登，民无所赖。”[⑧]“海上诸山复为盗薮。”[⑨] 康熙二十三年（1684），海氛既靖，议复温、宁、台三郡沿海地，浙抚赵士麟、总兵孙惟统等上

---

① 顾诚：《南明史》，第1062页。

② （清）王胜时：《漫游纪略》卷3《粤游》，第20页。

③ （清）昆冈等修，刘启端等纂：《钦定大清会典事例》卷776《刑部·兵律关津·私出外境及违禁下海二》，《续修四库全书》（第809册），上海古籍出版社2002年影印本，史部，第524页上栏。

④ 在立界的距离上，史籍中有说濒海三十里的，有说四十里、五十里以至二三百里的。参见顾诚《南明史》，第1065—1067页。

⑤ （清）翁州老民：《海东逸史》卷2《监国纪下》，第18页。

⑥ 浙江省地方志编纂委员会编：清雍正朝《浙江通志》卷96《海防二》，第2213页。

⑦ （清）周圣化原修，缪燧重修：康熙《定海县志》卷1《沿革》，凌金祚点校注释，第14页。

⑧ （清）史致驯、黄以周等编纂：光绪《定海厅志》卷17《田赋盐课·水利》，柳和勇、詹亚园校点，第441页。

⑨ （清）周圣化原修，缪燧重修：康熙《定海县志》卷1《沿革》，凌金祚点校注释，第14页。

疏，认为舟山为宁郡藩篱，亟展设兵防守，请移定海总兵于舟山，统三营驻扎镇守。二十五年五月，镇臣黄大来又会督抚，题请设立县治与营员，内外抚绥弹压。二十六年五月，改舟山为定海山，上谕："山名为舟，则动而不静。"因易名定海，颁赐宸翰。二十七年（1688），建县治，即赐名定海县，而改旧定海县为镇海县。[①]

对于明清时期舟山群岛的迁遣与展界，有学者有比较客观的认识和分析：

> 明清舟山群岛的迁遣和展界，是帝国面临内外形势，调整海疆经略的曲折过程。明初海岛的弃守，与元明之际帝国军事、政治、经济地理的变迁密切相关。对于具体岛屿来说，王朝的处置方式及政策演变趋势亦不相同，部分岛屿较早被纳入海上漕运体系，但后来却逐渐难以控制；部分岛屿曾被纳入卫所军事管制体系，此后却处于松懈的半废弃状态；部分岛屿在历次军事征服后长期被弃守。明中期以后，王朝对于浙江海岛的整体经略，长期存在弃与守之间的两难抉择。历次迁遣政策的实施，总体上源于王朝对东南海上秩序缺乏足够的控制力。海岛人群及财富的流动性也给官方治理带来实际困难。明清之际，南明部将利用浙闽海岛的区位优势，拥兵自重，与清朝周旋。南明政权后期所谓的"分饷分地"，显示了其松散分裂的局面，在弱肉强食的海上混战中，胜出的部将成为诸岛的实际控制者，这就形成了明清之际所谓的"海上藩镇"时期。此时海岛社会经历了土地、税收及其他财富重新分配的社会重构。清初征伐南明部将及岛寇，经历了胜败参半之后，清廷愈发失去对浙闽海岛的掌控能力，遂视其为寇仇。沿海迁界令之实施，针对的即是盘踞于东南海岛的敌对势力。[②]

小结　从主动的海防前沿到被动的海防前沿[③]

正如前所述，"海疆"在中国早就存在，但还没有形成相对规范的概

① （清）周圣化原修，缪燧重修：康熙《定海县志》卷1《沿革》，凌金祚点校注释，第14页。

② 谢湜：《明清舟山群岛的迁界与展复》，《历史地理》（第32辑），上海人民出版社2015年版，第80—98页。

③ 本部分内容的详细探讨参见Feng Dingxiong, Li Binbin, "Periphery and Forefront: The Evolution of the Status of Coastal Areas and Territorial Seas in Ancient Zhoushan Islands," *Journal of Marine and Island Cultures*, Vol. 11, No. 1, 2022。

念。有学者认为海疆的界定似乎要比陆疆的界定要复杂得多，但中国海疆的含义经历了一个从历史到现代逐渐演变的过程，现代海疆的形成实际上是古代海疆的延续和发展，古代海疆与现代海疆概念、内涵并不完全相同，它有一个由模糊到逐渐清晰的演变过程。中国海疆的形成是历代王朝对沿海地区长期不断开拓的结果，是一种被赋予了政治、地理、经济、人文、历史特征的多元化边疆。古代海疆由沿海区域和近岸海岛构成，是传统国家领土不可分割的一部分，但不同的历史时期又有不同的地理范畴。[①]这些看法对于整个中国海疆（包括古代的和现代的）特征的概括固然具有重要意义。但对于区域性的海疆认识，可能由于政治、地理、经济、人文、历史特征的多元而呈现各自不同的特征。海疆史的内容比较庞杂，包括海防、海洋渔业、海外贸易等，由于舟山群岛的海洋渔业、海洋盐业、海外贸易、海外文化交流、海洋信仰等内容在其他章节中有专门的探讨，因此，这里的海疆其实主要是指海防。

在国家诞生之前，既无国界之说，也无国界意识，更谈不上海防线之类的概念，甚至到秦朝，舟山群岛在统治者眼里都是虚无缥缈的神秘之地。在早期国家那里，无论是国家的海防意识还是海防政策，对于舟山群岛这样的边缘之地，都体现出一种“被动”状态。东晋时期的孙恩、卢循起义用实际行动宣告了舟山群岛的海防前沿地位，但是，统治者似乎并没有意识。如果说孙恩、卢循起义宣告了舟山群岛的海防前沿地位，那也只是一种被动的前沿。唐朝在舟山置县，可以说是国家层面对舟山群岛海防地位的重视，而袁晁起义以舟山海岛为据，也再次证明了舟山群岛的海防前沿地位，但是仅 30 余年，翁山县就被废除，这再次体现出统治者对舟山群岛地位的忽视。

舟山群岛真正进入国家海防前沿是在宋代，特别是随着国家政治重心的南移其地位更加凸显。北宋神宗恢复在昌国设县，其“昌壮国势”的用意非常明确；南宋时期，统治者对于舟山群岛的海防思想和海防建设逐步形成体系。南宋统治者不仅在意识上认识到其地位重要，而且也落实到实际行动上。“义船法”的推行、烽燧二十六铺的设置、统筹辖制“三洋”的措施，对倭寇的积极抗击和防御，既体现出舟山群岛重要的海防前沿地位，更体现出国家意识的积极主动。元朝在征服日本的过程中，把舟山群岛作为其出征地之一，这明显体现出舟山群岛的海防前沿地位。征日失败后，元政府仍然秉承开放的态度，通过舟山群岛对日进行贸易。在发生日

---

① 马大正：《中国边疆治理：从历史到现实》，《思想战线》2017 年第 4 期。

商焚掠庆元事件后，元政府同样没有关闭舟山的海外贸易市场。甚至在与倭患的斗争中，元政府虽然加强了戒备，但也没有封闭海疆，保守退回。这体现出统治者开放的海疆意识。

明清时期，舟山群岛虽然在海防中的地位越来越重要，但它却越来越被动。明朝在舟山群岛的废县徙民政策，使得舟山群岛的社会经济与文化发展几乎中断，时间长达数百年。明中后期开始的严重倭患，更冲击了舟山群岛的发展。遗憾的是，明政府既无两宋时的积极主动意识和海防政策措施，也没有元政府开放的态度。清初的五次“禁海令”，更是消极被动。虽然在收复台湾、统一中国后，清政府于清康熙二十三年（1684）下令放开海禁，但舟山群岛作为消极、被动的海防前沿地位再也没有改变，整个中国闭关锁国，成为“停滞的帝国”①，直到英国的坚船利炮在被动而脆弱的舟山海防强行打开大门，从而开启了中国百年的苦难历程。

在不同的时期，统治者对舟山群岛的认识是不一样的。这种不一样的差别意味着主动还是被动消极性应付，这两种截然不同的态度决定了舟山群岛的命运。以此观之，宋元时期与明清时期形成了鲜明的对照、强烈的反差。国家的盛衰亦体现在舟山群岛海防的主动建设与被动防御中，与其说这是一种历史的巧合，还不如说它是一种历史的必然。

---

① “停滞的帝国”概念是法国著名学者佩雷菲特在其著作《停滞的帝国——两个世界的撞击》（王国维等译，生活·读书·新知三联书店1993年版）中提出的。

第七章　中西分野的独特见证：古代舟山群岛的海外贸易

舟山群岛在我国海外贸易中占有得天独厚的优势。正如神宗在赐名昌国时所意，昌国地区“东控日本，北接登莱，南亘瓯闽，西通吴会，实海中之巨障”，在地理位置上非常重要。凡江南以北地区从海上南下者，无不经过舟山群岛海域，舟山群岛成为我国海上丝绸之路的要冲，被誉为“海上敦煌”①。

由于材料限制，我们对宋代以前舟山群岛的海外贸易情况没有什么了解，但自宋以来，随着舟山群岛在国家政治、军事和海疆中地位的提高，其海外贸易地位也不断提高，相关文献记载也更多，从而使得我们可以对它进行比较系统的归纳。

第一节　古代舟山群岛的港口

“港”在《说文解字》里说：“水派也。从水，巷声。”② 港原指江河的支流，引申为可以停泊的河湾，后来指称河流或海湾深曲处，可以停泊船只、进出货物的口岸。古代对港口、码头有很多称呼，如津、渡、道头等，根据康熙《定海县志》的说法，“渡曰津渡。渡水处曰津”③。涉及舟山群岛“港”“津”“渡”之类的专门记载最早是在方志中，但早在文献

① 武锋：《史浩父子所睹普陀山灵异事件探微》，《浙江海洋学院学报》（人文科学版）2013年第5期。“海上敦煌”这一概念最初由浙江海洋学院（现浙江海洋大学）人文学院高原老师于2011年提出，此后，这一概念得到了国内外某些学者的认同。参见김인희《麗宋時期 해상교류에 있어 닝보항［寧波港］과 저우산군도［舟山群島］의 관계》，《島嶼文化》，제 42 집，2013 년 12 월。

② （汉）许慎撰，（宋）徐铉等校：《说文解字》，上海古籍出版社2007年版，第569页。

③ （清）周圣化原修，缪燧重修：康熙《定海县志》卷3《渡》，凌金祚点校注释，第79页。

记载前，当地应有简易港口。比如，东晋隆安三年（399）爆发的孙恩、卢循起义，其实力最盛之时，士兵达十余万，楼船千余艘，他们在战斗困难时，多次逃到舟山群岛继续坚持战斗。如此众多的人数和楼船要登陆，可以肯定岛上一定有可供登陆的港口或码头，只是我们今天不得而知而已。

2010年，国家博物馆水下考古中心舟山工作站在舟山六横岛发现龙头跳沙埠，这是迄今舟山发现的最早的海港码头。初步分析，龙头跳沙埠始于唐代。龙头跳沙埠位于六横台门社区田岙村龙头跳。龙头跳背枕炮台岗（海拔280米），龙头跳沙滩长约500米，宽20—40米，东北—西南走向。沙岸堆积成丘，高1—5米，周广10余亩。考古队员在龙头跳沙滩、沙丘、沙岸以及被涧水冲刷的鹅卵石堆和沙岸后坡地中发现大量的瓷片堆积。龙头跳沙埠即土埠，是古代利用自然生成的沙滩、沙岸停靠船只的简易码头，沙埠地处田岙湾，面南临海正对尖苍山，可避北、西北、东北风，该海湾东邻南兆港，西贯孝顺洋，航路四通八达，入口处水深约10米，海底干净无障，在帆船时代是一处较为理想的港口锚地。龙头跳沙埠出土的瓷片年代跨度较大，多为明清青花，少见唐宋青瓷，其中1件越窑唐玉璧足底碗，古称瓯，茶具，兼作乐器，是当时明州（宁波）对外贸易的典型外销瓷之一。①

龙头跳沙埠并不位于舟山本岛，且不见于文献记载，因此，作为开发更早的舟山本岛，出现更大港口、码头的可能性更大。最早记载舟山港口的文献见于宋宝庆《四明志》，而且记录了当时的临江校官应䌛所作的“记”：

> 舟山去县五里，趋城由此涂出。令赵大忠新创堤岸，临江校官应䌛记。自县至府，涉海洋，有风波、盗贼之虞。本府原有大渡船二只，委江东寨兵分番撑驾，各支小券钱米。应过渡人，每名止收钱五十文足。县属之尉，府属之都税院，批历点放，不许过有乞□，亦不许装发私货。然水军不受昌国统辖，往来卒不如期，每遇解发官钱，专挟私商，殊失当来济渡民旅之意。且船久已敝，宝庆三年，守胡榘

① 贝逸文：《浙江省舟山市水下考古发现唐代海港码头龙头跳沙埠》，http://www.kaogu.cn/cn/xianchangchuanzhenlaoshuju/2013/1026/38878.html，2022年7月17日。参见冯定雄《新世纪以来国内海上丝绸之路研究的热点问题述略》，《中国史研究动态》2012年第4期；冯定雄《回眸海丝之路：改革开放以来国内的海上丝绸之路研究》，中国环境出版社2015年版，第82—108页。

捐楮券五百缗有奇，新造二船，视旧加广，行下昌国，委三姑寨兵主之。人给券食，属都税院，与县尉点放如故，仍照浙江官渡例，过渡人各给一牌，收钱批历为照。有容私者，许定海务检核，过渡人陈告。其两处所收渡钱，遇月终解赴军资库，以备修船之用。①

可以明显看出，舟山渡的修建、经营、管理都是由政府负责，其主要功能是方便民众正常的生产生活，不用于“装发私货”。

除舟山渡外，这里同时还记录有竿缆渡和金塘渡，不过只记录了其名称，详细情况不得而知。

除方志中的记载外，在宋代其他文献中我们还得知舟山地区的其他一些港口，如宋赵彦卫《云麓漫钞》详细记载了“高丽道头”：

补陀落迦山，自明州定海县招宝山泛海东南行两潮至昌国县；自昌国县泛海到沈家门，过鹿狮山，亦两潮至山下……自西登舟，有路曰高丽道头，循东经普门岭，上有塔子峰，旁曰梅岑。自此又东复南入寺；由普门岭自南有路，循玩月岩北至善财洞，及观音岩寺前路；循东到古寺基，过圆通岭，即山之北，亦大海。此山在海中，初高丽使王舜封船至山下，见一龟浮海面，大如山，风大作，船不能行，忽梦观音，龟没浪净。申奏于朝廷，得旨始建寺，时乃元丰三年也。《华严经》云：“补怛洛迦山，亦云小白花山，今此山皆白丁香花。东南天水混合无边际，自东即入辽东、渤海、日本、毛人、高丽、扶桑诸国。自南即入漳泉福建路云。”②

位于普陀山岛西侧的古码头“高丽道头”始建于何时已经无从考证，但仅从其名称即可看出当时普陀山与朝鲜半岛之间的密切联系。而且上文也明确说明了神宗元丰年间，王舜封奉旨出使高丽曾经过此地。

到元代，据大德《昌国州图志》记载，舟山的主要津渡有舟山渡、竿缆渡、泗洲塘渡、册子渡、金塘渡、沈家门渡。③ 与宋代的记载相比，原来的舟山渡、竿缆渡、金塘渡仍在继续使用，新增加了泗洲塘渡、册子

① （宋）罗濬：宝庆《四明志》卷20《叙水》，载浙江省地方志编纂委员会编《宋元浙江方志集成》（第8册），第3537页。

② （宋）赵彦卫：《云麓漫钞》卷2，中华书局1985年影印本，第53—54页。

③ （元）冯福京修，郭荐纂：《昌国州图志》卷4《叙山》，见凌金祚点校注释《宋元明舟山古志》，第85页。

渡、沈家门渡，这明显反映出舟山津渡（海上交通）能力的提高。

明代的舟山在经历“废县徙民”后，除了中中所和中左所两个守卫机构由明军驻守外，整个舟山群岛人口并不多，几乎一片荒凉，元代时的许多津渡都已经荒废，“沈家门渡、册子渡、金塘渡、泗洲塘渡、嵩梓渡。已上皆废”[①]。此时只有原来的舟山渡和干礁（即竿缆）渡还得以保存。但是主要作为军事防御功能的港口却遍布舟山群岛，明显彰显出舟山群岛在我国东海海防中的重要地位。根据明天启《舟山志》记载，舟山地区主要有以下港口。[②]

“舟山关港，城南三里。官哨船只停泊于此。”

“岑港，去城四十五里。相传六国港口，南北航鳞集于此。桃摇（桃夭)、西后（西堠）二门会竹屿溪头之流，而漫涨于西南之大洋，谓之横[水]。本岑港有龙洞，其神甚灵异。其出入地方可得而知。竹叶向内，则龙在洞；竹叶向外，则龙在外海。向有一人失足入洞中，云：洞直通响礁门，洞内俱干复得出。万历二十六年（1598)，有施姓者因天旱，地方祈祷无雨，施愿舍身为一方请雨，随至洞口投下，继而尸即浮起，顷刻大雨如注。龙之灵英洵不虚也。”

“双屿港，去城东南百里，南洋之表。为倭夷寇必由之路。嘉靖间，总制军务朱公纨命备倭都指挥卢镗卒（率）兵众堵塞之时，朱公赠镗诗曰：梅港双龙伏，桃洋一斧开。旌旗麾日月，金鼓驾风雷。挥毫云影动，酿酒浪头迴。送子图南溟，云中起将台。”

“烈港，去城北百十五里，逼近金塘山。嘉靖三十五年（1556)，都督卢镗擒斩倭酋辛五郎等三百八十余于此。勒石更名平倭港。”

“马墓港，去城北海中百余里。”

“长峙港，去城南关外一二里。渔盐樵之类颇饶。”

“长涂港，在岱山西南。”

“穿鼻港，潮入松子渡，舟过横水，风色不堪，率泊此。”

“沈家门港，总哨兵船驻此。”

“白沙港，大小渔船泊此。(周应宾在《重修普陀山志》中说：‘在小洛伽山南。’[③]）”

---

① （明）何汝宾修，邵辅忠校正：天启《舟山志》，见凌金祚点校注释《宋元明舟山古志》，第162页。

② （明）何汝宾修，邵辅忠校正：天启《舟山志》，见凌金祚点校注释《宋元明舟山古志》，第159页。

③ （明）周应宾：《重修普陀山志》卷2《山水》，见武锋点校《普陀山历代山志》（上册），浙江古籍出版社2014年版，第139页。

“石牛港，总哨兵船泊此。(周应宾在《重修普陀山志》中载：‘在莲花洋西。宋中官王贵等诣山礼佛，心未敬信，辞归，满海阻铁莲花。贵望山叩谢，有白牛浮至，尽食其花，舟始移，白牛还立水次，乃一白石如牛，故名。’)”①

“岙山港，通城樵渔络绎之处。”

“青龙港，兵船停泊。”

“沍泥港，兵船会哨。”

“忝吞港，在盘峙之东南，北潮流汇处。”

除正史外，明代文士周应宾所纂辑的《重修普陀山志》还曾有关于“短姑道头”的详细记载：

> 在山西南隅，莲花洋达岸处。相传大士显灵筑砌，巨浪冲激不坏，航海者维舟于此。自此由白华岭至普陀寺，路约三里许。旧湫隘不堪行，督造张随开拓平广。②

同时，周应宾还介绍了短姑道头名称的来历：

> 有嫂姑到山，将及岸，姑适月来止舟中，嫂独往。俄有媪到舟，以裙兜石砌步，引姑上殿。嫂下，失姑所在。后姑下，询是媪引，复同姑觅之，官殿俱无，始悟媪即大士也，遂名短姑道头。石砌冲激不坏。近时有哨过洋，舟空压泛。偶一舟载此道头石，不能行。悟还本处，舟遂移，石砌如旧。又有七宝阶，相传大士欲从舟山筑海堤过寺，为凡众所冲，遂止。至今泥趾不坏，亦道头类也。③

“短姑圣迹”反映了普陀山观音大士大慈大悲的亲民形象，对明代普陀山佛教的传播颇具影响，“短姑圣迹”的故事尤其使妇女信众倍感温情，可以说是明代普陀山佛教通俗化的一个缩影。短姑道头，也见证了明代普

① (明)周应宾:《重修普陀山志》卷2《山水》，见武锋点校《普陀山历代山志》(上册)，第139页。

② (明)周应宾:《重修普陀山志》卷2《山水》，见武锋点校《普陀山历代山志》(上册)，第140页。

③ (明)周应宾:《重修普陀山志》卷2《灵异》，见武锋点校《普陀山历代山志》(上册)，第154页。

陀山万历中兴的曾经繁华。[1] 这也在一定程度上反映出明代舟山非军事用途港口的某些情况。

到清代，舟山群岛的港口、津渡基本上与明代差不多，只是其原来以军事为主的功能可能掺杂了更多的民用功能。根据康熙《定海县志》及光绪《定海厅志》记载，舟山地区的海港主要包括以下内容：[2]

“定海关港，城南三里。哨船汇泊此处。即南道头。”

“岑港，县西北四十五里。相传古六国港口。南北舟航鳞集，为定海要讯。”

“沥港，县北八十里（《定海厅志》案：当作‘县西’。《读史方舆纪要》作‘县西北五十里’），近金塘山。嘉靖三十五年，都督卢镗擒斩倭酋辛五郎等于此，勒石，更名平倭港。（《定海厅志》案：《筹海图编》：‘嘉靖三十五年，辛五郎大船舣金塘之麓。拍掌示无兵器，而呼“一董”。“一董”者，“一家”之义，乃倭语也。卢镗遂延五郎同舟，余派哨船分载。宴至深夜，侍者引双灯上桅，俄而哨船蝟聚。镗问曰：“如何？”相对曰：“是了。”五郎大惊，遂缚之。入定海关，乃知贼徒俱已芟尽，即前夜起双灯时也。’）”

“长峙港，城南二里。”

“马目港，县北百余里。”

“长涂港，岱山西南。迴环周广，与南道头两处为泊船第一椗地。”

“沈家门港，县东六十里。明季总哨兵驻此。”

“长白港，县北。”

“拗山港，县东南十里。”

“食牛港，沈家门东。（《定海厅志》作‘石牛港’）”

“白沙港，县东南。大小渔船泊此。”

“冱泥港，俱防汛船会哨处。”

“添吞港，在盘屿东南，北潮流汇处。（《定海厅志》案：中营旗头洋汛所辖有吞铁港，相传有青牛吞铁莲花事，因名，正南北潮流汇处也。此作‘添吞’，疑误。中营水汛又有乱石港、汀齿港、双屿港，

[1] 孙峰：《群岛探津》，宁波出版社 2019 年版，第 54—60 页。

[2] （清）周圣化原修，缪燧重修：康熙《定海县志》卷 3《港》，凌金祚点校注释，第 76 页；（清）史致驯，黄以周等编纂：光绪《定海厅志》卷 10《疆域》，柳和勇、詹亚园校点，第 316—317 页。

左营水汛有竹屿港，右营水汛有猫港、螺头港、蟹屿港、盘屿港、黄汛港、穿鼻港）。”

清代舟山群岛有很多津渡通往大陆及各岛之间。《定海县志》及《定海厅志》对它们有详细记载，这里结合相关研究将它们罗列如下。

定海山渡，定在东北，镇处西南，相距约百六十里。自镇至定，舟行东北向二里许至招宝山，折而向北数里过招宝，转而东北二里许至虎蹲，再数里为小港，俗名拆船湾，谓风难避，船逼山崖，有击撞之患。过此十数里至蛟门，海中三峰并峙，山東怒涛，水势湍急，舟从中行，虽风恬浪静之日亦多戒心，蛟川天险，自古记之，洵不诬也。过此折而东向数十余里，过金塘而入横水洋。向东北行约四十里抵螺头。横水洋者，潮涨自南而北，潮退则自北而南，舟将横渡，故名横水，其险亦不在小港、蛟门之下。自螺头向东南十余里至寡妇礁，复转而稍东七八里至竹山，复向东北十里至定海山渡。故镇定对渡必候潮汛。自定至镇以潮涨，自镇至定以潮落，长落各有其时，随月之升沉为早暮，又必候风。风潮顺，一潮可渡。若中途风逆，便濡滞难必。谚云："无米过舟山，石米过舟山"，即此之谓。航船舵工、水手俱往来熟习，怕贪利多载，每生不测，知县缪燧定以人数：小船不过四十，中船不过六十，大船不过八十，违者枷责，著为定例。

金塘渡，设渡船三只，以通往来。按：金塘介乎镇定，悬居海中，凡投粮纳米、婚丧医卜以及装载农具、买卖日用，非船莫能往来。展复后，历年听民自设渡船，呈明本县，批给印照，以便济渡无疑。自有海洋船只，务必编甲联腙合驶之。新例。镇海关兵弁籍言措（刁难）不放行。康熙四十八年（1709），知县缪燧据金塘里民陆文韬等呈，为绝渡等于绝命等事，详明提镇道府厅宪（俱为县以上官衙门），十只编为一甲之。例，盖指欲出外洋采捕者而言。若金塘之航渡，三图通计，止有三只，不便令其十船联腙，出入有妨济渡。惟于船尾粉白大书"金塘航渡"字样，取结存县，听其往来。不许擅制木桅大蓬并私越外洋可也。①

① （清）周圣化原修，缪燧重修：康熙《定海县志》卷3《渡》，凌金祚点校注释，第79—80页；（清）史致驯、黄以周等编纂：光绪《定海厅志》卷10《疆域》，柳和勇、詹亚园校点，第324—326页。

樹嵩梓关渡，即宋元时期的嵩梓渡，在明代已经废弃。康熙二十三年（1684）大榭岛复垦，设南渡、东渡。东渡即榭山头渡，南渡位于大榭岛南，东渡位于大榭岛北，通往大陆。[1]

岱山泗洲堂渡，设渡船三只，以通往来。康熙五十年（1711），魏伯瑞往岱收割旱禾，带有米酒，在松浦司挂号，出口被营盘住通报。奉抚院王批：查岱山等处，从前买运食物有无定数，作何稽查禁止，不致藏奸等因。知县缪燧议覆：岱山悬居海中，耕农聚处。其往来行走及买运食物，非舟莫渡。卑县稔知海洋多盗，时加申饬，责令保甲朔望具结，兼有汛防稽查，禁止放行。诚仰见上宪防奸便民之至意。但该山居民数百户，大都外县侨居，不特一切日用必须郡县购买。而耕作之时，俱于本籍措办而来；收获之后，复以其余运回本籍。又，该山种植，宜豆不宜稻，垦民多运豆易米，往来之间实难预定。且人口多寡、时日久近、收成丰歉、食用饶啬，更难定数。但恐奸徒借称往岱，偷运接济，固不便因噎而废，尤不可以便民之举而便盗。再四思，维物数虽不可定，而船可定装载之船，可保无虞，则装载之物不必定数，而奸弊自绝，是定船即所以定物数也。今就该山酌量公置小船三只，船尾、船篷大书"岱山渡船"字样，着令公雇本地有田产家室诚实之人充当舵水（指船工舵手，亦称船户），通乡、里、保、邻佑，出结公保，卑县核明给照。此往彼来，在岱载者，自岱及定，到宁而止：在宁载者，自宁及定，到岱而止，不许透漏他往，出入必由镇关查验挂号。不许偷越小口，物非份者不装，人非岱者不载，内不许越宁郡，外不许越岱山。一有违犯，即作奸船拿究，保结诸人一体连坐。如此，则物数不烦定，而定防奸便民，并行不悖矣。[2]

普陀山渡，前后寺设立渡船，在宁波装送香客并买载食物等项，部批照免税。

对比宋元与明清时期的港渡，可以明显看出古代舟山群岛港渡发展的一些大致特征。第一，舟山群岛的港渡在历史上的军事防卫地位非常突出。由于舟山群岛在中国东部海疆中的特殊地位，其港渡的主要作用虽然

---

① 宁波大榭开发区地方志编纂委员会编：《宁波大榭开发区志》，浙江人民出版社 2017 年版，第 349—350 页。

② （清）周圣化原修，缪燧重修：康熙《定海县志》卷 3《渡》，凌金祚点校注释，第 79—80 页；（清）史致驯、黄以周等编纂：光绪《定海厅志》卷 10《疆域》，柳和勇、詹亚园校点，第 324—326 页。

在非战时是运送过往人员及各类物资，但它的前提是非战时，一旦有战争逼近或者防范盗贼之需，其军事功能立即得以彰显。这一特征最明显的表现是明朝的舟山港渡的地位变化。从前面的叙述中可以看出，有明一代，整个舟山群岛的港渡数量及规模是极其突出的，但多为军用，因此，在前述的明代的舟山港渡中，多有“官哨船只”“总哨兵船”“兵船”泊此之类的记载。第二，古代舟山群岛的港渡都由政府直接管理。除军事上的管理外，和平时期的人员往返及物资交通等都由政府统一管理。宋代的舟山渡由县令赵大忠“创新堤岸”，还设有临江校官管理，船只由政府提供、修缮，不允许乞讨之人往来，“不许装发私货”。清代即使在舟山展复后，其港渡管理也完全掌握在政府手里，渡船上要标明“金塘航渡”“岱山渡船”等字样，“保结诸人一体连坐”，香客及买载食物免税等规定都鲜明地体现出政府的直接管辖权。第三，港渡范围在不断地扩大。从前面关于宋元到明清时期舟山群岛的港渡情况看，宋元时期，舟山地区的港渡主要集中在主岛舟山岛上，其交通方向主要是通往宁波等大陆，其他各岛之间的航渡则并不通畅，到明清时期（特别是清代），可以明显看出，舟山群岛的主要大岛，如舟山岛、普陀山、金塘、岱山、六横、大榭等都有港渡通往大陆及各岛之间，海上交通与出行较之此前大大改进。

第二节　古代舟山群岛的海上航线[①]

中国古代海上丝绸之路主要有两大航线：一是海上丝绸之路东海航线（简称“东海航线”），由中国沿海港口至朝鲜半岛、日本列岛；二是海上丝绸之路南海航线（简称“南海航线”），由中国沿海港口至东南亚、南亚、阿拉伯和东非沿海诸国。在古代中国的帆船时代，季风对海上航线的形成具有重要影响。中国是典型的大陆性季风气候，特别是冬、夏季风很明显，这是因为西北太平洋是世界上最显著的季风区之一。在夏季，亚洲大陆为热低压所控制，同时太平洋上的副热带高气压西伸北进，因此高低压之间的偏南风就成为亚洲东部的夏季风；在冬季，亚洲大陆为蒙古—西伯利亚高压所盘踞，高压前缘的偏北风就成为亚洲东部的冬季风。我国冬季风比夏季风强大，运动也比较快，大约不到 1 个月，就能扩展到最南

---

① 本节内容主要考参 Yao Yanbo，Feng Dingxiong，“A Historical Study on Sea Routes of the Zhoushan Archipelago in Ancient china，” *Journal of Marine and Island Caltccre*，Vol. 12，No. 1，2023。

地区；夏季风向北推进较慢，约 3 月前后开始影响华南地区，4 月中旬影响扩展到长江以南地区，到 7 月中旬才推进到华北和东北地区。[①]

洋流是海水长期沿一定方向的大规模运动方式，按其形成原因分为风海流、密度流和补偿流，其中风海流最重要。洋流的流向随季节的变化而改变。冬季中国沿海主要有 2 支向南的洋流，分别为黄海沿岸流和东海沿岸流，南海东北季风漂流势力也十分强大。夏季中国近海洋流主要有 4 支，分别为向北流动的南海西季风漂流、台湾暖流，向南流动的东海岸流、黄海沿岸流。由于黄海沿岸流主要影响范围在长江以北，东海沿岸流在夏季势力微小，所以中国南方沿海主要的洋流为南海西南季风漂流和台湾暖流。我国沿海以北风和南风偏多，平均风力达到 4 级左右。

黑潮又名黑潮暖流，是北太平洋上的一支由赤道向北流动的强大海流。黑潮将巨量的海水从低纬度海区带到我国近海和西北太平洋的广大海区，是北太平洋副热带环流系统中流速最强、厚度最深的一个组成部分。黑潮沿我国台湾东部向东北流动，在东海内有两个分支。一支是台湾暖流，在台湾东北海域分出，沿福建、浙江北上，向北流动流经杭州湾，可达长江口附近。舟山群岛正处于杭州湾出口南部，台湾暖流之上。黑潮沿我国台湾东部向东北流动，在东海东北部（东经 128°—130°、北纬 128°—30°）分出对马暖流，北上经朝鲜海峡流入日本海。对马暖流在济州岛东南方 32°E 海域附近再分出黄海暖流，从东与向西北流入黄海再转向西进入渤海。黑潮主支经日本列岛南部，向东流去。黑潮及其分支在我国东海、黄海以及周边海域构成的庞大、高速的海流网，自人类有无动力船以来源源不断地为海上的航行提供动力，也是海上丝绸之路东海航线形成的重要原因。[②]

众多的洋流都经过或穿过舟山群岛，这对于舟山群岛的海上航线的形成具有重要作用。正因如此，舟山群岛自古就形成了许多重要的航行通道。在古代历史上，虽然进出舟山群岛的海内外贸易船只很多，但是，对于当时的航行的具体路线，文献中留下的具体记录却并不多，因此很难把每一时期的具体路线及其变化情况都梳理出来。这里选取历史上留下的相关材料较全的航行及航线进行梳理，以管窥古代舟山群岛海上航线。

---

① 这里及以下关于东亚季风洋流与东海航线关系的内容，主要来自罗浩波、徐萌柳《东亚季风洋流与海上丝绸之路东海航线研究——兼论舟山与海上丝绸之路东海航线的关系》，《浙江国际海运职业技术学院学报》2014 年第 4 期。

② 罗浩波、徐萌柳：《东亚季风洋流与海上丝绸之路东海航线研究——兼论舟山与海上丝绸之路东海航线的关系》，《浙江国际海运职业技术学院学报》2014 年第 4 期。

一 徐福航行日本的海上航线

关于徐福入海求仙人的记载，学术界有很多研究，其中焦点之一是徐福是从哪里到的日本，关于这些争论，本书将在第八章第一节中详细介绍。根据最新的研究成果，有学者认为徐福前往日本是从浙江象山起航，经过舟山群岛出洋前往日本的。[①] 但徐福经过舟山群岛的具体航线，却少有学者详细探讨，这里试图对它进行一番梳理。

据《史记》记载，秦二十八年（前219），秦始皇遣徐福入海求仙人：

> 齐人徐市等上书，言海中有三神山，名曰蓬莱、方丈、瀛洲，仙人居之。请得斋戒，与童男女求之。于是遣徐市发童男女数千人，入海求仙人。[②]

关于"三神山"的位置，有很多种说法，有学者认为是今天舟山的岱山。[③] 浙东最古方志《四明图经》说："蓬莱山，在（昌国）县东北四百五十里，四面大洋，耆旧相传，秦始皇遣方士徐福入海求神仙灵药，尝至此。"[④] 南宋理宗在淳祐九年（1249）下谕的岱山《英感庙封灵济侯敕》中亦道："朕闻海上神山，烟霞缥缈，为灵异所宅。昌国相望，蓬莱而岱山，固非寻常岛屿也。"[⑤] 后来的浙江方志均将岱山岛称"蓬莱"。这在更早的文字材料中也得到了印证。1908年在舟山的衢山岛出土了《大唐故程夫人墓志铭》，其铭文写道："（程夫人）以其年□□月二十五日窆于明州鄮县蓬莱乡岣山。"[⑥] 在唐人眼中，蓬莱指整个舟山群岛或岱山岛，"岣山"十分明确，就是现在岱山的"衢山"。

比徐福求仙稍后几十年出生的东方朔在《海内十洲记》描述了瀛洲的位

---

① 何国卫、杨雪峰：《就秦代航海造船技术析徐福东渡之举》，《海交史研究》2018年第2期。

② （汉）司马迁：《史记》卷6，《秦始皇本纪第六》，第247页。

③ 翁志峰：《徐福与东沙的历史渊源》，http://dsnews.zjol.com.cn/dsnews/system/2016/01/27/020145392.shtml，发布日期：2016年1月27日；访问时间：2021年6月26日。

④ （宋）张津：乾道《四明图经》卷7《昌国县》，见凌金祚点校注释《宋元明舟山古志》，第2页。

⑤ （民国）汤濬：《岱山镇志》卷20《艺文·英感庙封灵济侯敕》，见凌金祚点校注释《宋元明舟山古志》，第449页。

⑥ 楼正豪：《岱山名贤汤濬旧藏〈大唐故程夫人墓志铭〉拓本考释》，《浙江海洋大学学报》（人文科学版）2017年第6期。

置："瀛洲在东海中，地方四千里，大抵是对会稽，去西岸七十万里。"[①] 这里明确指出，瀛洲的位置在会稽（绍兴）的对面，离西岸七十万里。会稽的对面海岛就是舟山群岛，远离绍兴大陆。《定海厅志》说："相传为今岱山云。"[②]

后来，徐福并没有回来，《史记》对徐福的去向同样记载得很清楚："徐福得平原广泽，止王不来。"[③] 文献中并没有明确提到"平原广泽"的位置，学术界一般认为徐福到了日本。那么，徐福是如何到达日本的呢？何国卫和杨雪峰二位学者对其有较为详细的介绍，他们认为徐福在东渡日本前的避秦隐迹之地和起航地是浙江宁波的象山。具体路线是船队从象山出发，先抵达其东面的韭山岛，后受到自北向南的沿岸海流影响，船向南漂至距离中国台湾北或琉球群岛较近的大陆沿岸，然后折东横渡东海。当船进入大陆外围岛弧内侧就借助由西南向东北的暖流，航船即可逐岛北上直抵日本。

从前面介绍的中国近海海流系统看，这条航线有其合理性，即借助黄海沿岸流向南漂流至中国台湾北或琉球群岛附近，再借助黑潮或对马暖流沿岛北上到日本。但如果仔细对照地图会发现，这条航线向南绕了一大圈，其实并不便捷。如果现在的岱山就是当时的蓬莱（之一），徐福可能在岱山东北的东沙角山嘴头上过岸，那么，徐福东渡日本的航线可能是另一条，即从象山出发到韭山列岛向东北方向行进，再转西在岱山东北的东沙角山嘴头上岸，再由此借助黑潮或对马暖流进入日本。

二　鉴真东渡日本所经舟山群岛航线

鉴真东渡日本传播佛法，在中日文化交流史上具有重要意义。鉴真东渡日本前后六次，历尽艰险，其中三次与舟山群岛有关，即第二、第五、第六次。[④]

鉴真应日本留学僧荣睿、普照的邀请而决心东渡弘法。由于唐朝国家政策不允许私自渡海出国，鉴真受荣睿、普照个人私聘，也未向地方官或朝廷申请，因此具有私自出国性质。在此背景下，鉴真东渡不但得不到官方在人力、物力方面的支持，相反还会受到官方的严密监视和多方阻止，因此除自然风险外，人为挫折也多。

---

① （汉）东方朔：《海内十洲记》，熊宪光点校，重庆出版社 2000 年版，第 214 页。

② （清）史致驯、黄以周等编纂：光绪《定海厅志》卷 13《仙释》，柳和勇、詹亚园校点，第 246 页。

③ （汉）司马迁：《史记》卷 118《淮南衡山列传第五十八》，第 3086 页。

④ 相关介绍可参见王建富主编《海上丝绸之路浙江段地名考释》，浙江古籍出版社 2017 年版，第 53—56 页。

据《唐大和上东征传》载，鉴真和尚的第一次东渡于天宝元年（742）冬天发生在扬州，但在造船准备的过程中，因弟子的告发而失败。①

鉴真和尚的第二次东渡发生于唐天宝二年（743）十二月，也是从扬州出发的，同行的有僧祥彦、道兴、德清、荣睿、普照、思托等17名僧人和玉作人、画师、雕檀、刻镂、铸写、绣师、修文、镌碑等工匠85人，共100余人同乘一舟。

> 天宝二载十二月，举帆东下，到〔狼〕沟浦，被恶风漂浪击，舟破，人总上岸。潮来，水至人腰；和上在乌蓝草上，余人并在水中。冬寒，风急，甚太辛苦。更修理舟，下至大〔板〕山泊，舟〔去〕不得，即至下屿山。
>
> 住一月，待好风发，欲到桑石山。风急浪高，舟〔垂著石〕，无计可量；才离崄岸，还落石上。舟破，人并上岸。水米俱尽，饥渴三日，风停浪静，〔有白水郎〕将水、米来相救。又经五日，有〔逻〕海官来问消息，申〔谍〕明州；〔明州太〕守处分，安置鄮县山阿育王寺，寺有阿育王塔。②

这次出行，鉴真一行尚未出海便在长江口的狼沟浦（太仓浏河口附近的狼港）遇风浪沉船。船修好后，鉴真一行驶出长江口抵达大板山（今嵊泗县嵊山镇大盘山岛），因风浪问题无法靠岸，又转至下屿山（今岱山县衢山镇的下川山岛）避风一个月。此后，鉴真所乘船只在转泊桑石山（今岱山县衢山镇的双子山岛）的途中，又触礁受难，被当地渔夫带至明州官府安置。虽然鉴真的第二次东渡再次失败，但我们可以明确地标绘出这次东渡在舟山群岛的路线图，即从扬州出发，经太仓浏河口附近的狼港，到嵊山镇大盘山岛，到衢山镇的下川山岛，再经衢山镇的双子山岛至明州。

天宝七年（748）春，日本僧人荣睿、普照等再次延请鉴真东渡。六月二十七日，鉴真率僧俗、水手等35人从扬州出发，开启了第五次东渡的航程。

> （天宝七年）六月廿七日，发自崇福寺。至扬州新河，乘舟下至常州界〔狼〕山，风急浪高，旋转三山。明日得风，至越州界三塔山。停住一月，得好风，发至暑风山，停住一月。

---

① 〔日〕真人元开：《唐大和上东征传》，汪向荣校注，中华书局2000年版，第43—46页。

② 〔日〕真人元开：《唐大和上东征传》，汪向荣校注，第52—53页。

十月十六日晨朝……少时，风起，指顶岸山发。东南见山，至日中，其山灭，知是蜃气也。……

是时，冬十一月，花〔蕊〕开敷，树实竹笋，不辨于夏。凡在海中经十四日，方得着岸。遣人求浦，乃有四经纪人便引道去。四人口云："和上大果报，遇于弟子，不然合死。此间人物吃人，火急去来！"便引舟去。

入浦。晚，见一人被发带刀，诸人大怖，与食便去。

夜发，经三日乃到振州江口泊舟。……[①]

在第五次航行中，鉴真一行航行至常州界狼山（今江苏省南通市狼山港）附近时，见长江江面风急浪高，江水围着狼山三岛盘纡旋转，遂在附近驻舟休息。次日，鉴真一行见风向有利，遂沿海岸线，航行至越州的三塔山（今舟山嵊泗县小洋山）停泊1个月休整，继而又出杭州湾航行至舟山群岛的暑风山（今舟山市定海区晓峰山），停泊休整1个月后，于十月十六日以东南方向的舟山群岛最高峰顶岸山（现舟山市普陀区桃花岛对峙山）为参照物，从晓峰山出发向东南航行，欲转往顶岸山（宁波象山县珠山或称珠岩山，或普陀山南的朱家尖）东行。航行中，船遇狂风怒涛，被风吹袭漂流到海南岛的振州（今海南三亚）。鉴真第五次东渡从扬州崇福寺出发，历时数月仍然失败，但他们此次东渡在舟山群岛的路线图仍可明晰地标示出来。

天宝十二年（753），已经双目失明的鉴真和尚和日僧普照带领24名随从和大量经书，冲破各种阻挠，在黄泗浦（常熟的黄泗）搭上了日本第12次遣唐使团的回国船。其中，藤原清河大使和阿倍仲麻吕所乘的为一号船，鉴真所乘的为二号船。天宝十二年十一月二十一日，一号和二号船在冲绳岛与第三舟会合。[②] 可以明显看出，鉴真的这次东渡毫无疑问是穿过舟山群岛的，但其穿越舟山群岛的具体行进航线却没有明确说明，因此无从得知。不过，船队从黄泗浦出发向东南几乎直线航行到冲绳岛的路线看，鉴真一行经过舟山群岛的地区几乎只有两种可能，一是从嵊泗列岛与花鸟岛—嵊山岛之间的海域通过，二是从花鸟岛—嵊山岛北面路过。

三　徐兢《宣和奉使高丽图经》所经舟山群岛航线

北宋宣和五年（1123），徽宗派遣给事中路允迪、中书舍人傅墨卿

---

① 〔日〕真人元开：《唐大和上东征传》，汪向荣校注，第62—67页。

② 〔日〕真人元开：《唐大和上东征传》，汪向荣校注，第85—91页。

作为使节从明州出使高丽，宣和六年，随从书记官徐兢整理完成《宣和奉使高丽图经》40卷。该图经是我国最早一部描述航海经历的官方文献，它详细记载了从明州到高丽的40余个地表目标所构成的航路，且详细记载了航线上的水情状况，这对于我们了解古代舟山群岛的海上航线具有重要意义。通过该文献，我们可以清晰地梳理出使团所经舟山群岛的海上航线。①

史学界一般将《宣和奉使高丽图经》所述航线称为“徐兢航路”，其中，该文献的第34卷《海道一》和第39卷《海道六》分别记录了往返经历明州段的行程见闻，目前属宁波—舟山港范围内的地名计有35个。其中，松栢湾、芦浦、浮稀头、白峰、窄额门、石师颜、赤门、海驴焦、蓬莱山、半洋焦等地名保存着丰富的历史地理信息。“徐兢航路”在舟山群岛及周边海域的航线包括去程航线和回程航线。

（一）去程所经航线

1. 招宝山—七里山段

> （宣和五年）夏五月三日乙卯，舟次四明，先是得旨，以二神舟、六客舟兼行……十六日戊辰，神舟发明州。十九日辛未，达定海县，先期遣中使武功大夫容彭年，建道场于总持院七昼夜，仍降御香；宣祝于显仁助顺渊圣广德王祠，神物出现，状如蜥蜴，实东海龙君也。庙前十余步，当鄞江穷处，一山巍然出于海中，上有小浮屠。旧传海舶望是山，则知其为定海也，故以招宝名之，自此方谓之出海口。二十四日丙子，八舟鸣金鼓，张旗帜，以次解发，中使关弼，登招宝山焚御香，望洋再拜。是日天气晴快，巳刻，乘东南风，张篷鸣橹，水势湍急，委蛇而行。过虎头山、水浃港口、七里山，虎头山以其形似名之，度其地，已距定海二十里矣，水色与鄞江不异，但味差咸耳，盖百川所会，至此犹未澄澈也。②

徐兢使团船队由8艘大型海船组成，其中神舟2艘、客舟6艘。使团从明州城（宁波）出发，经过定海县（宁波市镇海区），在总持院（现镇海中学田径场）已预做了七天七夜道场，又在招宝山下的东海海神广德王

① 关于《宣和奉使高丽图经》中舟山群岛及附近海域的海上航线的梳理，夏志刚在《“徐兢航路”明州段试考》［《浙江海洋大学学报》（人文科学版）2018年第4期］中有详细的梳理，这里主要参考了此文成果，特此说明。

② 徐兢：《宣和奉使高丽图经》卷34，中华书局1985年版，第118页。

祠祷告，至二十四日才离开甬江，扬帆出海。虎头山，即虎蹲山，已经在20世纪70年代经围垦成为陆地，后又被夷为平地，现只剩下作为导标航标的“虎蹲导标”。鄞江指甬江，甬江古称大浃江，水浃港口应为“大浃港口”的误抄。七里山，即现甬江口外的七里峙岛，距离虎蹲山所在的原甬江口正好七里，至今仍是船舶进出宁波港的咽喉所在和重要标志。“度其地已距定海二十里”应指七里峙岛与招宝山的距离。船队“巳刻，乘东南风”，即10时左右，乘东南风出港入横水洋，从虎蹲山与右侧的内、外游山之间航向东北的七里峙岛。

2. 七里山—芦浦段

> 过虎头山，行数十里，即至蛟门，大抵海中有山对峙，其间有水道可以通舟者，皆谓之门。蛟门云蛟蜃所宅，亦谓之三交门，其日申未刻，远望大小二谢山，历松柏湾，抵芦浦抛矴，八舟同泊。①

蛟门山岛现称中门柱岛，蛟门指现大黄蟒、小黄蟒、中门柱、三块岛等诸岛礁间的水道，“三交门”的称谓非常形象。如出七里峙岛后船队转向，顺落潮往东南方的蛟门前进，那么从招宝山到蛟门约经15千米，与“行数十里”符合。“大小二谢山”即现北仑区大榭岛、小榭岛，抛碇停船的“芦浦”就是老穿山港，在现北仑区柴桥街道穿山村和大湾村之间，隔海与大榭岛相望，不仅是声名远播的黄金水道和船舶避风港口，而且还是当地重要的贸易商埠。“申未刻”为15时前后，从10时出港，用5个多小时到达“芦浦”，行程30多千米约合17海里。因潮水先落后涨，风向先顺后逆，在船队编组前进和不能全帆用风的情况下，基本符合中国古代硬帆帆船的航速水平。舟山的潮汐是规律的半日潮，二十四日当天约11时30分涨、16时30分平，按当时的综合情况分析，船队确实只能在远望“大小二谢山”的“芦浦”过夜。“松柏湾”的地名现已经无法考证确实，但可从上下文进行推测，应指现柴桥大湾村以西的霞浦街道台塑工业园区一带。

3. 芦浦—沈家门段

> 二十五日丁丑辰刻，四山雾合，西风作，张篷委蛇曲折，随风之势，其行甚迟，舟人谓之拒风。巳刻雾散，出浮稀头、白峰、窄额

① 徐兢：《宣和奉使高丽图经》，第118—119页。

门、石师颜，而后至沈家门抛泊。其门山与蛟门相类，而四山环拥，对开两门，其势连亘，尚属昌国县。其上渔人樵客，从居十数家，就其中以大姓名之。申刻，风雨晦冥，雷电雨雹欻至，移时乃止。是夜，就山张幕，扫地而祭……①

“芦浦”处于穿山半岛和大小榭岛之间。从“芦浦”到“沈家门”，必然经过穿山港后进入螺头水道，该水道是宁波舟山港核心港区的重要航道，介于大猫山、摘箬岛与大榭岛、穿鼻岛、穿山半岛之间。“浮稀头、白峰、窄额门、石师颜”这2个或4个地名中，“白峰”与“窄额门”是有据可查的。“白峰”即现北仑区白峰街道区域，在“芦浦”东面约6千米处。“浮稀头”很可能是“午栖跳”。“窄额门”指现舟山市定海区摘箬山岛附近海门。该岛从宁波方向看像一头在海里奔跑的大象，从舟山临城方向看则像一头海中的雄狮或猛虎。“石师颜”应是“石狮岩”。

4. 沈家门—普陀山段

二十六日戊寅，西北风劲甚，使者率三节人，以小舟登岸入梅岑。旧云：梅子真栖隐之地，故得此名。有履迹瓢痕，在石桥上其深。麓中有萧梁所建宝陁院，殿有灵感观音。昔新罗贾人往五台，刻其像欲载归其国，暨出海遇焦，舟胶不进，乃还置像于焦，上院僧宗岳者，迎奉于殿。自后海舶往来，必诣祈福，无不感应。吴越钱氏，移其像于城中开元寺，今梅岑所尊奉，即后来所作也。崇宁使者闻于朝，赐寺新额，岁度缁衣，而增饰之。旧制，使者于此请祷，是夜，僧徒焚诵歌呗甚严，而三节官吏兵卒，莫不虔恪作礼。至中宵，星斗焕然，风幡摇动，人皆欢跃，云风已回正南矣。二十七日己卯，舟人以风势未定，尚候其孰。海上以风转至次日，不改者，谓之孰。不尔，至洋中卒尔风回，则茫然不知所向矣，自此即出洋，故审视风云天时，而后进也。申刻，使副与三节人，俱还入舟，至是，水色稍澄，而波面微荡，舟中已觉軃卼矣。②

“梅岑”即观音道场普陀山的古称，从沈家门到普陀山仅10千米航程。船队一行当日遵循了出航前的祈祷惯例，并详细记录了等候有利稳定

① 徐兢：《宣和奉使高丽图经》，第119页。
② 徐兢：《宣和奉使高丽图经》，第119页。

风向的过程。

5. 普陀山—海驴焦段

> 二十八日庚辰，天日清宴，卯刻，八舟同发，使副具朝服，与二道官，望阙再拜，投御前所降神霄玉清九阳总真符箓，并风师龙王牒、天曹直符，引五岳真形，与止风雨等十三符讫，张篷而行。出赤门食顷，水色渐碧，四望山岛稍稀，或如断云，或如偃月。巳后，过海驴焦，状如伏驴，崇宁间，舟人有见海兽出没波间，状如驴形，当别是一物，未必因焦石而有驴也。①

宋元间普陀山的候风码头称“高丽道头”，在现普陀山西侧的南普山庄一带，已经成陆。船队既然等来了正南风，其航向应经过黄大洋向北面的中街山列岛。二十八日的潮汐起涨于4时，卯刻（5—7时）发船，正可以顺潮顺风向北。“赤门”可能是地名，也可能是俗称，结合航路与地貌分析，应为现岱山县长涂镇大长涂岛东端的樱连门水道，处于中街山列岛的西面。中街山列岛有多个航门，自西向东主要有樱连门、治治门、小板门，水深都在8米以上，可航宽度0.74—2.22千米，目前均是万吨级船舶往返南北的主要通道。樱连门原称猪沙门，位于大长涂山东端与樱连山之间，为船舶往来普陀山港与嵊泗诸岛屿的捷径航道。该航道西侧有“洪山嘴”“红山”“洪咀礁”等地名，应源于地貌，大长涂岛东南面因冰川作用的影响，大批海滩岩群均为呈赭色的沙成岩，尤其以“小沙河”和“樱连门”区域为代表，基本可以断定“猪沙门”为“赭沙门”，赭沙门或樱连门就是“赤门”。船队离开“赤门”不久，即发现“水色渐碧”“四望山岛稍稀”，这是因为已经航向嵊山岛。从樱连门北口出来后，是钱塘江与东海交汇处，海水由黄泽山、大衢岛、鼠浪湖岛附近的浑浊转为碧蓝，与“水色渐碧”完全相符。在船队航向的东北，可以作为标志物的只有蜂巢岩、东半洋礁、浪岗山列岛，东半洋礁、浪岗山列岛偏于外洋，为现代国际航道标志，而蜂巢岩礁则在传统航道之上。蜂巢岩因在海浪冲击下形成无数蜂巢样小孔得名，因此礁位处鼠浪湖与浪岗山列岛中间，又称半洋礁。船队从普陀山至“海驴礁”用时为5—6小时，行程60多千米合约35海里，航速达5节以上，已经是古代帆船船队前进的较大航速，所以可以断定“海驴礁”就是蜂巢岩。

---

① 徐兢：《宣和奉使高丽图经》，第120页。

6. 海驴焦—蓬莱山段

> 蓬莱山，望之甚远，前高后下，峭拔可爱，其岛尚属昌国封境，其上极广，可以种莳，岛人居之。仙家三山中有蓬莱，越弱水三万里乃得到，今不应指顾间见，当是今人指以为名耳，过此则不复有山，惟见连波起伏，喷豗汹涌，舟楫振撼，舟中之人，吐眩颠仆，不能自持，十八九矣。①

从徐兢记载的岛形与周边环境看，“蓬莱山”一定是嵊山岛。嵊山是我国渔港重镇，古称乘名山、神前山、陈钱山或尽山等。位于菜园镇正东35.2千米处，西近枸杞岛，两岛的最近岸距仅700米。嵊山岛东部的一组海蚀崖现称“东崖绝壁”，自后岭头屿至鳗鱼头岛，山势颓然直泻入海，形成连绵3千米的陡崖绝壁，最高处达70余米，长波涌浪穿礁拍崖，激荡轰鸣，气势雄浑壮观。岛上奇石象形有双人石、夫妻峰等，山花藤萝附壁悬挂满崖，完全符合“前高后下、峭拔可爱”“远波起伏，喷豗汹涌”的描述。嵊山岛与紧挨的枸杞岛，不仔细分辨形同一岛，面积较为广大，也符合“其上极广”的描述。最关键的是，嵊山旧名“尽山”，意“诸岛至尽也，而曰尽山”。离开嵊山岛北上，为避免重复进入内海，将不复经过其西北的壁下、绿华等岛屿，正是“过此则不复有山”。

7. 蓬莱山—半洋焦段

> 舟行过蓬莱山之后，水深碧色如玻璃，浪势益大，洋中有石，曰半洋焦，舟触礁则覆溺，故篙师最畏之。是日午后，南风益急，加野狐帆，制帆之意，以浪来迎舟，恐不能胜其势，故加小帆于大帆之上，使之提挈而行。是夜，洋中不可住维，视星斗前迈，若晦冥，则用指南浮针，以揆南北。入夜举火，八舟皆应。夜分风转西北，其势甚亟，虽已落篷，而飐动扬摇，瓶盎皆倾，一舟之人，震恐胆落。黎明稍缓，人心尚宁，依前张帆而进。②

船队从嵊山岛的东南北上进入嵊山洋，海水清澈蔚蓝，正是“水深碧色如玻璃”。嵊山岛东南洋面，只有海礁岛符合“半洋焦”条件，该岛位

---

① 徐兢：《宣和奉使高丽图经》，第120页。

② 徐兢：《宣和奉使高丽图经》，第120页。

于舟山群岛最东面，是中国领海基点之一，计有 13 个明礁、3 个干出礁和 2 个暗礁。蓬莱山—半洋焦段之后，船队进入上海崇明一带外海，即长江入海口外的“白水洋”。“白水洋”之后进入“黄水洋”，即江苏外海，绕过其间的黄河入海下旋处的“千里长沙”险阻，最后经黄海外洋的“黑水洋”进入高丽。

（二）回程所经航线

徐兢使团船队大体按原航路返程，自七月十三日发开京顺天馆，因未利用季候风，反复几次才勉强入洋，航至中途又遇风暴，使团经历各种艰险，前后历时四十二天才侥幸返回明州。相对去程，《高丽图经》对于返程海道用笔非常简略：

> 二十一日辛丑，过沙尾，午间，第二舟三副柂折，夜漏下四刻，正柂亦折，而使舟与他舟，皆遇险不一。二十三日壬寅，望见中华秀州山。二十四日癸卯，过东西胥山。二十五日甲辰，入浪港山，过潭头。二十六日乙巳，早过苏州洋，夜泊栗港。二十七日丙午，过蛟门，望招宝山，午刻，到定海县。自离高丽到明州界，凡海道四十二日云。①

这一段记录中出现的“中华秀州山、东西胥山、浪港山、潭头、苏州洋、栗港”航线颇费思量，尤其是“东西胥山”与“潭头”成为疑难症结。“中华秀州山”应当是泛指上海的明显山地标志。直到明清时期，杭州湾口被命名为“苏州洋”，总体上看与目前舟山群岛西南的“灰鳖洋”基本重合，大致为舟山群岛西面主要岛屿与大陆之间的海域，北起上海南汇，东南接金塘水道，现金塘岛上的沥港就是“栗港”。从沥港经“苏州洋”北上，曾经是元代海运的重要航路。

“东西胥山”与“潭头”目前没有可以明确对应的地标，但利用航路上的其他地标，结合水文分析，可作东、西两种航线的合理性推断。

1. 东路航线推测

假设徐兢船队到达江苏启东附近海面“望见中华秀州山”后，导致船队遇险的北风未明显歇落，那么其航线就比较复杂，姑且称之为东路航线。“东西胥山”望文生义，应与伍子胥过昭关一夜急白头的传说有关，东西两座呈白色的岛屿是比较合理的解释，但也不能排除有相似谐音岛屿

① 徐兢：《宣和奉使高丽图经》，第 135 页。

的可能。舟山的历代志书均有“须皓山”“西须山”的记载，“西须山在县东北八百里，马迹山在县东北九百里，须皓山在县东北九百里，大洋山在县北九百里，落华山在县东北一千里”①。后志基本沿袭，但没有发现具体的方位标注。假设“须皓山”“西须山”即“东西胥山”，理论上也是成立的，因为根据以上各山的距离估计，“须皓山”“西须山”当在绿华山（落华山）之南，都属于现嵊泗马鞍列岛区域，与去程时经过的“蓬莱山”相近。“须皓山”望文生义应指须发皆白，而“西须山”可能是与“须皓山”相似相近，只是位置在“须皓山”之西，这与“东西胥山”的本义是相符的，同时从音调上也一致。结合地理位置和附近岛屿已知古名，马鞍列岛东西小盘岛或张其山与大盘山可能就是“东西胥山”，也即“须皓山”和“西须山”。

“须皓山”“西须山”是“东西胥山”的话，徐兢所指的“浪港山”位置就非常明确，一般认为应是指现在的“浪岗山”列岛。浪岗山列岛在舟山市普陀区与嵊泗县的交界处，由10个岛和7个礁组成，呈东北—西南走向，分布在长宽各约1.85千米的大海中。船队如进入了浪岗山列岛海域，可有两种选择，一是继续走原航路经过“海驴礁”“赤门”“梅岑山”，进到“沈家门”稍作休息。二是由此折向西南，借此时盛行的东南风和涨潮之际，转向经过岱山岛与衢山岛之间的岱衢洋，再转入“苏州洋”的南部，以便从“栗港”进入招宝山。关键在于是否能推断出“潭头”所指。

岱山县衢山岛最南端现有“沼潭嘴”，此地处于观音山东南麓，东南两头相夹，正好形成一个潭口，潭外有礁石伸出海面，俗称礁潭嘴。此地与浪岗山列岛相距约60千米，符合向“苏州洋”航行的航标条件。如“沼潭嘴”是“潭头”，那么当晚船队休息的地点极可能是衢山岛的西南角，就是现衢山客运码头附近的港湾。越过沼潭嘴再向西北，自然是要走岱山县火山列岛附近航线。火山列岛的主岛是鱼山岛，从鱼山岛与岱山岛西部的双合山间通航南下，然后历长白山、瓜连山、马目等岛间水道，进入金塘“栗港”，这也是北宋熙宁五年（1072）日本僧人成寻来华所经的航道。

上述假设的“望见中华秀州山”与“东西胥山”之间相距约160千米，“东西胥山”与“浪港山、潭头”之间相距约120千米，以回程空载

---

① （宋）张津等：乾道《四明图经》卷7《昌国县》，《宋元方志丛刊》（第5册），第4903页下栏。

的船速，各用一天时间完成这些航段也是可能的。经过上述航段之后，船队正好早过“苏州洋”，夜宿“栗港”，行程将近70千米，需要船队行进半天以上。东路航线的推测基本成立，主要的疑惑可能在于，既然去程也大致由此，为何在回程的记录之中，从来没有出现已经知道的明显标志岛屿。

2．西路航线推测

假设徐兢船队“望见中华秀州山”后，北风稍歇，然后直接采走经“苏州洋”到达“栗港”的航路，这就是可能的西路航线。“东西胥山”如果指东西两座呈白色的岛屿，那这条航线上比较符合条件的只有崇明佘山岛。佘山岛位于东海、黄海以及长江口的汇合处，是船舶出入长江口定位、转向和避让鸡骨礁不可或缺的重要标志。该岛由三个岛礁组成，呈东西向展布。“东西胥山”如定为佘山岛，徐兢船队将经过的“浪港山”就不可能是上文所述的浪岗山列岛，很有可能是指长江口南侧外的金山区鸡骨礁。鸡骨礁是个礁群，各礁直径5—10米，周围暗礁较多，浪大流急。在舟山群岛西北海域，还有一个位于现慈溪观海卫北部卫山，原也称“浪港山”，但位置不符，现已上陆。过鸡骨礁后的“潭头”，可能就在嵊泗滩浒山与鸡骨礁之间，极有可能是指现上海浦东航头镇附近，现金山与南汇连线以南区域当时尚在海中。该地原有“渔潭头”的地名，又称“行头”“古航里”“航头”。

上述假设的“望见中华秀州山”与“东西胥山”之间相距约130千米，“东西胥山”与“浪港山、潭头”之间相距约90千米，以回程空载计算船行速度，各用一天时间完成这些航段是可能的。经过上述假设的“中华秀州山、东西胥山、浪港山、潭头”之后，船队正式进入“苏州洋”。从“过潭头”之地起，距离船队夜宿的“栗港”约为80千米，当天为农历二十六，潮水涨平时间分别为13时50分和18时40分，有充足的时间到达，但已经无法进入招宝山了。

从前面的分析中可以看出，东线航路和西线航路的区别就在于回程是从嵊泗群岛的东边经过还是从嵊泗群岛的西边经过，无论是东线航路还是西线航路，它们必定要绕过嵊泗群岛，因此，嵊泗群岛在徐兢船队的回程中都占有重要地位。

由于《宣和奉使高丽图经》原有的《图经》佚失，致使今人查核该书所记内容时，有些内容无法确切把握。根据后世学者的努力，基本恢复了其“图经”，结合这些恢复，可对使团来回的航线进行全面的直观图示观察。

四 明代经舟山群岛去日本的海道针路

明政府的中国海外贸易政策是勘合贸易制度，指定宁波为唯一可以对日本开展勘合贸易的港口，因此，日本来华船必须到宁波勘合。明朝时期的中国沿海地区长期遭受倭寇的骚扰，中日交通受到极大阻碍，甚至正常的中日海上交通勘合也受到严重破坏。但是，中日民间的航海贸易却始终存在。

明朝嘉靖年间，福建漳州吴朴将中外海道进行了一次梳理，撰写了一部《渡海方程》，该书虽已失传，但郑若曾在其编撰的《郑开阳杂著》《筹海图编》、郑舜功在《日本一鉴》中，曾根据《渡海方程》《海道针经》及《四海指南》，著录了两条中日间的海道针经[①]路线——《太仓驶往日本针路》和《福建驶往日本针路》，这是明朝开通的通往日本的两条新的针路。其中，《太仓驶往日本针路》包含有经过舟山群岛的航线：

> 太仓港口开船，用单乙针，一更，船平。更者，每一昼夜分为十更，以焚香为渡，以木片投海中，人从船面行，迅缓定更多寡，可知船至某山洋。[②]
>
> 吴淞江，用单乙针及乙卯针，一更平。
>
> 宝山到南汇嘴，用乙辰针，出港口，打水六七丈，沙泥地是正路。三更，见茶山。

---

① 罗盘是海上航行最重要的仪器，航行船上设有专门放置罗盘的针房，选派最有经验的人为火长（船长）以掌握航向。罗盘确定的自身航行的方位叫针位，沿着针位前进所航行的轨迹叫针路（经）。元、明、清用于导航的罗盘是24方位水罗盘。这种技术利用8个天干（10个天干减去位于中间的“戊”和“己”）、12个地支及八卦的四个方位，将航海罗盘圆周分为24等分，使方向能够准确地指示。明代航海罗盘24方位图，用度数表示：子，正北0度；癸，15度；丑，30度；艮，东北45度；寅，60度；甲，75度；卯，正东90度；乙，105度；辰，120度；巽，东南135度；巳，150度；丙，165度；午，正南180度；丁，195度；未，210度；坤，西南225度；申，240度；庚，255度；酉，正西270度；辛，285度；戌，300度；干，西北315度；亥，330度；壬，345度。针经主要有两种，即单针罗经和双针罗经。单针罗经只用一个方位，并冠以“单”字，例如：单辰针（120度），单酉针（正西270度）。有的航海图用“丹”字代替“单”字，丹酉针同单酉针。双针罗经则用两个方位表示航行方位，当罗针摆动在两个方位之间时，则用相邻二方位表示其平均值，例如乙辰针（=105度和120度的平均值=112.5度）。明代海道针经绝大多数情况下用双针罗经表示，巧妙地利用双针罗经把24方位罗盘变成48方位罗盘（方位度数差为7.5度）。

② 这里只说“更”是计时单位，即一更为现在2.4小时。“更”也是计程单位，一般一更大约为16.2海里，即约30千米（60华里）。

茶山，水深十八托一云行一百六十里，正与此合。[①]

自此用坤申针及丁未针，行三更，船直至大小七山。滩山在东北边。滩山下水深七八托，用单丁针及丁午针，三更，船至霍山。

霍山，用单午针至西后门。西后门，用巽巳针，三更，船至茅山。茅山，用辰巳针，取庙州门，船从门下行过，取升罗屿。

庙州门水深急流。

升罗屿，用丁未针，经崎头山，出双屿港。升罗、崎头俱可泊船。崎头，水深九托。

双屿港，用丙午针，三更，船至孝顺洋及乱礁洋。双屿港口，水流急。孝顺洋，水深十三托，泥地。

乱礁洋，水深八九托，取九山以行。

九山西边有礁，打水行船宜仔细。一云乱礁洋，水深六托，泥地。

九山，用单卯针，二十七更，过洋至日本港口。

打水七八托，泥地，南边泊船。

又有从乌沙门开洋，七日即到日本。

若陈钱山至日本，用艮针。[②]

根据该针路记载，从太仓港开船用指南针 105 度方向航行，大约经过 2.4 小时到达吴淞江；从吴淞江开船用指南针 105 度方向及 97.5 度方向航行，大约经过 2.4 小时到达宝山；从宝山到南汇嘴开船用指南针 112.5 度方向航行，大约经过 7.2 小时到达茶山（上海崇明区佘山岛）；从茶山开船用指南针 232.5 度方向及 202.5 度方向航行，大约 7.2 小时到大小七山（今嵊泗县洋山镇大戢山、小戢山）。从滩山（今嵊泗县洋山镇王盘洋中的滩浒山岛）开船用指南针 195 度方向及 187.5 度方向航行，大约 7.2 小时到霍山（今岱山县七姊八妹列岛的西霍山岛）；从霍山出发用指南针 180 度方向进入西后门（今定海区西堠门水道），用指南针 142.5 度方向航行，

---

① 测量水的深浅名为打水，单位为托。据《东西洋考》卷 9 的解释，托是方言，“谓长如两手分开者为一托”。即约合旧尺五尺，约 1.68 米。这种量长短的方法，在很多地方通行。打水的器具，《顺风相送》作掏，《指南正法》作錭，《海国闻见录》称为绳驼，《台海使槎录》作铅锤。绳驼或铅锤底涂以蜡油或牛油，系绳数十丈放下测水深浅，并可以粘带沙泥，以探知究属泥底、沙底还是石底。水浅处另用一种点竿打水。《两种海道针经》，向达校注，中华书局 2000 年版，第 6—7 页。

② （明）郑若曾：《郑开阳杂著》，文渊阁四库全书影印本（第 584 册），台北商务印书馆 1986 年版，第 549—550 页。

经过7.2小时到茅山（今定海区大猫山）。从茅山出发用辰巳针[1]方向行进，到庙州门（无考），经过庙州门到升罗屿（穿山半岛最外面的角即崎头外面，梅山北面），从升罗屿出发用指南针202.5度方向行进，经过崎头山，出双屿港（舟山普陀区六横镇涨起港、棕榈湾及附近一带海湾），到双屿港用指南针172.5度行进，经过7.2小时到达六横与象山之间的孝顺洋和乱礁洋。从九山（韭山列岛）用指南针90度行进，经过64.8小时，过洋到日本港口。

还可以从乌沙门（朱家尖南）入洋出发，七日到达日本。

如果从陈钱山（嵊山）至日本，则用指南针45度方向行进。

这是从江苏太仓经舟山群岛南下，到韭山列岛后开始向东驶往日本的针路，后面两段内容提及两条从陈钱山（嵊山）和舟山的乌沙门驶向日本的针路，并不是单独的针路，仅是针路中针位的转折点不同导致有两个起航港湾，所以可以被整合在太仓针路中。这条针路仅有“即到日本”的说法，但根据传统海道判断，这条针路可能是驶往日本五岛列岛然后到博多，属于传统的海道。[2]

五　郑和下西洋所经舟山群岛航线

郑和下西洋是世界航海史上的壮举。郑和航海期间，通过简易测绘和中国画的山水画法对沿途地物进行描绘，绘成了《自宝船厂开船从龙江关出水直抵外国诸番图》，过去使用此图的人嫌原名太长，不能一目了然，多省称为《郑和航海图》。原图一共二十四页：序一页，地图二十页，《过洋牵星图》二页（四幅），空白一页，载于《武备志》第二百四十卷。[3]序仅一百四十二字，[4]当出自该图作者、明代浙江归安（今湖州市）人茅元仪之手。该地图所表现的大概是明宣宗朱瞻基宣德五年（1430）郑和最末一次下西洋，图上的航程、地理，与祝允明《前闻记》所记宣德一次下

---

① 对针罗经中并无辰巳针，估计这里是乙辰（112.5度）之误。

② 刘义杰：《中国古代海上丝绸之路》，海天出版社2019年版，第123页。

③ （明）茅元仪：《武备志》卷240，《续修四库全书》（第966册），上海古籍出版社2002年影印本，第319—330页。

④ 全部序言如下：“茅子曰：禹贡之终也，说哉言声教所及。儒者曰：‘先王不务远’，夫劳近以务远，君子不取也。不穷兵，不疲民，而礼乐文明，赫昭异域，使光天之下，无不沾德化焉，非先王之天地同量哉。唐起于西，故玉关之外将万里。明起于东，故文皇帝航海之使不知其几十万里，天宝启之，不可强也。当是时，臣为内竖郑和，亦不辱命焉，其图列道里国土，详而不诬，载以昭来世，志武功也。”向达校注：《郑和航海图》，中华书局2000年版，图序。

西洋相合。因此，《武备志》里的这部航海图，可以假定为15世纪中叶传下来的。[①] 全部航海图用的是书本式（原来当是手卷式，收入《武备志》后改成书本式），因此，它是一字展开式绘制而成的，自右而左。宝船出长江口以后，向南沿着江、浙、闽、粤海岸西行，这样展开是容易理解的。只有从南京至长江口一段，是自西向东，为着配合出长江口以下各段，绘制时在图上把南京至长江口的方位颠倒过来，长江南岸的地方挪到北岸，北岸的挪到南岸，成为上南下北，这样一直画到长江口。出长江口以后，恢复了正常的方位。

从皇城（南京）至太仓港段没有注明针路的航线，但该段两岸的桥梁、河流、港口、山岳、树木、岛屿、沙洲、城墙、重要建筑物、巡司（哨所）等，都按航行前后顺序及距航线的远近加以描绘。从宝山到太仓港（刘家港）航线开始，航海图不仅标示出沿途所经各地的位置和行进路线，还用文字明确写清楚了航行针路。这里把往返江苏到浙江境内的相关航行针路辑录如下：

> （往程——引者注）宝山用辛酉针，三更，船过吴淞江，到太仓港口系船。太仓港口开船，用丹乙针，一更，船平吴淞江。用乙卯针，一更，船到南汇嘴，平招宝。用乙辰针，三更，船出洪，打水丈六七，正路见。茶山在东北边过，用巽巳针，四更，船见大小七山，打水六七托。用坤申及丁未针，三更，船取滩山。用丹午针，入西后门。用巽巳针，三更，船取大磨山。用乙辰针，一更，船取小磨山，转崎头、升罗屿。用丁未针，一更，船出双屿港。用丙午针，二更，船取孝顺洋，一路打水九托，平九山。对九山西南边，有一沉礁，打浪出水，行船仔细。用辛午针，二更，船平檀头山，东边有江片礁，西边见大佛头，平东西崎山。用丁午针，五更，船平羊琪及大陈三母黄礁，前见直谷山。用丁未针，二更，船平石塘山。用丁水针，三更，船平狭山外过。用坤未针，二更，船取黄山，打水十七八托，平中界山。[用坤] 未针，一更，船取东洛山。用坤未针，一更，船取南巳山外过。船用丹坤及坤未针，三更，船取台山，打水二十托。
>
> （或走另一路线——引者注）东洛山门内过，用庚申及坤申针，一更，船平凤凰山，过南巳山，打水十三托。用坤未针，三更，船取台山内过。……

① 向达校注：《郑和航海图》，中华书局2000年版，第4页。

（回程——引者注）用丑艮针，二更，船平台山。用丑艮针，三更，船取南巳。用丑艮针，二更，船取东洛山。用丑艮针，一更，船平中界山及黄山。用癸丑针，三更，船取狭山外过。用癸丑针，三更，船平直谷山。用癸丑针，二更，船取羊琪山及大陈三母山。用子癸针，二更，船取东西崎山。用子癸针，三更，船取檀头山外过。对开有礁，内外过船。东北边有沉礁打浪，子（仔）细内外过船。用子癸针，三更，船取九山及乱礁洋。用壬子针，二更，船过孝顺洋，取双屿港。用癸丑针，一更，船取升罗屿庙州门内过，转崎头。用辛戌针，一更，船取大唐（磨）山。用乾亥针，二更，船出西后门，用丹子针，取霍山。用丹子及子癸针，三更，船取滩山。用癸丑针，三更，船取七山。用乾亥针，四更，船见茶山。用辛酉针，三更，船取南汇嘴收洪，平宝山。用辛酉针，三更，船过吴淞江，到太仓口系船。①

根据《武备志》二百四十卷，该段往返航程的线路图如下：

从宝船出发到舟山群岛南部海域的航线如下：向宝山开去，由西偏北向正西行，航向取 277.5 度，行程 180 里（或 7.2 小时），驶过吴淞江，到太仓刘家港停泊。自太仓刘家港起航，航向取东偏南 105 度，行程 60 里（或 2.4 小时），船身正横与吴淞江相平。宝船自吴淞江继续前进，由东偏南向正东行，航向取 97.5 度，行程 60 里（或 2.4 小时），到南汇县杨子角，然后宝船与浙江镇海招宝山相平行而驶。宝船又由东偏南向东南偏东行，航向取 112.5 度，行程 180 里（或 7.2 小时），宝船驶离水道陡仄急流之处，测得水深 1 丈 6 至 7 尺，足见宝船行驶在正常的航路上。宝船继续前行，望见茶山在东北边过，宝船又由东南向东南偏南行，航向取 142.5 度，行程 240 里（或 9.6 小时），便可见大小七山（大七即今大戢山，小七即今小戢山，大小戢山俱在浙江嵊泗列岛西），测得水深六七托（3 丈 6 尺至 4 丈 2 尺之间）。宝船由西南向偏西行，船向取 232.5 度；接着又由南

① 这里所引用的往程和回程的文字主要参考郑一钧《论郑和下西洋》（海洋出版社 2005 年版，第 158—161、174—175 页）及海军海洋测绘研究所、大连海运学院航海史研究室编《新编郑和航海图集》（人民交通出版社 1988 年版，第 8—31 页），并依据（明）茅元仪的《武备志》240 卷［《续修四库全书》（第 966 册），上海古籍出版社 2002 年版，第 319—322 页］进行核对，对前者的个别文字错误进行了更正。

偏西向西南偏南行，航向取 202.5 度；行程 180 里（或 7.2 小时），趋向滩山（舟山滩浒山岛）驶去。宝船继续向正南方航行，航向取 180 度，行程 180 里（或 7.2 小时），趋向霍山（今东福山岛）驶去。航向不变，向南驶入西后门（今西堠门）；又由东南向东南偏南行，航向取 142.5 度，行程 180 里（或 7.2 小时），趋向大磨山（今大猫山岛）。宝船由东偏南向东南偏东行，航向取 112.5 度，行程 60 里（或 2.4 小时），趋向小磨山（今小猫山岛），然后转航崎头（今象山港北，穿山东，又名崎头角）、升罗屿（穿山半岛最外面的角即峙头外面，梅山北面）。又由南偏西向西南偏南航行，航向取 202.5 度，行程 60 里（或航行 2.4 小时），驶出双屿港（今双屿港，舟山普陀区六横镇涨起港、棕榈湾及附近一带海湾）。由南偏东向正南行，航向取 172.5 度，行程 60 里（或 2.4 小时），趋向孝顺洋（六横与象山之间）驶去，一路上测得水深 9 托（5 丈 4 尺），傍九山（今韭山列岛）并与之保持平行距离行驶，正对九山的西南边，有一沉礁受风浪冲击，不时露出水面，船航行时要特别小心。接着，宝船由南偏北向西北偏西行，航向取 292.5 度（或 277.5 度）① 行驶，船行程 120 里（或 4.8 小时），傍檀头山（在今浙江省三门湾外南田岛东北）并与之相平行而驶过，山之东边有江片礁，西边可望见大佛头山（在浙江省檀头山西，昌国卫附近），船再傍东西崎山（今大陈山岛北 120 里处）航行。宝船由南偏西向正南行，航向取 187.5 度，行程 300 里（或小 12 时），船傍羊琪山（檀头山南，大陈岛北）及大陈山（即大陈岛，在台州湾外，一江山岛南）、三母山（今三岐山）、黄礁山（在大陈岛南）而过，前方望见直谷山（温岭石塘岛以西）。宝船再向南偏西向西南偏南行，航向取 202.5 度，行程 120 里（或 4.8 小时），船傍石塘山航行。

船队的回程线路与往程航线基本一致，这里不再重复。根据上述航线，我们可以对宝船经过舟山群岛的航线进行清晰的描绘。②

---

① 这里的原文是“用辛午针”即 105 度。船队在此绝不可能作如此大幅度的航行，所以这里“辛午”当为“辛戌”之误，船队在这里应是由南偏北向西北偏西行，航向取 292.5 度；也有可能为“辛酉”之误，即船队是由南偏北向正西行，航向取 277.5 度。郑一均：《论郑和下西洋》，海洋出版社 2005 年版，第 160 页。

② 更详细的航线地图可参见海军海洋测绘研究所、大连海运学院航海史研究室编制的《新编郑和航海图集》（人民交通出版社 1988 年版）第 13—21 页。

六　《指南正法》中与舟山群岛相关的山屿水势及海道针路

古代航海家往返于汪洋无际波涛汹涌的大海中，对于各地路程远近、方向、海上的风云气候、海流、潮汐涨退、各处的水道深浅、礁石隐现、停泊处所的水的深浅以及海底情况，都要熟悉。关于这些航行途中山形水势的记载，宋元以前有无专书不得而知。明代《金声玉振集》所收的《海道经》，记载自南京出发从海道运粮至天津的情形就属于这类情况。清代黄叔璥在《台海使槎录》上说："舟子各洋皆有秘本，名曰洋更。"此外还有针谱、罗经针簿，同洋更一样，它们的记载相当于今天的航海通书。明代的针谱、罗经针簿，见于各家征引的有《渡海方程》《海道经书》《四海指南》《海航秘诀》《航海全书》《针谱》《航海针经》《针位篇》《罗经针簿》等。[①]

清初卢承恩和吕磻辑录的《兵钤》一书后附有《指南正法》，其成书时间大约在康熙末年的18世纪初。《指南正法》的内容大致包括三部分，第一部分是关于气象方面的观察方法，如太阳太阴出入时刻、逐月恶风、潮水消长、雷电、观看星辰以及定罗经下针、定舡行更数和其他的一些禁忌。第二部分是各州府山形水势的记载。每一路程沿途各地都有一点简单说明。第三部分是各处往回针路、日清，于往还各地的罗经方向、路程远近（更数）、礁石隐显、打水深浅（若干托）、能否停泊（抛舡），都有详细的记录。[②]

对于航海的定向、里程计算及测量深浅的方法，本书前面有介绍，兹不赘述。《指南正法》对东西洋各地的山屿水势有详细的说明，这里把舟山群岛及其附近地域的山形水势、泥沙地、礁石等，尤其是海水深浅有关记录罗列出来（文中注释为向达标注）：

太仓刘家澳　打水九托，好抛船。

宝山　打水五六托，湖嘴出弘口正路，过浅上丈。

茶山　打水七八托。

滩山五屿　打水念四五托。

碟碗山　打水念四五托，湾中十一二托，好抛船。

庙洲门　水深流急。

---

① 向达校注：《两种海道针经》，中华书局2000年版，第2—3页。

② 向达校注：《两种海道针经》，第4—5页。

崎头山　打水八九托，双屿港内流水甚急，洋内打水无底。

孝顺洋　打水十一二托，泥地。

乱礁洋　打水大七托，泥地①。

九山　南边打水三十托，泥地②。

坛头山　打水十二托，对开有红礁。

东箕山　打水十三托，门中好过船。

贵谷山　东边大陈山，中门十五托。

披山　打水十四托。

东福山　打水十四托。

东落山　打水十八托。

南纪山　打水二十托。

金乡大澳　打水七八托，开有八献礁出水，仔细。西边过船，开打水十四托，港门打水五托，在行船湖中水三托。外是小余山③，福宁州港口，正路八九托。

东桑山　打水十八托。

呼应山　打水十五托。外是东涌、芙蓉④，内是小西洋⑤，门中水十五托，有沉礁打浪，行船细细。

定海千户所　打水九托，对开有一小屿。⑥

《指南正法》的《敲东山形水势》详细记录了舟山群岛及周边海域的山、岛、海状况，这里也把它们罗列出来（文中注释为向达标注）：

北关澳　西南澳浅兜有礁沉水，水退即出水，东边好行⑦舡，又门夹小，可北去是桑门，可寄流⑧。

金乡大澳　澳口有渔屿，敲半流水，郎是南田。对开有洋屿礁，

① 据《海国闻见录·沿海全图》，乱礁洋在定海以南。

② 九山亦作韭山。

③ 《海国闻见录·沿海全图》作大嵛山小嵛山。

④ 东涌、芙蓉亦见《武备志》卷210《福建沿海山沙图》，东涌作东引。

⑤ 小西洋原本作小洋门西，小西洋见《海国闻见录·沿海全图》，在芙蓉之西，西字应乙上，门字属下读，故为是正。

⑥ 向达校注：《两种海道针经》，第114—115页。

⑦ 行字原本无，以意补。

⑧ 北关澳亦作北关、北关山，在沙埕港口外稍北。据《海国闻见录图》，尚有南关，盖已入浙江境。

水退出水打涌，可防之[①]。

南杞　大灵山好抛舡系是赋澳，西北去是凤尾，内有凤仔沉水可防。凤外马鞍连四屿可寄舡[②]。

北杞　澳前有礁，北面去沉礁甚多，夜间不可行舡。

三磐　澳内潮退无水，内是玉环[③]、大门、小门、黄花、温州等处，外是陇山澳，澳内好抛舡，店台，澳内有土堆可防。

大鹿小鹿　有鹿仔沉水可防，可寄北风，北去是鹿头港，有港，入去是乌洋、温岭、乐清县等处[④]。

披山　下有三个蒜屿，夜间不可行舡[⑤]。

石塘钓邦　有三门，中有屿尾，生开在西北势上，是鲎壳澳。看见双门卫入金盘、楚门、海门，内是台州等处，外是积谷，积谷南有沉水礁打舡，可防[⑥]。

东西基　抛北风，澳口有沉水礁二个，西是牛头门[⑦]。

凤尾山　有澳可逃台，在东南，内浅夹，外澳寄北风[⑧]。

海洋　入海有沉水礁，礁内是五屿门，门内去是地盘山，山内是海洋港，港内有一沉水礁，子细。北去是小伏头山、长溪、黄江渡等处。

伏头山　入海洋俱是一条水，西南是牛烂基[⑨]。东开二更是大鱼、小鱼，山上有淡水，小[⑩]鱼北边有沉礁，当使开，不可近小鱼。

南田　好抛舡东北风，内是急水门，门内东去屿仔，下有沉水礁可防。上去北边大山鼻尾开有礁沉水，仔细可防之[⑪]。

---

① 金乡今属浙江平阳，明于此设金乡卫。南田无考。洋屿，《筹海国编》《武备志》作大小洋屿，《海国闻见录图》作羊呑，今图作羊屿，在平阳之横阳江口。

② 《海国闻见录图》有南屺、北屺，《郑和航海图》亦有南屺山，俱作屺。今图作南岐山、北岐山，又作南麂山、北麂山，凤尾当即凤凰岛，四屿在凤凰之西，俱位于横阳江口外。

③ 环原本作盘。自三盘而北向内，玉环、大门、小门、黄华诸岛环拱于乐清湾及温州湾外，而以玉环为最大，别无玉盘之名。此处玉盘必是玉环之谬，因为改正。

④ 鹿小鹿二岛在玉环之东。

⑤ 披山又在大鹿小鹿之东。

⑥ 石塘、钓邦、鲎壳澳俱见《海国闻见录图》，只从邦作吊邦。双门金盘无考。海门，明为一卫，今为海门区属黄岩县，在灵江口南岸。楚门属温岭县，与玉环之西北角隔海相对，明于此设楚门所。石塘山北是为积谷。

⑦ 头牛门牛头山俱见《海国闻见录图》，位于健跳所外。

⑧ 凤尾亦见《海国闻见录图》，在昌国外海中。

⑨ 原本烂字，悬作栏。

⑩ 小字原本作水，疑应作小，因为臆改。

⑪ 南国岛在昌国南，正当三门湾口。急水门即在南田岛东北。南田、急水门俱见《海国闻见录图》。

临门坎头山　南二澳好抛舡，北澳泥地浅，有半洋沉水礁，行舡子细。内是昌国卫地防戵上九山，须防半洋礁，须可记之。

九山积谷　九山抛东北风，不使山尾有沉礁，西是乱礁洋，入舟山等处，南有半洋礁，夜间不可行舡，子细记之①。

南窑　中门北门俱可过舡，流水甚急，子细。水退是西南流上。

中窑　水十托余，有门，过去是普陀，港浅，中门水浅。

北窑　入澳内南边入，北边屿仔下有沉礁，谨防。外洋中一更开有沉礁，丁未七更取凤尾。

舟山　入普陀加门②水浅，门中有沉礁，可看须防记之。对西去有港仔，入去是泥地好逃台，即是舟③山口港，口内是宁波等处。

普陀　流水急，外澳好抛舡，内是十六门，入舟山、宁波等处，开抛舡是泥地，时多走椗，时多走椗。

北乌坵　内是青光庙祖，无澳，流惫水深，内是兹榔澳舟山等处，丁未十更取凤尾山④。

螂□　无澳，打水念五托，山上有水可取，子癸三四更取尽山⑤。

羊山　在花鸟西，乙卯七更取尽山，羊山流急，兜是泥浅⑥。

尽山　澳内好抛舡，打水七八托，东北洋中屿名海招屿，屿南有礁生外可防，南螂□，尽山内门过须防。门北中有沉礁去许内是花鸟，尽山不可开抛舡，水底有石剑，椗索易断⑦，须防记之。⑧

《指南正法》中涉及舟山群岛的针路主要包括宁波及普陀往返日本的针路，这里对相关内容进行罗列并进行简要介绍（引文中注释为向达标注）：

宁波往日本针　普陀放洋，用单卯十四更，又用单卯十更，又用

---

① 九山又作韭山，九山、积谷盖俱在今象山以东海上。乱礁洋在舟山以南，疑即今图之磨盘洋也。

② 加门不知是否即沈家门之讹。

③ 舟字原本作州，显属讹误，因改正。

④ 据所纪针位更数，北乌坵在北窑之北，《海国闻见录图》在普陀以东洋中，云东霍即乌坵。

⑤ 螂□疑即今图之浪冈。

⑥ 羊山即今图之大羊山小羊山。尽山又名陈钱岛，花鸟在尽山北。自花鸟陈钱至绿华马镫，今图名马鞍山列岛，又名嵊泗列岛。

⑦ 断字原本误作所，据上白犬条改正。

⑧ 向达校注：《两种海道针经》，第147—151页。

甲寅八更，又用单甲八更见天堂，收入长岐。[①]

回宁波针　港口开舡，用丁午五更取天堂山尾放洋。用庚申十三更，又用单□[②]八更，用庚酉十八更，又单酉十更收普陀，即宁波港是也。[③]

根据针路记载，在宁波驶往日本的航行中，从普陀开船用指南针 90 度方向航行，大约经过 33.6 小时，再用指南针 90 度方向航行 24 小时，再用指南针 67.5 度方向航行 19.2 小时，再用指南针 75 度方向航行 19.2 小时即可见到天堂（日本天草），进入长岐（长崎）。在从日本回宁波的航行中，用指南针 187.5 度方向航行 12 小时到天堂放洋，再用指南针 247.5 度方向行驶 31.2 小时，再用指南针 255 度方向航行 19.2 小时，再用指南针 262.5 度方向航行 43.2 小时，再用指南针 270 度方向行驶 24 小时到普陀。

接着是温州驶往日本（长崎）的针路图：

温州往日本针路　温州开舡，用单甲五更，用甲寅六更，用单寅二十更，用艮寅十五更，取日本山，妙也[④]。[⑤]

从温州开船用指南针 75 度方向航行，大约经过 12 小时，再用指南针 67.5 度方向航行 14.4 小时，再用指南针 60 度方向航行 48 小时，再用指南针 52.5 度方向航行 36 小时，即到日本山（长崎）。

接着是日本五岛列岛回宁波（普陀）的针路图：

日本回宁波针路　五岛开舡，用坤申七更，用庚申十五更，用单庚及庚酉二十五更收入宁波是也。[⑥]

从日本五岛列岛开船用指南针 232.5 度方向航行 16.8 小时，改用指南针 247.5 度航行 36 小时，再改用 255 度方向及 262.5 度方向航行 60 小时

---

① 向达校注：《两种海道针经》，第 168—169 页。

② 此处空一字，疑空白处应是庚字，单庚与上文单甲对坐。

③ 向达校注：《两种海道针经》，第 169 页。

④ 此不云至日本何处，据针路当是至长崎也。

⑤ 向达校注：《两种海道针经》，第 169 页。

⑥ 向达校注：《两种海道针经》，第 169 页。

即到宁波（普陀）。

接着是从定海南的乱礁洋中的凤尾前往日本长崎的针路图：

> 凤尾往长岐[①]　出港西南风，用甲寅五更、单寅六更、艮寅二更、艮寅十八更、单寅八更见里慎马，甲寅七更收入港甚妙[②]。[③]
>
> 普陀往长岐　放洋南风，用甲寅十更、单寅十更、甲寅三更，见里甚马[④]，艮寅七更收入妙也。[⑤]

从舟山定海南部的凤尾（今名称无考）出港后借西南风行驶，用67.5度方向行驶12小时，再用60度方向行驶14.2小时，用37.5度方向行驶4.8小时，再用37.5度方向行驶43.2小时，然后用60度方向行驶19.2小时便可以见到日本长崎港外之里甚马（女岛），再用67.5度方向行驶16.8小时即可进入长崎港。

舟山尽山（嵊山）到日本长崎的路线图如下：

> 尽山往长岐[⑥]　开舡北风，用单寅十五更、艮九更，取五岛，单寅五更收入港可也。[⑦]

借北风出港，用60度方向行驶36小时，再用45度方向行驶21.6小时就可到达五岛（五岛列岛），再用60度方向行驶12小时即进入长崎港。

从沙埕（福建福鼎县沙埕港）驶往日本长崎港的航海路线图如下：

> 敲东更数　沙埕二更至南松，内有大小渔舡岛共二个。南松二更至北松，北松二更至南杞，南杞二更至北杞，北杞三更至松门，松门三更至昌国卫，此内有沙山，上有塔。昌国卫二更至凤尾，凤尾二更至九山。九山二更至北积谷，即是台州地面。北积谷三更至普陀，过见茶山，又见松江上海县，水浅不可行。西北普陀三更至思堂澳，思

---

① 据《海国闻见录图》，凤尾在定海南，急水门东。

② 此处之里慎马疑为下文之里甚马。

③ 向达校注：《两种海道针经》，第175页。

④ 里甚马不知何岛。音与五岛亦不似。

⑤ 向达校注：《两种海道针经》，第175页。

⑥ 尽山在扬子江口外，又名陈钱岛，今图属马鞍山列岛，一名嵊泗列岛之内。

⑦ 向达校注：《两种海道针经》，第176页。

堂澳二更至花鸟，花鸟二更至青山，内抛得二三千舡。好西北风单卯见高丽，辰巽五更取五岛，单寅七更收入可也。[①]

从沙埕出发，经过4.8小时到达南松，从南松经过4.8小时到达北松，从北松经4.8小时到南杞（南麂山），从南杞经4.8小时到北杞（北麂山），从北杞经过7.2小时到达松门（浙江温岭松门岛），从松门经7.2小时到达昌国卫（象山三门湾东），从昌国卫经4.8小时到凤尾，从凤尾经4.8小时到九山（韭山列岛），从九山经过4.8小时到北积谷（具体位置无考），从北积谷经7.2小时到普陀，可以看到茶山（上海崇明区佘山岛）和松江的上海县。从普陀往西北方向经7.2小时到思堂澳（普陀北花鸟岛南），从思堂澳经2.4小时到花鸟（花鸟岛），从花鸟经4.8小时到青山（具体位置无考），然后沿90度方向顺西北风行驶即可见到高丽（朝鲜），再沿127.5度方向行驶12小时到五岛（五岛列岛），再沿60度方向行驶16.8小时即到达长崎港。

驶往日本长崎港的航海路线图如下：

普陀往长岐针　东南风用甲寅，西南风用甲寅，北风用艮寅，三十二更见里甚马，取五岛。普陀南风用单辰及乙卯使二冥日，又用甲卯及甲寅。咸[②]或宁波地界开舡，用甲卯四十五更，若见七岛山及野故山[③]。或牛屿往长岐，用甲寅五更取东涌。用单艮十八更，用艮寅十五更、单寅二十更，用单甲假天堂，正用乾戌三更、子癸五更收入。或东涌往长岐用艮寅五更、单艮十六更，北风用单寅八更、丑艮七更、艮寅八更见冰甚马，用艮寅收入。或宁波往长岐开舡用甲卯十更、甲寅十五更取长岐。长岐回宁波，离港单申七更、庚申十五更，用单庚及庚酉七更取宁波，妙哉。或南杞往长岐用单卯十更，用艮七更，又艮寅壬[④]五更见里甚马，照前针收入，妙甚。

或九山往长岐，北风艮寅三十二更近五岛。单寅五更收入长岐，妙甚妙甚。

或尽山往长岐，北风用单寅十五更、艮寅九更取五岛。单寅五更

---

① 向达校注：《两种海道针经》，第176—177页。

② 咸字不解，疑是衍文。

③ 野故山即平户南之野古岛。

④ 艮寅壬连用疑有误。艮寅壬无法连用，根据航行方向，这里应该是艮寅——引者注

收入，妙也。……①

这里描述了10条经过舟山群岛前往（返）长崎的航线，依次梳理如下：（1）从普陀出发，如果乘东南风或西南风都用67.5度方向行进，如果乘北风则用52.5度方向行进，76.8小时后可以看到里甚马（女岛），到达五岛（五岛列岛）。（2）如果从普陀出发，乘南风用120度方向及9.5度方向行驶二日，又用82.5度及67.5度方向行进。（3）如果从宁波地界（可能是普陀）出发，用82.5度方向行驶110.4小时，可见七岛（琉球北奄美大岛北面之宝岛）及野故山（野古岛）。（4）如果从牛屿（福建闽江口外马祖岛南）驶往长崎，用67.5度方向经过12小时到达东涌，再用45度方向行驶43.2小时，用52.5度方向行驶36小时、60度方向行驶48小时，用75度方向驶往天堂（日本天草），再用307.5度方向行驶7.2小时、7.5度方向行驶12小时即可到达长崎。（5）如果从东涌驶往长崎，用52.5度方向行驶12小时，45度方向行驶38.4小时，乘北风用60度方向行驶19.2小时，37.5度方向行驶16.8小时，52.5度方向行驶19.2小时可见冰甚马（无考），再用52.5度方向行驶即可到达。（6）如果从宁波驶往长崎，出发用82.5度方向行驶24小时，用67.5度方向行驶36小时直达长崎。（7）从长崎回宁波，离港出发用240度方向行驶16.8小时，247.5度方向行驶36小时，再用255度方向及262.5度方向行驶16.8小时到宁波。（8）如果从南杞（南麂山）驶往长崎用90度方向行驶24小时，再用45度方向行驶16.8小时，再用52.5度方向行驶12小时见里甚马（女岛），继续按52.5度方向到达长崎港。（9）如果从九山（韭山列岛）出发驶往长崎，乘北风用52.5度方向行驶76.8小时靠近五岛（五岛列岛），再用60度方向行驶12小时抵达长崎。（10）如果从尽山（嵊山）出发前往长崎，乘北风用60度方向行驶36小时，52.5度方向行驶21.6小时到达五岛（五岛列岛），再用60度方向行驶12小时到达长崎。这10条经过舟山群岛前往（返）长崎的航线可以进行清晰的描绘。

七　马戛尔尼使华所经舟山群岛路线

马戛尔尼使团于1793年6月到达中国海域后，一路向北，途经舟山群岛，并在舟山停留了数日，并于7月12日驶出舟山海域继续北上。《英使谒见乾隆纪实》详细记载了使团在舟山的航行路线。

---

① 向达校注：《两种海道针经》，第177—178页。

7月1日，使团望见韭山群岛。7月2日在韭山停泊，在水深九哼泥土底地方抛锚。群岛中最南边最高的一个岛在停泊处西北4海里。英国人称这个岛为青龙港（即今梅山岛与佛渡岛之间的航道），位置在北纬29°232′，东经121°52′。次日（7月3日）上午，船只起锚向舟山开进。“印度斯坦号”穿过韭山群岛，船只紧靠着韭山群岛边上行驶，航行于韭山群岛与大熊岛、小熊岛（即大目岛）之间。航行中穿过牛鼻山岛以东和丁家岛以西，到达树顶岛（今六横岛），“印度斯坦号”在树顶岛南三四海里处抛锚。“狮子号”和“豺狼号”暂泊于牛鼻山岛和布老门岛（今名东屿山和西屿山）之间。巴罗同中国翻译和另外两位使团成员乘“克拉伦斯号”赴舟山，寻找到天津去的领航人。“克拉伦斯号”在六横岛遇到落潮，只得抛锚稍停，船上人员利用等候潮水的时间在六横岛上“对中国领土进行第一次的观光”。傍晚，“克拉伦斯号”经过崎头角（今象山港北）开往舟山。7月4日，在中国驳船的引导下，“穿过几个狭窄的海峡”，开往定海，在定海道头港停泊。①

使团在舟山受到十多天的款待后，“克拉伦斯号”返回经过六横岛与“狮子号”会合，于7月8日起锚开行。两名中国领航人分别被派在“狮子号”和“印度斯坦号”工作。船队从外洋通过，曾在普陀山附近海面锚泊，7月12日驶出舟山海域。② 1794年1月10日，使团离开澳门启航回国。

正如本书前文所述，不少学者认为，河姆渡文化的稻作就是通过舟山群岛东传到日本的，也有学者认为，徐福东渡日本是从浙江象山起航的。尽管这些研究仍存在一些不确定之处，但至少从鉴真东渡日本开始，我们可以很明确、清晰地梳理出古代舟山群岛的众多航行。这里梳理的航线固然众多，但它们并不能囊括整个古代中国的舟山群岛的全部航线，事实上还有很多有名的经历舟山群岛的航线，由于文献的限制，并不能清晰地描绘出来。比如，日本高僧慧萼曾前往中国五台山请佛，回国时经过普陀山，因观音菩萨“不肯去”而留下开辟观音道场。虽然此事对于中国佛教文化及中日文化交流都具有特别意义，但是，对于慧萼来往普陀山的具体路线，我们却并不清楚。类似的情况还有很多。尽管如此，但这并不能从根本上影响我们对古代舟山群岛海上航线的整体把握。从前面对古代舟山群岛的海上航线的梳理，可以明显看出，无论是在海上丝绸之路的东海航

① 〔英〕斯当东：《英使谒见乾隆纪实》，叶笃义译，上海人民出版社2005年版，第184—191页。

② 〔英〕斯当东：《英使谒见乾隆纪实》，叶笃义译，第191—207页。

线还是南海航线中，不仅航线密集，航路众多，而且从很早的时候起就一直非常繁忙，这也彰显了舟山群岛在古代中国海上丝绸之路中的重要地位，是当之无愧的“海上敦煌”。

舟山群岛成为我国海上丝绸之路的“海上敦煌”是有其必然原因的。东亚独特季风气候及东海独特的海洋洋流造就了舟山群岛独特的海上丝绸之路地理地位。过往船只（特别是东渡船只）通常都要在舟山群岛“站风候潮”，等待合适的时机扬帆起航，这对于主要借助风力出海的帆船时代具有关键意义，这也是舟山群岛成为“海上敦煌”的重要原因。自唐宣宗年间普陀山成为观音菩萨道场后，在舟山群岛站风候潮的过往船只多前往观音道场礼佛，祈福海上航行平安，诸事顺心。海上祈福不仅是舟山群岛成为“海上敦煌”的重要原因，也为“海上敦煌”增添了一抹佛教色彩。

第三节　古代舟山群岛的船舶

舟山群岛四面环海，海岸线长，岛屿众多，海域内深水良港众多，具有全国少有、丰富的深水岸线，其自然环境和水域条件为国内少有，拥有众多的可建大型修造船厂的优越场地。例如，小干岛、长峙岛、鲁家峙、六横岛等地水深都在10米以上，最大的在20—50米，可利用的岸线较长，小干岛可利用岸线在6000米以上，长峙可利用岸线在2500米。这些区域，十分适宜建设大型的造修船基地。

浙江地区的造船业历史悠久。早在河姆渡时期，就已经出现了独木舟。1977年进行的河姆渡遗址第二期发掘时，在T214第三文化层的一堵木构板墙中，曾发现有一条废弃的独木舟残骸。在T243探方中还发现过一处用木桩和木板构成的河埠头遗迹，既可用作船（独木舟）埠头，也可供先民取水或洗涤之用。[①] 1996年发掘的余姚鲍山遗址也有独木舟残骸（简报称为“木拖舟”）出土。[②] 2002年，跨湖桥遗址出土了一条目前所见中国最早的独木舟遗骸，距今8000—7000年。[③] 这条独木舟呈梭形，其舟体和前端头部基本保存完好，唯舟体后端已残缺。从这些考古发现可以看出当时的独木舟已经脱离原始的状态。

---

① 河姆渡遗址考古队：《浙江河姆渡遗址第二期发掘的主要收获》，《文物》1980年第5期。

② 王海明、蔡保全、钟礼强：《浙江余姚市鲻山遗址发掘简报》，《文物》2001年第10期。

③ 朱乃诚认为其年代在距今7350—7000年，参见朱乃诚《论跨湖桥文化独木舟的年代》，载《纪念良渚遗址发现七十周年学术研讨会文集》，科学出版社2006年版，第83页。

到春秋战国时期，浙江地区的造船业有很大发展。《艺文类聚》载："周书曰，周成王时，于越献舟。"[①] 根据该记载推算，越族先民在3000年前已经能够造船，献舟到中原王朝。《淮南子·齐俗训》云："胡人便于马，越人便于舟。"[②]《越绝书》称越族先民："水行而山处；以船为车，以楫为马；往若飘风，去则难从。"[③] 越国制造舟楫数量众多，有划船、楼船、桴等种类，军队亦多舟师，还设有战船的制造场所和专管造船的官署"舟室"，"舟室者，句践船宫也"[④]。句践父允常冢，"初徙琅琊，使楼船卒二千八百人，伐松柏以为桴"[⑤]。吴国亦然，据记载，吴国拥有大翼、小翼、突冒、楼船、桥船等。

> 其书云："阖闾见子胥，问船运之备。对曰：'船名大翼、小翼、突冒、楼船、桥船。大翼者，当陵军之车；小翼者，当陵军之轻车。'"又，《水战兵法内经》曰："大翼一艘，广一丈五尺三寸，长十丈；中翼一艘，广一丈三尺五寸，长九丈；小翼一艘，广一丈二尺，长五丈六尺。"大抵皆巨战船，而昔之诗人乃以为轻舟。梁元帝云"日华三翼舸"，又云"三翼自相追"，张正见云"三翼木兰船"，元微之云"光阴三翼过"。其它亦鲜用之者。[⑥]

船只是会稽郡百姓出行的重要交通工具，会稽郡百姓亦擅长造船。秦朝徐福入东海求仙药的故事，在今浙东沿海和舟山多处流传，说明当时有可以远航的船只。汉朝皇家贵族的水嬉之船中有一种船就叫作越女舟。[⑦] 当时的船按用途可以分为客船、货船、战船。客船主要用于载人，一般都比较小。货船主要用于运货。战船有楼船、蒙冲、斗舰、走舸等。楼船是这里最有名的战船，早在吴、越两国战争中便常见，西汉时是水军的主要装备，时有楼船将军、楼船士，汉武帝征闽越、东越，都以楼船为主要战船。楼船的结构一般分为3层，有的达十余层，高十余丈。蒙冲、斗舰、

---

① （唐）欧阳询：《艺文类聚》，汪绍楹校，上海古籍出版社1965年版，第1230页。

② （汉）刘安：《淮南子·说山训》卷16，北京燕山出版社1995年版，第112页。

③ 《越绝书》卷8《越绝外传记地传》，中华书局1985年版，第39页。

④ 《越绝书》卷8《越绝外传记地传》，第43页。

⑤ 《越绝书》卷8《越绝外传记地传》，第43页。

⑥ （宋）洪迈：《容斋随笔》卷11《船名三翼》，穆公校点，上海古籍出版社2015年版，第422页。

⑦ "太液池中有鸣鹤舟、容与舟、清旷舟、采菱舟、越女舟。"（汉）刘歆撰、（晋）葛洪集：《西京杂记》校注，向新阳、刘克任校注，上海古籍出版社1991年版，第266页。

走舸是东汉末年会稽郡地区的战船。走舸是一种速度快、适合于作战的船只。会稽郡在西汉已是重要的船舶制造中心。当时，根据朝廷命令制造的船舶主要是用于战争的楼船。①

六朝时期，今浙江境域与都城之间以及郡县城际之间的物资运输和人员往来也多依靠水路交通，造船业与汉朝相比有了新的发展。据《三国志》载，“黄龙二年（230）春正月……（孙权）遣将军卫温、诸葛直将甲士万人浮海求夷洲及亶洲”②。可见其船队规模之大。孙吴在罗阳县罗阳江（今飞云江）海湾南面设置横䓨船屯（在今平阳县仙口山下），为吴国主要造船基地之一。海盐已能造艨艟巨舰，用于航海。孙权曾在吴世口造艨艟巨船青龙舰航海。孙吴名将、山阴人贺齐所率战舰之精良在三国战舰中首屈一指。

隋唐时期，浙江仍然是全国造船业最发达的地区之一。无论是官营还是民营造船业，都很发达。隋朝吴越地区民间造船业发达，隋文帝曾因吴越私造大船而下令禁止，开皇十八年（598）下诏曰：“吴、越之人，往承弊俗，所在之处，私造大船，因相聚结，致有侵害。其江南诸州，人间有船长三丈已上，悉括入官。”③ 唐朝时期，浙江越州等地造船业发达。贞观二十一年（647）八月，唐太宗“敕宋州刺史王波利等发江南十二州工人造大船数百艘，欲以征高丽”④。唐朝浙江所打造的船只，主要有“舴艋”“大船”“双舫”“楼船”“海船”等内河船只和近海海船，船多配帆，利用风力作为动力。唐朝浙江远洋船舶的打造也很发达，在海外如日本等国有一定的影响。⑤

宋代是我国古代造船业发展的重要时期，两浙地区则是这一时期重要的造船业场所。明州有官设造船场，在城外一里甬东厢，设于皇祐中。大观二年将温州造船场并入明州，明州买木场并入温州，各置官二员，分别管理买水和造船事。政和元年，明州复置造船、买木二场，官员各二员。宣和时又移宫镇江、秀州，但造船场一直留在明州。南宋以后复置造船官于明州。⑥

---

① 王志邦：《浙江通史》第3卷（秦汉六朝卷），浙江人民出版社2005年版，第129—130页。

② （晋）陈寿撰，（宋）裴松之注：《三国志》卷47《吴书·吴主传第二》，中华书局1975年版，第1136页。

③ （唐）魏征等：《隋书》卷2《高祖纪下》，中华书局1973年版，第43页。

④ （宋）司马光编著，（元）胡三省音注：《资治通鉴》卷198《唐纪十四》，“标点资治通鉴小组”校点，第6249页。

⑤ 李志庭：《浙江通史》第4卷（隋唐五代卷），浙江人民出版社2005年版，第149页。

⑥ 沈冬梅、范立舟：《浙江通史》第5卷（宋代卷），浙江人民出版社2005年版，第48页。

《宋会要》食货四六之一《水运》载，至道末年，全国诸州岁造船额为3337艘，其中，“明州百七十七，婺州百五，温州百二十五，台州百二十六”①。“哲宗元祐五年（1090）正月四日，诏温州、明州岁造船以六百只为额。”② 宋代造船业有官营和民营两类，为江防、海防打造战船之类任务当由官营造船工场承担，漕运船、客舟之类任务虽也有官营，但民营的分量不小。造船工场在两浙的地点主要有温州、明州、台州、越州等地。

南宋的造船业比较发达，许多水乡泽地的州府都有一定规模的造船业，但是由于海外贸易和国内大宗运输的需要，南宋两浙的造船业主要集中在临安、明州和温州。南宋的船只，大致可分为江海船舰、河舟和专门用于湖泊游览的湖船三类。明州地区的造船业比较发达，南宋曾在明州置造船官。建炎三年（1129）十一月，高宗被金兵追赶，从越州逃往明州，十一月十五日己巳吕颐浩议“乘海舟以避敌”③，到十二月五日己卯高宗到明州时，提领海船张公裕说“已得千舟”④，高宗大喜，见十天内筹得千舟，以为天助共逃。其实这并不是天意，是因为明州及浙东沿海各地的造船业非常发达。

在明州地区，造船业最发达的则是昌国地区（至少民营造船是这样的）。开庆年间，官府为了防范海盗，曾征用民船，各县征用的民船统计如表7-1所示。

表7-1　宋开庆年间官府征用明州地区民船统计⑤

地区	船幅一丈以上（只）	船幅一丈以下（只）
定海	387	804
鄞县	140	484
象山	128	668
奉化	411	1288
慈溪	65	217
昌国	597	2727
总计	1728	6188

① 《宋会要》食货46《水运》，《续修四库全书本》（第783册），上海古籍出版社2002年影印本，史部，第95页下栏。

② 《宋会要》食货50《船》，《续修四库全书本》（第783册），第150页上栏。

③ （宋）李心传：《建炎以来系年要录》卷29，建炎三年十一月己巳条，中华书局1988年版，第578页。

④ （宋）李心传：《建炎以来系年要录》卷30，建炎三年十二月己卯条，第583页。

⑤ 乐承耀：《宁波古代史纲》，宁波出版社1995年版，第190页。

从统计表中可以看出，当时官府征用船幅一丈以上的共计 1728 只，一丈以下的共计 6188 只，合计 7916 只，这充分表明了明州（庆元）的民间造船业是很发达的。在这次征用的民间船只中，昌国地区的贡献最为突出，无论是船幅一丈以上的船只还是一丈以下的船只，昌国地区都是最多的。其中，船幅一丈以上的船只占了整个明州地区总量的近 35%，船幅一丈以下的船只占了总量的 44%。

在宋代 300 多年的时间里，造船技术有许多新的发展与成就，有些是对世界造船技术的重大发明与贡献。主要表现在：第一，新船型的发展与船型的多样化。车轮舟技术到宋代得到相当的普及，车船不仅大型化而且系列化，有 4 车、6 车、8 车、20 车、24 车和 32 车等多种。最大的能载千余人，长 36 丈。第二，船舶航海性能的改善与提高。宋代在世界上首先创造了水密隔舱壁这一技术，使船舶具有“不沉性”或“抗沉性”。第三，船舶在结构上的改进。内河船舶因吃水浅多设计成平底，且不设剖面很大的龙骨，而是封闭的横向框架，以增加横向强度，这对经常与码头、桥梁或其他船舶相碰撞的内河船来说，是科学而合理的。对于航海船舶，都有断面很大的龙骨。与之对应的船舶顶部则设置有“大檵（拉）”，相当于现代船舶的加厚的舷侧顶列板。底部的龙骨与顶部的“大檵”，因距船舶中剖面的中和轴较远而能显著增大船舶的剖面模数，从而可使船体强度得到提高。船舶外板的连拼，横向的边接缝有鱼鳞式搭接和对接之不同。对接者有平接和子母口榫接。小型船用单层板，大型船有用二重三重板的实例。外板的纵向接缝有直角同口、斜角同口、滑肩同口等多种常用的形式。船舶设有许多道水密舱壁，更对强度有重大作用。第四，在施工工艺方面的改进。为了将外板与舱壁紧密地连接起来，开始用木钩钉或称为舌形榫头，后来则应用钩钉挂锔，工艺既简单且更增加了连接强度。船渠修船法，也是宋代在修船实践中的创造。第五，船舶设备、属具的创造与进步。如作为推进工具的风帆，在宋代也有所改进；在舵杆之前也有部分舵叶面积的平衡舵，使转舵省力快捷，可保证操纵船舶航向的灵活性；等等。①

元代内河运输和海道漕运规模都空前发达，必然要求有更多数量的海船、河船等来满足需求，这对于造船业，尤其是江浙等沿海地区的造船业有很大的促进作用。元时浙东的庆元、温州都是全国较为重要的造船站点，除生产制造大量的海船以供漕运、商贸之用外，也负责打造战船。至

① 席龙飞：《中国古代造船史》，武汉大学出版社 2015 年版，第 227—233 页。

顺元年（1330），江浙间运粮装泊船只数目总计为1800艘，其中属于浙江的有海盐澉浦12艘，杭州江岸一带51艘，平阳、瑞安州飞云渡等港74艘，永嘉县外沙港14艘，乐清白溪、沙屿等处242艘，黄岩州石塘等处11艘，烈港一带34艘，绍兴三江陡门39艘，慈溪、定海、象山、鄞县桃花等渡、大高山堰头慈岙等处104艘，临海、宁海岩岙铁场等港23艘，奉化揭崎、昌国秀山等岙一带23艘，共627艘，占全部装泊艘数的1/3强。同时，全省各地还分布有规模不等的大小水站，仅杭州一路就置有水站6处，共需配备船只345艘。在运河、近海来往的商贩船舶等舳舻相望，民间制造、拥有的船只更是不可计数。①

普陀山的观音信仰吸引众多来往船只，朝廷也鼓励商人出洋贸易，招徕外国商船来港。高丽、日本商船多往来于昌国、明州。明州港对外贸易的兴盛，带动了昌国县的渔业、造船业和海运业的发展。北宋真宗时，全国运船场制造的漕运船年度总量为2916艘，而明州年造船总量为177艘（含舟山造船量），至哲宗年间明州和温州则跃居全国首位，徽宗时期，明州和温州的年造船量限额600艘。南宋理宗时，除官船外，民间造船甚盛，民间造船以昌国最多，奉化、定海（今镇海）次之。以下是开庆时官府对民船的调查统计：

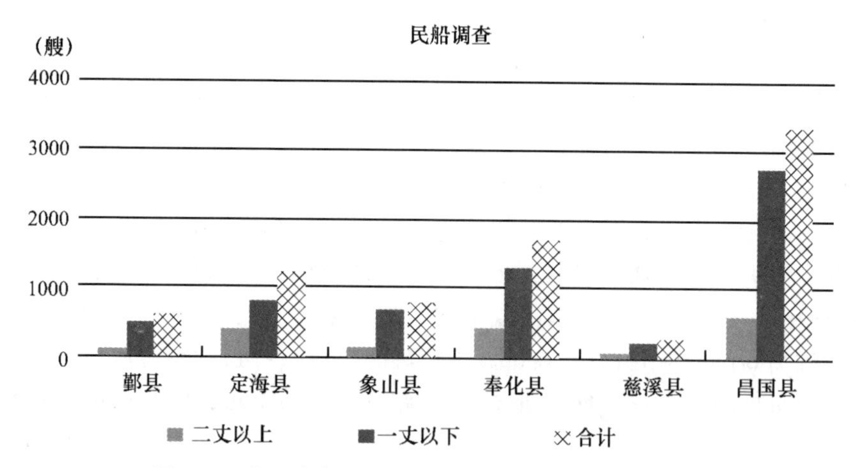

图7-1 宋开庆年间官府对明州地区民船的调查统计

资料来源：宋开庆《四明续志》船舶条。

此调查是当时官府为征用民船充作海防船所做的，主要以沿海的民用

① 桂栖鹏等：《浙江通史》第6卷（元代卷），浙江人民出版社2005年版，第138—139页。

渔船为主，不包括内河漕运船数量。由调查统计可看出，沿海各县民用造船以昌国最多，体现出昌国民间造船实力之雄厚。

明朝的造船业非常发达。从永乐三年（1405）到宣德八年（1433），郑和曾率领船队七次下西洋，把中国传统造船技术推进到空前的繁盛时期。以郑和宝船队为代表，其船型巨大、设备完善，航海组织严密有序。在明代还出现了《南船记》《龙江船厂志》《漕船记》《筹海图编》《武备志》等一系列有关造船的著作。明代著名科技著作《天工开物》第九卷中有舟车一节，将船舶分为漕舫、海舟、杂舟三类加以论述，兼及舵及帆的使用原理。后人将中国古代传统的船型分为三大类：沙船、福船、广船。沙船是发源于长江及崇明一带的方头方梢平底的浅吃水船型，多桅多帆，长与宽之比较大，沙船的长与宽比值小者为 3.64，大者为 5.11。福船，是福建、浙江沿海一带尖底海船的统称，其所包含的船型和用途相当广泛。该船型吃水为 3.5 米，这相当“吃水一丈一二尺”之数。水线长 9.5 米，总长 40.0 米，船宽 10.0 米，船深 4.3 米。广船是由于明代东南沿海抗倭的需要，将其中东莞的“乌艚”、新会的“横江”两种大船增加战斗设施，改造成的战船，统称“广船”。广船是当时中国最著名的船型，在肃清倭患的战斗中作出了贡献。但是，由于明朝廷执行一系列错误的政策，严重地限制了造船业的发展。①

清代浙江的造船业分官船与民船两种。官船主要是政府打造的战船与运船。清朝曾经在乍浦兴办“军工厂”，在宁波、温州兴办造船厂，均以打造海上战船为主。乍浦的“军工厂”承担修造战船器械等任务；宁波船厂以修巡洋营船为主；温州船厂建于康熙二十三年（1684）、二十四年（1685），以打造水艍、赶缯、双篷、快哨、八桨、六桨、膨快等船只为主，这些船只原为浙江、福建等地居民的捕鱼船和运输船，清政府将它们列为海防战船的定式。康熙三十三年至三十四年，温州官营造船厂每年造战船额为 90 艘，用料好，质量高，故旅顺、金州（今辽宁锦州）、天津等地也来定造战船。民间造船业主要制造用于生产和生活的捞泥船、渔船、货运船以及各种游船等。宁波、台州、温州等沿海地区则以造海船为主，小的以近海捕鱼为主，大的可以通日本、朝鲜及东南亚等国。② 不过，由于清政府实施禁海政策等原因，导致了清代浙江造船业的衰败。

从远古时代至今，舟山群岛所处的海域，曾出现过各种各样的古海

---

① 席龙飞：《中国造船通史》，海洋出版社 2013 年版，第 283—293 页。

② 童隆福主编：《浙江航运史》（古近代部分），人民交通出版社 1993 年版，第 135 页。

船，包括广船、福船、沙船、乌船四大船型。但真正有舟山岛特色，并与海上交通和运输相关的古代海船主要有以下几种。[①]

1. 筚与浮筚

这是两种在远古时代出现于舟山海域的航行交通工具。俗称“筚”者，为毛竹扎成的竹筏。所谓“浮筚”，即为木头制成的小船。方头平底，略具长方形，形如稻桶。船中间插一支竹竿，上挂一幅用蒲苇织成的方形风帆。据考证，浮筚在舟山海域的出现稍晚于筚，大约在商或西周时期。

2. “丈八河条”

“丈八河条”又称网梭船，在舟山出现于明嘉靖年间，先为渔船，后因抗倭之需改制成战船。一船三人，首者拉帆，后者执桨或橹，中者执兵器。攻守自如，布帆轻捷。因船之长度为一丈八尺，俗称“丈八河条”。后因船身增大，船一侧加装船肋者或两侧皆装船肋者，称为“单拦河”和“双拦河”。其船身近似小对船，古时也用来作为岛间的交通运输工具。

3. 小对船与大对船

小对船又名带角船，在嵊泗列岛又有“下山对”“雄鸡对”等俗名。该船的造型船头有角，船首两侧有船的眼睛。在船首涂红色者，俗称“红头对”，因其形似雄鸡，故称“雄鸡对”，其中亦有白色船底者，称为“白底对”。小对船船身较短，船长 7—9 米，宽 1. 60 米左右，船员 4—5 人，船上无遮雨及食宿装置，始为近洋浅海捕鱼的渔船，后经改装，船的中舱内设置坐人的两块长搁板为凳，船员 2—3 人，这才成为舟山或台州的岛间交通的渡船。不过，此船摆渡时为单船航行，至清朝光绪年间，十分盛行。

大对船，类同于小对船，只不过船体比小对船大得多了，按照惯例，大对船的船长和船宽为小对船的两倍，它的特点是船眼特大，而且色彩丰富。海岛的船只一船多用，汛时捕鱼，闲时摆渡，但作为交通和海上运输时，为单船航行。

4. 绿眉毛船

绿眉毛船为象山石浦渔民首创。该船以船眼上方涂有一条绿色的眉毛而得名。船上有三道桅樯，主桅高大，后桅杆细，俗称“吹梢”，桅顶有“风向鸟”，俗称“桅花”，船上的舵楼俗称“鳖壳”，可供船员居住。甲板在船舷之下半米左右，下分多舱，可装货物或载人。甲板在舱盖之上，

① 下面关于舟山船舶的介绍，来自姜彬主编的《东海岛屿文化与民俗》（上海文艺出版社 2005 年版，第 378—382 页），特此说明。

亦可装货，船上还有“水舱”“圣堂舱”“伙舱”等设置。船的装饰较为华丽，如船首两侧有鱼眼，黑球白圈，船头处称陡门，如船之鼻涂以红色。自船眼周围至船头涂以草绿色，如船之眉，故称绿眉毛。据考证，此船始于南宋，明清年间成为舟山海域的主要船型，远航日本、东南亚。船的用途，主要用于海鲜的干鲜产品和盐、米等货物的长途运输，并也兼带客商，是明清年间较为专一的海上运输交通工具。后经改装，此船成为清末民初最早的海岛航船的船型之一。

5. 乌槽

乌槽又名乌船，乌沙船，俗名乌靴船，为中国著名的四大海船之一，为舟山群岛所首创。其船历史悠久，明成化初年（1465）济川卫杨渠献在《桨舟图》中提及：“海舟以舟山乌槽为首。”[①] 可见评价之高，且在明代为航行于舟山岛屿间的主要船舶。乌船的特点是耐波涛，且御火，能容百人。底尖上阔，艏昂艉高，楼三重，帆桅二。船首是个“鹢头”，头有船眼一对，意谓船即鹢鸟，有驱邪图吉之兆。此船可载货二三百吨，为明清年间舟山海域水运中转江、浙、沪、闽等地的海上货船之一，同时也兼带客商。

6. 卤潭船

卤潭船形如大鸭蛋，又称沙卤船，俗称“蛋船”。始源于浙江上虞、绍兴交界的三江一带。清道光十年（1830）前该船专运盐卤，至民国九年（1920）改装盐和其他货物，成为舟山海域常见的从事海上运输的货船之一。该船的船型有圆头和方头两种。船型的特点，船底平，船肚大，舱口小，吃水浅，货舱多。始时吨位仅十吨左右，后改货船扩大至二百余吨。船上有桅二三，主桅高达十余米。因海风大，故该船常挂帆远航，若进入港湾或无风时，则靠船工用三支橹推动向前。速度缓慢，但因船底平，故适宜搁滩候潮卸货。

7. 沙船

沙船在宋朝称为防沙平底船，明代才改称沙船，亦为中国大海船之一。沙船始源于崇明岛，属于吴越海区范畴。据传，秦代徐福在江苏赣榆（又说在浙江慈溪）造船，其中就有沙船，可见历史之悠久。在历史上，三国时期的孙权派卫温等人直达台湾，唐朝的鉴真东渡扶桑到奈良，乘坐的都是沙船。就此而言，在古代发展海上的长途交通运输和国际的海上往来，沙船的作用不可低估。沙船的特点是平底、方艏、方尾、稳固性强。

---

① （清）张廷玉等：《明史》卷92《列传第六十八·兵四》，第2268页。

后又在船舷两侧增设披水板，使之逆风中行船不易摇晃。当然，这种船型的产生与江苏启东、吕泗和崇明一带海域环境有关。因为这一带海域的底部多沙丘和沙山，若吃水深的尖底船过此海域容易搁沙覆舟，而平底的沙船却可平稳前进，故盛行之。在清朝，沙船主要用作货船，在海上进行长途运输，兼带客商。始时也做过渔船或战船。但在清朝康熙海禁命令下达后，沙船就指定为海上的专用货船，不作他用。有的沙船还专营中日海上航线，成为海上的古航船。

8. 白底船和雕梭船

白底船因船身和船底用白漆刷白，故名。但该船形如水鸭，俗呼白鸭船，源于浙南洞头岛，又称“洞头白底”“青头堑”。此船的特点是艄处微方，船尾宽圆，主桅高大，船长在11—27米。此船既是渔船，用于海钓作业，但也常常用作货船，为浙南沿海的运输工具，在洞头的三盘岛，则为岛际交通船。

雕梭船的情况较为特别，它的特点是船头两舷外张，又称“开角”。“开角”下画有“八卦图”。船舷两侧和船尾，都画龙雕凤，色彩十分丰富。在吴越众多的海船中，雕梭船为装饰最漂亮的船只，俗呼“花雕船”。闽浙用来海上交通运输的大货船，都选此船型。与此相似的还有浙南的“打烊船”，又称“马榄船”。“打烊船”有两种，一为平头平艄，二为尖头平艄，船肚较大，舱口敞宽，船尾还描着一条土龙。此类船型既作渔船又为货船。

9. 乌浪船与平头船

所谓乌浪，原名河豚。因此船型似河豚而得名，始于浙南玉环岛。乌浪船的特点是桅樯高大，密封性好，船长8米左右，为岛岸间运输海鲜水产品和冰块的小货船。还有一种俗呼“水底眼船”，船头尖翘似织布用的梭子，航速快，高壁壳，在浙南为沿海水产品收购的冰鲜货船。据传，该船始创于北宋初期。

平头船，又称“钉送头船”，因船头平宽而得名。船头画有鹚鸟的船眼，船艄状似燕子尾，造型较为奇特。它的特点是独舱开口，篾篷舱盖，装卸便利，为沿海岛屿运载蛎壳以及黄沙等散装物质的货船。此外，还有“大排船”“连江船”等船型。

其实，在舟山海域中除了上述列举的船型，还有乾隆年间从奉化、象山传入的大捕船，明清年间在舟山盛行的蜒船，即夹板船，元代庆元年间所造的商舶以及宋代出使海外的神舟、客舟等。

若从工具的传承角度看，舟山岛的交通船型大致有三：一是渔船兼带交通运输，如大对船等。二是专作货船兼带载人的，如“绿眉毛”等。三是专作航船和渡海的，如舢板、带角船等。这显示出海岛交通工具的多样性和兼顾性，并逐步向专一性发展。

第四节 宋代舟山群岛的海外贸易

宋代是我国经济重心南移的重要时期，也是我国对外贸易重心向海上转移的重要时期。这一时期对外贸易重心向海上转移的原因主要包括以下几点：第一，管理对外贸易及进口品营销的整套机构都是根据海上贸易的需要制定的。宋朝的市舶司和市舶条例都是专门管理海上贸易的机构和制度。第二，海上贸易的收入已经具有了一定的财政意义。虽然其财政意义十分有限，但对于从未纳入过财政体系的贸易而言仍是巨大的变化。第三，海路成了中国与各国交往的重要通道。宋代以后，与中国交往频繁的国家主要是与中国有海上贸易的国家——阿拉伯、印度、东南亚各国、日本、高丽等，进口商品也主要由海路入境。第四，出口品的主要产地转向了东南沿海地区。特别是最大宗的瓷器的生产主要集中在沿海地区。[①] 对外贸易重心的转移，必然给海外贸易带来重要的影响。

北宋外患严重，国库开支浩大，弥补财政困缺成为当务之急，因而北宋政权采取了一系列措施发展对外贸易，增加政府收入，同时加强政府管理。北宋政府的对外贸易管理机构主要是市舶司。两浙市舶司设立于端拱二年（989）以前，官署在杭州，淳化三年（992）一度迁至明州定海县(今镇海区)，不久又迁回杭州。真宗咸平二年（999）九月，朝廷又在杭州、明州两地各置市舶司，从而使得广州、杭州和明州成为当时设有市舶司的全国最大的三大对外贸易港口。明州在当时是全国重要的对外贸易区域，宋代张津说：“明之为州，实越之东部。观舆地图，则僻在一隅，虽非都会，乃海道辐辏之地，故南则闽、广，东则倭人，北则高句丽，商舶往来，物货丰衍，东出定海有蛟门、虎蹲天设之险，亦东南之要会也。”[②] 因此，明州地区的对外贸易和交流十分兴盛，其最主要的对外贸易对象是日本和朝鲜。此外，还包括东南亚、阿拉伯等地区和国家。[③]

---

① 黄纯艳：《宋代海外贸易》，社会科学文献出版社 2003 年版，第 60 页。

② （宋）张津：乾道《四明图经》卷 1《分野》，载浙江省地方志编纂委员会编《宋元浙江方志集成》（第 7 册），第 2880 页。

③ 张如安：《北宋宁波文化史》，海洋出版社 2009 年版，第 36—40 页。

昌国地区是明州对外交流的交通要冲，过往船只大多要经过或停靠昌国，岱山是这一地区北面的重要交通枢纽。古代的岱山岛分为东岱山、西岱山两部分，中隔一浦（水道），两头通海，自北浦（今东沙镇桥头）至南浦（今岱中南浦）间，可通船舶。位于东岱山的东沙古镇很早就是海上交通往来的重要停泊站。北宋初期的东岱山、西岱山已是国内重要的盐产区。大量的优质海盐从两岛之间的黄金水道运出，东沙在那时就已经很繁荣，日本高僧成寻在前往中国的途中曾经过这里。①

北宋与高丽的海上交通和交流十分频繁，官方贸易不断。明州是当时北宋与高丽贸易的主要港口，② 而昌国地区南部的普陀山则是明州对外交往的重要中继站，特别是"高丽道头"更是中朝两国交往的重要标志。宋人赵彦卫在《云麓漫钞》中曾有记载："补陀落迦山，自明州定海县招宝山泛海东南行两潮至昌国县；自昌国县泛海到沈家门，过鹿狮山，亦两潮至山下。正南一山曰玩月岩，循山而东曰善财洞，又曰菩萨泉，又东曰潮音洞，即观音示现之处。……自西登舟，有路曰高丽道头。"③ 熙宁七年（1074），高丽国使金良鉴来宋，言"欲远（避）契丹，乞改途由明州诣阙"④，神宗从之。此后至高丽航线，改从定海（镇海）出发，在普陀山候风，越过东海、黄海，沿朝鲜半岛西南海岸北上，到达礼成江；高丽来宋，到普陀山后，由明州溯姚江、钱塘江入运河，北上汴京。⑤

北宋时期也是我国陶瓷东传的一个重要时期。陶瓷既是海上丝绸之路上中国输出的重要贸易商品，同时也是一种重要的文化符号。近年发现的古新罗时代的第 98 号墓内出土的越窑青瓷小壶等，都证实越窑青瓷早在 9 世纪初就已经传到了朝鲜半岛。⑥ 北宋时期，更是越窑青瓷输入朝鲜的重要时期，而昌国则是这条东海海上丝绸之路的重要中继站。关于这一点，在考古调查中也得到了证明。2009 年 6 月 8 日，国家博物馆水下考古中心舟山工作站在嵊泗县徐公岛发现宋代临港型古文化遗址，此遗址兼具军港和海上丝绸之路中继港双重性质。徐公岛位于嵊泗县城西南 18.4 千米处，

① 〔日〕成寻：《参天台五台山记》卷 1，王丽萍校点《新校参天台五台山记》，上海古籍出版社 2009 年版，第 14 页。

② 张伟、谢艳飞：《明州与宋丽官方贸易》，《浙江海洋文化与经济》（第 3 辑），海洋出版社 2009 年版，第 259—265 页。

③ （宋）赵彦卫：《云麓漫钞》卷 2，中华书局 1985 年影印本，第 53—54 页。

④ 《宋史》卷 486《外国三・高丽》，第 14046 页。

⑤ 王连胜：《东亚海上丝绸之路——普陀山高丽道头探轶》，载柳和勇、方牧主编《东亚岛屿文化》，作家出版社 2006 年版，第 2 页。

⑥ 乐承耀：《宁波古代史纲》，第 164 页。

距大陆最近点 44.5 千米。陆地面积 1.299 平方千米，最高点大旗岗顶海拔 151.1 米。西与洋山岛隔海相望，东面是马迹洋及白节海峡，地处嵊泗列岛的中心位置。1990 年前后，奥德曼（舟山）旅游项目开发公司在徐公岛建设国际海员俱乐部，小岛原有 300 多户居民实施整体搬迁。国家博物馆水下考古中心舟山工作站在徐公岛开发工地，发现了 1 处残留的土墩（以下简称柳树墩），位于北纬 30°38′44″，东经 122°17′17″。圆形，直径 9.3 米，东高 2 米，西高 1.5 米。土墩地势平坦，上有一棵直径 0.7 米的柳树，周边向山脚延伸。柳树墩包含有大量瓷片、烧土和建筑残构。南距柳树墩 35 米的山脚下，为同一文化层延伸台地，断面层积历代瓷片，文化层厚 3—4 米。距柳树墩西南约 200 米另有 2 处相同类型的古文化台地，断面裸露历代瓷片。考察队采集到一批宋、元、明、清、民国时期的瓷片和砖瓦等建筑构件，分别是越窑系青瓷，宋代同安窑系青白瓷，元代吉州窑、建窑黑瓷和明清到民国时期的青花瓷。经初步鉴定分析得出结论，徐公岛古文化遗址分布范围广，文化内涵丰富且延续性强，是迄今在嵊泗列岛发现的唯一的、规模最大的、历史悠久的临港型古村落遗址。① 徐公岛遗址的发现，再次有力地证明了宋代的舟山已经成为东海海上丝绸之路的重要中继站。

朝鲜最初只是进口越窑青瓷，后来开始模仿和真正制造越窑青瓷，并在康津、扶安设立窑厂进行烧制。徐兢在《宣和奉使高丽图经》中比较详细地记载了当时朝鲜学习越窑制瓷技术和大量生产青瓷的情况：“陶器色之青者，丽人谓之翡色，近年以来，制作工巧，色泽尤佳。酒尊之状如瓜，上有小盖，面为荷花、伏鸭之形。复能作碗、碟、杯、瓯、花瓶、汤盏，皆窃仿定器制度，故略而不图。以酒尊异于他器，特著之。（陶炉）狻猊出香，亦翡色也。上有蹲兽，下有仰莲以承之，诸器惟此物最精绝。其余则越州古秘色，汝州新窑器，大概相类。”② 这说明高丽生产越州古秘色瓷，釉色为翡色（青瓷）。高丽瓷器不但质量高，产量也不断提高，从越窑青瓷输入国一跃而成为瓷器输出国，无论是明州输往高丽还是高丽输往中国的瓷器，昌国地区都是它们往来的重要中转站。

南宋时期，明州港作为全国三大港口之一，在对外交流中占据非常重要的地位，这不仅与它作为传统的贸易港口和江南丰富的物资出产有关，

---

① 贝逸文：《舟山嵊泗发现宋代临港型古文化遗址》（浙江文物网 2009 年 8 月 26 日）（网址：http://www.zjww.gov.cn/news/2009-08-26/192779622.shtml，访问时间：2012 年 12 月 6 日。）

② （宋）徐兢：《宣和奉使高丽图经》卷 32《器皿三》，第 109—110 页。

更重要的是，如前所述，它也是我国经济重心南移的产物，更是我国对外贸易重心已经完全转移到东南海上的结果。

南宋明州地区的对外贸易中，瓷器仍占很大的比例，同北宋一样，瓷器输出虽然仍以青瓷为主，但就品种来说，这一时期的青瓷以龙泉窑青瓷为主，在数量上已超过北宋时期的越州窑青瓷。从已经发掘的考古资料来看，广州、泉州和温州等古港口遗址，还没有发现大批龙泉窑青瓷外销的记载和实物，而宁波 1987 年在宋元市舶库附近的东门口海运码头遗址中出土了大批宋元时代的龙泉窑青瓷，估计是因运输损坏而丢弃于码头的，数量多，品种丰富。龙泉窑青瓷远销的主要国家及地区包括东非的埃及、埃塞俄比亚、坦桑尼亚、东地中海沿岸、波斯、印度、斯里兰卡、东南亚诸国、日本、朝鲜等。福州所谓的外销龙泉窑青瓷，实际上是福建同安窑青瓷，并非浙江龙泉窑系的青瓷。[①] 明州无论是向北运往日本、朝鲜还是向南输往世界各地，昌国地区都是它进出的必经要道，而且往来商人往往会在此站潮候风，或前往普陀山祈福。前面提到的 2009 年 6 月 8 日，国家博物馆水下考古中心舟山工作站在嵊泗县徐公岛发现宋代临港型古文化遗址，又一次证明南宋时期，昌国地区是明州通往外界的交通要道。

南宋的昌国不仅是对外贸易的重要交通海道，也是其他对外交流的重要通道。

> [建炎二年（1128）] 丁卯，国信使杨应诚、副使韩衍至高丽，见国王楷谕旨，楷拜诏已。与应诚等对立论事。楷曰："大朝自有山东路，何不由登州以往？"应诚言："不如贵国去金国最径，第烦国王传达金国。今三节人自赍粮，止假二十八骑。"楷难之。而已命其门下侍郎传佾至馆中，具言："金人今造舟将往二浙，若引使者至其国，异时欲假道至浙中，将何以对？"应诚曰："女真不能水战。"佾曰："女真常于海道往来。况女真旧臣本国，近乃欲令本国臣事，以此可知强弱。"后十余日府燕。又数日复遣中书侍郎崔洪宰、知枢密院事金富轼来，固执前论，且言二圣今在燕、云，不在金国。馆伴使知阁门事文公仁亦曰："往年公仁入贡上国，尝奏上皇以金人不可相亲，今十二年矣！"洪宰笑曰："金国虽纳土与之，二圣亦不可得，大朝何不练兵与战！"应诚留高丽凡六十有四日，楷终不奉诏。应诚不得已，

---

① 乐承耀：《宁波古代史纲》，第 181—184 页。

> 与楷相见于寿昌官门下，受其所拜表而还。①

尽管杨应诚等在高丽待了 64 天，极力劝说高丽国王王楷，但最终高丽国王还是没有答应杨应诚的要求，只好回国。建炎三年二月，“国信使杨应诚等以海州发高丽，后五日至明州昌国县”②。

虽然杨应诚出使高丽没有达到最终的目的，但是这件事从侧面提供了以下信息。第一，南宋初年，由于金人南侵，北方海路多有阻塞，因此经由北方海路的经济贸易和政治文化交流都受到了一定的影响，这也为南方海路的发达提供了条件，使得宋的对外交往和交流主要依赖南方海路，这也难怪高丽国王会觉得奇怪：“大朝自有山东路，何不由登州以往？”第二，昌国地区作为江南对外交往的重要门户，已经成为过往政治家、商贾及文化士人的必经要道，这对昌国地区地位的提高和其在海外交流中的重要性提升都具有重大意义。

南宋著名志怪小说家郭彖在《睽车志》中曾记载了一个著名的故事：

> 绍兴辛未岁，四明有巨商泛海，行十余日，抵一山下，连日风涛不能前，商登岸闲步，绝无居人。一径极高峻，乃攀蹑而登，至绝顶，有梵宫焉。彩碧轮奂，金书榜额，字不可识。商人游其间，阒然无人，惟丈室一僧独坐禅榻。商前作礼，僧起接坐。商曰：“舟久阻风，欲饭僧五百，以祈福祐。”僧曰：“诺。”期以明日。商乃还舟，如期造焉。僧堂之履已满矣，盖不知其所从来也。斋毕，僧引入小轩，焚香瀹茗，视窗外竹数个，干叶如舟，商坚求一二竿，曰：“欲持归中国，为伟异之观。”僧自起斩一根与之。商持还，即得便风，就舟口裁其竹为杖，每以刀锲削，辄随刃有光，益异之。前至一国，偶携其杖登岸，有老叟见之，惊曰：“君何自得之？请易以箪珠。”商贪其赂而与焉。叟曰：“君亲至普陀落伽山，此观音坐后旃檀林紫竹也。”商始惊悔，归舟中，取削叶余札宝藏之。有久病医药无效者，取札煎汤饮之，辄愈。③

这则记载虽然属于志怪小说，但它所记载的内容在很大程度上对当时

① （宋）李心传：《建炎以来系年要录》卷 16，建炎二年六月丁卯条，第 330—331 页。
② （宋）李心传：《建炎以来系年要录》卷 17，建炎二年九月癸未条，第 351 页。
③ （元）郭彖：《睽车志》卷 4，中华书局 1985 年版，第 32—33 页。

昌国（特别是普陀山）在中外经济文化交流中的地位有生动的反映，可以看出当时的一些情况：

第一，从四明巨商“行十余日”抵普陀山下，后又“前至一国”，可以看出，昌国地区是明州通往海外的中继站，是商人往来于明州和世界各地的必经之地。

第二，四明巨商之所以停留普陀山，是因为“连日风涛不能前”，故“登岸”，其登岸是为了在此站潮候风。

第三，普陀山是重要的祈福之地。这从巨商在普陀山“饭僧五百，以祈福祐”，以及高僧赠竹竿等交往活动中看出，普陀山早已成为重要的祈福之地。

第四，普陀山观音文化早已享誉海外，巨商“偶携其杖登岸，有老叟见之，惊曰：‘君何自得之？请易以箪珠。’商贪其赂而与焉。叟曰：‘君亲至普陀落伽山，此观音坐后旃檀林紫竹也。’”老者一眼便能看出巨商所持竹竿是观音坐后旃檀林紫竹，说明当时普陀山的观音文化早已名扬海外。

第五节　元代舟山群岛的海外贸易

元代一共有四次海禁，这四次海禁时兴时废，从元世祖末年起，到英宗至治二年（1322）结束。第一次海禁起于至元二十九年（1292）八月，世祖时期“以征爪哇，暂禁两浙、广东、福建商贾航海者，俟舟师已发后，从其便”①。至元三十一年（1294），“成宗诏有司勿拘海舶，听其自便”②，这次海禁到此结束。第二次海禁于大德七年（1303），“以禁商下海罢之”③，取消市舶机构开始，到武宗至大元年（1308），“复立泉府院，整治市舶司事”④。第三次海禁自武宗至大四年（1311）取消市舶提举司开始，至大四年“又罢之”⑤。仁宗延祐元年（1314）七月“诏开下番市舶之禁”⑥，复立市舶提举司。第四次海禁从元延祐七年（1320）四月以

---

① （明）宋濂：《元史》卷17《本纪第十七·世祖十四》，第363页。
② （明）宋濂：《元史》卷94《志第四十三·食货二·市舶》，第2402页。
③ （明）宋濂：《元史》卷94《志第四十三·食货二·市舶》，第2403页。
④ （明）宋濂：《元史》卷94《志第四十三·食货二·市舶》，第2403页。
⑤ （明）宋濂：《元史》卷94《志第四十三·食货二·市舶》，第2403页。
⑥ （明）宋濂：《元史》卷25《本纪第二十五·仁宗二》，第566页。

英宗“罢市舶司，禁贾人下番”开始，英宗至治二年（1322）三月，“复置市舶提举司于泉州、庆元、广东三路，禁子女、金银、丝绵下番”①，第四次海禁结束。此后至元灭亡，市舶机构没有再发生变化。

关于元代海禁的原因，有学者认为主要有以下几个方面：第一是因元统治者对外征伐而导致海禁，尤以第一次最为明显；第二是为约束权豪、势要经营海外贸易，维护元朝的“官本船”制度；第三是约束违禁品的外流。②

尽管元代断断续续地有过四次海禁，但元代的海外贸易并没有因此而受到严重的阻碍乃至倒退。虽然在元初就与日本发生战争，且战后两国互修战备，照理说元代的海外贸易（特别是与日本的贸易）会受到极大影响，而事实却恰好相反。难怪日本学者木宫泰彦感叹道：“回想当时的情况，恐怕任何人都不会想到当时两国竟有和平的往还。……如仔细进行探讨，加以综合，便会发现日元之间的交通意外频繁，不能不令人大吃一惊。”③

当然，元代的海外贸易并不局限于日本，北向朝鲜半岛、日本，南向南洋、西洋各地都是元代海外贸易的对象，其海外贸易规模影响空前。汪大渊在描述元代的海外贸易盛况时说：“皇元混一声教，无远弗届，区宇之广，旷古所未闻。海外岛夷无虑数千国，莫不执玉贡琛，以修民职；梯山航海，以通互市。中国之往复商贩于殊庭异域之中者，如东西州焉。……非徒以广士大夫之异闻，盖以表国朝威德如是之大且远也。”④ 汪大渊的描述看起来有些夸张，且好像是为表元朝之“威德”，但它确实反映了元朝当时高度繁荣的海外贸易状况。

作为海上丝绸之路中继站的舟山群岛，在元代的海外贸易中占有非常重要的地位。从前面我们知道，宋丽之间的海上贸易非常频繁，到了元代，这种状况不可能陡然中断。只是由于“高丽商旅似有这样的习惯：通过陆路来大都，再从山东半岛（亦可从天津出海）经海路返回”，加之“从大都经松辽平原有陆上驿路直达高丽，元丽之间的贸易活动往往通过陆路进行”⑤。加上文献记载相对较少等方面的原因，因此，我们对经过舟山群岛的高丽与元朝之间的海上贸易情况了解并不多。

但是，对于东北亚的另一个国家日本与元代的海外贸易及其与舟山群

---

① （明）宋濂：《元史》卷28《本纪第二十八·英宗二》，第621页。

② 洪富忠、汪丽媛：《元朝海禁初探》，《乐山师范学院学报》2004年第1期。

③ 〔日〕木宫泰彦：《日中文化交流史》，胡锡年译，商务印书馆1980年版，第389页。

④ （元）汪大渊：《岛夷志略校释·岛夷志后序》，苏继庼校释，中华书局1981年版，第385页。

⑤ 高荣盛：《元代海外贸易研究》，四川人民出版社1998年版，第83—84页。

岛的关系，我们却有比较丰富的文献资料。日本学者木宫泰彦曾对日元之间的商船往来进行过统计，制成《日元间商船往来一览表》，[①] 中国学者高荣盛在该表的基础上补入了一些中文史料，并对原表中个别地方作了辨正。[②] 在两个表中，除了直接明确写明是“定海”“普陀山”之类的当今舟山群岛地名，还有大量没有写明经过舟山群岛而进入宁波（即当时的庆元[③]）的商船，但毫无疑问，凡进入宁波的商船，无一例外地会经过舟山群岛，因此，这里在摘录《元代海外贸易研究》著作中与舟山相关的商贸时，把至庆元的内容也包括进来（其中带“*”号标示者为高著增补内容，附注说明为高著之辨正）。

表 7-2　**元日商船往来一览**

时间	内容	附注
至元十六年（1279）弘安二年	上年十一月，元诏谕沿海官司通日本国人市舶。*当年八月范文虎言：“臣奉诏征讨日本，此遣周福、栾忠与日本僧赍诏往谕其国，期以来年四月还报，待其从否始宜进兵……皆从之。”（《元史》卷十《世祖纪》）。当年，日本商船四艘、篙师二千余人至庆元港口，哈喇歹谍知其无它，言于行省，与交易而遣之（《元史》卷一三二《哈喇歹传》）	所遣二人亦可能搭乘此商船回日本
至元二十九年（1292）正应五年	六月，日本来互市，风坏三舟，唯一舟达庆元路舟中十月，日本舟至庆元求互市，舟甲仗皆具，恐有异图，诏立都元帅府，令哈剌带（即上条哈喇歹）将之，以防海道（《元史》卷十七《世祖纪》三）	
大德二年（1298）永仁六年	夏，有日本商船开到庆元，元成宗令僧人一山一宁搭乘此船持国书于次年使日（《妙慈弘济大师行纪》）	一山一宁法师是普陀山住持——引者注
大德三年（1299）永仁七年	*三月，命妙慈弘济大师、江浙释教总统补陀（普陀）僧一山齐召使日本，附商舶以行（《元史》卷二十《成宗纪》三）	此条可印证日方上条记载
大德九年（1305）嘉元三年	有日本商船开到庆元，日僧龙山德见搭乘此船入元。这时因元朝怒日本不臣服，为了不许交易，特地提高抽分税（《真源大照禅师龙山和尚行状》）	

① 〔日〕木宫泰彦：《日中文化交流史》，胡锡年译，第 389—393 页。

② 高荣盛：《元代海外贸易研究》，第 86—91 页。下面关于元日贸易的叙述，主要来自此书，特此说明。

③ 方豪认为，在当时的浙江对外贸易港口中，“庆元对倭贸易最盛，故仁宗延祐四年（1317）命王克敬往四明监倭人贸易。”方豪：《中西交通史》，上海人民出版社 2008 年版，第 351 页。

续表

时间	内容	附注
大德十年（1306）德治元年	四月，日商有庆等抵庆元贸易，以金铠甲为献，命江浙行省平章阿老瓦丁等备之（《元史》卷二十一《成宗纪》4）。僧人远溪祖雄这年入元（《远溪祖雄禅师之行实》）	
大德十一年（1307）德治二年	这年，日本商人与元朝官吏争吵，焚掠庆元（《真源大照禅师龙山和尚行状》），但《元史·兵志》中作至大元年，即日本延庆元年。日僧雪村友梅这年搭乘商船入元（《雪村大和尚行道记》）	焚掠庆元事件日籍作德治二年，但《元史》称至大二年七月枢密院臣言其事发生于“去年”即至大元年，《元史》卷九十九《兵志》二《镇戍》应更可靠。兹姑从原表
延祐四年（1317）文保元年	＊江浙行省左右都司王克敬往四明监日人互市，当时有位从军征日而陷于日本的吴人顺搭此次日本商船回国（《元史》卷一百八十四《王克敬传》）	
延祐七年（1320）元应二年	这年日僧寂室元光、可翁宗然、钝庵俊、物外可什、别源圆旨等入元（《寂室和尚行状》《圆应禅师行状》《别源和尚塔铭》《本朝高僧传》《延宝传灯录》）。＊某“中夜”，有“倭奴”40余人“擐甲操兵，乘汐入（庆元）港”。（程端礼：《畏斋集》卷六《万户府谔勒哲图行状》）	
泰定二年（1325）正中二年	秋九月，日僧中岩圆入元（《中岩和尚自历谱》）。这年，为了获得建长寺的营造费，派建长寺船驶元（《中村文书》）。＊十一月　日本商船来互市（《元史》卷二十九《泰定帝纪》1）。＊冬十月，倭人以舟至定海海口。（袁桷：《清容居士集》卷十九《马元帅防倭记》）	与《清容居士集》所载为一事。日本这次商船似须在中国住冬，次年回国，因此，《元史》所记载的次年七月所遣“还国”的40名日僧很可能乘搭了此次商船（见下）
泰定三年（1326）嘉历元年	七月，遣日本僧瑞兴等40人还国（《元史》卷三十《泰定帝纪》二）这年日僧不闻契闻入元（《不闻和尚行状》）。元僧清拙正澄率弟子永镇和日本人元僧无隐元晦、古先印元、明叟齐哲等于六月从元朝出发，八月到达博多。又这年回国的日僧石室善久、寂室元光，似乎也同船。（《清拙大鉴禅师塔铭》《本朝高僧传》《延宝传灯录》《古先和尚行状》《寂室和尚行状》《圆应禅师行状》）	关于遣日僧人还国事，原表记作“七月，日僧瑞兴等40人赴元”（材料出处亦误为《元史·成宗本纪》），这样的转述会有可能造成失误（见上条“说明”）

续表

时间	内容	附注
泰定四年（1327）嘉历二年	日僧古源邵元乘商船来到庆元。（《古源和尚传》）	
至正元年（1341）兴国二年	秋，日僧愚中周及赴元，在庆元登陆。（《大通禅师语录》）	
至正十年（1350）正平五年	秋，遣天龙寺船一艘驶元（《天龙寺造营记录》）。秋，泉侍者等25人入元（《梵仙语录》）。这年十月，日僧性海灵见赴元，在庆元登陆。（《性海和尚行实》）	
至正十年（1350）正平六年	三月间，入元僧愚中周及自庆元出发，初夏回到博多（《大通禅师语录》）。入元僧性海灵见于五月中回国（《性海和尚行实》）。元僧东陵永玙来日。（《延宝传灯录》）	

在日元往来中，僧侣的活动显然占据多数，且往往以“附舶”方式即搭乘商船来往于两地之间，然而，僧侣活动的背后正是双方的商业往来。日本学者木宫泰彦认为，尽管日元间的形势颇为险恶，但在日本一方，除弘安之役后曾一度对船舶进行搜索，并制止外国人来日外，其余时间并不限制日本人航行海外；在元朝一方，则对日本商人“格外宽大”。于是他作了这样的统计，遣隋使、遣唐使在230年间，只派遣过16次（不包括送唐客使与迎入唐使），平均每15年一次；后来的遣明使在足利义满时虽很频繁，但到足利义教时，不过派了11次。相比之下，日本来到元朝的商船，除至正二年（兴国二年，1341）派遣的天龙寺船比较特殊外（义指与隋唐、明代一样，属官遣船），其余都是私人商船，往来极为频繁，“几乎每年不断”。他还认为，元代六七十年间，“恐怕是日本各个时代中商船开往中国最盛的时代”。因此，我们可以确定，上面的内容远远不是当时元朝与日本贸易的全部体现。比如，元朝两次侵日前后，均有十多年的关系中断，但总的说来，双方均程度不同地对通商持积极态度。元日通商可从以下几个方面思考：第一，并非元朝使往日本的商船很少；第二，从至大元年（1308）庆元焚掠事件前后开始，日本一些亦商亦盗，甚至以攻掠为主的船只越来越频繁地出没于元朝沿海地带；第三，来华日商，“几乎

每年不断”[1]。

从上面的表中，我们可以看到，舟山群岛在元日海上贸易与交流中占有重要地位，虽然日本商船的目的地不一定是舟山群岛，而是庆元，但毫无疑问，这些商船都要经过舟山群岛，舟山群岛由此成为元日海外贸易的重要中继站。

第六节　双屿港命运与东西方历史的分野[2]

在明政府的海禁政策下，从国家层面上看，私人海外贸易被完全禁止，国家的海外“贸易”完全以“朝贡贸易”方式进行，即周边国家的贡使向中国皇帝“朝贡”，中国皇帝对他们进行“回赐”，另外还有一些附带私物在中国交易。朝贡贸易形式在历代中央王朝和周边国家中都存在过，但只是到明代时才发展到了鼎盛时期。

朝贡贸易很难说是真正意义上的贸易，“它基本上是一种政治行为，不是经济行为，因而不以谋利为意，在国家强力的支撑下，以‘厚往薄来’作为指导原则”[3]。在明朝的朝贡贸易体制下，符合经济发展规律的民间海外贸易并不能被完全禁绝，而且沿海居民以海为生，也不可能完全禁绝他们下海，就是在舟山被废县徙民后，沿海居民同样不可能杜绝下海及进行海外贸易。而此时的西方，国际环境出发生了前所未有的变化。15、16世纪，随着地理大发现，西方航海贸易商人的势力开始向东方扩展，特别是葡萄牙人逐渐将贸易势力伸展到中国沿海，与中国海商发生联系并展开竞争。到嘉靖年间，舟山海商也应时而生，并形成一定规模。

第一个到达中国沿海地区的葡萄牙商人是若热·阿尔瓦雷斯（Jorge Alvares），他于1513年到达广东珠江口的屯门，但明朝法律规定外国商人不得在中国登陆，只能在中国海岸做短期停留，进行贸易后即行离去。1514年，葡萄牙国王派托梅·皮雷斯（Tome Pires）作为第一任使臣出使中国，其目的是与中国建立通商贸易关系。但由于两国之间的陌生和其他种种原因，1521年，皮雷斯在广东沦为阶下囚而病故于中国，两国交往无

---

① 高荣盛：《元代海外贸易研究》，第92—94页。

② 该部分内容主要来自王颖、冯定雄的论文《双屿港命运与东西方历史的分野》（《浙江学刊》2012年第3期），该论文系本书的前期成果之一。

③ 晁中辰：《明代海禁与海外贸易》，人民出版社2005年版，第132—133页。

果而终。①

葡萄牙人与中国建立正常贸易的计划没有实现，但中葡两国的海外贸易并没有终止，只是代替正常海外贸易的是葡萄牙的走私贸易。据时人郑舜功记载："浙海私商始自福建，邓獠初以罪囚按察司狱。嘉靖丙戌（1526）越狱逋下海，诱引番夷私市浙海双屿港，投托合澳之人卢黄四等，私通交易。嘉靖庚子（1540），继之许一（松），许二（楠），许三（栋），许四（梓）勾引弗郎机国夷人，络绎浙海亦双屿、大茅等港，自兹东南衅门始开矣。"②"番夷"之中自然包括葡萄牙人，特别是邓"流逋入海，诱引番夷，往来浙海，系泊双屿等港，私通罔利"③。嘉靖十九年（1540），许氏兄弟勾引葡萄牙人集聚双屿港，并与倭寇勾结，从而使得浙江"倭患"频发。

明嘉靖年间，以葡萄牙人为代表的海商，在浙东沿海进行国际自由贸易，逐渐形成了当时东亚最大、最繁华的国际自由贸易港——双屿港。但是，明政府用木石筑塞双屿港而还，番舶后至者不得入，从此，明代真正意义上的自由贸易在东海海域结束了。在以往关于双屿港的研究中，学者们往往关注对双屿港具体位置的考证，④ 或者探讨它对海上经济贸易势力或体系的影响，⑤ 却几乎没有注意到，双屿港的命运事实上已经预示着中西方历史发展方向的分道扬镳。

双屿港的兴起是西方已经迈向近代大门，而中国专制主义中央集权却

---

① 万明：《中葡早期关系史》，社会科学文献出版社 2001 年版，第 24—34 页。

② （明）郑舜功：《日本一鉴　穷河话海》（下）卷 6《海市》，文物出版社 2022 年版，第 8 页。

③ （明）郑舜功：《日本一鉴　穷河话海》（下）卷 6《流逋》，第 20 页。

④ 对双屿港具体位置的考证，主要论著包括：方豪的《葡人在浙江沿海之侵扰》（载方豪《中西交通史》，岳麓书社 1987 年版，第 469—474 页），俞品久的《关于双屿港畔文物遗址的调查》（《舟山史志》1997 年第 1 期），舟山市文物管理办公室的《从六横文物探讨双屿港遗址问题》（1999 年"迎澳门回归与双屿港研讨会"论文集），王建富、包江雁、邬永昌的《明双屿港地望说》（《中国地名》2000 年第 4 期），施存龙的《葡人私据浙东沿海 Liampo——双屿港古今地望考实》（《中国边疆史地研究》2001 年第 2 期），王慕民的《明代双屿国际贸易港港址研究》[《宁波大学学报》（人文科学版）2009 年第 5 期]，方普儿、翁圣宬的《双屿港古今地望考证》（《浙江社会科学》2010 年第 6 期）等。

⑤ 对于双屿港命运与海上经济贸易势力或体系的研究，主要论著包括杨翰球的《十五至十七世纪中叶中西航海贸易势力的兴衰》（《历史研究》1982 年第 5 期）、廖大珂的《朱纨事件与东亚海上贸易体系的形成》（《文史哲》2009 年第 2 期）、王慕民的《双屿国际贸易的规模及其对江南商品经济的积极影响》《双屿之役与明政府海洋政策评价》（载张伟主编《浙江海洋文化与经济》[第 3 辑]，海洋出版社 2009 年版，第 275—286 页；第 287—300 页）。

走向强化的时候，在明政府与葡萄牙政府对双方贸易不同理解的误会中产生的一种“畸形”。在对待这一“畸形”的政策方面，明政府与葡萄牙政府表现出了观念上完全相反的态度，这种观念上的分野实质上就是近代中西方历史发展方向的分野。双屿港的衰落是明政府一贯政策的必然结果，也是当时中国封建专制主义社会发展到顶峰的必然产物，它是当时中国社会发展的一个缩影，在反观同一时期的西方时，这一缩影在西方对照下显得更加明显和清晰。

一　双屿港：背景与兴起

中国文明发源于大陆内地，但到隋唐时代，以长安为中心的“天下国”的政治文化结构就已经包括东洋和南洋的边缘地区了。宋代以来，由于北方被辽、金阻挠而切断了陆上国际贸易线，国家发展进一步转向南方海洋。一方面是东南沿海商人自发努力向南洋扩展，另一方面是阿拉伯商人大量东来。当时中央权势较弱而财政拮据，对海上贸易尤为注意，“市舶之利”成为国库的重要收入。到了元代，中国人对海外世界的认识有很大的提高，在对外贸易方面采取了比历代汉族王朝更开放的政策。各方面的发展迹象表明，自宋以来，中国大陆发展的取向已出现向海洋方向转换的趋向。东南沿海的经济开发已在突破传统的水利农业社会的格局，甚至引起社会风气的变化。例如，上流社会喜好用舶来品；显贵人家使用黑人仆役；中外人等杂居通婚；甚至外商与中国官吏家庭通婚；大量华人移居海外；等等，都是中国商业资本主义萌芽和开放性发展的明显迹象。这表明，早在西欧越出中世纪的地中海历史舞台转向大洋历史舞台之前，中国已率先越出东亚大陆历史舞台，控制了东中国海（南宋）和南中国海（元代）。这一符合世界历史潮流的新趋势，只要听其自然地发展下去，中国在西方海舶东来之前拥有南中国海和印度洋上的海权，形成稳定的海外贸易区，看来是不成问题的。①

但是遗憾的是，宋元时期开创的海外大好局面却在明代没能得到继续。海禁政策是明朝的一贯政策，早在明朝建立不久的1369年，明太祖朱元璋就在任命蔡哲为福建参政的敕谕中说：“福建地濒大海，民物富庶，番舶往来，私交者众。”② 从所谓“私交”二字中可以看出，太祖对“番舶往来”是甚为不满的。洪武三年（1370）二月，明政府“罢太仓黄渡

---

① 罗荣渠：《15世纪中西航海发展取向的对比与思索》，《历史研究》1992年第1期。

② 《明太祖实录》卷42，洪武二年五月戊申，第832页。

市舶司，凡番舶至太仓者，令军卫有司同封藉其数，送赴京师”[①]。洪武四年（1371）十二月，太祖下令“仍禁濒海民不得私出海”[②]。并且把海禁政策定为“祖训”，任何人不得违背。在此之后，海禁令不断地被明政府加以重申、强调和实施，洪武七年（1374），明政府下令撤销自唐朝以来就存在的、负责海外贸易的福建泉州、浙江明州、广东广州三市舶司，中国对外贸易遂告断绝。如洪武十四年（1381）十月朱元璋下令“禁濒海民私通海外诸国”[③]。自此，连与明朝素好的东南亚各国也不能来华进行贸易和文化交流了。洪武二十三年（1390），朱元璋再次发布“禁外藩交通令”。洪武二十七年（1394），为彻底取缔海外贸易，又一律禁止民间使用及买卖舶来的番香、番货等：

> 禁民间用番香番货。先是，上以海外诸夷多诈，绝其往来……而缘海之人，往往私下诸番，贸易番货，因诱蛮夷为盗。命礼部严禁绝之，敢有私下诸番互市者，必置之重法。凡番香番货，皆不许贩鬻，其见有者，限以三月销尽。民间祷祀，止用松柏枫桃诸香，违者罪之。其两广所产香木，听土人自用，亦不许越岭货卖。盖虑其杂市番香，故并及之。[④]

洪武三十年（1397）四月再次颁诏“申禁人民无得擅出海与外国互市”[⑤]，禁止中国人下海通番。

在明朝严格的海禁政策下，贸易只有通过朝贡贸易进行，即外国的商人随贡使来到中国，由市舶司将其货物以“贡品”名义“朝贡”给朝廷，中国方面则把商品回赐给这些“仰慕天朝威仪”的外国人，贸易的规模、利润、效率统统不计。在这种贸易制度下，只有与中国建立朝贡关系的国家，才被允许来华贸易，这种贸易体制虽然在历代都存在，但只有到了明代才发展到了鼎盛时期。这种贸易体制的基本原则和政策是“厚往薄来”，洪武五年（1372），太祖明令：“西洋诸国素称远蕃，涉海而来，难计岁月。其朝贡无论疏数，厚往薄来可也。”[⑥] 民间商人无论是否愿意交税，是

---

① 《明太祖实录》卷 49，洪武三年二月甲戌，第 969 页。
② 《明太祖实录》卷 70，洪武四年十二月丙戌，第 1300 页。
③ 《明太祖实录》卷 139，洪武十四年十月己巳，第 2197 页。
④ 《明太祖实录》卷 231，洪武二十七年正月甲寅，第 3373—3374 页。
⑤ 《明太祖实录》卷 252，洪武三十年四月乙酉，第 3640 页。
⑥ （清）张廷玉等：《明史》卷 325《列传第二百十三 · 外国六 · 琐里》，第 8424 页。

否服从政府的管理，私下与外国人的贸易都是通通被禁止的。

海禁政策和朝贡贸易毕竟是一种完全违背经济规律的措施，因此，明朝政府在实施的过程，很难杜绝私有违反海禁政策的行为。一方面，沿海居民依海而生，靠海而活，或从事渔业生产，或从事海上贸易，明政府的海禁政策势必断绝了沿海居民的正常谋生之路，因此他们为了谋生，必定违反政府规定，哪怕是铤而走险也在所不惜。诚如顾炎武曾指出："海滨民众，生理无路，兼以饥馑荐臻，穷民往往入海从盗，啸聚亡命。海禁一严，无所得食，则转掠海滨。海滨男妇，束手受刃，子女银物，尽为所有，为害尤酷。"[①] 实在没有办法，沿海居民就只有逃亡海外，"国初，东海洵邪韩等国兼两广、漳州等郡，不逞之徒逃海为生者万计"[②]。另一方面，由于海外贸易高额利润的诱惑，私人出海贸易一直在顽强地进行。事实上，从明初开始，这种私人海外贸易就一直存在，到成化、弘治时更为常见，到正德、嘉靖年间，私人海外贸易更出现了不可阻遏之势，作为当时亚洲最大最繁华的海上国际自由贸易港口，被史学家誉为"十六世纪的上海"的双屿港正是在这种背景之下兴起的。双屿港最早是以李光头、许栋兄弟为首的中国海商开辟的，这里临近中国经济最发达的地区，加之浙东内陆水运发达，因此从经济地理的角度看，它具有重要的意义。这里的走私贸易很快与日本、葡萄牙的贸易联系在一起，从而使其成为中国乃至整个亚洲最大的贸易港口。

二　葡萄牙人的东来：在合法与非法之间

15、16 世纪是西欧社会（也是人类社会）的重大转型时期。资本主义在西欧萌芽并迅速发展，特别是随着地理大发现，西欧人走向海外，开始殖民征服，欧洲贸易开始走出狭小的地中海而向全球扩张，资本主义生产方式迅速地渗透到世界各地，从而开辟了人类历史的新纪元。伴随地理大发现的是文艺复兴和宗教改革运动，前者所体现出的人文主义精神是一种为创造现世的幸福而奋斗的精神，而地理大发现正是这种精神的外在体现，后者所体现出的新教伦理正是资产阶级奔走世界的强大精神动力。[③]

① （明）顾炎武：《顾炎武全集》（第 15 册），华东师范大学古籍研究所整理，第 2996 页。

② （明）张煊：《西园闻见录》卷 56《兵部五 · 防倭》，《续修四库全书》（第 269 册），上海古籍出版社 2002 年影印本，子部，第 392 页下栏。

③ 〔德〕马克斯 · 韦伯：《新教伦理与资本主义精神》，于晓、陈维纲等译，生活 · 读书 · 新知三联书店 1987 年版。

就葡萄牙而言，它之所以能走在西欧海外探险的最前面，主要有以下原因。第一，葡萄牙位于“陆地到此结束，大海由此开始”的大西洋沿岸，有着漫长的海岸线，并处在地中海进出大西洋的要道口上，具备发展航海事业的优越条件。1415 年，作为海上扩张的开始，葡萄牙攻占了非洲北端的休达城，从而开始了一系列对海洋进行探索的活动，特别是在先后攫取马德拉群岛、亚速尔群岛和佛得角群岛这些在地理位置上有极大战略价值的群岛后，更有利于葡萄牙的海外探索。第二，葡萄牙掌握了先进的航海技术，特别是“航海家亨利王子”对葡萄牙的航海事业作出了非凡的贡献。他以毕生的精力组织和领导殖民航海事业，是近代地理大发现和葡萄牙殖民帝国的最早奠基人。他首次制定了明确的殖民扩张政策，部署了一系列的探险活动，使航海和地理发现成为一门艺术和科学。他还创办航海学校，招聘优秀的数学家、地图学家和航海家，培养和造就一大批有经验的航海家和探险家。正是在他的领导下，水手及造船技术的传统经验得以与理论知识相结合，从而改进了葡萄牙船舶的航海性能。[①] 第三，葡萄牙人的宗教热情特别强烈。[②] 葡萄牙在收复失地运动[③]的成功，使他们形成了强烈的民族意识和宗教热情，使他们弘扬基督教的信念更加强烈而坚定，[④] 这种信念是推动葡萄牙人积极寻求海外探索的强大精神动力。

更重要的是，葡萄牙的海外探险活动不仅得到了当局的支持，更是当时葡萄牙社会各阶层共同的愿望和强烈的要求。葡萄牙在 12 世纪已经获得独立，到 14 世纪已经建立起欧洲最早的中央集权制封建国家，从而为运用国家权力进行海外探险奠定了基础。就当时的葡萄牙社会各阶层来说，无论是国王、教会、贵族还是平民，海外扩张无一例外地意味着新的出路和新的财源。对国王来说，扩张意味着基督教的广泛传播和基督教世界的扩大；对贵族而言，可以占领土地，获得封地和财富；对于平民，则为他们提供了摆脱贫困和争取新财富的机会。对此，葡萄牙著名历史学家雅依梅·科尔特桑（J. Cortesao）在对当时的葡萄牙社会加以深入分析后，认为：“总而言之，葡萄牙社会可以说有以下三种心理状态：第一种是新贵族（是从摩尔人中产生出来的）的，他们有一种依据本阶级的精神巩固

---

① 侍晓莎：《亨利王子与葡萄牙的早期探险》，《学理论》2009 年第 16 期。

② 吴于廑、齐世荣主编：《世界史·近代史编》（上卷），高等教育出版社 2001 年版，第 7 页。

③ 收复失地运动（或称再征服运动）是指西班牙的基督教小王国对伊斯兰势力的驱逐战争，直到最后把伊斯兰势力赶出西班牙，赶出直布罗陀。

④ 潘树林：《论亨利王子航海的原因及其历史地位》，《西南民族学院学报》（哲学社会科学版）1998 年增刊第 5 期。

和扩大自己的领土并赋予它新形式的雄心；第二种是一个能放眼世界的资产阶级的，这个阶级希望建立一个有自己阶级烙印的新型国家，即雄心勃勃地想把他们的商业活动扩大到更新更远的市场；第三种是手工业的，他们期望生产具有更加广泛、获利更高和更加自由的形式。"[①] 正是在这种背景之下，由葡萄牙政府组织的航海活动大规模地展开了，而且持续达 500 年之久。

最早到达中国的葡萄牙人是若热·阿尔瓦雷斯，他于正德八年（1513）在中国商人的指引下到达广东珠江口的屯门，但依据明朝法律，外国商人不得在中国登陆，只能在中国海岸做短期停留，进行贸易后即离去。1514 年，葡萄牙派遣托梅·皮雷斯作为使臣前往中国，这也是欧洲派到中国的第一任使臣。[②] 皮雷斯的使命是见到中国的皇帝，要求与中国建立通商贸易关系。正德十二年（1517），葡使到达广东屯门。葡使东来，其目的是与中国建立通商贸易关系，但在明政府看来，这是朝贡国的到来，但在《大明会典》中没有此国，而且葡萄牙使团又没有明政府颁发的文书勘合，因此当时地方官员都不知道如何处置才好。正德十五年（1520），"佛郎机国差使臣加必丹末[③]等贡方物，请封，并给勘合。广东镇巡等官以海南诸番国，无谓佛郎机者，况使者无本国文书，未可信，乃留其使者以请。下礼部议处，得旨，令谕还国，其方物给与之"[④]。最终，葡使一行，"至京，见礼部亦不拜跪。武庙南巡，留于会同馆半年有余，今上登极，将通事问罪，发回广东，逐之出境"[⑤]。中葡之间的第一次官方交往就这样夭折了。

最早来华的葡萄牙使臣肩负外交使命，打算与中国建立平等的通商贸易关系，但是，中葡的第一次官方交往还是以失败告终。之所以失败，原因很多，其中一个重要原因是两国的文化背景迥异，观念和意图完全相反。在葡萄牙看来，使臣带上国王曼努埃尔一世的信函，带上外交礼物，正式派遣使团前往中国进行通商贸易谈判，从而使两国建立平等的贸易关系，这是再正常不过的对外事务了，应该没有任何法律问题，完全是合法行为，就算明政府不答应，也绝不会产生矛盾。这种交往，于情于理于

---

① 万明：《中葡早期关系史》，第 13 页。

② 万明：《中葡早期关系史》，第 25 页。

③ 加必丹末为 Captiao Mor 之音译，加必丹职为上尉，船长亦为加必丹，"末" 为首领之意。

④ 《明武宗实录》卷 158，正德十三年正月壬寅，第 3021—3022 页。

⑤ 顾应祥：《静虚斋惜阴录》卷 12《杂论三》，《续修四库全书》（第 1122 册），上海古籍出版社 2002 年影印本，第 511 页下栏。

法，都不会有任何问题。但在明政府看来，凡是与中国发生关系的国家，必定是前来朝贡的朝贡国，而在明朝的朝贡国名单中，并没有葡萄牙这个国家，因此，它的到来对中国而言是非法的。其次，葡萄牙使臣不懂中国的礼仪习俗，他们按照西方的礼节行事，也给双方造成了误会。[①] 因此，无论是就明政府的对外政策而言，还是就葡使行为而言，双方都没有继续沟通的机会了。

三　双屿港的“畸形”与东西方历史的分野

从前面对双屿港兴起的背景和过程的梳理中，我们可以清楚地看出，双屿港的出现很明显与明朝的海外政策不相符，一定程度上讲，它是明代社会产生的一个“畸形物”，这种“畸形”，主要体现在以下三个方面。

首先，它是违背明政府规定的非法贸易港口。明朝的海外贸易只有一种形式，那就是朝贡贸易，除朝贡贸易之外的任何贸易形式都是非法的，都是明政府明令禁止的。海禁政策是明朝的一贯政策，不管这一政策给沿海居民带来了多大的灾难，遭到沿海居民的被迫反抗（如劫掠）或者消极抵制（如逃亡），还是这一政策因为违背了客观经济规律而不能禁绝民间私人贸易，明政府都始终没有放弃这一政策（尽管有时候在实际执行过程中可能会有所松动）。在这种一贯国策下，大规模私人贸易港口的兴起，对明政府来说，很明显是非法的。

其次，从葡萄牙方面来看，他们在双屿港的所作所为是有损中国主权的。据费尔南·门德斯·平托的《远游记》记载：

> 当时那里还有三千多人，其中一千二百为葡萄牙人，余为其它各国人。据知情者讲，葡萄牙的买卖超过三百万金，其中大部份（分）为日银。日本是两年前发现的，凡是运到那里的货物都可以获得三、四倍的钱。
>
> 这村落中除了来来往往的船上人员外，有城防司令，王室大法官，法官，市政议员，死者及孤儿总管，度量衡及市场物价监察官，书记官，巡夜官，收税官及我们国中有的各种各样的手艺人，四个公证官和六个法官。每个这样的职务需要花三千克鲁札多购买，有些价格更高。这里有三百人同葡萄牙妇女或混血女人结婚。有两所医院，

---

① 最典型的例子就是葡使到广州湾后，按照西方的礼节鸣炮升旗致意，结果当地官员误认为是开炮寻衅。

一座仁慈堂。它们每年的费用高达三万克鲁札多。市政府的岁入为六千克鲁札多。一般通行的说法是，双屿比印度任何一个葡萄牙人的居留地都更加壮观富裕。在整个亚洲其规模也是最大的。当书记官们向满剌加提交申请书和公证官签署某些契约时都要说："在此忠诚的伟城双屿，为我国王陛下效劳。"①

也就是说，在1540—1541年，双屿港有常住居民3000人，其中葡萄牙人1200人。葡萄牙人在此建有教堂、市政厅、医院和大量的私人住宅，同时还建有市政机构，包括城防司令、法官、议员、总管、监察官、书记官、巡夜官、收税官、公证官等。所有这些机构和官职，都没有经过明政府的允许，它们俨然就成为国中之国，这明显是对中国主权的损害，因此明政府绝对不可能允许它长期存在，其被剿灭的命运自然也不可避免。

最后，在双屿港兴起期间，这里最初的中国海商以许栋、李光头为首，1544年王直加入该集团，为其掌管船队。1548年，双屿港覆灭后，王直收编余众，成为江浙海商武装集团势力的首领。王直一心希望明政府能承认海外贸易的合法性，并凭借自己曾"平定海上"的功绩屡次请求政府松动海禁，使海外贸易合法化，结果他的请求不但没有得到政府的认可，反而遭到朝廷的袭击和围攻，王直突围后逃亡日本，后返回浙江，在沿海居民的支持之下，攻城略地，威震朝廷：

（嘉靖）三十二年（1553）三月，汪（王）直勾诸倭大举入寇，连舰数百，蔽海而至。浙东、西，江南、北，滨海数千里，同时告警。破昌国卫。四月犯太仓，破上海县，掠江阴，攻乍浦。八月劫金山卫，犯崇明及常熟、嘉定。三十三年正月自太仓掠苏州，攻松江，复趋江北，薄通、泰。四月陷嘉善，破崇明，复薄苏州，入崇德县。六月由吴江掠嘉兴，还屯柘林。纵横来往，若入无人之境……明年正月，贼夺舟犯乍浦、海宁，陷崇德，转掠塘栖、新市、横塘、双林等处，攻德清县。五月复合新倭，突犯嘉兴，至王江泾，乃为经击斩千九百余级，余奔柘林。其他倭复掠苏州境，延及江阴、无锡，出入太湖。②

① 〔葡〕费尔南·门德斯·平托：《远游记》，金国平译注，葡萄牙航海大发现事业纪念澳门地区委员会、澳门基金会、澳门文化司署、东方葡萄牙学会1999年版，第699页。

② （清）张廷玉等：《明史》卷322《列传第二百十·外国三·日本》，第8352—8353页。

这样，在明政府看来，王直的行为无疑是对朝廷的反叛，对国家的危害，因此对它的剿灭也就理所当然、顺理成章了。

正因为这样，我们可以看出，双屿港是明朝特殊背景和环境下的一个畸形产物——至少从明朝政府的角度来看是这样。但极具讽刺意味的是，在代表世界走向新时代的西欧社会转型时期，与其说这是双屿港的畸形，还不如说是当时明代社会本身的畸形使明政府从自身的角度把当时社会的正常看成了畸形；与其说作为新事物代表的双屿港是一种畸形，还不如说明政府对当时世界形势和潮流的理解和应对是畸形的。

然而，正是在双屿港这一“畸形产物”的背后，它所蕴含的却是中西历史的大分野。重农抑商政策在中国封建社会中一直根深蒂固，明朝不但延续了这一政策，而且把它推向了一个新的高度，其极端表现就是海禁政策。无论明政府推行这一政策是出于主观原因还是客观背景,[①] 但毫无疑问的是，海禁政策都是明显与当时世界的历史潮流不相符的。

明朝积极地推行海禁政策，一方面对明朝的海防巩固有一定的作用;[②] 但另一方面它毕竟是逆社会现实和规律的，海禁后，不但民间贸易被停止，官方的朝贡贸易也很惨淡（特别是郑和下西洋后）。这种海禁政策实质上是闭关主义的表现形式，它严重地阻碍中国工商业的发展，阻碍了中国与西方在商品、科学知识和生产技术上的交流，妨碍了海外市场的扩展，抑制了中国原始资本的积累，更重要的是它最终导致了中国社会生产力发展的停滞和生产关系的腐朽，从而阻滞了中国社会的发展，使中国逐渐落后于世界潮流。

反观这时的葡萄牙，则完全是另外一番景象。15 世纪末的葡萄牙完成了收复失地运动，并且在城市市民阶级、小生产者、贵族的支持之下，比欧洲其他国家更早地降伏了教权，使教权成为建立专制体制服务的工具，并在强大的专制权力的压力之下，较早地结束了大封建主的割据局面，从而开启了葡萄牙乃至欧洲政治的新局面。为了维护自身利益，国王大力发展造船业、海运业，积极支持海外贸易和扩张。正是这种积极政策，代表了历史发展的新走向，这种新走向与同一时期中国政府的内向盲目正好截然相反，事实上，东西方历史的分野从这时候开始已经悄然展开。正如著名印度历史学家潘尼迦（K. M. Panikkar）在他的《亚洲和西方优势》中所说：“在亚洲历史的达·伽马时代（1498—1945），没有什么事件比葡萄

---

① 晁中辰：《明代海禁与海外贸易》，第 32—39 页。

② 杨金森、范中义：《中国海防史》（上册），第 82 页。

牙在整个16世纪取得和维持的在印度洋和马六甲海峡以东的海域的主导性乃至垄断性的贸易地位更重要的了。”葡萄牙的东来，“把人类大家庭的几个主要分支连在了一起”。由此造成了整个世界历史发展方向的改变，产生了深远的影响。由中日私商和葡萄牙人共同建立的以双屿港为中心的海上贸易体系就是这个时代的必然产物，适应了时代发展的要求。然而，以明王朝为代表的旧势力，“在‘小资本主义生产模式’彻底地改造社会关系与日常维生的合理性之际，仍然用尽一切力量维系‘进贡制的生产模式’”，而进步的贸易体制则要求反对落后的体制束缚，获得自由发展的空间，这势必造成新旧两种贸易体制之间激烈的对立和冲突。[①] 双屿港被“筑塞”正是这“激烈的对立和冲突”的结果，它的最后命运也预示着近代中西方历史的分道扬镳。

在明朝的闭关政策和葡萄牙的海外“理想”之间，我们可以清晰地看到，从这时起，中西方历史开始了分野，这种分野不仅体现在它们的政策上，更重要的是体现在这一时期双方的观念上。它们各自的政策和观念也分别代表了同一时期东西国家的政策和观念走向，这种分野最终导致了西方优势地位的形成。[②] 蒋廷黻感叹地说道：“中西关系是特别的。在鸦片战争以前，我们不肯给外国平等待遇；在以后，他们不肯给我们平等待遇。”[③] 中西之间的这种“特别关系”的发轫也许可以在这里能看到它的源头和萌芽。正是在这种意义上，我们是不是可以在一定程度上说，近代以来中国落后于世界从这时就已经开始了呢？甚至是否可以更大胆地思考：如果从世界历史整体发展和世界历史发展潮流的视角反思，是否可以以明代中后期作为中国近代史的开端呢？[④]

---

① 潘尼迦引文及相关评论转引自廖大珂《朱纨事件与东亚海上贸易体系的形成》，《文史哲》2009年第2期。

② 事实上，这一时期的西方在武器上（如火铳）也已经领先中国等亚洲国家了（参见〔日〕中岛乐章《16世纪40年代的双屿走私贸易与欧式火器》，载郭万平、张捷主编《舟山普陀与东亚海域文化交流》，浙江大学出版社2009年版，第34—43页），这只是西方领先中国在器物方面的一个表现，但它所蕴含的意义和影响却是深远的。

③ 蒋廷黻：《中国近代史》，岳麓书社1987年版，第17页。

④ 这里并不是说以双屿港的“筑塞”事件作为古代与近代的划分标志，事实上该事件只是明中后期众多具有历史转折性意义的一件反向典型“小事”，其他的重大事件，如明代资本主义萌芽、白银货币本位在事实上被采用、具有资本主义性质的启蒙思想的出现等，这些重大事件同时出现在这一时期，或许不仅仅是历史的巧合，很难说它不是历史的必然。

第七节　明末清初舟山的海外贸易

自葡萄牙商人与明朝通商的企图以双屿港被筑塞而告终后，他们把与中国的贸易重心转向了中国南部沿海地区。“葡萄牙人经过了在中国沿岸的畅旺贸易时期之后，他们获准定居澳门。他们是在中国的管辖权之下生活的。葡萄牙人在管辖他们自己国籍的人员方面，通常是不会受到干预的；至于其他方面，如管辖权，领土权，司法权及财政权等，中国是保持其绝对权力的，这种情况继续达三个世纪之久，直至1849年时为止。”①在此期间，荷兰与葡萄牙在东南亚及中国南部沿海地区的贸易展开了争夺，英国很难实现与中国直接贸易。

不过，英国人一直希望和中国这个富有的东方大国进行贸易，直至17世纪中期英国才开始与中国进行直接的接触。1635年12月，英王查理一世颁发皇家委任令，以船长韦德尔（Capt. John Weddell）任指挥官，以蒙特利（Nathaniell Mountney）为私商首席代表，并授予他们在果阿、马拉巴尔（Mallabar）各地及中国和日本沿海进行贸易的权利。1636年6月27日，韦德尔率领三艘船及一艘轻帆船队经印度果阿中转，驶达离澳门约三里格②的珠江口西侧的蒙托·德·特里戈（Monton de Trigo，即大冈岛）。由于受到葡萄牙人的阻碍和广州当局的阻拦，8月，英国船队要求进入广州城贸易，但遭到拒绝，并且在前往虎门途中的亚娘鞋（Anunghoi）发生炮轰事件。9月，英国船队强行进入广州城，购买一批中国商品后离开。③韦德尔欲北上舟山自然无法成行。

清初，朝廷为了对付郑成功等沿海抗清势力，下令禁海。从1656年（顺治十三年）到1684年（康熙二十三年），清政府颁布了五次“禁海令”。直到清朝收复台湾、统一中国后，才于1684年下令放开海禁。同时，放开沿海贸易，准许沿海船只出海。1685年，清政府取消市舶司制度，设立粤海关（驻广州）、闽海关（驻厦门）、浙海关（驻宁波）、江海关（驻云台山，今江苏连云港）4个海关，海关正式成为清政府管理对外

---

① 〔美〕马士：《东印度公司对华贸易编年史（1635—1834年）》（第一卷），中国海关史研究中心、区宗华译，中山大学出版社1991年版，第9页。

② 1里格约5.557千米。

③ 〔美〕马士：《东印度公司对华贸易编年史（1635—1834年）》（第一卷），中国海关史研究中心、区宗华译，第16—30页。

贸易的官方机构。其中，浙海关的主要职责是管理浙江沿海地区的对外贸易，征收往来商船的税款。

浙海关初建时，进出舟山的英国商船极少，“然时虽通市，（英国商船）亦不能每岁来华也”①。据定海知县缪隧记载，当时英国商船主要在广东澳门、福建厦门经商，“有乘风至定海者，地方官员不敢擅留”②。外国商船常常在舟山定海停泊，浙海关的驻地则设在宁波府城，这就使双方开展贸易非常不便。为此，康熙三十三年（1694），浙海关监督常在向朝廷上了一道迁移浙海关的关址到定海的奏折。常在在奏折说：

> 请初设海关时，定海尚未置县，故驻扎宁城，凡商船出洋、回洋，出入镇海口，往还百四十里报税给票，候潮守风。又蛟门虎蹲，水急礁多，绕道涉险，外国番船至此，往往回帆而去。请移关定海，岁可增税银万余两。③

朝廷认为，移关定海，宁波府城的市场必然遭到弃毁，而且移关定海，定海还要重新建造关址，因此决定关址仍驻地宁波，只是差遣官役前往定海收税即可。

康熙三十五年（1696），浙海关监督李雯再次奏请：“移关镇海县，照前闽省设关厦门、粤省设关澳门例，设红毛馆一座，外国商船必闻风而至。”④ 然而，朝廷认为移关很容易毁掉原有的市场，设立红毛馆恐怕会浪费正常的财政收入，因此都没有准行。

康熙三十七年（1698），浙海关监督张圣诏再次提出迁关到定海，“定海岙门宽广，水势平缓，堪容外国大船，可通各省贸易，海关要区无过于此。自愿设法捐造衙署一所，往来巡视，以就商船之便。另设红毛馆，安置红毛夹板大船人众，可增税一万余两。府城廛市仍听客商贸易，不致毁坏”⑤。张圣诏的建议既考虑到定海扩大对外通商的方便，又

---

① （清）王之春：《清朝柔远记》，赵春晨点校，中华书局2000年版，第49页。

② （清）周圣化原修，缪燧重修：康熙《定海县志》卷4《田赋·番舶贸易增课始末》，凌金祚点校注释，第119页。

③ （清）史致驯、黄以周等编纂：光绪《定海厅志》卷17《志三下·田赋盐课·关市》，柳和勇、詹亚园校点，第418页。

④ （清）史致驯、黄以周等编纂：光绪《定海厅志》卷17《志三下·田赋盐课·关市》，柳和勇、詹亚园校点，第419页。

⑤ （清）史致驯、黄以周等编纂：光绪《定海厅志》卷17《志三下·田赋盐课·关市》，柳和勇、詹亚园校点，第419页。

维护了宁波的客商贸易，更重要的是，拟在定海再建的衙署系“自愿设法捐造”，不必花费朝廷费用。这样，设关定海的申请辗转数年后，终于获得批准。

张圣诏将浙海关迁移到定海，并在定海钞关弄（今舟山市定海区东大街东管庙弄斜对面）建起海关监督衙署（当时称“榷关公署”）。这也是定海城内首次设立钞关及监督衙署，从此，外国商船在定海交税即可，不必再奔波于宁波和定海之间。同年，清政府还在定海城外南道头西侧，建了一处西式的颇为壮观的西洋楼，俗称“红毛馆”（因当时国人把黄种人以外的有色人种统称为“红毛”，所以把这处西洋楼叫做“红毛馆”），专门接待来舟山的欧洲商人（主要是英国商人）。这处由九幢楼屋组成的“红毛馆”，门上悬一方匾额，书有“万国来同”四个大字，意思是对各国来此经商皆予一视同仁。这座房子主要用来安置外国客商和船员，也为往来巡视之文武官员提供洽谈和理事场所，凡有红毛船公务，会同文武官员集此理事。

此后，英国及其他西方国家的商船来舟山渐多了起来。根据中外史料记载，英国对舟山的贸易主要集中在1700—1736年和1755—1757年这两个时间段上。① 据《定海县志》记载，“康熙三十九年（1700）六月，到有红毛夹船二只，船主一名末氏罗夫，一名未里氏。又，八月到卢咖唎船一只，九月到飞立氏船一只，一时称为盛事云”②。这一记载在马士的《东印度公司对华贸易编年史（1635—1834年）》中得到了印证。③ 康熙三十九年六月到达舟山的两艘英国商船应为：先到的是东印度公司从伦敦开来的250吨单层船“特林鲍尔号”（Trunball），资金10644镑；另一艘是东印度公司租用的250吨单层船“麦士里菲尔德号”（Macclesfield），于六月二十二日（8月6日）到达舟山港口，这艘船已经在广州装载了一批货物，“是满载和品种非常丰富的船”，因错过了季风航期，而大班罗伯特·

① 郑蔚：《英国人的舟山梦——鸦片战争之前英国图谋侵占舟山的历史考述》，硕士学位论文，中国海洋大学，2011年，第10页。

② （清）史致驯、黄以周等编纂：光绪《定海厅志》卷17《志三下·田赋盐课·关市》，柳和勇、詹亚园校点，第419页。

③ 〔美〕马士：《东印度公司对华贸易编年史（1635—1834年）》（第一卷），中国海关史研究中心、区宗华译，第107—109页。下面关于康熙和乾隆时期英国与舟山的贸易情况，除特别注明外，均来自本书，主要参见该书第一卷第107—119、125—132、309—322、239—245页等。同时可参见胡永久的《康熙、乾隆年间出入舟山的英国商船考略》（《浙江国际海运职业技术学院学报》2012年第1期）以及王文洪的《清朝前期英国与舟山的贸易往来》[《宁波大学学报》（人文科学版）2015年第2期]。

道格拉斯（Robert Douglas）对此行也并不满意，就到舟山来进行贸易。此时在舟山港口停泊的还有一艘从印度孟买开来的散商船“孟买商人号”（Bombay Merchant）。八月二十九日（10月11日），东印度公司租用的310吨商船“伊顿号”（Eaton）到达舟山。当时，英国公司指派了管理会来管理公司在中国的事务。管理会的第一位主任是艾伦·卡奇普尔（Allen Catchpoole），他还受到国王的委任，派他及他的后继主任兼总领事前来，主任兼总领事的管辖范围为中国及其邻近岛屿。卡奇普尔就是乘“伊顿号”来到舟山的，在舟山的商馆（即红毛馆）设立事务所，一住就是16个月。

与“伊顿号”同月来的本来还有一艘160吨的小战舰“宁波号”（Liampo），因在七月二十三日（9月6日）遇到风暴漂到浙闽沿海，未到达舟山，所以开到澳门去了。福建浙江总督郭世隆奏报康熙皇帝，皇帝下令让地方官善加抚恤，给足衣食。后来“宁波号”开到广州，再从广州装载货物到孟加拉国。后来该船又从孟加拉国回航再来舟山，并于1702年8月6日开入定海。至于缪隧所言“九月到飞立氏船一只”，未能在《东印度公司对华贸易编年史（1635—1834年）》中对上号，可能是一艘散商船。1700年11月，东印度公司有5艘船开到中国贸易，其中275吨的单层船“萨拉号”于7月6日到达舟山，带有资金50611镑；另一艘本来开往舟山的170吨“中国商人号”（China Merchant），带有资金20923镑，因遇强东北风，不能再向北航行，因此，于1701年9月25日开入厦门，将发票价值32473两的货物运往苏拉特，付款办法是部分货物，部分用银，最后购入黄金价值3000镑（相当于白银9656两），于12月19日交货，开往苏拉特；其余3艘分别在厦门和广州贸易。8月26日，“特林鲍尔号”从印度尼西亚马辰回到舟山，带来的货物有胡椒120吨，“及其他物品共价值6257西班牙银元”。11月24日，“特林鲍尔号”出发开往英伦，装载商馆已购存的货物至“装满它的吨位”，发票价值72872两。

十月十五日（12月24日），“装有丰富和满载的货物”的“麦士里菲尔德号”启航回国。十二月（1701年1月），“特林鲍尔号”离开舟山开往巴达维亚（今印度尼西亚雅加达），“伊顿号”上的部分欧洲货（500担铜、170担白铜、10万只瓷制茶杯和价值1.2万元的黄金，这些货物在舟山不好销）交由“特林鲍尔号”装载到印度尼西亚销售。“孟买商人号”离开舟山的时间不详。“伊顿号”和卡奇普尔仍留在舟山。

1701年11月，英国公司命令3艘商船开往舟山，分别是：“麦士里菲尔德号”单层船[1]，250 吨，资金 35936 镑；“联合号”（Union）[2]，208 吨，资金 29744 镑；“罗伯特与纳撒尼尔号”（Robert & Nathaniel），230 吨，资金 35640 镑。罗伯特与其他两位管理会成员乘这 3 艘船于闰六月十三日（8 月 6 日）抵达舟山。“萨拉号”单层船此时还留在舟山。“宁波号”小战舰也已从孟加拉开到了舟山。

七月十三日（9 月 4 日），“萨拉号”离开舟山，载着生丝、蜜糖、高丝、瓷器等货物，价值 9326 两。在冬季，其他几艘英国商船也先后离开舟山，其中“联合号”开往孟加拉国，“宁波号”开往越南昆仑岛。“麦士里菲尔德号”“联合号”“罗伯特与纳撒尼尔号”共完成投资 23 万两。卡奇普尔离开舟山后将管理会移到了昆仑岛。

康熙四十一年（1702）正月，卡奇普尔乘“伊顿号”离开舟山，前往巴达维亚。“萨拉号”买的一些货物由“伊顿号”带走，“伊顿号”和“萨拉号”发票价值合共 87196 两。

康熙四十二年（1703）二月，250 吨位的“诺森伯兰号”前往舟山，资金 16345 镑。据另一艘商船“肯特号”大班的报告说：“‘诺森伯兰号’及其大班罗尔夫（Rolph）本季度在舟山，该口岸没有其他船只，官员们觉察到如果他们损害新公司的主任和管理会，必然会损及他们将来从英国贸易得到的好处，他们接待罗尔夫非常客气，并给他各种方便，使他按时出发，但他在沿岸搜购黄金时，被迫停靠厦门，该处本季的西北风非常小。他们装载铜约 3000 担，每担 11 两及 11.50 两——少量白铜，每担银 4.30 两。安官由于无法偿还新、旧公司的债款，被迫离开厦门，现住在舟山；罗尔夫曾经写道，他的意见对他极有帮助，同时在需要时他还替他在官吏之间奔走。”[3] 但事实上，舟山官员并不是为了让英商能在舟山正常贸易，而是为了勒索，因为没有船只来到舟山，当地官员就没办法勒索钱财。

卡奇普尔率“塞缪尔与安娜号”（Samuel & Anna）、“宁波号”从昆仑岛出发，于七月初七（8 月 19 日）到达定海口外，“罗伯特与纳撒尼尔号”已在那里。本年度（1703）东印度公司还派遣“联合号”从孟加拉国的胡格列（Hughli）开往舟山，资金 2 万镑，只是找不到具体记载。十月（11 月），“罗伯特与纳撒尼尔号”启航开往伦敦，其投资发票价值为

---

① 另一艘小军舰的名称亦为“麦士里菲尔德号”，于 1701 年由东印度公司派往马辰。

② 另一艘同名的 104 吨船，于 1702 年 3 月由伦敦公司派往厦门。

③ 〔美〕马士：《东印度公司对华贸易编年史（1635—1834 年）》（第一卷），中国海关史研究中心、区宗华译，第 147 页。

118259 两。十一月初一（12 月 8 日），“宁波号”与“塞缪尔与安娜号”启航，“宁波号”载货返回伦敦，投资价值 44024 两；“塞缪尔与安娜号”载货到孟加拉国，投资价值 16165 两。

康熙四十六年（1707），东印度公司 250 吨商船“长桁号”（Stringer）到舟山贸易，带来资金 212781 镑（含货物值 2781 镑），次年离开舟山。

康熙四十九年（1710），东印度公司 330 吨商船“罗彻斯特号”（Rochester）到舟山贸易，带来资金 35620 镑。

从康熙五十年（1711）到雍正年间，《东印度公司对华贸易编年史（1635—1834 年）》和中国文献都没有关于英国商船进入舟山贸易的记载。英商在华贸易的地点渐渐集中到了广州。

乾隆元年（1736），东印度公司载重 490 吨的“诺曼顿号”（Normanton）经舟山海域开往宁波，7 月 25 日在崎头角（Kittow Point）附近下锚。大班（船长）里德（A. Reid）等人分乘两艘小艇沿甬江而上，27 日到达宁波。次日，他们见到了道台（当时海关税务由道台兼管），道台答应他们免除从前在舟山对船只的额外需索，并要他们将船开到舟山，交出军火后才可贸易（离开时归还）。而英商希望在宁波贸易，也不愿交出军火。最终谈判破裂，里德等人回到“诺曼顿号”，船开往广州，因逆风 3 天后又折回崎头，时为 8 月 15 日。由于舟山不断有人送信叫英商到舟山，于是他们乘小艇前往，定海总兵坚持他们要交出军火后才可贸易，并告诉他们自己没有派人送信给他们。里德等人去找知县，也毫无结果。于是里德表示，在“官员规定给我们的这种条件下”，英国船永远不会到舟山或任何地方去的，旋即返回船上，驶往广州。乾隆元年“诺曼顿号”之行虽然没有成功，但随船而来的一位少年到广州后留下来学习中文，后来在中英贸易中起到较有影响的作用，这个人叫詹姆斯·弗林特（James Flint），汉名叫“洪辉”或“洪任辉”。

乾隆二十年四月二十三日（1755 年 6 月 2 日），英商哈里森（Harrisen）与翻译洪任辉租用在澳门经商的“霍德尼斯号”（Holderness）商船进入定海港。据两广总督杨应琚称，此船是“夷商华猫殊”的。四月二十九日（6 月 8 日），浙江提督武进升闻讯与定海知县庄纶渭前去查验。验得船身有八九丈长，梁头一丈七八尺。船内装有番钱 2 万余两及洋酒等货，还配有护船枪炮 14 件。英商及水手共 58 人。洪任辉声称其祖上曾在定海做过生意，现在要到宁波置买湖丝、茶叶等货。武进升同庄伦渭商量了一下后，拨把总萧凤山带兵率同县役护送英商等 6 人去宁波。代理浙海关事务的宁绍道台罗源浩在宁波拨差役、兵丁防范。武进升、浙江巡抚周人骥、闽浙总督喀尔吉善等先后奏报给皇帝。五月二十八日（7月7日），东印度公司499吨商船“格里芬号”（Griffin）在崎头洋停泊。定海中营外洋汛巡哨官兵从孝顺洋护送至崎头洋。经查验，船主叫呷等噶，商人、水手等共106人。船内装有番银22万两，及黑铅、哆罗（宽幅毛织呢）等货，并有枪炮、火药、刀、铁弹等武器装备。次日，英商哗喇、翻译梁汝钧（广东人）等11人乘舢板入定海港。梁汝钧声称两艘英船是一伙的，要只身前往宁波并叫洪任辉同来定海料理。总督、巡抚派人将该番船内炮械、银货照例验明封固，派拨兵弁员役加谨防护。六月十三日，英商大船驶入定海内港停泊，宁绍道台罗源浩奉命前去查验。①

乾隆二十年十二月初三（1756年1月4日），浙江巡抚周人骥奏：

> 浙海关于本年四月二十三日到红毛国商船一只，又于五月二十九日续到夹板大船一只，均经臣恭折奏闻，并督令护海关宁绍道台罗源浩派拨兵役小心防护，严谕商牙人等公平交易在案。……除先到之商船一只系番商在广东澳门地方雇送银两来浙，并无货物装载，已于夹板船到后先行领照回粤外，所有夹板船出入货物照部颁则例征收，共征正税银三千五百二十二两零，饭食火耗银二千一百二十七两零，除解支经费银九百九两零外，共正耗税银四千七百四十一两零。②

英商重返舟山并入宁波贸易的尝试获得了成功。可以说，英商与浙江地方官员获得了利益上的双赢。于是英商继续到舟山、宁波贸易。乾隆二十一年六月十五日（1756年7月11日），洪任辉与英商“味啁”等乘“船户噶喇吩”的船到崎头洋停泊。七月初九（8月4日），定海总兵陈林每、浙闽总督喀尔吉善分别将英商到定海、宁波的贸易情况向乾隆帝奏报。八月，又有英船进入定海港。八月十六日、十七日（9月10日、11日），定海总兵陈林每与浙江提督武进升分别向皇帝奏报英船在定海港、宁波贸易的情况。

英商在浙贸易对于广东官员来说是减少了他们的既得利益。两广总督杨应琚向皇帝报告说：“向来洋船至广东者甚多，今岁特为稀少。”③ 而乾

---

① 《外洋通商案（乾隆元年）·周人骥折》，上海书店出版社编《清代档案史料选编》，上海书店出版社2010年版，第387—423页。

② 《外洋通商案（乾隆元年）·周人骥折》，上海书店出版社编《清代档案史料选编》，第420页。

③ 《清高宗实录》卷522，乾隆二十一年闰九月乙巳，第582页。

隆帝“恐将来赴浙之洋船日众，则宁波又多一洋人市集之所，日久虑生他弊”①，让闽浙总督喀尔吉善参照广东海关则例，再酌量加重税费，设立条约。

乾隆二十二年（1757）二月，户部议准闽浙总督喀尔吉善、两广总督杨应琚会奏，更定浙、粤两关税则章程。乾隆帝谕示喀尔吉善，“浙省只有较粤省重定税例一法，彼不期禁而自不来矣”②。

但这一年洪任辉、味啁等人还是乘“翁斯洛号”（Onslow）商船于七月到达舟山，“愿照新定则例输税”。乾隆得到报告后说：

> 今番舶既已来浙，自不必强之回棹，惟多增税额。将来定海一关，即照粤关之例，用内府司员补授宁台道，督理关务，约计该商等所获之利，在广在浙，轻重适均，则赴浙赴粤，皆可惟其所适。此非杨廷璋所能办理。该督杨应琚于粤关事例，素所熟悉，著传谕杨应琚于抵闽后，料理一切就绪，即赴浙亲往该关察勘情形，并酌定则例，详悉定议。奏闻办理。③

经过考虑，乾隆最终决定禁止西洋商人入浙江海口。他于十一月十日（12月20日）给两广总督李侍尧的上谕中写道：

> 晓谕番商，将来只许在广东收泊交易，不得再赴宁波。如或再来，必押令原船返棹至广；不准入浙江海口。如此办理，则来浙番船永远禁绝，不特浙省海防得以肃清，且与粤民生计，并赣、韶等关均有裨益。着传谕李侍尧，俟杨应琚行文与彼时，即将杨应琚咨文令其行文该国番商，遍谕番商，嗣后口岸定于广东，不得再赴浙省。④

同日，致闽浙总督杨应琚的上谕写道：

---

① 《清高宗实录》卷 522，乾隆二十一年九月乙巳，第 582 页。

② 戴逸、李文海主编：《清通鉴》（9）高宗乾隆二十一年丙子，山西人民出版社 2000 年版，第 3763 页。

③ 《清高宗实录》卷 544，乾隆二十二年八月丁卯，第 719 页。

④ 中国第一历史档案馆等编：《清宫广州十三行档案精选》，广东经济出版社 2002 年版，第 107 页。

> 从前令浙省加定税则，原非为增添税额起见，不过以洋船意在图利，使其无利可图则自归粤省收泊，乃不禁之禁耳。今浙省出洋之货，价值既贱于广东，而广东收口之路，稽查又加严密，即使补征关税、梁头，而官办只能得其大概。商人计析分毫，但予以可乘，终不能强其舍浙而就广也。粤省地窄人稠，沿海居民大半藉洋船谋生，不独洋行之二十六家而已。且虎门、黄浦，在在设有官兵，较之宁波之可以扬帆直至者，形势亦异，自以仍令赴粤贸易为正。本年来船虽已照上年则例办理，而明岁赴浙之船必当严行禁绝。但此等贸易细故无烦重以纶音，可传谕杨应琚，令以己意晓谕番商。以该督前任广东总督时，兼管关务，深悉尔等情形。凡番船至广，即严饬行户善为料理，并无与尔等不便之处，此该商等所素知，今经调任闽浙，在粤在浙，均所管辖，原无分彼此。但此地向非洋船聚集之所，将来只许在广东收泊交易，不得再赴宁波。如或再来，必令原船返棹至广，不准入浙江海口，豫令粤关，传谕该商等知悉。若可如此办理，该督即以此意为咨文，并将此旨加封寄示李侍尧，令行文该国番商，遍谕番商嗣后口岸定于广东，不得再赴浙省。此于粤民生计，并赣韶等关均有裨益，而浙省海防，亦得肃清。①

乾隆二十二年十二月初八（1758年1月17日），在舟山的一众官员到“翁斯洛号”船上，传达总督的命令，通知他们明年不可再来。

乾隆二十三年（1759）正月初九，两广总督李侍尧在广州召集外商，正式宣布今后只准在广州一口进行贸易。此举结束了康熙二十三年（1684）以来允许外商任选口岸进行贸易的政策。

东印度公司不甘心在舟山、宁波的贸易之路就此封死，想用告御状的办法来达到其目的。乾隆二十四年五月十九日（6月13日），洪任辉乘“成功号”（Success）商船从广州外河启程，向北航行。五月三十日（6月24日）在象山四礁洋面，遇上定海中营外洋汛巡哨船。巡洋把总谢恩率官兵追至双屿港令其抛泊，并到船上查验，验得“船长七丈，梁头一丈四尺，夷商、舵水共十二名”，携带护船枪炮弹药。洪任辉声称要去宁波贸易，此船是空船，货物、银钱都在后面大船上。官兵向英商申明浙江已禁止贸易，不准收泊，并向上报告。6月25日，洪任辉乘“成功号”想秘密地开到定海，但被浓雾及两艘帆船战船所妨碍。下午有两位军官和一位文

---

① 《清高宗实录》卷550，乾隆二十二年十一月戊戌，第1023—1024页。

官从舟山来此，带来总兵及知县的命令，这是直接从省里送来的，由于皇帝已下令不准任何船只开来浙江，因为广州是外国人居留的口岸，所以此口岸完全禁止与欧洲人贸易。英方告诉来人，他们只是先乘这艘小船来，交一件禀帖给浙江总督及官员们，由官员们转奏皇上关于英方在广州所受到的抑屈，同时洪任辉交给官员们一份禀帖，但官员们拒绝接受，并告诉英方，它是无关紧要的，要求英方一定立即离开，命令非常严厉，不容英方有任何借口在此停留。英方对舟山官员说，自己顶着逆风返回广州是不可能的，而且没有供应品足以支持这个航程。舟山官员则表示，他们亦无法提供帮助，因为他们不准英方在此地购办，所以英方必须到别的地方购买，而且还不准英方派小艇上岸取水，但舟山官员可以让那些来自各岛监视英方的帆船送水。经过多次坚持，舟山官员答应收下英方的禀帖，并转送总督。官兵急于要商船离开，就随口应允接收。

由于舟山官员的坚决态度，英方毫无办法，最后被迫在当天黄昏时起锚，顺着潮水开走，前往天津。当日下午申时，英船开行南下，定海兵船尾随至六月初三（6月27日）到达南韭山外才返回。洪任辉待定海兵船驶远之后，即令“成功号”转头北上，避开官兵巡哨船，六月二十四日（7月18日）到达天津港，表示要进京告御状。天津官员不让他进京，他就递交早就准备好的呈状。呈状中主要告发广东官员索贿，广东某商人欠债不还等事，言外之意是广东贸易环境不好，希望开通浙江的贸易。乾隆皇帝得知后即令将军新柱受审此事，并令给事中胡铨带洪任辉到广东，宣布解除李永标广东海关监督一职，税务暂由两广总督李侍尧代管。洪任辉本人却也在澳门被圈禁三年，然后被驱逐回国，替洪任辉写状子的中国人刘亚匾查出后被处决，清政府向外国商人再次严申只准在广州贸易。

七月十二日（9月3日）晚，英商船“皮特号”（Pitt）到达双屿港停泊，定海巡洋守备刘邦安、巡洋把总萧凤山率兵船尾随而至。次日清晨，官兵上英船查询，“查验得该船船身约长十三丈、梁头二丈六尺，桅三道，船内头舵、水手共一百名，内鬼子一名，带有大炮二十六位、鸟枪三十杆、腰刀二十把、火药四百斤、大铁弹七十个、封口小铁弹四百出，装有哆啰、哔叽等货，该备弁宣谕令其回棹，据称风水不顺意，欲进港暂停方可回广等语”①。该船大班味啁口称要去宁波贸易。官兵申明浙海已禁止贸易，应速

① 《暎咭唎通商案（乾隆二十四年）·庄有恭折四》，上海书店出版社编《清代档案史料选编》，第707页。

回船。定海总兵和宁绍道台闻讯后，即派左营游击陈奎、定海知县吴作哲到英船上查询，并传达命令要英船开行。英商以篷帆破坏、食物用完、“七月是风水之期”等为由，要求宽停几日。陈奎与吴作哲商量了一下，决定派一名巡检带差役负责替英人代买食物，由左营官兵验收并转交英人。官兵严加防范，不许商民同英人接触。英船到九月初六（10 月 26 日）才开走。

英国人还是企图在舟山、宁波甚至天津打开市场，他们把希望寄托在派遣正式使节这个渠道上，于是有了马戛尔尼使团的中国之行。但马戛尔尼使团也并没有达到打开舟山、宁波、天津市场的目的。使团船队中有一艘东印度公司重 1200 吨的“印度斯坦号”（Hindustan）大货船，曾于乾隆五十八年七月二十六日至十月二十七日（1793 年 9 月 1 日至 11 月 30 日）停泊在定海港口，但由于清政府的严密监视，没有在舟山做成生意。

第八节　《华夷变态》中的舟山与日本贸易

明代对外贸易政策，与宋元有一显著不同之点：宋元以收入为目的，而明之贸易，则在乎怀柔远人。以收入为目的，必重抽分使税收增加，禁私易使利孔不泄，而尤必广招来使贸易兴盛。明代的对外贸易政策则是一种怀柔政策。[①]这种怀柔政策即朝贡贸易政策。到明末，随着国势衰微，朝贡贸易亦告式微；清初国内局势动荡，实行更加严厉的海禁政策，政府间的官方贸易更是困难重重。同时期的日本江户时代（1603—1867）实行闭关锁国的对外政策，严禁本国国民出海，很少有日本商船赴海外贸易，完全依靠外来商船的海外贸易被严格地限定在长崎一地，贸易的对象包括中国、东南亚主要国家和地区，以及荷兰等西方国家。因此，以民间商船为主体的长崎贸易十分繁荣，在此背景下，形成了海外信息资料汇编的《华夷变态》，收录了大量当事人口述的“风说书”，在清史、清初中日关系史乃至日本史研究领域都具有十分重要的史料价值。[②]“风说”即传闻、传说、谣传之意，由于是对到长崎贸易商船的“唐人”进行询问后记录下来的有关来船情况以及中国国内时局、东南亚各国情况的报告，因此又称

---

① 谭春霖：《欧人东渐前明代海外关系》，燕京大学政治学丛刊第二十七号，燕京大学 1936 年版，第 54—55 页。

② 王勇、孙文：《〈华夷变态〉与清代史料》，《浙江大学学报》（人文社会科学版）2008 年第 1 期。

"唐船风说"或"唐人风说"，"所谓'唐人风说书'，是指唐通事经询问入港唐船船头后写成的报告书。其内容包括中国国内形势、他国形势、航海情形、船头与其役人情况、乘员情况等。报告书写成后，必须提交给长崎奉行，再由长崎奉行向江户报告。……我国（即日本）目前存有1644年至1728年的汇集本，只是其中也有部分失载的年代。东洋文库已将其出版，名《华夷变态》"①。

在1674年至1728年的55年间，至少有3060艘华人经营的商船呈辐射状地从中国大陆沿海的山东、江苏、浙江、福建、广东等省多达20个港口前往日本，以长崎为中心进行所谓的"唐船贸易"，其中，浙江省主要贸易港及其赴日商船数如表7-3所示。

表7-3　　1674年至1728年浙江主要港及赴日商船数②

出发港	海禁期赴日商船数（1674—1684）	海禁后赴日商船数（1685—1728）	合计（不含未确定的商船）
舟山		9	9
普陀山	9	70	79
宁波		466	466
台州		17	17
温州		24	24

在整个《华夷变态》中，作为赴日商船出发港登陆的中国沿海地名共有18个，浙江占5个，仅次于福建，位居第二。③ 从表7-3中可以看出，浙江的5个出发港中，赴日商船最多的毫无疑问是宁波，其次是舟山（包括普陀山），而其中最引人注目的是海禁期赴日商船除普陀山有9艘外，其他的浙江港口都没有。这与1674—1684年这个特殊时期有密切关系，更与普陀山的地理位置和港口特征有密切关系。据西川如见在《增订华夷通商考》中对浙江主要港口的记载和说明中体现了这种特殊性。

舟山　处宁波府内，古称蓬莱山……现自此处已没有船出海。

---

① 〔日〕大庭脩：《江户时代日中秘话》，徐世虹译，中华书局1997年版，第21页。国内学者对《华夷变态》比较系统的研究见孙文《唐船风说：文献与历史——〈华夷变态〉初探》，商务印书馆2011年版。以下关于舟山与日本贸易的介绍主要来自该书，特此说明。

② 孙文：《唐船风说：文献与历史——〈华夷变态〉初探》，第212、215页。

③ 孙文：《唐船风说：文献与历史——〈华夷变态〉初探》，第231页。

普陀山　处宁波府之定海县，乃一岛也。号补陀落迦山，又叫梅岑山。乃观音之灵地，有寺，唯出家者居之，乃日本之僧云慧萼者开基者也。日本万治、宽文之时，禁止往渡日本，自宁波及其他各城难以发船出海，故自舟山、普陀山等小岛隐秘出海。①

正是由于舟山、普陀山这些小岛可以“隐秘出海”，也就可以理解为什么表 7-3 中 1674—1684 年海禁期赴日商船数只有普陀山有，而其他港口没有。另外也可以看出，即使在海禁时期，普陀山前往日本贸易的民间商船并未中断，平均每年都有商船前往长崎贸易。

不过，需要注意的是，在展海前，虽然普陀山是浙江沿海唯一有船赴日的港口，但在这里进出的商船不仅有浙江本地的，更多的是来自江苏、福建等地的商船，只是许多商船被冠名“普陀山船”，它们只是因其曾经在普陀山“窥天气而来长崎”，或者在普陀山待客载货。如延宝四年（1676）“三番普陀山船之唐人口述”云：“我船乃大明派遣之船，因此难以从大清方面获得货物，故载很少货物赴日。”② 这艘冠以“普陀山船”的船只原来是南明势力所属的商船，是从南明势力控制区域内来的商船。此船在“大明”势力范围内未能获得足够的货物，来到普陀山也未能筹办到货物。筹办不到货物和乘客，并不是因为它是“大明船”，其他商船也一样面临困难，据延宝六年（1676）“二十六番普陀山船之唐人口述”云：

我船今春起就滞留普陀山，至此时终于招致乘客，这次乘客颇多。然在要道盘查甚严，无法将乘客及货物带出，故只得以少量货物发船。然思及在普陀山逗留日久，必多添不便，故先渡海赴日。在普陀山，尚有两艘船拟赴贵地，料其于明年正月可到达。③

延宝七年（1679）“一番普陀山船口述”云：

各地有数艘欲赴贵地之商船，然去年冬天各地关口盘查严密，致商人不得往来。④

---

① 转引自孙文《唐船风说：文献与历史——〈华夷变态〉初探》，第 231 页。
② 转引自孙文《唐船风说：文献与历史——〈华夷变态〉初探》，第 232 页。
③ 转引自孙文《唐船风说：文献与历史——〈华夷变态〉初探》，第 233 页。
④ 转引自孙文《唐船风说：文献与历史——〈华夷变态〉初探》，第 233 页。

正是由于清政府的海禁政策，货物、乘客不易获得，而且清政府在“各地关口盘查严密”，严重阻碍了沿海商船赴日。但由于普陀山地理位置的特殊性，能为商船等提供很好的隐蔽，使其成为诸多商船筹货、揽客之地和出发港。明末清初，尤其是海禁时期的舟山群岛在海外贸易中成为一道亮丽风景。

第九节　康乾时期英商在舟山贸易中受到的阻碍

尽管英国商人（东印度公司）早就与包括舟山在内的中国沿海地区有贸易，而且为了方便与“红毛”贸易，清政府还专门在定海设立了“红毛馆”，但英国在舟山（其实并不仅仅是舟山，整个沿海地区都如此）的贸易遇到了极大的阻碍，进行得并不顺利。在与英国商人打交道的过程中，清政府的腐败、贪婪、愚昧、无耻、自大、自私等劣性暴露无遗。这里主要以马士《东印度公司对华贸易编年史（1635—1834 年）》的相关描述简要地概括康乾时期英商在与舟山进行贸易的过程中所遇到的重重障碍和困难。

一　官员勒索、效率全无

1699 年，英国公司指派一位主任管理公司在中国的事务，第一位主任叫卡奇普尔。卡奇普尔乘“伊顿号”于 1700 年 10 月 11 日到达定海。他受到总兵的友好接待，但是迟迟不让英商卸货，英商同意以买或卖的货价总数的 2%付税（“伊顿号”船钞 400 两和“特林鲍尔号”船钞 300 两）给总兵，但他仍然要等五个星期，到英商收到“准许贸易自由的执照”可以卸货时，已经过去了两个月。[①] 这样的刁难、拖拉，对英商的后续贸易产生了直接的危害。当时，在卡奇普尔签订合约订购限期交货的生丝 200 担和丝织品 7350 匹后，由于时间的耽误，“伊顿号”赶不上季候风开行，只好滞留定海，等候第二年再开行。

卡奇普尔发觉他们不能进入市场——甚至不能到宁波去，除非得到本

① 时任定海总兵是蓝理。需注意的是，对于“红毛”的贸易管理权不属于总兵。定海当时设有专门管理“红毛”事务的“红毛馆”（隶属于浙海关）。总兵的行为明显属于故意刁难和徇私敲诈。
“伊顿号”需借助中国海岸的东北季候风力量从舟山航行到巽他海峡或马六甲海峡，在季风力量减弱前必须在舟山完成贸易。

省总督的特别核准。为了获得准许证和执照，他一定要等宁波的官员到来，或要等候向省城请示；甚至还要向杭州或福州请示；至于交易，他要等宁波的商人前来才有买卖。宁波的商人可能不太重要，但他们的行会势力很大，对舟山的外国商船贸易，会采取联合一致的行动。卡奇普尔开始对这件事还看得不清楚，以为所有贸易依靠总兵的恩惠即可，后来才逐渐明白总兵的支持是不稳固的，贸易的决定权不在定海。总兵收受好处后却帮不上忙，继续欺骗英商说，康熙皇帝要到普陀山朝香，总兵答应介绍卡奇普尔去见皇帝——这个允诺毫无疑问是不可能履行的，其真实目的仅仅是欺骗英商而已。至于英商要求建立永久性商馆的问题，总兵说这种恩惠的获得，只有通过正式的使节，最低限度要送礼物（贡物）价值10000英镑。对于总兵来说，建立商馆只是骗人的，索取“礼物”可能才是真正目的。

1701年1月，在“特林鲍尔号”离开定海后，卡奇普尔的处境非常艰难。海关监督常驻宁波。事实上，如果“海关监督”这个名词正确使用，他的管辖权是遍及浙江所有海关的，他的衙门设在宁波，对于定海这样的外地驻所，他只是偶然才来一次的。当海关监督来到定海时，他和总兵发生了分歧，总兵是舟山有权势的当局；海关监督抱怨总兵为了自己的利益而给予特权。总兵的直接上司提督到舟山，总兵劝告卡奇普尔不要对他有任何尊敬的表示，如把船装饰起来，向他敬礼，接待他或拜访他——总兵可能已对他的上司说过，如果提督把全权交给他，可以从外国商人身上榨取更多钱财进行均分。英国公司管理会及其主任在其居留时期已告结束时，管理会向董事部的正式报告说：“关于贸易及管理方面，没有一天不受到官吏或商人的侮辱、勒索和压制。”① 在他们居留的16个月里，他们的生活不会是愉快的，工作不会是容易的。

定海地方行政官员也徇私插手英商贸易。在“特林鲍尔号”离开定海后，“按察使”（可能是定海知县）又抓紧机会插手到英国商人有利可图的贸易上来，他企图强迫英国公司管理会收下一批货。但这些货物既不合规定的种类，又不按照合约所定的价格。迫于无奈的管理会只好将要求离开的“萨拉号”的货物全部转移到准备离开的“伊顿号”上去，同时把商馆里他们的全部人员都迁移到“伊顿号”上。经过五天的商量，管理会第二大班洛伊德（Loyd）在协议达成后12小时内上岸去拜访总

① 〔美〕马士：《东印度公司对华贸易编年史（1635—1834年）》（第一卷），中国海关史研究中心、区宗华译，第112页。

兵，结果被按察使逮捕，并监禁在商馆里。然后按察使就到“伊顿号”船上来。

按察使当众宣讲他自己的伟大和权势后，便责备管理会请求居留延期时，没有去找适合解决此事的他来商量取得协议，反而去找权限外的总兵；由于这个缘故，是他们自取其咎，所以不准他们再逗留，他告诉管理会，他们必须乘“伊顿号”离开。是时该船快要起锚；同时还用皇上的名义，命令管理会及其主任离开此地；谴责高夫及船长罗伯茨都应受刑罚，不准他们在“萨拉号”上留下来。[①]

英国公司的中国管理会及其主任在离开舟山前，留下还没偿还的预付货银 51300 两和存放在商馆的未售货物，就被抢掠一空。难怪管理会及其主任在写给英国公司的报告会中说：

此处的官员如此独占和专横，因此我们不能相信阁下有兴趣继续下去；我们亦不愿下一次航行到那个地方去，除非阁下提供一位专使，或得到更好的条件，或者这些官员意外地改变了他们的秉性。[②]

“萨拉号”离开舟山后，舟山英商交易仍困难重重。海关监督要求前述三艘船缴纳船钞 10000 两，存放在岸上仍未售出的舱货也要缴付关税。英商同意照付，同时也获得了海关监督的许可，把他们的货物重装上船。但总兵干涉，要停止重装，“我们的商馆满是兵勇和官吏”。十四天内他只准“管伙食者自由出入，商馆其他任何人一概不准。最后，经过很多波折，勒令我们在很不合理的比价下和商人订合约，并拿走他们喜欢的各类货物……他们还把我们的欧洲货价钱压低”[③]。即使是这样，英商仍得不到个人行动的自由，总兵仍然把他们软禁起来。“后来我们同意借给他 6000 两，他付还给我们的，是他的商人英官（Inqua）上一次拿过来的货物。从总兵的权威方面看来，这样来对待我们似乎不算太过分，这不过是本年

① 〔美〕马士：《东印度公司对华贸易编年史（1635—1834 年）》（第一卷），中国海关史研究中心、区宗华译，第 113—114 页。

② 〔美〕马士：《东印度公司对华贸易编年史（1635—1834 年）》（第一卷），中国海关史研究中心、区宗华译，第 114 页。

③ 〔美〕马士：《东印度公司对华贸易编年史（1635—1834 年）》（第一卷），中国海关史研究中心、区宗华译，第 118 页。

内总数中的大部分而已。”①

政府官员不断地刁难、勒索并得到满足后，英商才能得以进行贸易。当然，英商偶尔也可能会得到“好处”。在海关监督任期将满时，他将关税大大降低，但其目的却是便于自己多收入一点。即使是在减低关税期间，英商抱怨，“无论我们收到什么，都要经过催索和不断地向他们提出控诉”。定海官方从前已订合约购入的生丝 800 担，每担银 140 两，铜 2500 担，每担 10.50 两，但到交货日期交给英商的还不到半数，剩下的部分被茶叶、瓷器和丝织品代替，“我们收到大量这些货物，是由于压力而不是我们的选择”②。

鉴于舟山官员的贪婪和勒索，英商自然不愿意再来舟山进行贸易，官员们也意识到，如果过于损害英商利益，必然会损及他们从英国贸易中得到的好处，于是之后也偶尔给商船代表一些方便。但舟山官员并不是为了让英商能在舟山正常贸易，而是为了能持续勒索，因为没有船只来到舟山，当地官员就没办法勒索钱财。1703 年上半年，管理会主任卡奇普尔从昆仑岛向董事部写道：“劝告我们没有这样的资金就不要到舟山，因为该地海关监督公然要从中索取银 10000 两。”③ 1703 年 7 月 25 日，他和昆仑岛的管理会及商馆当时的成员分乘“塞缪尔与安娜号”和“宁波号”前往舟山，到达定海口外，而“罗伯特与纳撒尼尔号”已在该处。海关监督立刻从宁波赶来，并恳切地请他们开入港内，但他们坚持要先行商定船钞，关于这个问题，“他（海关监督——引者注）最后同意按规定税率”，即使这样，他们还是不敢相信他，等到他们交了钱并得回收据和执照——英国商人才“认为已非常安稳，并且觉得它是在中国所能获取的最好保证”④。但船只一开入港内和在岸上成立代理处后，海关监督和商人便又开始提出其他要求。

> 最后集中在强迫我们一定要放弃旧合约另订新合约上。我们在上一年的合约里，还有 75000 两银未收。在新合约里，他们要求生丝每

---

① 〔美〕马士：《东印度公司对华贸易编年史（1635—1834 年）》（第一卷），中国海关史研究中心、区宗华译，第 118 页。

② 〔美〕马士：《东印度公司对华贸易编年史（1635—1834 年）》（第一卷），中国海关史研究中心、区宗华译，第 118—119 页。

③ 〔美〕马士：《东印度公司对华贸易编年史（1635—1834 年）》（第一卷），中国海关史研究中心、区宗华译，第 126 页。

④ 〔美〕马士：《东印度公司对华贸易编年史（1635—1834 年）》（第一卷），中国海关史研究中心、区宗华译，第 127 页。

担银155两；铜每担11.50两。白铜每担4.50两；而水银则每担45两。总的来说，合约所定的价钱，我们认为高得厉害，而最不公道的是，上年合约仍未交的货物，仍要我们预付大笔定款。所以我们完全拒绝。因此，我们就被关在商馆里，严密看管，不准我们任何人回到船上，亦不准船上的人到商馆来。我们忍受这种威胁约有十七天之久，而最后我们被迫签订上述合约。我们现在仓库存有去年的欧洲货物约值9000两。这些货物他们又要我们减价10%。这种待遇造成我们很大的不安；但现在今年度已届结束，而我们知道我们的货物，按照合约在时间终了之前会有大量交来；又考虑到我们坚持不要赊账的良好习惯，——所以我们本年度没有购入布匹、茶叶或瓷器等，这些货物他们曾经坚持要卖，——我们希望阁下会赞许。如果我们不能付出九成的现款和一成的货物，我们一定会被迫购取布匹和瓷器，而这些货物都是又坏又贵的。[①]

定海虽然设有“红毛馆”处理“红毛”事务，但对定海官员来说，有时并不要按规矩办事。

除了商业上的敲诈勒索外，舟山地方官吏在接待方面也被英商抱怨。1736年7月27日，“诺曼顿号”到达宁波后，他们被迫留在艇上等候。“我们在该处忍受几个钟头的酷热天气，而更讨厌的是，络绎不绝地有大群好奇的人来看我们。”[②] 直到后来，他们被召去见提督。“我们立即去见他，受到异常壮观的招待，但很少尊重和客气，因为他不准我们在他的面前有就座的特权。虽然他曾在我们进来之前答应过。而且还说，如果我们的国王在此处，他一定要像我们一样地站立。”提督告诉他们说，他们的安全由道台决定，要他们明天去见他。“约定今早去见道台，我们拒绝前往，除非他允许我们乘轿；我们认为，为了我们的雇主的利益和尊严，有绝对必要坚持这种荣誉的标志。我们预料，如果我们一旦屈从于这些官员，有如对待他们国家的商人一样的无礼待遇，因为他们所处的地位很低，是受鄙视的。这样，则我们和后来的人永远不能恢复一步了，而且会对外国人更加鄙视。同时，更坏的是，由此会使我们丧失与官员交涉的条件，和反驳他们对我们商业增加新的或不公正的课征时，所要求的权利。”

---

① 〔美〕马士：《东印度公司对华贸易编年史（1635—1834年）》（第一卷），中国海关史研究中心、区宗华译，第127页。

② 〔美〕马士：《东印度公司对华贸易编年史（1635—1834年）》（第一卷），中国海关史研究中心、区宗华译，第241页。

经过交涉，道台“最后勉强”同意英商乘轿，但英商仍认为中方在“尽可能降低我们的地位，他的通事占一席位；而我们的席位则在对面”①。

除了官方压榨勒索外，中国商人有时也会不按规矩办事，刁难英商。如1701年，卡奇普尔在舟山订购回程投资的中国商品时，遇到了签约时用货物和白银的支付比例的问题。“麦士里菲尔德号”的道格拉斯在广州支付回程投资的买卖时，预先和洪顺官订约，按规定价格用2/3的白银，1/3的货物支付；这种比例似乎是该时期的惯例。但在舟山，中国商人却坚持要收3/4现款，1/4货物签约。1701年11月25日，董事部写给管理会主任卡奇普尔的信中说，运去的毛制品及其他的欧洲商品得不到利润，因为中国人会把销售给他们的货物价格提高，从而完全抵销了卡奇普尔售出的欧洲货物赚得的利润。在舟山，与英商贸易的主要是宁波商人，宁波商人行会势力很强，他们与外国商船贸易时会采取联合一致的行动。英商在贸易中很难占到便宜。当然，中商与英商之间的贸易纠纷从商业的角度看，本身就属于生意的一部分。

正是在舟山贸易困难的情形下，1703年12月，东印度公司联合贸易的经理部为1704年贸易季度派遣两艘船往广州，却指示大班“要公开宣布，今年公司不派船往舟山，因为我们在该地受到勒索和欺压”②。

二　皇室搅和与敲诈勒索

对清政府而言，虽然与英商的贸易会产生各种困难，但从这些贸易中的确能获得巨大利益，不要说诸如定海县的当地地方官，就连皇室也对此参与分羹。

1702年9月，“萨拉号”离开舟山后，又有三艘船将除了铅和现款外的全部舱货都搬进商馆。

> 我们根据商人的意见把货物分类，我们已有充分的准备；但我们的前途有阻碍，这个口岸的好处可能完了。皇帝的第二子③，从北京派他的商人来此，给予对英国贸易的特许权，并要求所有官员协助他

---

① 〔美〕马士：《东印度公司对华贸易编年史（1635—1834年）》（第一卷），中国海关史研究中心、区宗华译，第241页。

② 〔美〕马士：《东印度公司对华贸易编年史（1635—1834年）》（第一卷），中国海关史研究中心、区宗华译，第134页。

③ 康熙皇帝的第二子是胤礽，康熙二十年（1681）出生，即后来被废立的皇太子。

> 们。该商人到来后不久，皇帝的第四子①派来了另一有同样权利的商人亦抵埠。这些商人，虽然利害不同，但性质相同，所以我们从前的商人都很害怕，不敢出头贸易。这些北京来人只有少许或没有资金带来，所以他们希望舟山商人来和我们贸易，而答应在所获的利润中分一份给他们——我们的商人仍未答应，向北京来人提出希望分别做贸易。我们去年的商人已经获得各种充足的商品，但他们说，我们在和他们讲妥签订合约之前，我们会有一大笔买卖；因为那些北京来人像狗占马槽一样。②

这种皇室参与的新办法是从广州的“大官商”发展来的，第二年外商在厦门和广州都同样碰到这种皇商。面对这种情况，对于英商来说，唯一的补救办法，就是卡奇普尔“做出离开该口岸的表示”来抗拒这些没有资金的北京来的垄断者，通俗地说就是惹不起躲得起。

这个“离开该口岸的表示”办法取得了一定的效果。1703 年 2 月 10 日，卡奇普尔写道：

> 那些皇商对本口岸的贸易有很大损害；因为他们带来很少资金或者根本没有，但他们的势力太大，所以官员不敢干涉他们。本季度他们几次把货物搬进他们的房子里，存放八天或十天，像是诱惑我们；但在季候风就要转向，而管理会及其主任表现出要到昆仑岛去的时候，他们就似乎客气和有礼些，对我们说这些耽搁是由于他们在北京时得到的不正确的消息，说他们不必带自己的资金来，而我们可以将我们的钱和货物信托他去贸易；但（他们说）现在我们看到你们不愿意，我们下一年必定有货给你们装运，而且你们很早就能出发。但谁会相信这个呢？他们不会交货，任所欲为，又不能向谁控告他们；至于讲法律讲道理，他们就会讪笑我们。③

皇商插足英商贸易的现象并不仅仅存在于舟山，其他地方也同样存在。1704 年，有人劝大班留在澳门贸易，原因就是皇商插足贸易：“广州兴起一个新怪物，名叫皇商，他付给朝廷 42000 两银，获得对欧洲人贸易

---

① 康熙皇帝的第四子是胤禛，即后来的雍正皇帝。

② 〔美〕马士：《东印度公司对华贸易编年史（1635—1834 年）》（第一卷），中国海关史研究中心、区宗华译，第 117 页。

③ 〔美〕马士：《东印度公司对华贸易编年史（1635—1834 年）》（第一卷），中国海关史研究中心、区宗华译，第 117—118 页。

的独占权，因此，没有一个中国人敢于干预他，除非他认为有价值，才准加入合伙。”① 据中国的广州商人黎安官说：

> 关于我们曾经听说过有一位皇商的事，这的确是真的。他从前是广州的盐商，因瞒皇上盐税，被逐出省外，但未没收他的全部财产，他设法进见皇太子，据说用了42000两，取得包揽广州所有对欧洲贸易的特权，排除其他商人，如事先没有取得特别准许，任何人都禁止干预他；但皇帝是不知道这件事的。这位皇商既无货物资金，又无赊购的信用。他是海关监督的公开敌手，因为对他不能像对待其他商人那样进行额外的征赋，他只按皇上关税率交税，因此，可以希望这个新怪物加入贸易，本季度或许不会对我们有害。②

对于这种“新怪物”，无论是对中国商人还是英商来说都是很棘手的。③

三　英商内部的矛盾

除了清政府各级官吏对英商的压榨、皇室的搅和以及中国商人的刁难外，英商还面临着自己内部的矛盾。特别是各商船的船长们与管理会为了各自的利益，互相之间会产生摩擦。管理会既要协调英商与中国政府的关系，又要维护英国公司的利益，同时还得维护各商船的利益。卡奇普尔担任管理会主任后，就曾遭到过罗伯茨船长的怀疑，怀疑他是否确实是被委任而来的，“他不配做领事，因为他不能保卫任何人不受本地人的欺负”④。1701年，“罗伯特与纳撒尼尔号”船长史密斯（Capt. John Smith）同样对卡奇普尔的工作表示怀疑。而其他船长也同样地用各种办法阻碍卡奇普尔的工作。某些英商为了自己的私人贸易和利益，不惜勾结清政府官员对抗卡奇普尔和管理会。“萨拉号”的大班亨利·高夫（Henry Gough）和罗伯茨船长为了用现款购买一批日本陶器，违反管理会的协议，勾结定海总兵达成新的协议，企图取消管理会协议。高夫和罗伯茨船长还勾结总兵和按

① 〔美〕马士：《东印度公司对华贸易编年史（1635—1834年）》（第一卷），中国海关史研究中心、区宗华译，第135页。

② 〔美〕马士：《东印度公司对华贸易编年史（1635—1834年）》（第一卷），中国海关史研究中心、区宗华译，第136页。

③ 〔美〕马士：《东印度公司对华贸易编年史（1635—1834年）》（第一卷），中国海关史研究中心、区宗华译，第137页。

④ 〔美〕马士：《东印度公司对华贸易编年史（1635—1834年）》（第一卷），中国海关史研究中心、区宗华译，第116页。

察使，图谋赶走管理会。高夫向这两位中国官员说，如果容许管理会存在，就会没有别的船到舟山来，并说此处的主任对付英国人就像官员一样，所以要来此处的船都被吓跑了；而船长罗伯茨除听从他的大班高夫的命令外，竟公然拒绝接受任何命令。后经管理会的协调，才与总兵达成新的协议。

此外，还有一些意外事件。英国公司董事部曾通过“联合号”运往孟加拉国白银 5 箱换取黄金，但换取回来的黄金没有一块成色高于五成的，而运去的白银是里克斯银元①和银块。这使董事部每百元的里克斯银元被迫多付 5 元。

四　乾隆皇帝最终关闭英商在浙贸易大门

英商在舟山遇到的多种困难使他们认识到，真正能解决英国与中国贸易问题的只有中国皇帝。雍正十三年（1735），雍正皇帝去世，年仅 24 岁的弘历继承皇位，即著名的乾隆皇帝。英商对这位“大天才”“学者”、正处于精力旺盛的青年期的君主寄予厚望。“他既然是君主，当然可以不必等候官僚的谏议，对省的现存行政制度，迅速地执行一种公正的改革决定。但当皇帝专制的不可抗拒力，碰上根深蒂固的有经验的官僚政治时，不可抗拒力便被阻挡，而终究归于失败。”②

1736 年 7 月 31 日，法国公司驻广州的代理人在给英商的信中说：

> 现任皇帝在他登极后，便废除其父皇时代所征收的全部额外赋税。并下令征收出入口关税，不得超过其祖父康熙年间所定的税率。但欧洲人没有提及，海关监督及其他官员恐怕他们（欧洲人）会认为自己也包括在上述恩恤令之内，就会向朝廷上奏，他们在此处缴付的大量税款应予废止。这样，本口岸关税收入就会大减。而这种税，对他的子民没有负担，欧洲人付款绰有余力。因此，便奏请颁下谕旨或诏令，要欧洲人照常缴纳各税。法国主任迪韦拉埃（Devulaire）抵达时，获悉这件事后，设法找人写一封华文信件送呈总督。他的雇员对他说，总督似乎肯为欧洲人想办法，所以劝告他请各船大班联合上呈，讲明我们所受的委屈，以便总督明白真相。上述那位中国人，答

---

① 里克斯银元是日耳曼和斯堪的纳维亚的铸币，重量有的比西班牙银元高些，有的则低些。它是巴达维亚贸易的通用铸币。每箱通常是装 4000 元，净重 290 磅 8 盎司金衡量。

② 〔美〕马士：《东印度公司对华贸易编年史（1635—1834 年）》（第一卷），中国海关史研究中心、区宗华译，第 247 页。

应尽力代为送呈。[①]

总督当时正准备赴京朝贺皇帝，而这项工作所需的款项，要比平常进奉的更多。英国大班初时似乎不曾预料这次朝贺与金钱的关系，到了后来才认识到。草拟禀帖的内容，主要是申诉不合理的征收16%的货物从价税以及船钞之外附加的1950两的规礼银。8月11日，由当日在广州的英、法、荷大班联名签署。到了11月30日，“商人从北京的邸报上知道，由于总督奏议，皇上钦准将不再征收10%（这是几年来欧洲人从广州输出全部商品都要缴付的），亦不用缴1950两的规礼银。圣旨不日即可颁发云云”[②]。四天后，圣旨原文亦到。措辞严厉，除要求英商上岸时交出武器这一点外，其他的都令人非常满意：

> 英吉利及其他欧洲人等一应船只到广州时，其火药、炮位及各项武器例应交给官员，然后准予交易订约。待交易完毕，船只升行，再将其交还。至征税之法，丈量各船，每船征银二千两左右，再照例征其出入口货税。乃近年以来，不知何故，欧洲人将其火药、炮位及各项武器仍留船上，而别征货税10%，作为自愿送礼。此事与向例不特。朕思从前欧洲各船到达黄埔，既有交出火药、炮位及各项武器之例，今特谕令，其后欧洲各船到达黄埔，仍应将其交出。至向外国人征收10%作为礼物，尤非朕意，为此特谕，著该总督于到达广州时，与巡抚、监督会商办理。[③]

除了要将他们的军火交出这一点外，大班们认为现在已得到他们过去所争取的一切，但当他们要实行皇帝的命令时，发觉与他们所想的相距甚远，远不是那么回事。

特纳在1733年所订的全部合约中规定，假如该年减免10%，该数额应在他所付的价钱中减去；但他的继任人没有采取他的办法。虽然如此，大班现在要求将当年全部合约减除这一数额，但商人以合约中无此

---

① 〔美〕马士：《东印度公司对华贸易编年史（1635—1834年）》（第一卷），中国海关史研究中心、区宗华译，第247页。

② 〔美〕马士：《东印度公司对华贸易编年史（1635—1834年）》（第一卷），中国海关史研究中心、区宗华译，第247页。

③ 〔美〕马士：《东印度公司对华贸易编年史（1635—1834年）》（第一卷），中国海关史研究中心、区宗华译，第248页。

规定而拒绝。他们不仅要照付当年全部合约税款，而且已缴海关款项亦须缴税。这样，只得要求减免未交运到船上的那一部分。在这个季度末期，这一部分的数量不大。最后，商人同意将仍未交收的货物10%的税减去。

海关监督声称，这个突然的变更，本季不能适用，只能在下年实行。他要大班缴付船钞的金额及1950两的规礼银，而对商人征收全年贸易额的10%，翌年将会全部改善，而外国贸易者，必将获得特殊的照顾。

英商对华贸易的减少对于沿海官员来说是损失了他们的利益。两广总督杨应琚向皇帝报告说："向来洋船至广东者甚多，今岁特为稀少。"而乾隆帝怕"将来赴浙之洋船日众，则宁波又多一洋人市集之所，日久虑生他弊"，让闽浙总督喀尔吉善参照广东海关则例，再酌量加重税费，设立条约。

乾隆二十二年（1757）二月，户部议准闽浙总督喀尔吉善、两广总督杨应琚会奏，更定浙、粤两关税则章程。乾隆帝认为"浙省只有较粤省重定税例一法，彼不期禁而自不来矣"[①]。但这一年洪任辉、味啁等人还是乘"翁斯洛号"商船于七月到达舟山，"愿照新定则例输税"。乾隆得到报告后说："今番舶既已来浙，自不必强之回棹，惟多增税额。将来定海一关，即照粤关之例，用内府司员补授宁台道，督理关务，约计该商等所获之利，在广在浙，轻重适均，则赴浙赴粤，皆可惟其所适。此非杨廷璋所能办理。该督杨应琚于粤关事例，素所熟悉，著传谕杨应琚于抵闽后，料理一切就绪，即赴浙亲往该关察勘情形，并酌定则例，详悉定议。奏闻办理。"[②]

经过考虑，乾隆最终决定禁止西洋商人入浙江海口。他于十一月十日（12月20日）给两广总督李侍尧的上谕里要求番商"将来只许在广东收泊交易，不得再赴宁波""不准入浙江海口……来浙番船永远禁绝"。同日，致闽浙总督杨应琚的上谕写道，番船"将来只许在广东收泊交易，不得再赴宁波""不准入浙江海口"。

乾隆二十二年十二月初八（1758年1月17日），舟山的官员到"翁斯洛号"船上，传达总督的命令，通知他们明年不可再来。乾隆二十三年（1758）正月初九，两广总督李侍尧在广州召集外商，正式宣布今后只准在广州一口进行贸易。此举结束了康熙二十三年（1684）以来允许外商任

① 戴逸、李文海主编：《清通鉴》（9）高宗乾隆二十一年丙子，第3763页。
② 《清高宗实录》卷五四四，乾隆二十二年八月丁卯，第719页。

选口岸贸易的合法性。[①]

也许，正如定海总兵早就对英商所说，要想获得建立永久性商馆这种恩惠，只有通过正式的使节才能办到。英商在中国沿海地区几十年的贸易确实证明，没有清政府（准确地说是皇帝）的支持，英国的对华贸易是难以正常开展的。这也是促成英国派遣使臣马戛尔尼以向乾隆皇帝祝寿为名进行访华的重要原因之一。

小结　重新思考近代中国社会的转型——边缘之地的独特见证

被喻为“海上敦煌”的舟山群岛在海外贸易中占有得天独厚的优势，凡江南以北地区从海上南下者，无不经过舟山群岛海域，这里是我国海上丝绸之路的要冲。这种地位的重要性，早在北宋神宗时就有过明确的强调，“昌壮国势”的憧憬既非他的一厢情愿，亦非凭空臆想。也正如神宗所说的那样，昌国地区在对日本和朝鲜的海外贸易中的重要地位尤其明显。南宋时期，随着经济重心的南移，对外贸易的重心已经完全转移到东南海上，明州港成为全国三大港口之一。

元代虽然有过四次海禁，但前后只有 30 年时间，而且就是在海禁期间，其海外贸易也并没有中断，甚至“会发现日元之间的交通意外频繁，不能不令人大吃一惊”。元代的海外贸易不仅包括近邻日本和朝鲜，南洋、西洋各地都有广泛的贸易，盛况空前，所涉及的国家与地区，远远超过以前任何一个时期。汪大渊对元朝海外贸易盛况的称赞是，“以表国朝威德如是之大且远”，看似在恭维元朝的“威德”，却也是贸易事实的反映。

海禁政策是明朝的一贯政策。从国家层面上看，私人海外贸易被完全禁止，国家的海外“贸易”完全以“朝贡贸易”进行，且朝贡贸易发展到了鼎盛。但即使在这种体制下，海上私人走私贸易也不能完全杜绝，而且国际海上贸易也是不可避免的，这也是为什么双屿港会兴起。但朝贡体制毕竟是国家意志的体现，是国家政治体制的体现，并且是以国家的力量在执行，国家不允许“非法”贸易（包括国内的民间走私和国际贸易）存在

---

① 有学者认为，乾隆二十二年“一口通商”政策的出台，其主要原因可能不是来自外部，而是来自统治集团内部的利益划分的需要，具体而言包括三个方面的原因：（1）维护粤海关与广东洋商的既得利益；（2）巩固广州作为主要通商口岸的地位；（3）维护粤海关监督的特殊地位。祁美琴：《清代榷关制度研究》，内蒙古大学出版社 2004 年版，第 295—301 页。

的，这也就是为什么双屿港会落得“筑塞”命运的原因。朝贡体制反映的是当时明政府的闭门锁国政治，体现出来的是与当时世界开放发展潮流完全背离的反向之举。这种关闭国门的做法不管是统治者的刻意为之还是无奈之举，已经在客观上把自己置身于世界潮流之外。

清朝初年继续了明朝的海禁政策，不过只延续了30年清政府就转而开海了。在放开沿海贸易后，清政府虽然设立海关管理对外贸易，但其最终结局却令人遗憾。清政府设立海关，管理对外贸易，征收往来商船的税款，是无可厚非的。但清政府的海上贸易环境却极其糟糕，外商在中国的处境十分艰难，这从前面关于葡萄牙商人及英国商人在舟山的贸易中也可以看到。舟山的情况虽然不能代表全国，但至少是当时多数情况的缩影。在与英商贸易的过程中，清政府的腐败、贪婪、愚昧、无耻、自大、自私等劣性暴露无遗。这种劣性与其说是人的劣性的暴露，还不如说是当时清政府政治制度、政治体制的弊端的体现。直到乾隆时期，最终关闭英商在浙贸易大门，自我陶醉于盲目自大中，这在乾隆皇帝给马戛尔尼的信中暴露无遗：“天朝物产丰盈，无所不有，原不藉外夷货物以通有无。”① 当然，这种自大的虚假面具在不到50年的时间之后，就被英国的坚船利炮撕得粉碎。

20世纪二三十年代，关于中国社会性质的论战在中国学术史上产生了深远的影响。它也引发了中国社会史论战，由此开始了中国封建社会长期延续问题的讨论。五六十年代，中国史学界集中讨论了封建社会长期延续问题、资本主义萌芽问题。70年代末到80年代，随着世界社会史学界区域研究成为热点，中国学者再次展开了资本主义萌芽问题的讨论。与资本主义萌芽问题紧密相连的是近/现代化问题，如中国早期近代化等。在所有这些争论中，毫无疑问都与晚明社会有着密切联系。② 中国资本主义萌芽是否产生于晚明时期，中国传统社会向近代社会转变的近代化历程中，晚明社会是怎样的时期，如何从中国社会内部考察中国传统社会向近代社会的转型，如何从世界历史的对比分析中观察中国传统社会的发展，都是非常庞大的命题，本书不可能参与深度讨论，但就涉及的相关内容可以进行一些观察和思考。

15、16世纪，西欧历史发生了众多标志着从传统社会向近代社会转型

---

① 转引自马戛尔尼《1793乾隆英使觐见记》，刘半农译，第149—150页。

② 这里的介绍主要参考万明主编《晚明社会变迁：问题与研究》，商务印书馆2005年版，第1—16页。该著“以成、弘划线”，把明朝的历史划分前期和后期两个时期，成、弘之前为前期，之后为后期。本书所用“晚明”概念也大体采用万明教授的分期。

的重大事件，资本主义萌芽及其发展，文艺复兴从文化上解放人，宗教改革从思想上为资本主义的发展奠定“资本主义精神”，作为资本主义发展外在表现的地理大发现，扫除资本主义发展政治桎梏的尼德兰革命，等等。毫无疑问，所有这些重大转变标志着西欧社会（在很大程度上也是整个人类社会）的重大转型，即从传统社会向近代社会的转型。作为资本主义外在表现的地理大发现，其实质就是要发展海外贸易，为资本主义发展进行原始资本的积累，因此，可以说，它在一定程度上就是世界潮流的代表，至少在那个时期代表了人类前进方向。

在中国，借用罗荣渠的话说，从宋以来，中国大陆发展的取向已出现向海洋方向转换的趋向，中国商业资本主义萌芽和开放性发展有了明显的迹象。早在西欧越出中世纪的地中海历史舞台转向大洋历史舞台之前，中国已率先越出东亚大陆历史舞台，控制了东中国海（南宋）和南中国海（元代），这是符合世界历史潮流的新趋势的。[①] 但令人遗憾的是，宋元时期开创的海外大好局面却在明代没有得到延续。

明代的海禁政策和朝贡贸易本身就是完全违背经济规律的，是与当时的世界潮流南辕北辙的。海禁政策实质上是闭关主义的表现形式，它严重地阻碍中国工商业的发展，阻碍了中国与西方的商品、科学知识和生产技术的交流，妨碍了海外市场的扩展，抑制了中国原始资本的积累，更重要的是它最终导致了中国社会生产力发展的停滞和生产关系的腐朽，从而阻滞了中国社会的发展，使中国逐渐落后于世界潮流。王直武装集团的无奈抗争，渴求海上贸易合法化的努力，以及中国乃至当时整个亚洲最大的贸易港口双屿港的兴起，其实都是对当时世界潮流相应和的条件反射与本能反应。但在明政府看来，双屿港与王直海商集团一样，都是当时明朝社会中的畸形产物。事实上，在现在看来，与其说双屿港和王直海商集团是畸形产物，还不如说是明政府对当时世界形势和潮流的一种畸形理解和应对。从这一意义上看，双屿港的“筑塞”命运反映的是中西方历史的开始分野，这种分野不仅体现在它们各自的政策上，更体现在这一时期双方的观念上，这种分野最终导致了近代西方优势地位的形成。正是在这种意义上，我们可以说，双屿港作为一面镜子可见，从晚明时代开始，中国就已经开始落后于世界了。

万明教授通过对晚明时期中国社会内部的“白银”货币关系的考察，认为以白银为征象，明代中国与两个重要历史转折开端相联系，一是中国

---

① 罗荣渠：《15世纪中西航海发展取向的对比与思索》，《历史研究》1992年第1期。

古代社会向近代社会转型的开端，一是世界一体化的开端，而白银的需求的增长，白银大量流入是中国经济发展、社会内部变化催生出来的一种要求。旧的对外贸易模式朝贡贸易不能满足需要，私人海外贸易蓬勃兴起，市场迅速向海外扩展，并由此催生了世界贸易的诞生，而如果以白银贸易为起点的话，世界贸易诞生应该在 16 世纪 40 年代。中国走向近代、走向世界不是西方东来的结果，而是中国社会自身发展的结果。中国的社会转型始于晚明，也就是与近代西方兴起的传统说法——15—16 世纪发生转变——在时间上是基本相一致的。从传统小农社会向近代多元经济社会的重大转变，不仅发生于西方，也同样发生在中国，东西方货币经济发展的趋同为世界形成一个整体奠定了基础。遗憾的是，中国从传统社会向近代社会的转型，随着明末中国社会危机的总爆发而遭遇了首次挫折。①

作为私人海外贸易蓬勃兴起的聚焦点的双屿港，兴起于 16 世纪初，于 1526 年“筑塞”而被扼杀。它不仅在时间上与上面所说的相“巧合”，更重要的是，它本身就是当时中国走向近代化的被动反应，它也是晚明中国近代化遭遇首次挫折的一个例子，见证了中西方历史的分野。

从地理位置上说，舟山群岛位于明政府的东部边缘之地，双屿港也仅仅是一个极不起眼的地方（双屿港的具体位置至今还无法确认），但它所反映的历史背景与历史影像，却也为我们重新思考近代中国社会的转型提供了边缘之地的一个独特见证。

---

① 万明主编：《晚明社会变迁：问题与研究》，第 28、242—246 页。

第八章　从开放交流到大门关闭：古代舟山群岛的海外文化交流

经济贸易上的交流往往也是文化上的交流。中国古代的对外贸易有两种，即陆上贸易和海上贸易，其起始时间大体相同。在史籍中有明确记载的两种贸易往来都是从汉武帝时代开始的。但是，在汉武帝时期及其以后，两种贸易的发展速度却有很大的差异。从西汉到宋代，可以说中国的对外贸易的重心在陆上，西北陆上丝路独领风骚，占中国对外贸易的大头，到宋代以后，对外贸易的重心已经完全转移到东南海上，西北丝路独占鳌头的局面一去不复返了。伴随着对外贸易重心转移而来的，是对外文化交流更加频繁和多元化。

第一节　宋以前舟山群岛的海外文化交流

宋以前虽然没有关于舟山的专门方志，但一方面有相关文献的记载可以作为参考；另一方面，相关的遗迹、传说等，也在一定程度上为研究宋以前舟山文化的发展与交流奠定了基础。

一　徐福与岱山

据《史记》记载，秦二十八年（前219），秦始皇遣徐福入海求仙人：

维二十八年，皇帝作始。端平法度，万物之纪。……既已，齐人徐市等上书，言海中有三神山，名曰蓬莱、方丈、瀛洲，仙人居之。请得斋戒，与童男女求之。于是遣徐市发童男女数千人，入海求仙人。……三十七年十月癸丑，始皇出游。……过丹阳，至钱唐。临浙江，水波恶，乃西百二十里从狭中渡。……还过吴，从江乘渡。并海上，北至琅琊。方士徐市等入海求神药，数岁不得，费多，恐谴，乃诈曰："蓬莱药可得，然常为大鲛鱼所苦，故不得至，愿请善射与俱，见则以连弩射之。"……乃令入海者齐捕巨鱼具，而自以连弩候大鱼出射之。自琅琊北至荣成山，弗见。至之罘，见巨鱼，射杀一鱼。逐并海西。至平原津而病。……七月丙寅，始皇崩于沙丘平台。[①]

到秦三十七年（前210），徐福已在海上奔波长达9年，足迹遍及整个中国沿海地区。

关于"三神山"的位置，有很多种说法，有学者认为是今天舟山的岱山。[②] 浙东最古方志《四明图经》说："蓬莱山，在（昌国）县东北四百五十里，四面大洋。耆旧相传，秦始皇遣方士徐福入海求神仙灵药，尝至此。"[③] 南宋理宗在淳祐九年（1249）亦曾道："朕闻海上神山，烟霞缥缈，为灵异所宅，昌国相望，蓬莱而岱山，固非寻常岛屿也。"[④] 后来的浙江方志均将岱山岛称"蓬莱"。这在更早的文字材料中也得到了印证。1908年在舟山的衢山岛出土了《大唐故程夫人墓志铭》，其铭文写道："（程夫人）以其年□□月二十五日窆于明州鄮县蓬莱乡岣山。"[⑤] 在唐人眼中，蓬莱指整个舟山群岛或岱山岛，"岣山"十分明确，就是现在岱山的"衢山"。

《汉书》说："其传在勃海中，去人不远。"[⑥] 当时的渤海并非现在渤海海域，它包括了更大的范围，现在的渤海当时称为北海。比徐福求仙稍后几十年出生的东方朔在《海内十洲记》描述了瀛洲的位置：

瀛洲在东海中，地方四千里，大抵是对会稽，去西岸七十万里。上生神芝仙草。又有玉石，高且千丈，出泉如酒，味甘，名之为玉醴泉，饮之数升辄醉，令人长生。洲上多仙家，风俗似吴人，山川如中

---

① （汉）司马迁：《史记》卷6《秦始皇本纪第六》，第245—264页。

② 翁志峰：《徐福与东沙的历史渊源》（http://dsnews.zjol.com.cn/dsnews/system/2016/01/27/020145392.shtml，发布日期：2016年1月27日；访问时间：2021年6月26日。）

③ （宋）张津：乾道《四明图经》卷7《昌国县》，见凌金祚点校注释《宋元明舟山古志》，第2页。

④ （民国）汤濬：《岱山镇志》卷20《艺文·英感庙封灵济侯敕》，见凌金祚点校注释《宋元明舟山古志》，第449页。

⑤ 楼正豪：《岱山名贤汤濬旧藏〈大唐故程夫人墓志铭〉拓本考释》，《浙江海洋大学学报》（人文科学版）2017年第6期。

⑥ （汉）班固：《汉书》卷25《郊祀志第五上》，第179页。

国也。[①]

这里明确指出，瀛洲的位置在会稽（绍兴）对面，离西岸七十万里。会稽的对面海岛就是舟山群岛，远离绍兴大陆。不仅如此，这里还说岛上居民“风俗似吴人”，吴人当时主要生活在苏南浙北，这也更能说明瀛洲就是指舟山。因此，《定海厅志》说“相传为今岱山云”[②]，并非空穴来风。

徐福入海求仙药，“数岁不得，费多”，因“恐谴”，只好不断地向秦始皇撒谎，并不断地要求增加财力、物力、人力，但直到秦始皇去世，徐福也没有找到仙药，甚至最后连人也没有回来。

徐福没有回来，去哪里了？同样在《史记》中记载得很清楚：

> 又使徐福入海求神异物，还为伪辞曰：“臣见海中大神，言曰：‘汝西皇之使邪？’臣答曰：‘然。’‘汝何求？’曰：‘愿请延年益寿药。’神曰：‘汝秦王之礼薄，得观而不得取。’即从臣东南至蓬莱山，见芝成宫阙，有使者铜色而龙形，光上照天。于是臣再拜问曰：‘宜何资以献？’海神曰：‘以令名男子若振女与百工之事，即得之矣。’”秦皇帝大悦，遣振男女三千人，资之五谷种种百工而行。徐福得平原广泽，止王不来。[③]

这里说徐福去了“平原广泽”，“平原广泽”在哪里？史料中没有具体解释。学者们通过考证，认为徐福到了日本。日本正史中虽然也没有明确记载，但来自日本方面的文物、史迹及相关文献却印证了徐福东渡日本的史实。日本《和歌山县史迹名所志》中载着新宫町徐福之墓、墓碑等信息，而墓碑前的木牌上也刻录着徐福率童男女、携五谷百工东渡日本的故事。[④] 日本朝野历来重视对徐福的崇尚和祭祀。相传今和歌山县新宫市一带的海滩——熊野滩，即为徐福的登陆处，而徐福正是在新宫市定居下来，相传那里还有徐福墓。为纪念秦朝方士徐福，在日本和歌山县新宫

① （汉）东方朔：《海内十洲记》，熊宪光点校，第 214 页。

② （清）史致驯、黄以周等编纂：光绪《定海厅志》卷 13《仙释》，柳和勇、詹亚园校点，第 246 页。

③ （汉）司马迁：《史记》卷 118《淮南衡山列传第五十八》，第 3086 页。

④ 上海中国航海博物馆：《海帆远影　中国古代航海知识读本》，上海书店出版社 2018 年版，第 275—276 页。

市，建有徐福公园。公园大门是一座中国式的牌坊，这是按照中国的建筑风格建造的，上面铺盖的是台湾制造的琉璃瓦。在平成六年（1994）八月，和歌山县政府为了推动观光旅游业，以徐福像为中心，重新整理徐福墓碑周边并建造牌坊之后，将徐福公园正式对外开放。[①] 到今天，徐福在日本还被称为“农耕之神”“医药之神”“蚕桑之神”“航海之神”。

如果徐福真的达到了日本，那么还有一个问题：徐福在东渡日本前，他们的大队人马隐藏在哪里的？或者说，他们是从哪里出发前往日本的。对此，学者们展开了激烈的争论。1984 年，罗其湘、汪承恭在《光明日报》史学版发表文章认为，徐福东渡共有两次，这两次起航点不一定在同一地点，但都在琅琊郡沿海一带，而不是在离琅琊很远的其他任何地方。徐福第一次出海地点可能在徐山。第二次出海东渡的起航点在离徐福故乡徐福村不远的海州湾沿岸的岚山头或连云港附近。从海州湾附近东渡日本，有两条航路可行。北路：从岚山头、柘汪口附近起航，主要利用春末夏初地面盛行的西南气流（俗称西南风）漂送。其航路是：海州湾岚山头—胶东半岛成山头—朝鲜半岛西海岸—对马海峡—日本九州、有明海—大隅海峡（主要利用太平洋黑潮主流漂送）—日本本州纪伊半岛熊野滩。南路：从古朐山（今连云港锦屏山）附近起航，主要利用冬春季强盛的偏北气流、黄海沿岸流（寒流性质）和黄海水下密度环流三者合力漂送。其航路是：古朐山沿岸—苏北外海（顺黄海沿岸流）由北转向东，顺黄海暖流（由南转向北）—日本九州、有明海—大隅海峡—日本本州纪伊半岛熊野滩。[②]

琅琊起航说遭到了强烈的质疑，有学者认为，徐福在东渡日本前的避秦隐迹之地和起航地在浙江宁波的象山更合理：“其一，秦三十七年（前210），秦始皇最后一次海上出游，‘至钱塘，临浙江。……上会稽’，离象山越来越近。尽管秦始皇再次轻信徐福的‘常为大鲛鱼所苦，故不得至’，但徐福心里清楚，一旦‘隐迹’败露必遭诛戮，不敢在此久留，一走了之乃情理之中；其二，很难想象徐福将正在象山的大批人马和庞大船队先北航至琅琊再往日本，这岂不是自投罗网；其三，徐福东渡实属无奈之下仓

① 席龙飞：《中国古代造船史》，武汉大学出版社 2015 年版，第 73 页。

② 罗其湘、汪承恭：《秦代东渡日本的徐福故址之发现和考证》，《光明日报》（史学版），1984 年 4 月 18 日。该文后收入张良群主编《中外徐福研究》，中国科学技术大学出版社 2007 年版，第 196—200 页。持徐福东渡启航地是琅琊观点的学者较多，如有学者认为：“据司马迁所载，徐福两次入海均是在琅玡向秦始皇提出申请的。鉴于琅玡自春秋起即是山东半岛东岸的主要大港，而秦始皇执政时又多次巡游该处，并刻意扩建港城，因此有理由认为琅玡是徐福船队的起航地点。”孙光圻：《中国古代航海史》，海洋出版社 1989 年版，第 150 页。

促出走，因此也只能是就地起碇东渡；其四，象山蓬莱山地处会稽郡和闽中郡之间，四周临海，有东北百岩山海湾、东南大目渡海湾、西南蟹钳港和西北西沪港，是停泊徐福船队的优良港湾条件；其五，早期的宁波港（古称句章港）是战国时期我国九大港之一，且当地盛产优质的造船木材，吴郡（今苏州）和会稽郡（今绍兴）都是重要的造船地；其六，徐福船队在象山登陆并开始隐居生活。为了生存曾开荒种植，组织童男童女学文授技，为东渡打下了物资和人力基础。由此看来，徐福东渡启航地象山说比琅琊说更合情理。……徐福从象山启航的是一条跨海航路，走的是在中国古代航海史上所称的东海南线航路。具体地说，船队从象山出发，先抵在其东面的韭山岛后受到自北向南的沿岸海流影响，船向南漂至距离台湾北或琉球群岛较近的大陆沿岸，然后折东横渡东海。当船进入大陆外围岛弧内侧就借助由西南向东北的暖流，航船即可逐岛北上直抵日本。”①

如果说徐福隐迹象山并以此为起航地东渡，那么，毫无疑问，徐福船队要经过舟山群岛而东进，岱山以蓬莱为名，徐福可能在岱山东北的东沙角山嘴头上过岸。

徐福东渡日本，除率领数千童男童女外，还带去了五谷及当时先进的生产工具和技术，在中日两国文化交流史上占有重要地位。

二 普陀山——观音道场的形成

普陀山，全称补陀洛迦山，系梵语 Potalaka 的音译，意为小白华，又译普陀洛迦、补陀洛迦、补怛洛伽等，位于舟山群岛东南部，是名扬海内外的观音道场，我国四大佛教名山之一。据宝庆《昌国县志》记载，由于梅福在此炼丹，故普陀山又名梅岑山，有善财岩、潮音洞，潮音洞乃观音大士化现之地。

据记载，舟山群岛本岛在东晋年间就有观音庵，南宋隆兴元年（1163）昌国知县王存之《普慈禅院新丰庄开涂田记》载：“县内有普慈禅院，依山瞰海，实东晋韶禅师道场，缁素过海礼宝陀、九峰、万寿、必驻锡焉。”② 元大德《昌国州图志》载：“普慈寺，始东晋时，仅一小庵，

---

① 何国卫、杨雪峰：《就秦代航海造船技术析徐福东渡之举》，《海交史研究》2018 年第 2 期。

② （宋）张津：乾道《四明图经》卷 10《普慈禅院新丰庄开请涂田记》，杨明祥主编《宋元四明六志 1 乾道四明图经》，宁波出版社 2011 年版，第 346 页。

以观音名。”[1] 这些记载说明，说明东晋时观音信仰已在舟山地区传播。相传唐大中年间（847—860），西域僧人来此洞中燔尽十指，亲睹观音，与说妙法，并授以七色宝石，灵迹始著。[2]

佛教界一般认为，普陀山成为观音道场，以日本僧人慧锷（又作惠萼）从五台山迎奉观音圣像到此，建“不肯去观音院”为嚆矢。但对于观音道场的开创时间，主要有三种说法。一是据《佛祖统记》载，唐大中十二年（858），“日本国沙门慧锷礼五台山得观音像，道四明（宁波），将归国。舟过补陀山，附著石上，不得进……锷哀慕不能去，乃结庐海上以奉之。鄞人闻之，请其像归安开元寺。今人或称五台寺，又称不肯去观音。其后，有异僧持嘉木至寺，仿其制刻之，扃户施功，弥月成像，忽失僧所在，乃迎置补陀山。”[3] 此说认为慧锷开普陀山观音道场的时间是公元858年。二是元至正年间（1335—1368），西域龟兹国僧人盛熙明游普陀山，叹普陀山自始兴迄今，无片文只字记录，即撰《补陁洛伽山传》，他认为：“梁贞明二年（916），日本僧惠锷首创‘观音院’，在梅岭山之阴。”[4] 此说认为慧锷开普陀山观音道场的时间是公元916年。三是根据日本典籍的说法，慧锷曾三次入唐，第一次是公元841年，第二次是847年，第三次是862年。根据学者考证，慧锷开创普陀山观音道场的时间应在唐咸通四年，即公元863年。[5] 宋乾德五年（967），宋太祖派臣到普陀山进香。宋神宗元丰三年（1080），敕建宝陀寺，赐额宝陀观音寺，弘传律宗。高宗绍兴元年（1131），真歇禅师自长芦南游至此结庵，称海岸绝处，改弘禅宗，后历元、明、清三朝，累代敕建，赐额不绝，寺塔楼阁亭堂寮院，遍布全山，普陀山观音道场的名声也享誉世界。

普陀山是海上贸易的重要中转站，各国商舶凡经此者，往往会停靠普陀山，或补给物资，或候风候潮。此外，这些往来商舶还有一个非常重要目的就是出航前登山做佛事，祈福一路平安。古代航海多风险，商贾们由

---

① （元）冯福京修，郭荐纂：大德《昌国州图志》卷7《叙祠》，见凌金祚点校注释《宋元明舟山古志》，第104页。

② （宋）罗濬等：宝庆《昌国县志·叙山》，见凌金祚点校注释《宋元明舟山古志》，第19页。

③ （宋）志磐：《佛祖统纪校注》卷43，释道法校注，上海古籍出版社2012年版，第996页。

④ （元）盛熙明：《补陁洛伽山传·兴建沿革品第四》，见武锋点校《普陀山历代山志》（上册），第11页。

⑤ 王和平：《普陀山在我国对外佛教关系史上的地位——兼探观音道场的开创时间》，载王和平《探析舟山》，中国文史出版社2010年版，第39—48页。

于惧怕海难，船上供有神像，途经普陀山都要祈福观音。这样，普陀山在对外文化交流中的地位更加得以彰显。

第二节 宋代舟山群岛的海外文化交流

宋代浙江海外文化交流广泛，特别是与日本和朝鲜半岛的交流特别频繁，既有官方的也有民间的交流。交流的内容多种多样，包括佛教、儒学、书画艺术、武士道、医药学、茶与茶道、丝绸纺织、印刷术、建筑、造船与航海等。[①] 舟山群岛作为进出明州的必经之地，在浙江的海外文化交流中具有重要作用。北宋时期，日本高僧成寻在前往中国途中对其所经过的舟山群岛的情况有比较详细的记录。

成寻（1011—1081）是日本京都岩仓大云寺主持，他在神宗熙宁年间（1068—1077）曾多次来到中国，并把自己的入宋游历都记录在《参天台五台山记》中，这是研究宋史及11世纪中日关系史的珍贵史料，其中许多内容为现存宋人著述失载或记述不详的，它或可补文献之不足，或堪纠史籍之失当。[②]

据《参天台五台山记》载，北宋海商孙忠于1072年载成寻往绍兴。1072年3月15日凌晨3时至5时（日本延久四年三月十五乙未寅时），成寻在登船后写下了日记的开篇。在成寻笔下，孙忠的名字被记成了“曾聚”。孙忠，南雄州人（今广东南雄市，宋开宝四年即公元971年始称南雄州），他是一船头，二船头叫吴铸，福州人，三船头叫郑庆，泉州人。成寻则带了赖缘、快宗、圣秀、惟观、心贤、善久、长明等僧人。[③] 在日本海航行、候风5天后，于3月20日“飞帆驰船，云涛遮眼，只见渺渺海，不见本国山岛”[④]。3月25日“未时，始见苏州石帆山，大严石也。无人家。船人大悦。丑时，至苏州大七山宿”[⑤]。26日申时，“着明州（宁波）别岛徐翁山，无人家”[⑥]。27日未时“着明州黄石山……一日至明州云云。北见北界山，有人家。依南风吹，去黄石山，回船，着小均山，黄

① 徐吉军：《论宋代浙江与日本的文化交流》，《浙江学刊》1993年第5期。
② 曹家齐、金鑫：《〈参天台五台山记〉中的驿传与牒文》，《文献》2005年第4期。
③ 〔日〕成寻：《参天台五台山记》卷1，王丽萍校点，第1页。
④ 〔日〕成寻：《参天台五台山记》卷1，王丽萍校点，第6页。
⑤ 〔日〕成寻：《参天台五台山记》卷1，王丽萍校点，第10页。
⑥ 〔日〕成寻：《参天台五台山记》卷1，王丽萍校点，第11页。

石西南也。……小均山东南有桑子山，有人家。……桑子山南隔海数里，有大均山，有二十四澳，各人家多多也。大均山西畔有随稍山，有港，无人家。小均山顶有清水”①。4月1日申时，“着岱山，在随稍山西山也。有人家。东南有栏山，有人家”②。4月2日午时，“到着东茹山。船头等下陆，参泗州大师堂。……向东南见杨翁山，有人家。翁山见马务山，无人家”③。3日，依旧住在东茹山，“福州商人来，出荔子。唐果子，味如干枣，大似枣，离去上皮，食之。……一船头曾聚志与缝物泗州大师影一铺，告云：‘有日本志者，随喜千万。’”④ 4日未时，“南见烈（沥）港山金塘乡，有人家。向西北上，有吴农山，无人家，连四座小山，大船不可通来去，山外通船。烈港山南有一小山，号为铁鼠山，无人家，山下泊得船留。铁鼠山西有加门山，无人家。西有令礦山，无人家，山中下有通船来去。向西南入定海县，县南有一座山，名游山。港口有虎顶山，无人家。上到招宝山，无人家。金鸡均在港口东畔，无人家。从港入明州”⑤。

根据古今行政区域演变和近年来致力于这段历史研究的学者考证，“石帆山”即今嵊泗境内嵊山至泗礁山途中之篷礁；“大七山”即今泗礁山与上海南汇咀之间海上无居民小岛大戢山；“徐翁山”即徐公山；“杨山”“三姑山”即今大、小洋山；“北界山”为嵊泗泗礁（北宋熙宁六年即1073年，舟山复置县，称昌国县，嵊泗仍为所属，系蓬莱乡北界村）；“桑子山”为小洋山（古又称桑枝山）；“小均山”为衢山，“袋山”“栏山”均指岱山（一说“栏山”指秀山）。4月2日，成寻到达的“东茹山”是这条航线的一个重要中继站，上面有泗洲大师堂可参拜，“东茹山”就是今天的东沙镇。⑥

元丰元年（1078），北宋在招宝山下造两“神舟”，“由定海绝洋而东，既至（高丽），国人欢呼出迎”，国王“（王）徽具袍笏玉带拜受诏，与（安）焘、（陈）睦尤礼，馆之别宫，标曰‘顺天馆’，言尊顺中国如天云”⑦。由于当时国王王徽生病，向中国“乞医药”，于元丰二年正月，

① 〔日〕成寻：《参天台五台山记》卷1，王丽萍校点，第11—12页。
② 〔日〕成寻：《参天台五台山记》卷1，王丽萍校点，第14页。
③ 〔日〕成寻：《参天台五台山记》卷1，王丽萍校点，第14页。
④ 〔日〕成寻：《参天台五台山记》卷1，王丽萍校点，第15页。
⑤ 〔日〕成寻：《参天台五台山记》卷1，王丽萍校点，第16页。
⑥ 邱波彤：《东沙：寻找千年前的繁华》，《舟山日报》2008年9月25日。
⑦ （元）脱脱等：《宋史》卷487《外国三·高丽传》，第14047页。

“遣王舜封挟医往诊治徽”，这是中国医药传入高丽之始。[①] 舜封一行乘两神舟过莲花洋，“遇风涛，大龟负舟，众皆惶怖，致祷，忽睹金色晃耀，（大士）现满月相，珠璎灿然，出自岩洞，龟没舟行。及还，以奏上闻，始赐额‘宝陀观音寺’”。此事与慧锷请观音像到山相似，虽属偶然，却成为普陀山观音道场形成和发展之关键。从此，“高丽、日本、新罗、渤海诸国皆由此取道，守候风信，谓之放洋”[②]。“高丽道头”成为出入宋朝的各国使船、贡艘、商舶必经之地，普陀山在宋代，已经成为通往高丽的中转站，往返高丽日程长短，全凭风汛，遇顺风，则历险如夷；遇黑风，则舟覆人亡。一般从普陀山去高丽多在七、八、九月，乘西南季风；从高丽到普陀山则在十、十一月，乘东北季风，由于掌握了季风规律和潮流朝向，使得东海之地通往高丽、日本等诸国的航程大大缩短，也加速了东海之地的对外交流。神宗元丰年间，高丽几乎每年来贡，民间交往也更加频繁。宝元元年（1038），明州商人陈亮、台州商人陈维绩等 147 人远航高丽；崇宁二年（1103）明州教练使宗闵、许从等 38 人去三韩，五月，又有明州杜道济、祝延祚商舶赴高丽。[③]

南宋时期的明州是全国最重要的对外交流港口之一，海外贸易和交流十分发达和频繁。作为明州港对外交往和交流的中继站，昌国也成为南宋对外交流的活跃地区。官府为了加强管理，不仅在明州设立市舶司，而且在昌国设立各级管理机构。宋政府在昌国地区设置的管理机构主要包括：“三姑都巡检，治在三姑山，县西北八十里”“指使两员，一治冽港，一治岑港”[④]。三姑山是昌国北部海域扼守对外交通和交流的要冲，位置十分重要。

> 三姑山，系北洋冲要之地，凡海舟自山东放洋而南欲趋浙之东西，必自此分道。绍兴年间（1131—1162）置巡检寨，又于岑江、冽港置两指使子寨，以为犄角。其后三姑寨移驻冽港，殊失初意。嘉定七年（1214），提刑程覃摄守，请于朝，以三寨士军听定海水军统制

① 王连胜：《东亚海上丝绸之路——普陀山高丽道头探轶》，载柳和勇、方牧主编《东亚岛屿文化》，第 2 页。

② （宋）张津：乾道《四明图经》卷 7《昌国县》，见凌金祚点校注释《宋元明舟山古志》，第 2 页。

③ 王连胜：《东亚海上丝绸之路——普陀山高丽道头探轶》，载柳和勇、方牧主编《东亚岛屿文化》，第 2 页。

④ （宋）罗濬：宝庆《四明志》卷 20《昌国县志》，见凌金祚点校注释《宋元明舟山古志》，第 18 页。

节制。每岁拨二百五十人，同水军五十人，各（《定海厅志》改作"合"）三百人。出戍三姑，以十月朔往，三月朔还。授以舟船、器甲，给以添支钱米。就军中择（《定海厅志》漏"择"字）将佐，拨发训练官以部之。即山上建寨屋并厅屋二十间，射亭二间，俾之更番休息、阅习于其内，夜则归船宿泊。防守北洋要冲。自是控扼始严。①

由此可以看出，三姑山都巡检不仅是管理对外交流和交往的重要机构，也明显具有军事海防和卫戍的性质。

普陀山既是遐迩闻名的观音道场，又是东海海上丝绸之路的交通要塞，还是通往朝鲜半岛、日本的重要中转站，被誉为"海上敦煌"。海舶过往，必诣祈福，人们虔诚礼佛，旨在祈求航海平安。观音备受航海的商人、僧侣和海员的崇信。据《宣和奉使高丽图经》载，普陀山初有"灵感观音"，继新罗贾人置五台山观音于新罗礁，"自后海舶往来，必诣祈福，无不感应"②。这些都充分说明航海人把观音作为海上的保护神，一直以来笃信无疑。至宋代愈加兴盛，各国商舶停靠普陀山，除候风候潮，另一重要目的是出航前都要登山礼佛，商贾惧怕海难，船上供有神像，途经普陀忘不了祈祷观音，以求航海平安。

崇宁二年（1103）五月，徽宗欲对高丽"褒宠镇抚之，以继神考之志"③，遣户部侍郎刘达、给事中吴栻率医官弁介、吕月登、陈尔猷、范之才等人出使高丽，从定海启航，经普陀山绝洋而往。归来时，"自群山岛经四昼夜，月黑云翳，海面冥蒙，不知所向，舟师大怖，遥叩宝陀，未几，神光满海，四烛如昼，历见招宝山，遂得登岸"④。

宣和五年（1123），奉议郎徐兢出使高丽是中韩交往史上非常著名的事件。宣和四年，高丽丞相李资深立俣子楷嗣位，遣使来告，徽宗敕给事中路允迪、中书舍人傅墨卿前往奠慰。王俣临终前曾求医于宋朝，并奏请"能书（法）者至国中"，因此这次出使，由书法绝佳的奉议郎徐兢和两医者同往，特诏明州再造客舟6艘，神舟2艘，一曰"鼎新利涉怀远康济神舟"，一曰"循流安逸通济神舟"。客舟长10余丈，深3丈，阔2丈5，

① （宋）罗濬：宝庆《四明志》卷20《昌国县志》，见凌金祚点校注释《宋元明舟山古志》，第18页。
② （宋）徐兢：《宣和奉使高丽图经》卷34《梅岑》，第119页。
③ （宋）徐兢：《宣和奉使高丽图经》卷2《世次·王氏》，第4页。
④ （元）盛熙明：《补陁洛伽山传·应感祥瑞品第三》，见武锋点校《普陀山历代山志》（上册），第8页。

载重2000余斛，用“全木巨舫，蹭垒而成，上平如衡，下侧如刃，贵其可破浪而行也”。神舟长、阔、深则3倍于客舟，巍然如山，浮动波上，乃当时世界上最大之航船。8舟共载1000余人，于宣和五年二十四日鸣鼓张旗，解缆离招宝山。

二十五日船队到沈家门。

二十五日丁丑辰刻，四山雾合，西风作，张篷委地曲折随风之势。其行甚迟，舟人谓之拒风。巳刻雾散，出浮稀头、白峰、窄额门、石师颜而后至沉家门抛泊。其门山与蛟门相类，而四山环拥，对开两门，其势连亘，尚属昌国县。其上渔人樵客丛居十数家，就其中，以大姓名之。申刻风雨晦、雷电雨雹欻至，移时乃止。是夜，就山张幕扫地而祭，舟人谓之祠沙实岳渎主治之神，而配食之位甚多。每舟各刻木为小舟，载佛经、粮糗，书所载人名氏纳于其中而投诸海，盖禳厌之术一端耳。①

二十六日泊莲花山。

二十六日戊寅，西北风劲甚，使者率三节人以小舟登岸入梅岑，旧云梅子真栖隐之地，故得此名，有履迹瓢痕在石桥上，其深麓中，萧梁所建宝陀院，殿有灵感观音，昔新罗贾人往五台，刻其像欲归国，既出海，遇礁，舟胶不进，乃还，置像于礁上，院们僧宗岳者，迁奉于殿，自后，海船往来，必诣祈福，无不感应。吴越钱氏移其像于城中开元寺。今梅岑所尊奉，即后来所作也。崇宁使者闻于朝，赐寺新额，岁度缁衣而增饰之。旧制，使者于此请祷。是夜，僧徒焚诵歌呗甚严，而三节官官吏兵卒莫不（虔）恪作礼。至中宵，星斗焕然，风幡摇动，人皆欢踊云：风已回正南矣。②

这段材料生动地描述了当时的北宋使者、官兵在宝陀寺通宵达旦焚诵顶礼、候风候潮、祈福航海平安的盛况，充分展示出昌国之地作为海上丝绸之路中继站的风采。

经过普陀山，沿北而上，就经过今天的岱山之地，二十八日以后，船

① （宋）徐兢：《宣和奉使高丽图经》卷34《沈家门》，第119页。
② （宋）徐兢：《宣和奉使高丽图经》卷34《梅岑》，第119页。

队进入蓬莱山。

> 蓬莱山望之甚远，前高后下，峭拔可爱，其岛尚属昌国封境。其上极广可以种植，岛人居之。仙家三山中有蓬莱，越弱水三万里乃得到，今不应指顾间见，当是今人指以为名耳。过此则不复有山，惟见远波起伏，喷豗汹涌，舟楫振撼，舟中之人吐眩颠仆不能自持十八九矣。[①]

然后经过（东）半焦洋，入白水洋、黄水洋、黑水洋，复东航至宋与高丽为界的夹界山（今朝鲜小黑山岛），过五屿、白山、黑山、月屿、竹岛，一路北行，抵礼成港登陆。徐兢船队从高丽返国航程，只有从浪港山（今大衢山东浪港山列岛）至蛟门（今中门柱）一段海路，与往程不同的是不复经梅岑山、沈家门外，其余并与往程相同。[②]

宋代与朝鲜半岛的文化交流，无论是官方的还是民间的，往往是通过商船。前述高丽国王王徽生病，宋政府曾遣王舜封一行前往医治，其所乘“神舟”为官船，但宋丽之间的文化交往更多地依靠往来之商船，如宋丽外交文书的传递等就是通过商船而进行的，这里节录《高丽史》及《高丽史节要》部分材料。

> （文宗三十二年夏四月，元丰元年，1078）辛未，宋明州教练使顾允恭赍牒来，报帝遣使通信之意。（高丽）王曰：“敢期大朝降使外域？寡人一喜一惊。凡百执事，各扬尔职，馆待之事，罔有阙遗。勤谨著能者，当行超擢；怠劣有过者，别论贬黜。”[③]
>
> （宣宗十年二月，元祐五年，1090年）甲寅，宋明州报信使黄仲来。[④]

顾允恭、黄仲都是报信使，他们并不是宋派出的正式使节，他们应当没有与官方正式使节同等的地位，也没有证据表明他们所乘坐的是官方的“官船”，因此，他们很有可能就是搭乘往来宋丽的商船前往的。

---

① （宋）徐兢：《宣和奉使高丽图经》卷34《蓬莱山》，第120页。

② 王文楚：《两宋和高丽海上航路初探》，《文史》（第12辑），1981年。

③ 郑麟趾等：《高丽史》卷9，文宗三十二年夏四月辛未，韩国国立汉城大学奎章阁档案馆本；《高丽史节要》卷5，文宗三十二年夏四月，韩国国立汉城大学奎章阁档案馆本。

④ 郑麟趾等：《高丽史》卷10，宣宗十年二月甲寅；《高丽史节要》卷6，宣宗十年春二月。

在宋丽两国外交中断期间，有些宋商甚至以使臣身份前往高丽。

(仁宗十六年三月，绍兴八年，1138年) 宋商吴迪等六十三人持宋明州牒来，报徽宗皇帝及宁德皇后郑氏崩于金。①

(毅宗十六年三月，绍兴三十一年，1161年) 宋都纲侯林等四十三人来，明州牒报云："宋朝与金举兵相战，至今年春大捷，获金帝完颜亮，图形叙罪，布告中外。"②

这两则材料都明确说明宋商以使臣身份前往高丽这一事实。

宋丽之间漂流民的救助与送还是宋丽文化交流史上重要但被经常忽略的现象。③ 高丽方面的记载以《高丽史》较多，其中明确提到与明州有关者5次，兹罗列于表8-1。

表8-1 《高丽史》中与明州有关的漂流民救助

纪年	公历	事迹	资料来源
宣宗五年	1088	宋明州归我罗飘风人杨福等男女二十三人	《高丽史》卷十，宣宗五年五月辛亥
宣宗五年	1088	宋明州归我耽罗飘风人用叶等十人	《高丽史》卷十，宣宗五年秋七月
宣宗六年	1089	宋明州归我飘风人李勤甫等二十四人	《高丽史》卷十，宣宗六年八月庚戌
睿宗八年	1113	珍岛县民汉白等八人因买卖往乇罗岛被风漂到明州，奉旨各赐绢二十匹，米二石发还	《高丽史》卷十三，睿宗八年六月辛丑
毅宗九年	1155	宋明州归我（高丽）漂风人知里先等五人	《高丽史》卷十八，毅宗九年八月丙子

宋代有关文献中记载有关漂流民的事件也较多，其中与明州有关的共

① 郑麟趾等：《高丽史》卷16，世家，仁宗十六年三月。

② 郑麟趾等：《高丽史》卷18，世家，毅宗十六年三月。

③ 这里关于宋丽漂流民的研究成果见姚禮群的《宋代明州对高丽漂流民的救援措施》（《韩国研究》[第2辑]，浙江大学韩国研究所，1995年），此文后载杨渭生教授的《宋丽关系史研究》（杭州大学出版社1997年版）一书，第474—483页。下面两表即来自此文，本书只是对其出处进行了更为详细的补充并校改了相关文字。

4次，兹罗列于表8-2。

表8-2　　宋代文献记载的与明州相关的漂流民事件

纪年	公历	事迹	资料来源
咸平三年	1000	明州言，高丽国民池达等八人，以海风坏船，漂至鄞县，诏付登州给赀粮遣归	《资治通鉴长编》卷四七
天禧四年	1020	高丽夹骨岛民阏达以风漂舟至定海县岸，诏明州存问，给渡海粮遣还	《资治通鉴长编》卷九五
元丰三年	1080	高丽国界托罗人崔举等因风失船漂流至泉州界，后由明州归国	《曾巩集》卷三二
宝祐六年	1258	六名高丽人驾船往白陵县收买木植在海遭风潮流至明州石衢山	开庆《四明续志》卷八

事实上，宋丽之间的文化往来远不止以上所列，其中经过舟山群岛的文化交流也远不止上述内容。曾有学者统计过，从公元960年到1301年的300多年间，宋与高丽的海上往来达320多次，其中明确提到明州、吴越、鄞县、定海等相关者有34次。[①] 正如研究者所指出的那样，宋商往来高丽是经常性的，即便在高丽抗蒙战争时期，宋丽商船往来并未中断，且十分频繁。高丽人不必担心漂流至宋而无法返回，若想去宋朝留学也可随时出发；而向往出仕的宋人亦可随时至高丽参加科考。通过宋商，两国人员不用见面便能交换书信、物品，实现“实时”的文化交流。虽然高丽与宋朝之间隔着大海，但正因为有了宋商，茫茫大海不再是阻断两国交流的重重屏障，而是你来我往的通衢大道。[②] 在这条通衢大道上，明州是重要的目的地，而出入明州的海上来往，必定经过舟山群岛海域，舟山群岛的“海上敦煌”之名名不虚传。

① 〔韩〕李镇汉：《高丽时代宋商往来研究》，李廷青、戴琳剑译，楼正豪校，江苏人民出版社2020年版，第204—251页。

② 〔韩〕李镇汉：《高丽时代宋商往来研究》，李廷青、戴琳剑译，楼正豪校，第272页。

第三节 元代舟山群岛的海外文化交流

元朝时，中国与日本在佛教文化的交流方面十分频繁。据统计，从1299年到1351年，中国前往日本的高僧有13位，其中临济宗占11位，曹洞宗2位。[①] 因为当时中国北方汉传佛教曹洞宗盛行，而在南方则是临济宗。[②]

在昌国地区，这一时期出现了很多著名的佛教高僧，其中一山一宁是最著名的一位，他不仅对昌国地区、江南佛教的发展具有重要意义，而且在佛教的对外传播，特别是中日佛教与文化交流中起了非常重要的作用。

唐朝的道旋、鉴真，宋元的道隆、普宁、正念、祖元，清代的心越等，他们大多是受日本僧人或之前寓居日本的中国僧人的邀请，去日本讲经说法。唯独元初赴日的一山一宁，是受元朝皇帝派遣，作为元朝的使者而赴日的。

一山一宁，法号一宁，自号一山。南宋淳祐七年（1247）出生在台州府临海县城西白毛村，俗姓胡。一宁在村塾读书时，即机敏超群。稍长后，由其叔父灵江介绍，至天台山鸿福寺做侍者。3年后，又随灵江去四明的太白山（今宁波鄞州区阿育王寺一带）学习《法华经》等经书。两年后出家得度，到城中应真律寺学戒律，又到延庆教寺及杭州的集庆院学天台宗。由于当时的天台宗日渐衰微，一宁改去天童山简翁敬禅处问禅法。在顽极行弥指点下，得到契悟。后又历访天台山、雁荡山、阿育王山等地高僧。[③]

元至元二十一年（1284），一宁渡海到舟山，任祖印寺住持。在祖印寺十余年后，一宁又转到普陀山的观音寺任住持。

在元朝，世祖忽必烈曾两次远征日本，都出师不利。第二次出征失败后，元世祖忽必烈仍计划重整旗鼓，再次东征，但最终被迫放弃。至元二

---

① 〔日〕木宫泰彦：《日中文化交流史》，胡锡年译，第408—410页。

② 杭州是当时南方的禅法中心，有不少禅师在此传授临济宗的禅法。影响最大的是明本禅师。明本禅师极力批判文字禅，提倡看话禅。明本及其弟子惟则还主张禅净结合，并从理论上为禅净合一作了进一步的论证。明本要求人们把念佛与看话禅结合起来，从禅观实践上提供了禅净合一的具体方法；惟则认为阿弥陀佛就在人们心中，西方净土就是现实世界。参见吴平《图说中国佛教史》，上海书店出版社2009年版，第121页。

③ 包江雁：《“宋地万人杰 本朝一国师”——高僧一山一宁访日事迹考略》，《浙江海洋学院学报》（人文科学版）2001年第2期。

十三年（1286），元世祖发布停战令，改为遣使招抚。元政府派出以普陀山高僧如智法师和参在政事王积翁为使者的使团赴日，但都未能到达日本本土。元日关系仍未缓解，双方的商船及人员往来相对减少。至元三十一年（1294），世祖死去，元成宗铁穆儿继位，延续遣使招抚的政策。大德三年（1299），适逢日本商船来华，成宗物色赴日人选，众推一山一宁。于是，当年五月，铁穆儿皇帝赠一宁以“妙慈弘济大师”及“江浙释教总统”称号，并交予他元朝致日本诏书一封；同时派官员5人侍卫，前往日本。元成宗在致日本国的诏书中说：“有司奏陈，向者世祖皇帝尝遣补陀禅僧如智及王积翁等两奉玺书通好日本，咸以中途有阻而还。爰自朕临御以来，绥怀诸国，薄海内外，靡有遐遗，日元之好，宜复通问。今如智已老，补陀宁一山道行素高，可令往谕，附商舶以行，庶可必达。朕特从其请，盖欲成先帝遗意耳。至于惇好息民之事，王其审图之”①。

怀着修复中日人民友好感情的目的，一山一宁不顾前任两位使者两次出使日本的失败和海途凶险，于同年五月下旬，踏上凶吉未卜的旅途。一山一宁与西涧士昙及外甥石梁仁恭等一行五人，从庆元府搭乘日本商船东渡，历海上近三个月艰辛，于六月上旬到达九州博多湾，后经京都转至关东。当时，日本镰仓幕府执权北条贞时认为其负有敌国使命，颇有间谍之嫌，于是将其发遣至僻远的伊豆修禅寺。事后北条贞时受有识之士劝说，得知其为“彼国望士”，又于同年十二月将其迎入镰仓，请其主持关东最大的禅寺——建长寺，并亲自向他参禅，行弟子礼。一山一宁住建长寺三年，于日乾元元年（1302）十月迁往圆觉寺，二年后又回建长寺，再移净智寺。日正和元年（1312）因京都瑞龙山南禅寺住持规庵祖圆寂，后宇多天皇降旨，请一山一宁到京都做南禅寺主持。其间，后宇多天皇曾多次亲临寺院问禅，并师从一山一宁。后来，一山一宁以老病日加，屡次请辞，后宇多天皇仍极力挽留。一山一宁不得已，一度潜赴越前（今日本福井县）。天皇得知，又派专使到越前，加以抚慰，并促其归山，一山一宁盛情难却。于正和四年（1315）重返京都，居南禅山慈济庵。日文保元年（1317）十月二十五日，一山一宁因病在慈济庵圆寂。后宇多天皇深表哀悼，赐其“国师”谥号，令前权大纳言源有房撰文致祭，敕令建塔庙，御赐“法雨”匾，亲题其像赞曰：“宋地万人杰，本朝一国师。”徒僧嵩山居中辑有《一山国师语录》二卷传世，弟子虎关师练著有《一山国师妙慈弘济大师行状》。延祐六年（1319），东光寺僧月山友桂赍牌位入元，纳于

① （明）宋濂：《元史》卷20《成宗本纪三》，第426—427页。

育王山。①

一山一宁出使日本，对日本社会、文化、生活等各方面都产生了重要影响，为中日文化交流作出了重要贡献，在中日文化交流史上占有重要地位，主要体现在以下几个方面。②

第一，对日本禅宗发展产生了重要影响。一山一宁在日本创建了禅宗的一山派，对弘扬佛法起了很重要的作用。他使禅宗由镰仓幕府的独家信仰走向了大众，而且培养了雪村友梅、龙山德见等大批卓有成就的弟子。一山一宁到日本前，日本所谓的“禅”，是以镰仓为中心的“武家禅”，而他到日本后，以京都为中心的“朝廷禅”得以兴盛。正如汪向荣所言：“禅宗在日本的普及，由武家禅而公家禅，更由局限于少数人而广传于一般平民之间，一山一宁是有功的。”③

第二，对日本宋学的影响。一宁赴日时，日本还处于宋学传播的初期阶段。一山一宁个人极高的宋学造诣，“博学多识，凡教乘诸部、儒、道、百家之学，固不待言，即稗官、小说、乡谈、俚语，也无不通晓，犹善于书法。”④ 他在给弟子传法之间，往往直接宣讲朱子之学。由于一山一宁对朱子之学的直接讲解，厘清了日本宋学传抄中的谬误。因此，从其学者众多，为日本培养了一大批宋学人才。弟子虎关师练就多次请教于他：“某（师炼）智薄淡谫，每见程杨之说不能尽解，老师（一宁）宏才博学，赖以愚所疑。”⑤ 在一宁的启迪下，虎关师练成为日本宋学的先驱之一。“一宁在日本度过二十年的生涯中，对于和他接触过的很多道俗，想必也以同样的清谈来相酬酢，对于日本的学术、文学、书法、绘画等方面的刺激一定是很显著的。”⑥

第三，对日本文学的影响。在文学方面，一宁以其极高的文学修养，培养了虎关师练、雪村友梅、中岩圆月等人，开日本室町时代五山文学之先河。虎关师练与一宁习文唱和，时人评价他“微达圣域，度越古人”，

① 朱颖、陶和平：《试论一山一宁赴日在中日关系发展史中的作用和意义》，《日本研究》2003 年第 1 期

② 郧军涛：《高僧一山一宁东渡日本与元代的中日文化交流》，《陇东学院学报》（社会科学版）2004 年第 2 期。

③ 汪向荣、汪皓：《中世纪的中日关系》，中国青年出版社 2001 年版，第 81 页；郧军涛：《高僧一山一宁东渡日本与元代的中日文化交流》，《陇东学院学报》（社会科学版）2004 年第 2 期。

④ 〔日〕木宫泰彦：《日中文化交流史》，胡锡年译，第 412 页。

⑤ 〔日〕木宫泰彦：《日中文化交流史》，胡锡年译，第 413 页。

⑥ 〔日〕木宫泰彦：《日中文化交流史》，胡锡年译，第 413 页。

虎关师练的汉诗文集《济北集》系五山文学早期的代表作。与虎关师练相比，雪村友梅的汉诗文则是“根植于中国的文化土壤，由元代高僧一手培养起来的”①。可见一宁在日本文学发展史上的重要地位。

第四，对日本书画艺术的影响。在书法、绘画艺术上，一宁的造诣自不待言，他手书的《一山一宁法师》流传至今，被定为日本国宝级文物，成为“禅宗样”书道艺术的真迹。他认为：“书与画非取其逼真，大体取其意，故古人之清雅好事者，只贵清逸简古，其人之名德，非笔墨间也。画以古人高逸者为重，书以晋宋间诸贤笔法为妙。”② 在他的熏陶下，雪村友梅、宗峰妙超等人成为镰仓末期的著名书画大家。

正是由于一山一宁对日本社会、文化的诸多影响，使得其弟子龙山德见等诸多日本僧人立志学习中国文化、学术，日僧不断来华进行学术、文化交流，也推动了中日民间贸易的恢复和民间文化交流的空前繁荣。

一山一宁作为国使成功地出访日本，改善了两国关系，重续了中日两国的友好往来，开创了自唐宋以来中日之间在政治、经济、宗教诸方面交流的又一新高峰。在一山一宁出访以前，中日之间已中断了二十多年的官方交往。自一山一宁赴日后，大批僧人入元，其中有龙山德见、雪村友梅等一山一宁的弟子，至元末，日本来元僧人达二百多人。元朝赴日僧人也络绎不绝，其中有史记载的就有灵山道隐、清掘正澄、明极楚俊、东明惠日、竺仙梵仙等一批高僧。据《普陀洛迦山志》载：

> 圆觉、京都南禅等大刹住持，留日本19年，开创了“二十四派日本禅”之一的“一山派”禅宗学说，延祐四年（1317）病逝日本，天皇题其像赞称“宋地万人杰，本朝一国师”。一山使日，不仅恢复了元初因文永、弘安之役中断之日中邦交，而且对日本佛教及文化艺术影响颇深，在他的鞭策下，曾为其侍者的日本高僧虎关师练写出了释教巨著《元亨释书》30卷。弟子们慕一山高风，纷纷入元求法，其中载于史籍的有龙山德见，大德九年入元；雪村友梅，曾学书于一山，大德十一年入元，一日拜访当代书画家赵孟頫，作书笔势雄浑，使赵惊叹不已；嵩山居中，至大二年（1309）入元，编纂《一山国师语录》，流传日中两国；月山友桂，延祐六年（1319）入元，赍一山

① 郧军涛：《高僧一山一宁东渡日本与元代的中日文化交流》，《陇东学院学报》（社会科学版）2004年第2期。

② 〔日〕木宫泰彦：《日中文化交流史》，胡锡年译，第413页。

> 牌位纳于育王山；东林友丘，约元统二年（1334）入元。至正二年（1342）前后，日本灵洞院刊印普陀山高僧大川普济《五灯会元》20卷。二十八年，经日本入元僧圆月等多方筹划，该院再次刊印《五灯会元》等中国佛籍。①

可以说，正是一山一宁重续了中日关系的新篇章。

总之，一山一宁以元王朝使者的特殊身份，于中日关系僵化的非常时期出使日本，他以一个友好使者的身份，修复了两国关系；他以一个禅宗大师的身份，在日本弘扬佛法，传播宋学汉文，深得日本人民的爱戴。一山一宁的东渡，在中日两国关系史上有着特殊的不可磨灭的功绩。

第四节　英国人与舟山关系

如前所述，有明一代直至清代初年，朝廷在舟山群岛实行的废县徙民政策导致舟山群岛整个社会经济、文化和对外交流的长期停滞，给舟山人民带来了巨大的灾难。因此，整个明代舟山群岛的海外文化交流几乎空白，难觅可圈可点之处。这种情况一直延续到康熙年间，海禁开放之后才好转起来。这一时期，与舟山群岛有交流关系的是来自遥远地区而又陌生的英国。

一　英国早期与华通商的努力

早在16世纪后期，英国就企图找到与中国进行贸易的海上航道。1576年，一群伦敦商人装备了一支寻找通往中国的西北航道的探险队，队长是著名的航海家兼海盗马丁·傅洛比雪耳（Martin Frobisher）。探险队只到达现在的巴芬地（Baffin's Land）。伦敦的商人们以为可以在这一带找到黄金并继续寻找通往中国的航路，于是组织了中国公司（The Company of Kataia），准备进行更大规模的探险，但傅洛比雪耳于1577年和1578年的第二次及第三次探险都失败了。傅洛比雪耳既没有在巴芬地找到黄金，也没有探寻出通往中国的西北航道。② 1583年，伊丽莎白女王派遣商人约翰·纽伯莱（John Newberry）前往东方，并给他两封信，其中一封是致莫

---

① 王连胜主编：《普陀洛迦山志》，上海古籍出版社1999年版，第292页。

② 张铁东：《中英两国最早的接触》，《历史研究》1958年第5期。

卧儿皇帝的，另一封是致中国皇帝的。[1] 纽伯莱从陆路冒险至印度，与他同行的还有英国商人菲奇（Ralph Fitch）和里兹（Leeds）。但当他们到达忽鲁谟斯（Ormuz）时，就被葡萄牙人发现而遭到逮捕，后来被送至果阿，经过一段时间才得以开释。纽伯莱和里兹都定居于印度，菲奇在浪游一段时间后，于1591年回到英国。英国试图与中国通使的第一次尝试失败了。

1596年，英国商人里查·阿伦（Richard Allen）与托马斯·布伦菲（Thomas Bromfield）准备到中国去，伊丽莎白女王趁此机会派遣本杰明·伍德（Benjamin Wood）作为自己的使臣和他俩一起到中国，并且授予他一封致中国皇帝的信。[2] 1596年，阿伦等人乘了三艘船出发，由罗伯特·达德利（Sir Robert Dudley）率领。英国舰队沿着1591年兰开斯特所走过

---

① 致中国皇帝的信的内容如下："天命英格兰诸国之女王伊丽莎白，致最伟大及不可战胜之君王陛下：呈上此信之吾国忠实臣民约翰·纽伯莱，得吾人之允许而前往贵国各地旅行。彼之能作此难事，在于完全相信陛下之宽洪与仁慈，认为在经历若干危险后，必能获得陛下之宽大接待，何况此行于贵国无任何损害，且有利于贵国人民。彼既于此无何怀疑，乃更乐于准备此一于吾人有益之旅行。吾人以为：我西方诸国君王从相互贸易中所获得之利益，陛下及所有臣属陛下之人均可获得。此利益在于输出吾人富有之物及输入吾人所需之物。吾人以焉：我等天生为相互需要者，吾人必需互相帮助，吾人希望陛下能同意此点，而我臣民亦不能不作此类之尝试。如陛下能促成此事，且给与安全通行之权，并给与吾人在贵国臣民贸易中所极需之其他特权，则陛下实行至尊贵仁慈国君之事，而吾人将永不能忘陛下之功业。吾人极愿吾人之请求能为陛下之洪恩所允许，而当陛下之仁慈及于吾人及吾邻居时，吾人将力图报答陛下也。愿上天保佑陛下。"张铁东：《中英两国最早的接触》，《历史研究》1958年第5期。

② 此次致中国皇帝的信的内容如下：天命英格兰、法兰西及爱尔兰之女王，使基督之名不被滥用的真实基督教信仰之最强有力保护者伊丽莎白，致至尊主权国君，伟大中华王国之最强力主宰者，亚洲各部与及附近诸岛屿最主要之皇帝陛下："愿陛下安康，多寿多喜，百事顺利。持此信致陛下之吾国忠实臣民里查·阿伦及汤麦司·布伦菲，系我英格兰王国伦敦城之商人。彼等坚决恳求吾人准许彼等取海道前往贵国贸易。盖贵国治理坚固而贤明，其声誉传遍天下，是以此等我臣民不仅欲参见陛下，且愿于彼等身居贵国期间，遵循贵国之法令。此等商人，为交换货物故，愿前往远方我等不熟知之国，以图将我国所丰有之货物以及各类产品，展示于陛下与贵国臣民之前。则彼等能得知何种我国货物能于贵国有用，可否以各国现行之合法关税交换得贵国富有之产品与制品。吾人对于此般忠心臣民之合理请求，不得不为认可。因吾人实见公平之通商，无任何不便与损失之处，且极有利于我两国之国君及臣民。以其所有，易其所无，各得其所，何乐不为？今求至尊之陛下，凡我国人来贵国某处、某港、某地、某镇或某城贸易时，务请赐以自由出入之权，俾得与贵国人交易，在陛下仁慈治下，使其得享受自由特典及权利，与其他国人在贵国贸易所享受者，一无差等。则吾人在他方面不独对于陛下尽具事上国之道，且为我两国国君及臣民之互爱与贸易起见，愿对于贵国人民之入境贸易者，到处予以自由，加以保护（如陛下以为善者）。所有此等条件，吾人皆已固以国玺。愿至慈悲与至强之上帝及天地之创造者永远保护尊王陛下。耶稣降生后一五九六年，我王在位第三十八年，六月十一日，授于格林威治宫。"张铁东：《中英两国最早的接触》，《历史研究》1958年第5期。

的道路东行。但是，很不幸，一只船在好望角附近覆灭了，另外两只船在半途遇到了葡萄牙舰队。经过 18 天的激战后，许多英国人死了，剩下的人都集中到较大的一只船上而焚毁了较小的另一只船。但这只船又在布通岛（Butung）旁覆没，仅存的七名船员后来也失踪了。英国使臣与伊丽莎白女王致中国皇帝的信也未能到达中国。

此后，东印度公司（前身）垄断着东方贸易。1602 年，东印度公司派出一支由威茅斯（G. Waymouth）率领的探险队寻找通往中国的西北航道，他也带着一封伊丽莎白女王致中国皇帝的信。不过这次探险也失败了。[①]

1637 年，英国人韦德尔率领四只英船（“安尼号”“龙号”“日号”和“喀大邻号”）抵达澳门附近的横琴岛。葡萄牙的澳门知事多明戈·达·卡马拉（Domingos da Camara）不许英国人登陆，并极力阻止中国人和他们进行贸易。韦德尔见在澳门无法进行贸易，就雇了两个中国领港人，驶往广州。明朝的海防关卡一再宣布禁止英船非法入境，但是韦德尔却置之不理，命令自己的舰队沿珠江上溯而驶向广州。1637 年 8 月 12 日，英舰在虎门地区与中国卫戍队之间正式发生了冲突。结果英国人攻陷了一个炮台，并且将里面的中国炮搬到自己船上。他们派了一个被俘的中国渔夫到广东去送信给中国官吏，要求准许他们通商。中国官府回答说英国人必须首先归还所掳去的船和炮，然后才有谈判的余地。于是韦德尔归还了船和炮，然后派托马斯·罗宾逊（Thomas Robinson）、约翰·蒙特利（John Mountney）和纳撒尼尔·蒙特利（Nathaniell Mountney）三人到广州去谈判通商，和他们同去的还有一个精通葡萄牙文的中国翻译，其葡文名字是诺雷蒂（Pablo Norretti）。他们带了许多钱到广州去，准备用来购买中国货物和贿赂中国官吏。广东总兵陈谦接受了英国人的贿赂，乃答应庇护他们在广州进行贸易，英国人也乘机在广州购买了一些货物并将它们运到船上。但是英国人的一系列行为引起了葡萄牙人的嫉妒。陈谦受贿的事很快被上级知道了，他接着就被下狱。三个英国商人连同他们的财产一起也被软禁在广州。事情又到了武装冲突的地步。1637 年 9 月 19 日，英国人烧毁了两只中国船并占领了虎门的一个市镇。9 月 21 日他们再度占领虎门炮台并于次日将它炸毁。明朝两广总督张镜心开始调集军队，准备赶走英国人。9 月 27 日，韦德尔被迫率领英舰队退至澳门。通过葡萄牙澳门知事的调解，广州当局才释放了三个英国商人，并且准许他们带走少许在广州

---

① 张铁东：《中英两国最早的接触》，《历史研究》1958 年第 5 期。

购得的货物，但是英国船只永远不准在中国海面出现。这样就结束了中英两国之间的第一次官方接触。1637 年 11 月底，三个英国商人从广州回到澳门，英船先后离开澳门。但这次失败并没有使韦德尔丧气，他还希望将来与中国建立贸易关系，并计划占领中国的海南岛作为英国对华贸易的基地。①

1684 年，英国人又一次进行与广州通商的尝试，但是中国却把贸易上的垄断权给了葡萄牙人，并且对英国人及其他外国人都加以排斥，使这些外国人不能参与贸易。直到 1685 年，中国各口岸准予通商以后，英国人才通过东印度公司获得在广州开设一个商馆的权利，但第一艘船却是在 1689 年才派来的。这条船到达以后，过了两星期之久，粤海关官员才准予丈量。丈量乃是准许该船进口前的准备步骤。随后又立即开始了一个由来已久但总是滋长不息的争执，那就是决定在官定税额之外必须交付多少的问题。官方丈量员开始是从船头量到船尾，但一经受贿，就允许从后桅之前量到前桅之后（事实上，后一种丈量方法是丈量任何船只的唯一合法的和照例的陈规）。随后便索取 2484 两白银，船货管理员拒不付给，并且以不作任何贸易即行离去相威胁，一星期后，减为 1500 两，其中 1200 两作为归公的船钞，300 两作为“粤海关监督”的规费。1701 年东印度公司请求在宁波通商，派船一艘前往，但这次尝试失败了，因为加征的额外勒索比在广州更繁重。②

1715 年，东印度公司决心要把对中国的贸易建立在正常的基础之上，于是它在广州设置了一个有固定员司的商馆，并且定期派遣船只；但是，从开始到 1770 年，它的固定员司不过是一个按季前来的船货管理员们的集合体。此后，英国在中国的贸易史，以及英属东度公司在中国的贸易史，实际上就是广州商馆的历史。

1783 年 2 月 16 日，英国政府的东方事务权威邓达斯（Dundas）通过他的私人代理、来往于印度和中国之间的散商乔治·史密斯（George Smith），领悉了派遣外交使团访华的重要性。史密斯在给邓达斯的信中说，东印度公司的对华贸易前景，以中国官员的意志为转移，形势很险恶；清政府对商欠问题的处理不公正，使散商遭受严重损害。他认为这件事应当

---

① 张铁东：《中英两国最早的接触》，《历史研究》1958 年第 5 期。关于韦德尔在广州的详细活动，参见〔美〕马士《东印度公司对华贸易编年史（1635—1834 年）》（第一卷），中国海关史研究中心、区宗华译，第 15—30 页；〔美〕马士：《中华帝国对外关系史》（第一卷），张汇文等译，商务印书馆 1963 年版，第 56—58 页。

② 〔美〕马士：《中华帝国对外关系史》（第一卷），张汇文等译，第 58—59 页。

引起英国国民的重视，如果清朝中央政府知道地方事务的真相，商欠问题就能得到公正处理。他建议政府让公司资助，派遣一支使团访问北京以建立正常的贸易关系。1787 年春，英国政府时常召见曾在孟加拉国任过军职的凯思卡特，要求他出任特使，组织使节团，凯思卡特欣然接受了英国政府的任务。1787 年 12 月 21 日，凯思卡特使团从司匹特海特（Spithhead）正式启程，前往中国，一路上经过马德拉群岛、丰沙尔港、佛德角群岛、开普敦。1788 年 5 月 27 日到达巽他海峡，6 月 9 日到达班卡海峡，次日，凯思卡特因病去世。使团在返航途中埋葬了凯思卡特后，于 10 月 8 日回到普利茅斯。途中，翻译加尔贝也死了，这样，凯思卡特使团的访华尝试中途夭折了。①

1788 年 10 月 12 日，政府官员格林维（C. F. Grenville）给东印度公司的董事长史密斯致函，建议派遣一支新的外交使团访问北京朝廷，谒见乾隆皇帝，执行凯思卡特未完成的使命。10 月 22 日，马戛尔尼写信给英国首相皮特，推荐斯当东爵士为凯思卡特的可能接班人。1791 年 10 月，英国政府约请马戛尔尼勋爵协商使团事宜，并建议由他担任特使，马戛尔尼使节团的筹备工作全面展开。②

二 马戛尔尼访华与舟山

马戛尔尼使团于 1792 年 9 月 26 日从英国朴次茅斯港出发，经过九个月的海上航行，于 1793 年 6 月到达中国海域。1793 年 6 月 21 日（乾隆五十八年五月十四日），“勉励号”驶至舟山南部海域，巡洋官兵上前询知来意。然后引他们开往定海，在定海道头港停泊。定海镇总兵马瑀和定海知县张玉田率领军兵排列队伍迎接。使团在舟山受到十多天的款待后，于 7 月 8 日起锚开行。两名中国领航人分别被派在“狮子号”和“印度斯坦号”工作。船队从外洋通过，曾在普陀山附近海面锚泊，7 月 12 日驶出舟山海域。数日后，船队与在黄海游弋等待的“勉励号”相遇，一起开往天津。7 月 23 日，使团船队进入渤海湾。1794 年 1 月 10 日，使团离开澳门启航回国。

使团回国后，其成员出版了大量的日记、回忆录以及旅行报告，留下了丰富的历史文献材料，在西方世界产生了轰动性的反响。据学者统计，

---

① 朱雍：《不愿打开的中国大门——18 世纪的外交与中国命运》，江西人民出版社 1989 年版，第 155—162 页。

② 朱雍：《不愿打开的中国大门——18 世纪的外交与中国命运》，第 162—165 页。

马戛尔尼使团留下的原始文献有20多种，[①] 其中有不少已经被译成中文。中文原始记录主要是清宫档案，一部分见于《掌故丛编》（故宫博物院文献馆，1928—1929），更多的汇集在中国第一历史档案馆编的《英使马戛尔尼访华档案史料汇编》，该汇编收录了大部分与此次访华相关的中文文献，包括起居注、外交专案、移会、实录、圣训、上谕、录付奏折、随手档、朱批奏折、廷寄、奏案等，是最权威、最系统的中文原始文献汇编。[②] 此外，私人记录重要的有苏宁阿的日记《乾隆五十八年英吉利入贡始末》（未出版，藏中国国家图书馆）。[③]

使团在前往北京的途中，在舟山停留了十多天，使团成员比较详细地记录了他们在舟山的历程和活动。

使团进入舟山海域之前，“狮子号”首先在舟山南部海域的牛鼻山岛和布老门岛（Ploughman）之间停泊。布老门岛上有人居住。在这里（牛鼻山岛和布老门岛），船上可以买到价格相当便宜的牛羊和家禽，从周围的小船也买得到各种鲜美的鱼。[④]

“克拉伦斯号”在赴舟山的航程中，在达非尔德口遇到落潮，它只得抛锚稍停。这个出入口的东边是大的六横岛。“克拉伦斯号”船上的人们希望在继续开往舟山之前，利用等候潮水的时间上岸对中国领土进行一次观光。使团成员登上六横岛，遇到一个年轻的农民，通过翻译，他们与农民进行了艰难的交谈。他告诉他们，这个岛是他的家乡，是群岛之中除了舟山以外最好的一个，人口很多，有万人。“但是，我们在这国家呆（待——引者注）了没多久就发现，中国人使用这个单音词‘万’的时候，并不意味着这是一个准确的数字，而是一种夸张。比如说，犯了重罪往往要被千刀万剐；中国的长城被称之为万里长城，即3000英里[⑤]，是其真正长度的两倍。不过，真的要告诉你皇帝有1万条大船在大运河上运送收缴的实物赋税时，他就不会用这个单字‘万’了，而是用九千九百九十九来表示这是一个确凿的数字，于是就能让人明白这才是真正的1万。我想，这样我们就能明白这个六横岛真正有多少居民了。”[⑥]

---

① 欧阳哲生：《鸦片战争前英国使团的两次北京之行及其文献材料》，《国际汉学》2014年第1期。

② 中国第一历史档案馆编：《英使马戛尔尼访华档案史料汇编》，国际文化出版公司1996年版。

③ 参见〔英〕约翰·巴罗《我看乾隆盛世》，李国庆、欧阳少春译，北京图书馆出版社2007年版，“译者前言”，第1页。

④ 〔英〕斯当东：《英使谒见乾隆纪实》，叶笃义译，第187—189页。

⑤ 1英里=1609.344米。

⑥ 〔英〕约翰·巴罗：《我看乾隆盛世》，李国庆、欧阳少春译，第29页。

由于好奇心，农民还引着使团到附近一个村庄去看了一下。经过一个田舍的时候，这行人被房主人请到家里去坐，父子二人用一种非常惊异的神情注视客人。房子是木头建造的，室内没有天花板，房顶上用稻草搭盖着。屋内的地砸得很坚硬。屋子是用席子悬挂在房梁上隔成的。外屋有两架纺车。纺线的都是妇女，这行人在那里的时候，没有见到一个妇女出来。房子的四周种的是竹子，另有棕榈属树，每一个叶子都具有扇子的形状。这种树叶就作为扇子使用，是一种商品。①

在驶往定海途中，使团成员看到很多中国船只，船身和帆桅各异，载重量各不相同，不过都不大。他们把中国船只与英国船只进行了对比，包括中国船只的造型、船头、甲板、船身、桅杆等，虽然他们并没有直接贬低中国船只，但从其描述中可以明显看出他们觉得中国船只很落后，无法与英国船只相比，比如他们在描述中国船只时说“每一条都有被挤翻或撞沉的危险”，船上装载的货物“在甲板上堆得高高的，似乎不必太大的风就能把它们吹翻”，“它们是无法抵御海上风暴的”，“也极不适合于应付中国沿海变幻不定的天气”，“跟欧洲船相比，它们因笨拙的圆形船身和缺少龙骨，易于随波逐流朝下风漂。船舵安置在船尾的一个大缺口中，有时候在浅水和接近沙滩时会被拱起”②。同时，使团成员认为中国人的航海技术也很落后，如不会航海记录，无法确定海上经纬度，航海线路尽量靠岸而行，不能脱离陆地视线，罗盘也很原始等。③

“克拉伦斯号”在开往舟山的航程中，傍晚经过崎头角（Ku-to point）。“克拉伦斯号”在海角之南找到一个合适的抛锚地点。这时天时已晚，附近岛屿甚多，路又狭窄，妥当办法是在这里停一夜，次日天亮再继续航行。当时“克拉伦斯号”到达的消息已经报告到舟山；在使团停泊的时候开来一只中国小船，一位中国官员来到船上对他们说，次日清晨他的驳船领使团航行。第二天，使团乘早潮，在中国驳船的引导下，穿过几个狭窄的海峡，到达舟山。从韭山群岛到舟山港，长 60 海里，宽 30 海里，这块地方有三百多个岛屿。“克拉伦斯号”停泊的地点距离上岸的地方还有半海里，水深五寻。这里的军事首长，官名是总兵，他的衙门在停泊处的东北偏北。港口共有四个出入口通向大海，但在停泊处一个也见不到。停泊处好像一个周围环山的大湖，站在“克拉伦斯号”甲板上简直看不出自己

---

① 〔英〕斯当东：《英使谒见乾隆纪实》，叶笃义译，第 190—191 页。

② 〔英〕约翰·巴罗：《我看乾隆盛世》，李国庆、欧阳少春译，第 29—30 页。

③ 〔英〕约翰·巴罗：《我看乾隆盛世》，李国庆、欧阳少春译，第 30—31 页。

是怎样开进来的。港口由南到北 1 海里以上，由东到西将近 3 海里。在“克拉伦斯号”停泊地方，涨潮和退潮都是沿着一个方向，海流永远向正东和东北偏东之间倾流。“克拉伦斯号”在这里停了两天两夜，船头始终固定朝着一个方向。[①]

使团对舟山的印象进行了描述。他们认为，舟山群岛的山的斜度都是一样的，山顶都是圆的，看上去好像原始山上所有的棱角被自然逐渐磨损而成为现有的一致的圆球形状。岛与岛之间彼此距离虽然很近，但都隔着很深的海峡。岛面是灰色的或红色的花岗岩，有些地方似斑岩，只是硬度稍差。这些岛不像在意大利的波河口上的一些矮而多泥的岛，它们不是由于附近大陆受到海水冲击以至许多沙土流到海内，日积月累而成为岛屿。可能是这块地方过去本身就是大陆的一部分，经过海水的冲击和腐蚀，只剩下岩石还留在这里。群岛之中有些引人入胜的地方，尤其是普陀，被形容为人间天堂。这个地方是一个风景区，后来大约有三千信徒在那里生活。那里有四百座庙宇，每座都附有住房和花园。和尚就住在这些房子里。寺庙的布施非常多。这个地方是全国闻名的胜地。[②]

“克拉伦斯号”在定海抛锚之后，按例鸣炮致礼，几个清朝官员上了使团的船。每当说到有关使团此行的目的时，他们都顾左右而言他，假装对英国使团之事一无所知。他们说总兵（Tsung-ping），即该岛的军事长官，当时不在，当天晚些时候应当会回来，将很高兴在第二天早上在岸上接见使团。约翰·巴罗猜测是中国的礼仪要求等一天才能正式接待。[③] 与这些官员同来的有个翻译。他是中国商人，过去允许外国船到此贸易的时候，同东印度公司有过交易关系。他还记得几句英文。根据这个人的讲话，禁止英国人到这里来做生意，并不是由于他们本身的过错。这个禁令可能是由于广东高级官吏的影响，他们想把对外贸易集中在广州来垄断发财，也可能是由于中国政府方面的疑惧，怕它的臣民同外国人同时在几个地方直接来往会出问题。这个中国商人仍然记得过去同他有交易关系的菲次休先生和贝文先生，这两个人过去是东印度公司驻宁波和舟山的代理人。他希望有一天中国政府能再度允许英国人到这里来做生意。他又解释为什么“克拉伦斯号”鸣礼炮七声，岸上只回了三声。他说，中国政府为了节约，命令为了任何礼节鸣炮不得超过三声。他顺便还解释为什么中国

---

① 〔英〕斯当东：《英使谒见乾隆纪实》，叶笃义译，第 189—192 页。

② 〔英〕斯当东：《英使谒见乾隆纪实》，叶笃义译，第 187 页。

③ 〔英〕约翰·巴罗：《我看乾隆盛世》，李国庆、欧阳少春译，第 43 页。

炮总是朝天放，他提到过去在广州一艘英国船鸣炮庆祝，不慎打死两个中国人，这件事导致把鸣炮的人正法，并几乎引起中英贸易关系的断绝。中国政府认为在任何时候，发平射炮总是抱着恶意的。①

第二天清晨，使团内主事的先生们上了岸，到达总兵的大堂，接受他的盛情接待。礼节繁多，问候周到。使团成员向他解释了此行的目的，希望立刻能把引水员带来。但是，总兵却似乎不以为然，只是侃侃而谈为使团准备的戏剧、酒宴等招待。他说引水员随时都能出发，并会将船队沿岸引到邻省，那儿又有人会把船再引到下一个口岸。② 后来，定海官员在从海路去过天津的人中为使团找到了两名领航员。

为了解决领航问题，“克拉伦斯号”一行人等不得不在舟山耽搁下来。他们利用这个时间到附近的定海县城观光。这里距赤道只有三十度。整个城市充满了活泼生动的气氛。为了生存的需要，人人都必须做工。事实上人人都在劳动，无人过着寄生的生活。男人们忙碌地走在街上，女人们在商店里购货。绝大部分妇女的脚，即使是中下层的家庭妇女，都是裹得很小的。③

这里的人连外省的人都很少看到，更不用说外国人了。舟山总兵派了警卫陪同使团游览，围观的群众穿着宽松衣服。④ 由于人太拥挤，天气又出奇的热，使团成员只走了一条街就庆幸有一座庙可以歇息，也可以躲避围观的群众。庙里的和尚殷勤有礼地以茶、水果和点心款待使团成员。⑤庙里供奉的是一些据说是保卫地方的神像。出庙之后成员坐上轿子回到海边。来到海边之前，路上突然遇到狂风大雨，使团被迫在另一个庙避雨，庙内和尚热情地用茶招待使团成员。⑥

次日清晨，使团赶赴总兵指定的聚会地点。这是一所很大的房子，坐落在一个铺石的庭院的尽头，四周都有回廊。大厅上成行的柱子和所有梁椽都漆成红色。在横梁和柱子上用丝绦悬挂着各种式样的灯笼，灯笼上面装饰有各色流苏。有的灯笼是细丝纱做的，里面有精细木架，上面绣着各式花鸟、昆虫和水果。有些是角制的，细薄透明，看上去好似玻璃。大厅

---

① 〔英〕斯当东：《英使谒见乾隆纪实》，叶笃义译，第192—194页。

② 〔英〕约翰·巴罗：《我看乾隆盛世》，李国庆、欧阳少春译，第43页；〔英〕斯当东：《英使谒见乾隆纪实》，叶笃义译，第192—194页。

③ 〔英〕斯当东：《英使谒见乾隆纪实》，叶笃义译，第195—197页。

④ 〔英〕斯当东：《英使谒见乾隆纪实》，叶笃义译，第198页。

⑤ 〔英〕约翰·巴罗：《我看乾隆盛世》，李国庆、欧阳少春译，第43页。

⑥ 〔英〕斯当东：《英使谒见乾隆纪实》，叶笃义译，第198页。

的桌子上摆着好几盆矮小的松树、橡树和橘子树。[①]

"克拉伦斯号"在舟山的时候，巴罗因贪吃了某种水果而得了霍乱。使节团的医生没有跟随"克拉伦斯号"来，也没有携带药品，于是在岸上请了一位中国医生来治疗。这位医生来到之后，也不问病情和病源，庄严地坐在那里用手指按病人的左手腕。首先是用四个指头一起按下去，以后抬起一个指头，用三个指头按。以后再抬起一个来用两个指头按。最后只用一个指头在病人的手腕上来回按，好像在那里按钢琴的键，一直按到找不到脉搏的地方。在整个按脉时间，医生没有讲一句话，两眼注视前方，但不是看病人，而是在那里想按在手下的脉象代表着什么病情。最后他诊断说，病是起源于胃。按照这个诊断，他开了一些中国药给病人吃。[②] 一剂药就治好了巴罗的病，巴罗觉得非常神奇，以后逢人便称道中国医生，认为挟有神术，远非西方医生可比。[③]

使团在定海停留并找到两位引航员后，继续从舟山北上。船队启程不久，驶出群岛之间的狭窄水道，然后进入黄海。

对于使团返回英国途经舟山的情况，使团成员的记录都比较简略，其中安德逊的《英国人眼中的大清王朝》的航海日志中记载得相对稍多，但大多也是整理船务、运送食品之类的记载。[④] 如："1793 年 9 月 27 日，星期五。温和，晴。从'印度斯坦号'送来牛肉和猪肉。油漆工匠在船边工作；补漏工匠及修帆工匠进行工作。有人在炮房工作。送来一头牛，宰了两头 421 磅。上午从'印度斯坦号'送来牛肉、猪肉、牛羊肉脂和醋。大艇和几只救生小艇洒水。"再如："1793 年 10 月 2 日。星期三。温和，阴间雨。送来 8 头牛 16 只山羊和 700 束木柴。对一位中国官员发礼炮 7 响。从'印度斯坦号'送来木柴。上午修桶工匠清理了水桶。几只救生小艇洒水。宰二牛，367 磅。"

从都铎王朝时期起，英国就希望能与中国进行直接对话，建立正常的国际商贸关系。这从派出的第一位未成功的使臣的信件内容中可以看出，而且英国的这种要求一直没有改变。马戛尔尼访华并不是英国企图与中国建立正常贸易关系的第一次努力，也不是最后一次努力。

马戛尔尼访华顶着向乾隆皇帝祝寿的名义，而提出的六条要求才是其

---

① 〔英〕斯当东：《英使谒见乾隆纪实》，叶笃义译，第 198—200 页。

② 〔英〕斯当东：《英使谒见乾隆纪实》，叶笃义译，第 202 页。

③ 〔英〕马戛尔尼：《1793 乾隆英使觐见记》，刘半农译，第 5 页。

④ 〔英〕爱尼斯·安德逊：《英国人眼中的大清王朝》，费振东译，群言出版社 2002 年版，第 233—238 页。

最终目的所在。这六条要求分别是：

> 第一，请中国允许英国传教士商船在珠山（舟山）、宁波、天津等处登岸，经营商业。
>
> 第二，请中国按照从前俄国商人在中国通商之例，允许英国商人在北京设一洋行，买卖货物。
>
> 第三，请于珠山（舟山）附近划一未经设防之小岛归英国商人使用，以便英国商船到彼即行收藏，存放一切货物且可居住商人。
>
> 第四，请于广州附近得一同样之权利，且听英国商人自由往来，不加禁止。
>
> 第五，凡英国商货自澳门运往广州者，请特别优待赐予免税。如不能尽免，请依一千七百八十二年之税律从宽减税。
>
> 第六，请允许英国商船按照中国所定之税率切实上税，不在税率之外另行征收。且请将中国所定税率录赐一份以便遵行。缘敝国商人向来完税，系听税关人员随意估价，从未能一窥中国税则之内容也。①

此外，英使还提出允许英国传教士在华自由传教的要求。

乾隆皇帝阅览后，对英使提出的各条要求深为不满，随即下敕谕英国王：

> 如有恳求之事，若于体制无妨，无不曲从所请。况尔国王僻处重洋，输诚纳贡，朕之锡（赐）予优加，倍于他国。今尔使臣所恳各条，不但于天朝法制攸关，即为尔国王谋，亦俱无益难行之事。②

在敕谕中乾隆皇帝对各条要求逐一加以批驳。马戛尔尼在到达通州之后，才看到乾隆皇帝敕谕的全部内容。敕谕是用满、汉两种文字对照写成的，内容如下：

> 又敕谕曰：尔国王远慕声教，向化维殷，遣使恭赍表贡，航海祝釐。朕鉴尔国王恭顺之诚，令大臣带领使臣等瞻觐，赐之筵宴，赍予骈蕃，业已颁给敕谕，赐尔国王文绮珍玩，用示怀柔。昨据尔使臣以

① 〔英〕马戛尔尼：《1793乾隆英使觐见记》，刘半农译，第155—156页。

② 〔英〕斯当东：《英使谒见乾隆纪实》，叶笃义译，第187—189页。

> 尔国贸易之事禀请大臣等转奏，皆更张定制，不便准行。向来西洋各国及尔国夷商赴天朝贸易，悉于澳门互市，历久相沿已非一日。天朝物产丰盈，无所不有，原不藉外夷货物以通有无，特因天朝所产茶叶、磁器、丝绸为西洋各国及尔国必需之物，是以加恩体恤，在澳门开设洋行，俾得日用有资并沾余润。今尔国使臣于定例之外多有陈乞，大乖仰体天朝加惠远人、抚育四夷之道，且天朝统驭万国，一视同仁。即在广东贸易者，亦不仅尔英吉利一国，若俱纷纷效尤，以难行之事妄行干渎，岂能曲徇所请。念尔国僻居荒远，间隔重洋，于天朝体制原未谙悉，是以命大臣等向使臣等详加开导，遣令回国。恐尔使臣等回国后禀达未能明晰，复将所请各条缮敕逐一晓谕，想能领悉。[①]

1793 年 10 月 7 日到 1794 年 1 月 10 日，马戛尔尼使团从北京返回广州，然后经由澳门踏上回国的旅途，从而结束了中英外交史上第一次极其重要的接触。马戛尔尼带着惆怅而又凄冷的心情离开北京，标志着“马戛尔尼漫长的外交和政治生涯中仅有的一次重大失败”[②]。这次耗费了英国人 78522 英镑的旅程，是一场彻底的外交失败。它没有达成在北京设立代表的目的。然而，它却成功地收集到了关于中国这个神秘国度的第一手珍贵情报。马戛尔尼察觉到，这个国家的科学和医学知识程度很低，知识阶层对物质进步漠不关心，军队落后，仍然使用弓箭而缺少近代火器。普通民众生活贫穷、官场中贪污腐败非常普遍。比如，马戛尔尼不相信他的使团每天耗费了朝廷准支的 1500 两的津贴，他猜测一部分拨款肯定落入了负责接待的官员之私囊。他得出结论认为，东洋孔夫子之子孙与西洋财神（Mammon）之后裔同为不肖。关于清王朝的前景，他做出了相当犀利的评价：“中华帝国是一艘陈旧而又古怪的一流战舰，在过去的一百五十年中，代代相继的能干而警觉的官员设法使它漂浮着，并凭借其庞大与外观而使四邻畏惧。但当一位才不敷用的人掌舵领航时，它便失去了纪律与安全。它可能不会立即沉没，它可能会像残航一样漂流旬日，然后在海岸上粉身碎骨，却无法在其破旧的基础上重建起来。”[③] 无论外交上的结果如何，东印度公司的一名要员评论说：“仅仅是通过这个使团所获取的情报，就远

① 转引马戛尔尼：《1793 乾隆英使觐见记》，刘半农译，第 149—150 页。

② 朱雍：《不愿打开的中国大门——18 世纪的外交与中国命运》，第 245 页。

③ 徐中约：《中国近代史》，计秋枫、朱庆葆译，香港中文大学出版社 2001 年版，第173 页。

远可以补偿所花费的费用了。”至于英国政府，显然对使团暗淡的结果很失望，尽管对特使本人既无责备也无嘉奖。马戛尔尼已尽了力，但失败了；也许他唯一的过错，是他仍坚持认为中国政府并不拒绝对外交往。①

也许，对于英国人乃至整个欧洲人来说，马戛尔尼访华最重大的后果是他们改变了对中国的看法。马戛尔尼使团访华之前，欧洲在17—18世纪出现“中国热”，中华文化及中国政治为欧洲思想家及政治家们推崇备至，但在马戛尔尼使团访华后，使团通过与清政府的真正接触，使此前的中国形象被彻底颠覆。黑格尔在读过斯当东的《英使谒见乾隆纪实》后，对中国形成了简明的看法：“中华帝国是一个神权专制政治的帝国……个人从道德上来说没有自己的个性。中国的历史从本质上来看仍然是非历史的：它翻来覆去只是一个雄伟的废墟而已……任何进步在那里都无法实现。”②

马戛尔尼使团访华的失败使中国丧失了一次与近代工业文明接触的机遇。佩雷菲特曾说：“如果这两个国家能增加它们间的接触，能互相吸取对方最为成功的经验；如果那个早于别国几个世纪发明了印刷与造纸、指南针与舵、炸药与火器的国家，同那个驯服了蒸汽并即将驾驭电力的国家把它们的发现结合起来，那么中国人与欧洲人之间的文化交流必将使双方都取得飞速的进步，那将是一场什么样的文化革命呀！”③ 但这仅仅是“如果”而已，历史没有“如果”。

三 阿美士德使团访华

马戛尔尼的访华任务远远没有完成他就黯然无奈地离开中国回去了。但是，他对于中英通商和互通使臣一直念念不忘。④

1793年11月20日，在马戛尔尼从杭州启程到玉山的途中，船舶停岸后，护送使团的两广总督长麟长大人即过船道歉，说贵使自杭州至此必已累极，招呼实在不周到得很，种种怠慢之处，尚望贵使见谅。马戛尔尼回答说，一路承大人照拂，已经感激不尽，在船上时，

① 徐中约：《中国近代史》，计秋枫、朱庆葆译，第173页。对马戛尔尼访华的评价，参见朱雍《不愿打开的中国大门——18世纪的外交与中国命运》，第270—281页。

② 〔法〕佩雷菲特：《停滞的帝国——两个世界的撞击》，王国维等译，生活·读书·新知三联书店1993年版，第563页。

③ 〔法〕佩雷菲特：《停滞的帝国——两个世界的撞击》，王国维等译，第3页。

④ 以下内容见〔英〕马戛尔尼《1793乾隆英使觐见记》，刘半农译，第200—203页。

一切起居饮食多和长大人自己一样，这已使自己受之不安，心中绝没有什么不满意之处。长大人于是改变口气说，贵使此次出使中国，所要求的几件事一件都没有办到，心中终究有些不快，此前兄弟与贵使见面时曾说，中国不能准允贵使要求的原因，实在是因为这些要求有背成法，并没有其他恶意，不知贵使能否相信？马戛尔尼回答说，此事经过松（筠）大人和长大人的解释，已经深知其原因，心中已经一点芥蒂都没有了。长大人似乎不相信马戛尔尼所说，于是继续问道：自此以后不知你们英皇是否愿意与我们皇上来往？是否愿意与我们皇上通信？将来如果我们皇上，心中要你们再派个钦差来时，不知你们英皇是否愿意再派来？马戛尔尼回答说，他此次来华，无论所请之事是否承蒙中国批准，而中国对于英国的感情之亲密，已经可以从中国对他优厚的款待以及贵国皇帝回赠英皇的种种珍物之中看出，中国既有与英国亲密之心，英国自然不会有不乐于与中国常常往来之理。至于通信方面，得等他回国以后，将中国皇帝所赠的礼物交予英皇，英皇会立即写一封感谢信交与英国商船带至中国，如果此后中国皇帝有什么书信也尽管交给英国商船带回。至于将来再派钦差的事，则中英两国意见稍有不同。英国本来主张两国互派钦使，常驻京城的，如果中国能答应，马戛尔尼便打算住在北京等满任之后再回国。在他任期内两国如果有国际交涉，即由他就近与中国政府妥商办理，这主要是因为两国相去极远，为节省经费办事方便起见，他认为这是最好的办法。但中国政府认为此事有背成法而不答应，他只得回国。但是，在他回国之后，如果将来还有机会，英皇一定会再派钦差到中国来。不过我马戛尔尼本人因为体质与东方不甚合宜，到了中国几乎无日不病，将来恐怕未必再来了。长大人问，不知这第二位钦使什么时候可以派来？马戛尔尼回答说：这很难说，因为派遣钦使并不在他的权限范围之内。英国与中国之间远隔重洋，派遣使臣实非易事，他也无法预算其时期。

马戛尔尼与长大人谈论了很长时间，长大人感到特别欣喜，说如果皇上听闻此事必定很高兴。当即就草拟奏折，详细记录了二人的谈话，由快使迅速送往北京。临送奏折前，长大人请马戛尔尼用中国文体写一封信，说算是帮自己的忙，他希望马戛尔尼在信中除了通常的客套话，还要叙述他们到中国后颇蒙中国皇帝优待，回国时又承皇帝派遣能员妥为照料，心中感激之至，请为代谢圣恩之类的话。马戛尔尼对长麟长大人的评价是：“此人办事颇具热心，且每与余相见一次即觉亲密一次。吾知其接广东任后洋商必大受其惠也。”[①] 不管怎样，从马戛尔尼与长大人的对话中可以明显看出，他对于英国与中国的互通使节仍然念念不忘，存有期想。

之后，马戛尔尼还在尽心尽力地为推动英中互通使节而努力。他极力推荐委派斯当东以英王使节兼驻广州英国大班领袖的身份，再次出使中国。虽然政府对这个想法颇为倾心，而且确实采取了一些实施这个设想的步骤，但斯当东突然瘫痪及随后在1801年去世，使这一计划搁置起来。缺乏率领使团的合适人选，以及英国卷入拿破仑战争，无限期地推延了在这个方向的任何行动。

此后，广州贸易一如既往，但中英关系因几件事而紧张起来了。第一件事源于英国人担心法国会从葡萄牙人那里夺取澳门，使法国获得在东南亚贸易中的操纵地位。为防止这种可能性，英国军队于1802年和1808年两度占领澳门，尽管中国方面抗议说澳门是中国的领土，并无法国占领之说。随着1802年签订《亚眠条约》（*Peace of Amiens*）的消息传来，英国的第一次撤军便达成了，但第二次撤军要复杂得多。当英军统帅、海军上将度路利（Admiral Drury）拒绝撤军时，两广总督报之以中断通商，度路利于是建议与总督会晤。当遭到拒绝后，他便挑衅性地率三艘战舰闯过虎门抛锚于黄埔，提出会晤的要求。随后与中国人发生了武装冲突，英国人在冲突中有所伤亡。局势持续紧张，一直到是年12月，东印度公司货头委员会让葡萄牙人交付60万洋银赎金，保证了英国的撤军，局势才趋缓和。

其他导致中英关系紧张的事件包括，英国进攻中国的藩属尼泊尔，以及1814年4月英国军舰“脱里斯号”（Doris）在广州水域捕获美国蒸汽船“漠打号”（Hunter），其时英国正在与美国开战。广州当局抗议英国破坏了中国的管辖权，威胁要中断与英国的贸易，除非“脱里斯号”离开口岸。在广州的英国社团拒绝让步，中国方面的警告未能奏效。[②]

1814年“脱里斯号”事件使英国代理商们无法保证他们今后的商业活动不会受到困扰：“即使成功地避免了1814年的争执，在一两年之内，他们必然还会重复他们那时不得不采取的强硬措施。在代理商们的备忘录和信件中，他们反复表达了他们坚定的意见：为了使英国贸易得到充分的保护和保障，当务之急就是要从孟加拉国或者英国派出一个使团去

---

① 〔英〕马戛尔尼：《1793乾隆英使觐见记》，刘半农译，第202页。

② 徐中约：《中国近代史》，第173—174页。

见中国皇帝。”①

1815年年初，广州的代理商们表示，他们在进行贸易活动时，越来越多地受到来自地方官府的压制，这使得董事会开始认真考虑是否需要派出钦使前往中国。于是他们便向英国政府大臣提出了他们在这个问题上的看法。后经详细讨论，董事会主席和代理主席于1815年7月28日写信给英国政府大臣，请示他们同意所提出的措施，由摄政王委派某位地位较高的人作为特使去觐见中国皇帝。②

1815年维也纳会议后，欧洲恢复了和平，英国也摆脱了欧洲事务的纠缠。英国于是决定派前印度总督阿美士德勋爵（Lord Amherst）出使清廷，随行的两位副使是埃利斯（Henry Ellis）和驻广州的货头委员会主席小斯当东爵士（Sir George Thomas Staunton）。③ 英国对阿美士德勋爵的训令要求是：消除在广州的种种困难，实现中国和英国商人之间的自由贸易，废除公行制度，自由居住在商馆而不受时间及雇用华仆的限制，建立商馆与中国官方之间的直接联络，在广州以北开放更多的口岸，以及在北京派驻外交使节的权利，等等。他还要消除中国对英国在尼泊尔之行动的疑虑，并解释“脱里斯号”事件的原因。使团于1816年2月8日离开朴次茅斯，由于担心中国人会在广州挡驾不让使团北上，因此使团便直接驶向天津而没有在广州停留。

嘉庆皇帝不太愿意接待外国使节。他担心英国提出新的要求，对新使团的反应非常冷淡。朝廷发布了一道意旨，命接待使团无须铺张；若该贡使情词恭顺，届时率领入觐；倘其执意孤行或不肯行磕头礼，即在天津设宴遣回本国，谕以大皇帝举行秋狝。

1816年8月13日，阿美士德带着52件“贡品”抵达天津，得工部尚书迎接，设宴款待。当阿美士德被要求行磕头礼以谢皇恩时，他答复称不能遵行，但可脱帽三次，鞠躬九次。随后便进行了无休止的争执，问题悬而未决。在使团前往北京的路上，朝廷下旨称“若英使拒不遵行礼制则不允入觐”。于是使团在北京十英里外的通州停了下来。理藩院尚书和礼部尚书，从京城前来劝谕阿美士德关于磕头的重要性。阿美士德本人实际上对采取这样或那样方式并不太在意，他在伦敦时曾受命应权宜对待磕头事

---

① 〔英〕亨利·埃利斯：《阿美士德使团出使中国日志》，刘天路、刘甜甜译，商务印书馆2013年版，第36页。

② 〔英〕亨利·埃利斯：《阿美士德使团出使中国日志》，第32—33页。

③ 小斯当东爵士是马戛尔尼使团副使斯当东的儿子，当年仅11岁的他曾随马戛尔尼使团到访中国并接受过乾隆皇帝的礼物。

宜，如果磕头能促进其使命，则可以行此礼节。但东印度公司的董事们却建议他抵制中国的礼节，以免损害英国的尊严和威望。他的两个副使之间也存在意见分歧，埃利斯倾向于接受中国的要求，而小斯当东则坚决反对。受对立意见的左右，阿美士德一时间犹豫徘徊，但最后还是决定反对磕头。他告诉中国人说，他将单膝下跪，低头三次，重复这个礼节三次，以接近所要求的三跪九叩之礼。中国人不接受这个建议。使团在通州滞留了十天，然后从朝廷发来了一道改良性的谕旨，大意为因“外夷”不习跪叩，若该贡使起跪动作不合礼仪亦无伤大雅云云。但那位一直在与阿美士德争执的理藩院尚书急于邀皇帝恩宠，在8月27日上奏称：“虽其（阿美士德）起跪颇不自然，尚堪成礼。”8月28日晚，嘉庆皇帝看到这份奏折说阿美士德演习跪叩颇有“长进”，表示满意，决定在次日召见。使团被催促连夜赶路，当次日凌晨抵达北京时，阿美士德得知皇帝已准备立即在颐和园召见他。但他因路途颠簸和天气炎热而疲惫不堪，而且国书和官服也落在后面的行李车内，因此他请求稍事休息。在与陪同的中国官员发生激烈的争吵之后，阿美士德气得转身离开。不久皇帝遣人来传唤他，由于理藩院尚书没法让阿美士德露面，因此谎报英国使臣病倒了；皇帝随后传唤副使，尚书又谎报副使也病了。皇帝恼怒不已，怀疑使节们作假，一道谕旨发下，将英使逐出京城，谢绝其“贡品”，取消接见。但当皇帝于次日获悉使臣的确遇到困厄时，怒气稍息，令酌收英使贡品并赐英国国王一些珍玩。他还谕令在南京的两江总督切忌羞辱阿美士德，而应以适合其官爵品位的规格款待他。使团最后于1817年1月28日从广州启程返回英国。[①]

英国以通商为目的派往中国的阿美士德使团最终以连中国皇帝的面都没有见上而告终，但这段交往在中英两国关系史和文化交流史上具有重要意义，阿美士德使团不是第一个英国派往中国的使团，也不是最后一个，不管此后的交往以什么方式进行，两国的交流必定会继续。

第五节　鸦片战争前英国人对舟山群岛的环境调查

鸦片战争前夕，在面对英国可能发动军事进攻时，清政府不仅对英国一无所知，甚至连英国的军队都不清楚，只知道他们可能会从海上进攻，

---

① 徐中约：《中国近代史》，第173—176页。关于使团在北京的活动，参见〔英〕亨利·埃利斯《阿美士德使团出使中国日志》，第99—129页。

而对这种进攻，清政府似乎毫不在意。就连林则徐、黄爵滋等这些“开眼看世界”的人都对英国人从海上进攻不以为然。林则徐认为夷船对中国航道不熟，不敢轻易驶进，而且认为：“该夷兵船笨重，吃水深至数丈，只能取胜外洋，破浪乘风，是其长技，惟不与之在洋接仗，其技即无所施。”① 禁烟先驱黄爵滋也认为：“盖中国沿海省份，各有天设奇险，以为捍卫，凡洋船游奕樵汲，皆有一定岛澳，至近岸港路较僻，非本地引水，不能知其浅深曲折。”② 有鉴于此，林则徐提出了“弃大洋，守内河，以守为战，以逸待劳，诱敌登岸，聚而歼之”的制敌方略，并且得到道光皇帝的首肯，成为鸦片战争中清军的基本战略指导方针。

然而，战争的结果是，英军封锁珠江海面后，狼奔豕突，如入无人之境，一路北上，几乎没有遇到任何有效抵抗就迅速占领舟山的定海，直抵宁波，并继续北上，直达天津，剑指北京。英军一路势如破竹，追究个中原因，英国的军事实力占据优势地位毫无疑问是最主要的，特别是它的战船、火炮、战略、战术都是清政府望尘莫及的。但是，在这场战争中，人们往往忽略了一个重要问题：英军一路北上，攻城占地，他们是如何知道中国沿海各地情况的？为什么在前进途中能一帆风顺，轻车熟路？其实，在鸦片战争爆发前200多年里，英国就有商船、传教士在中国沿海地区进行商业调查、环境调查，涉及中国沿海地区的航线、岛礁、气候、水文等，这些调查成果犹如阿里阿德涅（国王米诺斯的女儿，曾给她情人一个线团，帮助他走出迷宫）线团，保证了英国在战争中直抵目的地。③

整个鸦片战争期间，英军真正与清政府最初发生正式战争是在浙江舟山，从表面看，这是因为清政府在广东海面有积极的备战防御，英军无法进攻，迫使他们在封锁珠江海面后就迅速北上攻占定海。英军为什么会胸有成竹地北上进攻定海？一方面可以说英国对舟山蓄谋已久；④ 另一方面，是因为英国对舟山群岛已经非常了解。这里拟就鸦片战争爆发前英国对舟山群岛的环境调查进行梳理，并试图从中得出相关认识。

---

① 中国第一历史档案馆编：《鸦片战争档案史料》（第1册），天津古籍出版社1992年版，第673页。

② 齐思和等编：《鸦片战争》（三），上海人民出版社1954年版，第485页。

③ 尽管英军在中国沿海作战面临诸多不利条件，如缺乏完善的地理知识和准确的海图、精确的航道测量等，这迫使英国在鸦片战争期间也不得不对中国沿海地区进行水文调查。但是，这已经是英军入侵之后的事情了。关于鸦片战争期间英军在中国沿海地区的调查情况参见王涛《天险变通途：鸦片战争时期英军在中国沿海的水文调查》，《近代史研究》2017年第4期。

④ 王和平：《英国侵占舟山与香港的缘由》，《中国边疆史地研究》1997年第4期。

一 明末清初英国人对舟山群岛的环境调查活动

清代以来，英国人对舟山群岛的了解越来越多，这些人不仅包括传教士，更包括诸如东印度公司这样的商业机构以及英国政府。他们往往跟随外交使团（如马戛尔尼使团、阿美士德使团）或者商业代表团前往中国，在途经舟山群岛的时候，对舟山群岛进行地理测绘。英国人对中国沿海地区的风土人情、地理环境进行了大量的调查，为西方了解中国提供了重要参考资料。英国对舟山群岛环境的调查，不仅对后来的中西关系产生了重要的影响，更为他们在舟山发动鸦片战争提供了便利。

其实，早在都铎王朝，英国就企图能找到与中国进行贸易的海上航道。1576 年，马丁·傅洛比雪耳装备带领探险队寻找通往中国的西北的航道，不过接连三次都失败了。1583 年，伊丽莎白女王派遣商人约翰·纽伯莱前往东方，还带有一封致中国皇帝的信，希望能与中国通商，但英国试图与中国通使的第一次尝试失败了。1596 年，伊丽莎白女王派遣本杰明·伍德作为自己的使臣去中国，并且授予他一封致中国皇帝的信；1602 年，东印度公司派出一支由威茅斯率领的探险队寻找通往中国的西北航道，他也带着一封伊丽莎白女王致中国皇帝的信。不过这些探险都失败了。[①]

直至 17 世纪中期英国才开始与中国进行直接的接触。1635 年 12 月，英王查理一世颁发皇家委任令，以船长威德尔任指挥官，以蒙特利为私商首席代表，并授予他们权力和全权从事果阿、马拉巴尔各地及在中国和日本沿海的贸易。同时，还授权他们“如果时机允许”，可以在埃斯佩兰斯角（Cape Bona Esperance）以东各地往来贸易；寻觅“美洲西部的加利福尼亚北部的东北航路”，进一步“对于发现的各地，如认为对我们的利益和荣誉有利的，就可加以占领管辖”[②]。1636 年（明崇祯十年）6 月 27 日，韦德尔率领船队经印度果阿中转，驶达离澳门约三里格的珠江口西侧的蒙托·德·特里戈（大冈岛）。8 月，由于受到葡萄牙人的阻碍，英国船队要求进入广州城贸易被广州当局拒绝，并且在前往虎门途中的亚娘鞋（Anunghoi）与中国发生炮轰事件。9 月，英国船队强行进入广州城，购买一批中国商品后离开。[③] 韦德尔欲北上舟山自然无法成行。

---

① 张轶东：《中英两国最早的接触》，《历史研究》1958 年第 5 期。

② 〔美〕马士：《东印度公司对华贸易编年史（1635—1834 年）》（第一卷），中国海关史研究中心、区宗华译，第 17 页。

③ 〔美〕马士：《东印度公司对华贸易编年史（1635—1834 年）》（第一卷），中国海关史研究中心、区宗华译，第 16—30 页。

1646年，英国人罗伯特·达德利伯爵（Robert Dudley，1574—1649）在佛罗伦萨首次出版了《海洋之奥秘》（*Del'Arcano del Mare*）海图集，其中有一幅《中国部分海岸包括台湾及其岛屿》（*Carta particolare d'una parte della costa di China con I'Isola di Pakas，e alter Isole*）的地图，所根据的是葡萄牙人和荷兰人的资料。该图把宁波内陆标为Limpō，宁波伸入海的半岛标为Co ba di Limpō（C. de Limpō），舟山群岛标为I. Limpō（Isles de Limpō），清楚地说明了在当时欧洲人眼里，Limpō包括宁波内陆、宁波岬和舟山群岛三个部分。[①] 1656年以后，欧洲地图上把宁波标为Limpō的已极少。18世纪以后，Limpō这一地名便在西方地图上绝迹了。[②]

1685年约翰·桑顿（John Thornton，fl.，1658—1698）绘制了《中国北部简图》，这张早期的英国海图标出了浙江海岸、舟山岛和所有进入舟山港的海道及英国人的居留点，并把舟山岛拼作Chusan，[③] 这是在欧洲地图中第一次以“Chusan”拼写舟山。[④] 这幅海图后收于英国桑顿公司（Thornton）于1703年出版的《航海图集》（*Atlas Maritimus*）中。在这幅海图中，标注的舟山地名大多为大岛屿及双屿港附近的岛屿，有舟山岛、岱山岛、金塘岛、六横岛、桃花岛、朱家尖岛、普陀山等十多个岛屿，主要采用舟山方言音译的方法拼写：如舟山译为Chusan，定海译成Tinghae，六横写作Lowang，普陀译为Pootoo，沈家门叫Sin-kea-mun。但是，对于该海图或其他西方资料没有记载的小岛名称或其他小地名，则抛弃了“名从主人”和对外国地名以音译为主的世界通行原则，使用了以英文命名地名的方法：如将花鸟山改称为Saddle Island（马鞍岛），将嵊山和枸杞山分别改称为East Saddle Island（东马鞍岛）和South Saddle Island（南马鞍岛），将西蟹峙称为Bell Island（钟岛），将大渠山（今东岠岛）叫作Sailer Island（塞勒岛），将岱衢洋上的百亩田礁写作Melville Rock（马利拿石），将东岳宫山叫Josshouse Hill，将镇鳌山称为Caneronian Hill，城隍庙译作City God Temple，等等。[⑤]

---

① 廖大珂、辉明：《世界的宁波：16—17世纪欧洲地图中的宁波港》，载林立群主编《跨越海洋——海上丝绸之路与世界文明进程国际学术论坛文选》，浙江大学出版社2012年版，第34页。此文后发表于《世界历史》2013年第6期，并收入王日根、张侃、毛蕾主编《厦大史学》（第4辑），厦门大学出版社2013年版，第252—266页。

② 王文洪等：《西方人眼中的近代舟山》，宁波出版社2014年版，第66—67页。

③ 廖大珂、辉明：《世界的宁波：16—17世纪欧洲地图中的宁波港》，《世界历史》2013年第6期。

④ 王文洪等：《西方人眼中的近代舟山》，第77页。

⑤ 王文洪等：《西方人眼中的近代舟山》，第83—84页。

1702年，约翰·谢勒（John Seller，fl.，1658—1698）绘制了《东印度东端及中国海线图，自科摩林角至日本》［*A chart of the eastern（n）most part of the East Indies and China from Cape Comarine to Iapan，with all all the adjacent islands*］，这张英国海图是在作者去世后才首次出版于上述《航海图集》中。①

坎宁安（James Cunningham，？—1709）是一位出身于苏格兰的医生兼博物学家，加入英国东印度公司后于1698年以外科医生的身份奉派至厦门。1701年，坎宁安赴舟山进行植物采集与气象观测，并与斯隆（Hans Sloane，1660—1753）爵士长期通信，报告在中国的调查情况与发现，其中有两篇关于舟山地区自然与人文状况的调查报告被发表在英国皇家学会刊物《哲学汇刊》上。② 第一篇是关于舟山的航行、茶叶、渔业和农业的介绍。③ 1701年8月底，调查船因为天气原因在"鳄鱼岛"（Crocodile Islands，即福州东北马祖岛）定锚，"这里有3个位于北纬26°度的小岛，离闽江（Hocksieu）有6里格距离"。9月8日航行到北纬30°海域，于10月11日在舟山船只的引航下回到舟山。"舟山到宁波（Ning-po）需要航行6—8个小时，舟山东西长8或9里格，宽4或5里格，离葡萄牙人称为Liampo④ 而中国本地人称为崎头角（Khi-tu）的岛大约3里格。舟山岛的西部尽头是港口，非常安全和方便，船只在工厂的召唤声中航行。工厂靠近海岸，位于很低平的谷地，由于贸易的利益，工厂附近建有200间房屋，里面住的全是男人，由于戒备，他们的妻子还不被允许在这里居住。因为他们所在的城镇（即定海）离海岸只有四分之三英里远。定海城由22个不规则距离的方形堡垒进行防御，四方的大门放有一些老旧的铁枪，很少

① 廖大珂、辉明：《世界的宁波：16—17世纪欧洲地图中的宁波港》，第265页。

② James Cunningham，"Part of Two Letters to the Publisher from Mr. James Cunningham，F. R. S. and Physician to the English at Chusan in China，Giving an Account of His Voyage Thither，of the Island of Chusan，of the Several Sorts of Tea，of the Fishing，Agriculture of the Chinese，etc. with Several Observations not Hitherto Taken Notice of"，*Philosophical Transactions of the Royal Society*（*1683 - 1775*），23（1702 - 1703），pp. 1201 - 1209；"Observations of the Weather，Made in a Voyage to China. Ann. Dom. 1700. By Mr. James Cunningham，F. R. S."，*Philosophical Transactions of the Royal Society*（*1683-1775*），24（1704-1705），pp. 1639-1647.

③ James Cunningham，"Part of Two Letters to the Publisher from Mr. James Cunningham，F. R. S. and Physician to the English at Chusan in China，Giving an Account of His Voyage Thither，of the Island of Chusan，of the Several Sorts of Tea，of the Fishing，Agriculture of the Chinese，etc. with Several Observations not Hitherto Taken Notice of"，*Philosophical Transactions of the Royal Society*（*1683-1775*），23（1702-1703），pp. 1201-1209.

④ 这里的Liampo可能是指双屿港而不是宁波。

或从未使用过，里面的房子建造得很简陋。这里是该岛长官生活的地方，在三千或四千乞丐般的居民中，大部分是士兵和渔民。由于这里是新批准的贸易地点，所以到目前为止还没有带来大量的商人。岛上一般都有各种各样的生活物质供给，如奶牛、水牛、山羊、猪肉、野生的和家养的鹅、鸭子和家禽、大米、小麦、扁豆、海甘蓝、大头菜、土豆、胡萝卜、菠菜。但是，就商品而言，除了来自宁波（Nigo-po，Ningpo）、杭州府（Hangcheoufoo）、南京（Nankin）和内地城市的外，这里是没有的，当我对汉语有了一点了解后，我希望我能看到。"[①] 接着坎宁安介绍了普陀山。"普陀山是一座小岛，离舟山岛东端大约 5 里格远，以其迷信的朝圣闻名于世 1100 多年了。只有 3000 名僧人（Bonzes）住在上面，所有的僧人被称为和尚（Hoshang），过着毕达哥拉斯式的生活。他们建有 400 座佛塔。"[②] 这篇文章还介绍了舟山的渔业和农业等情况。

第二篇文章是坎宁安在前往中国的途中，对所经过的地区的天气情况的记录，包括位置、风向、天气等，时间从 1700 年 1 月 31 日到 10 月 31 日共 275 天。[③]

坎宁安的这些记录，后来成为詹姆斯·布拉巴宗·厄姆斯顿爵士（James Brabazon Urmston，1785—1850，东印度公司驻广州的高级官员）关于舟山记录的重要来源。厄姆斯顿在其报告中，大量引用了坎宁安的这些报道。1709 年，坎宁安在回英航程中突然去世。[④]

1703 年，英国桑顿公司出版了《航海图集》，这本航海地图有全球各海域航道详图，供英国东印度公司船只航海使用，其中有单幅的《舟山地

① James Cunningham, "Part of Two Letters to the Publisher from Mr. James Cunningham, F. R. S. and Physician to the English at Chusan in China, Giving an Account of His Voyage Thither, of the Island of Chusan, of the Several Sorts of Tea, of the Fishing, Agriculture of the Chinese, etc. with Several Observations not Hitherto Taken Notice of", *Philosophical Transactions of the Royal Society* (*1683-1775*), 23 (1702-1703), pp. 1202-1203.

② James Cunningham, "Part of Two Letters to the Publisher from Mr. James Cunningham, F. R. S. and Physician to the English at Chusan in China, Giving an Account of His Voyage Thither, of the Island of Chusan, of the Several Sorts of Tea, of the Fishing, Agriculture of the Chinese, etc. with Several Observations not Hitherto Taken Notice of", *Philosophical Transactions of the Royal Society* (*1683-1775*), 23 (1702-1703), p. 1204.

③ "Observations of the Weather, Made in a Voyage to China. Ann. Dom. 1700. By Mr. James Cunningham, F. R. S.", *Philosophical Transactions of the Royal Society* (1683-1775), 24 (*1704-1705*), pp. 1639-1647.

④ 常修铭：《认识中国——马戛尔尼使节团的"科学调查"》，《中华文史论丛》2009 年第 2 期。

图》。该舟山地图比法文抄本大四倍，内容更清楚，包括各小岛，尤其注出航道水深，县城外有兵营，金塘是被贬官员所居等。厦门到舟山一段说明是：厦门出来，经过金门及围头中间该走什么方向，远方各地岛屿及陆地形状为何……一路进舟山港。地名先是闽南话，然后变成宁波话，拼音法大概是先有葡文、西文、荷文，再加上各地方言。还注明哪里有淡水、浅滩。在甬江口注说："图上定海港口已有一英国商社（馆）……"①

1720年赫尔曼·莫尔（Herman Moll）的《东印度及周边国家地图》，把舟山岛标为Chusan，并注有"here has been an English factory"（"这里有一家英国商馆"）的字样，标出英国商馆的位置。该图是英国东印度公司在舟山贸易早期拓展的详细记载。②

1703年桑顿公司出版的舟山地图和1720年莫尔的《东印度及周边国家地图》中所说的"英国商馆"（an English factory）可能是指本书前面反复提到的"红毛馆"，即1698年（康熙三十七年）在定海钞关弄（今舟山市定海区福定路隆泰行弄1号）设立的海关监督衙署（当时称"榷关公署"，俗称"红毛馆"），这里离镇鳌山下的县城距离两千米左右，与图示及其他文献中描述的一英里许很吻合。

在1755年版的航海地图集《英国领航员》（*The English Pilot*）中收有一幅以科学投影方法绘制的舟山岛地图。该地图对舟山群岛周围的岛屿、航道、水深等进行了详细的描述和绘制，比如在"从普陀岛和舟山岛东端前往舟山港的航行指南"中，其记载如下：

> 当你离开普陀港（Powto Harbour）向西航行的时候，要朝向舟山一边航行，因为那里的水深最深处达5英寻，然后是4.5、4、3.5英寻，而东边的水深依次是2英寻和1.5英寻，最好伴有涨潮。记住一定要靠西边航行，因为狭窄的海道中间有一块巨大的暗礁，涨潮时被海水淹没，一定要沿着舟山靠东的方向前进。如果落潮或潮水下降很多，你可以在沈家门（Singquamong）和舟山东端之间的开阔之处抛锚，那里水深有4英寻。如果你从舟山的东端出发，你一定要向东南方向靠拢，因为西边的海水很浅，但只要靠东南方向前进，你会驶入深水区，那里的水深有5、6、7英寻，一直向东走，直到你打开沈家

① 王自夫：《300年的沧桑：英国绘制的舟山地图》，《地图》2006年第4期。

② 廖大珂、辉明：《世界的宁波：16—17世纪欧洲地图中的宁波港》；王文洪等：《西方人眼中的近代舟山》，第77页。

> 门南端和位于其南边的另一个大岛之间的通道，大约五英里，从两岛间向西驶去，离开小岛就离开沈家门了。再从西南（那个岛是中心）向北走，你就会到达水深二十英寻的地方，继续沿着西边的路线一直走到崎头角（Ketow）和其他岛屿之间的开口处，该开口位于北面，通往舟山的通道就位于崎头角和这些岛屿之间。崎头角在其山脊上延伸，因此，你的路线是直接向北前往舟山，但在舟山城之前有两个岛屿，这就挡住了你看见它；但一旦你过了西端，你就会发现它。然后向东在岛屿和舟山之间靠岸前行，你可以在水深7、6、5或4英寻的地方下锚，在那里你可以安全地避风。在城的西端有一个小开口，小船只和船只可以驶向宁波。①

除了注明最基本的航道水深外，该图甚至连县城外的兵营位置、被贬官员所居之金塘等细节均详细标明，其精确之程度令人惊讶与感慨。② 换句话说，在鸦片战争前一百余年，英人便已在某种程度上掌握了中国浙江沿海一带的地理、水文乃至军事布局等情报，相关知识水平很可能比清廷还高。③

从16世纪后期到18世纪中期，英国经过不断前往中国调查，对沿海地区已经有了较为熟悉的掌握。对这一时期的英国人来说，他们可能不会意识到在近百年后，这里会成为改写历史的聚焦地，但今天再回头看看英国人的这些工作，还是很有反思意义的。

二　马戛尔尼使团对舟山群岛的环境调查

1792—1793年马戛尔尼使团是英国第一个外交使团。马戛尔尼使团于1793年6月21日到达舟山南部海域，十多天后，于7月8日起锚行进舟山，7月12日驶出舟山海域。使团回国后，其成员出版了大量的日记、回忆录以及旅行报告，这些文献留下了大量对舟山群岛的调查内容。

使团进入舟山海域之前，“狮子号”首先在舟山南部海域的牛鼻山岛和布老门岛之间停泊。这是一个可以躲避任何风向的非常好的港口，海水

① *The English Pilot*（*Book* Ⅲ），*Describing the Sea-coasts*，*Capes*，*Headlands*，*Soundings*，*Sands*，*Shoals*，*Rocks and Dangers. The Bays*，*Roads*，*Harbours*，*and Ports in the Oriental Navigation*，London：Printed for W. and J. Mount，T. and T. Page，1755，p. 64.

② *The English Pilot*（*Book* Ⅲ），*Describing the Sea-coasts*，*Capes*，*Headlands*，*Soundings*，*Sands*，*Shoals*，*Rocks and Dangers. The Bays*，*Roads*，*Harbours*，*and Ports in the Oriental Navigation*，London：Printed for W. and J. Mount，T. and T. Page，1755，pp. 60-61.

③ 常修铭：《认识中国——马戛尔尼使节团的“科学调查”》，《中华文史论丛》2009年第2期。

深12—22寻。在满月和新月上升的时候，潮高12英尺①，速度每小时2海里②半。停泊处位置在北纬29°45′，东经121°26′。布老门岛上有人居住，上面有几块很漂亮的青草地，只有几棵矮小的水果树、橡树和韦马斯松树。这个岛上的石头同老万山群岛石头差不多，不过有些地方多一些垂直的白色的或蓝白色的矿石条纹。③

对六横岛的考察。“克拉伦斯号”在前往舟山的航程中，在达非尔德口遇到落潮而抛锚稍停。这个出入口的东边是大的六横岛，西边是一个小岛，距离不到3海里，其中有几块岩石和几个小岛，水深100—120寻。“克拉伦斯号”在距离一个小半岛1/4海里的地方抛锚。这个小半岛四周围绕着土堤，在低潮时候，部分堤是干的，连接这个堤和六横岛的地峡在高潮的时候埋在水里。停泊处在这个堤的旁边、水深15寻、软泥海底的地方。使团成员利用抛锚潮水的时间登上六横岛进行观光。在六横岛上岸不是一件容易的事，因为这里四周的堤，在裂隙的地方就是又深又软的泥土，否则就是峻峭的岩石。最后他们找到办法攀登岩石爬上去。从附近一个山上俯视“克拉伦斯号”停泊的地方好像是一条河，后面的海好像是一个大湖，里面点缀着无数的小岛。山上长满了野草、芦苇和灌木林。这里没有树木，没有牲口，在他们看来，这里的景象是荒凉的。下山之后他们到达一个小平原。这块平原是填海填筑出来的。为了防止海水的冲洗，前面筑了一条30英尺高的土堤。但这块平原的面积并不大。④

在物产方面，六横平原上种的是稻米，耕作得很精细。从附近山上引下水来，整块土地都得到了很好的灌溉。这里所施的肥料不是兽粪，而是一种更难闻的东西。英国田地里不大使用这种东西。这种肥料是用一个大缸埋在地下盛着的，里面还盛着性质相同的液体肥料。在播种之前先将这种肥料加在土地里，据说可以帮助生长，也可以防止虫害。⑤

对中国船只及航海技术的观察。使团成员在驶往定海的途中，看到了很多中国船只，据他们估算，这些船只的载重量从20吨到200吨不等。中国船只的船头呈四方形，船头两侧各画着一只圆圆的大眼睛，首尾两端翘起，高过甲板。船上的桅杆有两根的、三根的和四根的。有一种中国大船，其主桅的直径不比英国64门炮战舰的细，固定于横铺在甲板上的一

① 1英尺=12英寸=0.3048米

② 1海里=1852米。

③ 〔英〕斯当东:《英使谒见乾隆纪实》，叶笃义译，第187—189页。

④ 〔英〕斯当东:《英使谒见乾隆纪实》，叶笃义译，第189—190页。

⑤ 〔英〕斯当东:《英使谒见乾隆纪实》，叶笃义译，第190页。

组圆木基座上。每根桅杆挂一张由竹篾编成的帆，每隔两英尺有一根竹竿做横档，以便收放。张开之后，或者迎风于船头和船尾，或者平行于船身两侧。这种中国船能在三级半到四级的大风中行驶。但他们认为中国船只的抗风能力不强。① 使团在定海停留并找到两位引航员后，继续从舟山北上，在此过程中，使团成员通过对两位引航员的表现，对中国的航行技术有比较真实的观察。船队起程不久，刚刚驶出群岛之间的狭窄水道进入黄海，使团便发觉中国引航员对他们的帮助并不大。这两位引航员一个没有带罗盘上船，而他对英国人的罗盘又不会使用。另一个引航员带有罗盘，使团成员对它有详细的描述："跟一般的鼻烟壶那么大的木块，中央挖出一个圆坑，大小正够容纳一根极细的、长不过一英寸的铁针。短途航行这大约就足够了。他们用一种独特的方法，使它无论船处于何种状态都能维持地心引力的中心跟它的悬浮中心基本一致。因为又细又短，也不必调整两端的重轻以防止一端下倾，即通常所知的磁针在世界各地多少都有的、朝地平线倾斜的倾向。"② 在使团看来，虽然这两位引水航员有航海经验，但由于对于航海知识与技术知之甚少，使团只是把他们作为顾问而已。③ 使团成员通过对中国航海技术的观察后，得出结论认为，"中国人的航海术跟他们的造船术一样落后"④。

对崎头角的描述。从六横前往定海的途中，"克拉伦斯号"在傍晚遇到一个突出的海角，名为崎头角。它在中国大陆一条山脉的顶端似乎整块都是花岗岩石。围绕海角，海流卷成旋涡，速度非常之快，力量非常之大，除非有巨大风力帮助船只开行，任何大船碰上它都得卷进去。在海角的百码之内，大量海底泥土被翻卷上来，使人怀疑到船只可能搁浅，其实这里水深 100 寻以上，搁浅只是虚惊。由于天色已晚，附近的岛屿多，海道狭窄，"克拉伦斯号"便在崎头角南边水深 17 寻的地方抛锚过夜。⑤

从韭山群岛到舟山港的航程状况。从韭山群岛到舟山港，长 60 海里，宽 30 海里，沿途有 300 多个岛屿。"印度斯坦号"后来在南返的时候，在舟山口外碰到一块危险的岩石。东印度公司的商船过去曾被允许开到舟山，根据它的航海日记，1704 年的"瑙萨姆柏兰德"（Northum Benland）号船上提到了这块岩石，它是这样说，"他们沿着崎头朝大屿开，借以躲

① 〔英〕约翰·巴罗：《我看乾隆盛世》，李国庆、欧阳少春译，第 29—30 页。
② 〔英〕约翰·巴罗：《我看乾隆盛世》，李国庆、欧阳少春译，第 46 页。
③ 〔英〕马戛尔尼：《乾隆英使觐见记》，刘半农译，第 5 页。
④ 〔英〕约翰·巴罗：《我看乾隆盛世》，李国庆、欧阳少春译，第 30—31 页。
⑤ 〔英〕斯当东：《英使谒见乾隆纪实》，叶笃义译，第 212—213 页。

避撒拉格里岛（Sarak Galley Island）前面潜藏的一块岩石。远望过去，该岛同舟山山顶的旗杆合在一处，船只在它的前面平行着开航”[①]。“克拉伦斯号”停泊的地点距离上岸的地方还有半海里，水深5寻。这里的军事首长，官名是总兵，他的衙门在停泊处的东北偏北。港口共有四个出入口通向大海。港口由南到北1海以上，由东到西将近3海。涨潮在满月和新月时期，12点钟前后，潮高12英尺。潮水极不规律，随着风向和多岛屿所造成的旋涡而随时改变。在“克拉伦斯号”停泊地方，涨潮和退潮都是沿着一个方向，海流永远向正东和东北偏东之间倾流。“克拉伦斯号”在这里停了两天两夜，船头始终固定朝着一个方向。这块地方的岛屿多，安全的停泊港也多，可以容纳大船。此外，这里还处在中国东海岸朝鲜、日本、琉球，以及中国台湾（地区）的中心地带，对于宁波的繁荣起着很大作用。宁波是浙江省的一个商埠，舟山群岛全部属于浙江省范围以内。从浙江省一个港口开到日本去采购铜的船每年就有12条。[②]

对定海城的记录。“克拉伦斯号”上的使团成员曾在定海县城观光。在他们的记录中，从海岸的一个村庄出发到定海只有1海里的路程。那里是平原，上面河道沟渠纵横。整块土地耕种得像园子，非常美丽。人行道很好，但很狭窄。定海城墙高30英尺，高过城内所有房子。城墙上每400码距离就有一个方形的石头碉楼。胸墙上有枪口，雉堞上有箭眼。除了城门口有几个破旧的熟铁炮外，全城没有其他火力武器。城门是双层的。城门以内有一岗哨房，里面住着一些军队，四壁挂着弓箭、长矛和火绳枪。[③]

在使团成员看来，在欧洲的城市中，定海非常近似威尼斯，不过较小一点。城外运河环绕，城内沟渠纵横。架在这些河道上的桥梁很陡，桥面上下俱用台阶。街道很狭窄，好像小巷，地面铺的是四方石块。房子很矮，大部分是平房。这里的建筑物上对于房顶特别注意。椽上的瓦抹上灰泥使其不致在大风雨中刮掉。房脊的建筑形式好像帆布帐篷，上面用泥、石头或铁做成许多奇怪的野兽或其他装饰模型。城内服装店、食品店和家具店很多，陈列布置得相当讲究。棺材店把出售的棺材都漆成鲜明强烈的颜色。供人食用的家禽和四足动物等大都是出售活的，狗在这里也被认为是可以吃的动物。鱼在水桶里，鳗在沙土里，都是活着出售。供庙里烧的锡箔和香烛店非常多。这里的男女都穿宽松的衣裤，男人头戴草或藤制的

---

① 〔英〕斯当东：《英使谒见乾隆纪实》，叶笃义译，第213页。

② 〔英〕斯当东：《英使谒见乾隆纪实》，叶笃义译，第189—192页。

③ 〔英〕斯当东：《英使谒见乾隆纪实》，叶笃义译，第194—195页。

帽子。男人除一绺长头发外，前额的头发随时修剪。女人的头发整个盘成一个髻在脑后门，在有些古代妇女铸像上还可以看到这种装束。[①]

虽然马戛尔尼使团对舟山群岛的环境调查只是他们在前往北京途中的“游记”中的附带品，但事实上却收集了舟山群岛的许多情报，这在一定程度上也为英国入侵舟山群岛提供了便利。

三　“阿美士德号”对舟山群岛的环境调查

1832 年 1 月 12 日，担任东印度公司广州委员会主席的马治平（Marjoribanks）下令，命令广州商馆的大班林德赛（Hugh Hamilton Lindsay）乘坐东印度公司武装单桅帆船“克莱武号”（Clive）去中国沿海航行，以期探明中国沿海的通商口岸的情况，并试探中国政府对开放口岸通商的态度。后来，由于“克莱武号”船长拒绝配合这次航行，林德赛（化名胡夏米，Hoo-Hea-Mee）决定改乘“阿美士德号”前往中国沿海。在航行准备过程中，由于郭士猎有过在中国沿海航行的经验，又通晓福建话，因此被邀请担任船上的医生和翻译。此次航行分工明确，船长礼士（Rees）专门测量河道和海湾，绘制航海图，郭士猎在沿海港口口岸传教并兼任翻译和医生，胡夏米主持调查并分发英国的宣传材料。

这次航行中，胡夏米和郭士猎都留下了详细的航行记，里面记录有大量的对舟山群岛的调查，是了解当时英国对舟山群岛调查的重要第一手资料。[②] 胡夏米的航行记录《“阿美士德号”中国北部港口航行报道》于 1834 年在英国出版，[③] 郭士猎的航行日记后来收录到《中国沿海三次航行记》，[④] 以下的讨论均来自这两本航行记。[⑤]

---

① 〔英〕斯当东：《英使谒见乾隆纪实》，叶笃义译，第 195 页。

② 郭士猎（Karl Friedlich Gützlaff，1803—1851）出生于普鲁士王国波莫瑞省（今波兰）一个名叫比列兹的小镇。虽然郭士猎是普鲁士人，但他这次航行是乘坐“阿美士德号”完成的，而且完全是受雇于东印度公司，为英国政府办事，因此，就其内容和实质来说，把他纳入“英国人”对舟山群岛的环境调查并无不妥。这里所使用的郭士猎的《中国沿海三次航行记》的材料，仅限于他跟随“阿美士德号”的记录，其他两次涉及舟山群岛的内容并不包括在内，特此说明。

③ Hugh Hamilton Lindsay, *Report of Proceedings on a Voyage to the Northern Ports of China, in the Ship Lord Amherst*, second edition, London: B. Fellowes, Ludgate Street, 1834.

④ Charles Gutzlaff, *Journal of Three Voyages along the Coast of China, in 1831, 1832, & 1833, With Natices of Siam, Corea, and the Loo-Choo Islands*, London: Frederick Westley and A. H. Davis, Stationers' Hall Court, 1834, pp. 153-410.

⑤ 相关介绍还可参见俞强《鸦片战争前传教士眼中的中国——两位早期来华新教传教士的浙江沿海之行》，山东大学出版社 2010 年版，第 79—107 页。

胡夏米说，1832年5月17日，船队离开福州府（Fuh Chow-foo），经过七天拖沓的航行，于25日到达舟山群岛。5月25日，他们穿越了舟山群岛无数的岛屿前往宁波（Ning-po）。[①] 郭士猎则说是5月21日离开福州转航驶向浙江，并于5月25日驶进了舟山海道（Chu-san passage），沿着这条海道，将会到达宁波。[②] 胡夏米说，尽管此前达尔林普尔（Dalrymple）的地图在经度和纬度方面有很多错误，但它却能让他们很好地了解从宁波外海诸岛到崎头角（Ke-tow）之间的沿海部分，但是，位于这部分的区域与镇海之间的所有内容大多不准确。在崎头角及其附近岛屿之间，他们发现只有45英寻，但上面标的却是100英寻。伴随着微风和强劲的潮水，他们从那里出发，在被称为象山（Elephant）和塔山（Tower）之间的岛屿中前行，在50英寻的任何地方都探测不到任何结果。他们想在位于大榭岛（Ta Seay shan）最东边的一个小岛的南面停泊一个晚上，大榭岛在地图中标注为Ty-go-shan，但是，他们发现在离海岸45英寻半的地方根本找不到地面，在绕过这一点时，他们发现锚地有20英寻远。这些航道水流很急，没有锚地，甚是危险。那天，当他们在公相岛（Gongphas Island）抛锚后，有几位官员乘着两艘战船登上"阿美士德号"视察，他们来自舟山群岛的首府定海（Ting-hae）。胡夏米告诉他们，他的意图是马上亲自前往宁波，向宁波有关当局提交他的贸易许可申请。[③]

郭士猎则比较详细地记录当地的环境，说在这里没有看到他们在其他地方看到的那样拥挤的人口，他们四周如同墓地那样安静。

> 远处能看到的只有少数的村庄和一些寺庙，以及环绕他们的深山。很快，他们就看到有几艘船只来来往往，其中有一艘来自福建（Fuhkeen），他们登上船去，发现其船长甚是好奇爱问，但他是一位鸦片烟瘾很大的吸食者。他们继续在这条非常特别的海道中摸索前行，它看上去就像一条宽宽的河流。波浪汹涌，一些地方旋涡横流，让这条海道变得非常危险。由于海水太深，超出了他们缆绳的长度，他们没有办法找到抛锚的地方。经过一段时间的探查，终于找到一处

---

① Lindsay, *Report of Proceedings on a Voyage to the Northern Ports of China, in the Ship Lord Amherst*, p. 97.

② Charles Gutzlaff, *Journal of Three Voyages along the Coast of China, in 1831, 1832, & 1833, With Natices of Siam, Corea, and the Loo-Choo Islands*, p. 239.

③ 参见 Lindsay, *Report of Proceedings on a Voyage to the Northern Ports of China, in the Ship Lord Amherst*, pp. 97-98.

25英寻的地方，这里靠近一些中国船只，于是就在这里抛锚过夜了。在这里，他们看到了一些青翠的小山，但上面鲜有居民。令他们感到意外的是，这么肥沃的土地居然没有开垦，在中国，他们永远找不到会有如此意外事情的原因。[①]

5月26日，船队出发去宁波。

　　由于不知道宁波的具体位置，他们就跟着其他中国船只，穿过位于陆地和岛屿之间的海道而进入一条大河。由于与岸边的距离保持得不好，他们遇上了一块岩石，不过，他们又成功地绕开了它。一路上几乎没有人妨碍他们前进，直到他们遇到一艘战船，在这里，受到了欢迎。在宁波入口处的一座小山顶上，有一座要塞，这是他们到目前为止见到的中国最好的要塞。要塞里的建筑在外表上看起来有点像哥特式的，尽管驻军不多，但这座要塞位置非常优越，完全可以控制这条河。河流入口处的河道是西南走向，不远处是一个小岛，或者说是一块岩石吧，他们在地图中首先想到的是“三角形”。港口呈现一派活跃的景象。中国的船只被锚定在四面八方，从不断进出的船只的数量看，这里的贸易一定很繁荣。镇海位于这条河的入口处，四面有城墙，外面停着很多船只。[②]

船队到达宁波之后，郭士猎一行一直与宁波当地的知县（Che-heen）、知府（Che-foo）等交涉通商之事，但是没有得到答复。而且，当地官员不允许他们长期停泊在宁波，5月28日，他们不得不驶出宁波，返回镇海，等待清政府官员对通商一事的答复。当他们返回前面提到的那个危险的海道时，水面从16英寻下降到1.5英寻。经过对航道的测量，他们向宁波河的入口驶出去。

从5月29日到6月12日，在近半个月的时间内，郭士猎一行人在宁波、镇海附近海域来回穿梭，一面与当地的清政府官员、商人接触和交涉通商事宜，一面打探当地的地理环境、风土人情和军事防御情况。直到6月13日才起航，到达宁波附近的金塘岛（Kin-tang）。

---

① 参见 Charles Gutzlaff, *Journal of Three Voyages along the Coast of China, in 1831, 1832, & 1833, With Natices of Siam, Corea, and the Loo-Choo Islands*, pp. 239-240.

② 参见 Charles Gutzlaff, *Journal of Three Voyages along the Coast of China, in 1831, 1832, & 1833, With Natices of Siam, Corea, and the Loo-Choo Islands*, pp. 240-241.

据胡夏米记载，6 月 13 日中午，他们离开了宁波河。他们来到金塘岛（Kiu-tang）的对面，在一个安全的港湾抛锚，这个港湾形成于它和大澳子山（Taou-tsze-shan，即现在捣杵山）的小岛之间，此前礼士船长曾在此测量过。强劲的北风迫使他们待在港湾里，直到 17 日。15 日，船上的一行人在金塘岛做了一次长途旅行。该岛大约 12 英里（19.3 千米）长，6—7 英里（9.66—11.3 千米）宽，人口密集，栽培高度发达。人们看到他们的到来，表现出极大的满足感。第二天，他过去曾认识的许多受人尊敬的人来到了他们的船上，有人买了少量的宽幅布和印花布。唯一陪伴他们的战舰是两艘小船，它们停泊在一英里外，它们对过往它们的船只没有任何干扰。①

郭士猎说，他们 5 月 13 日起航，驶向附近水深 4—5 英寻的三角区域，这个深度足够让任何船只出入。他对金塘岛有更详细、精彩的描写。就在同一天，他们到达了一个很浪漫的岛屿——金塘岛，它就在宁波旁边。他们停泊在北纬 29°55′，东经 121°54′。……虽然他们对（当地官员的）说法并不相信，但他们认为在这个地方勘测一下海域，补充一下新鲜的淡水，倒是好事。这个港口很宽敞安全。在游览这个美丽的岛屿时，他们穿过了一些小山和谷地，驻足于几个寺庙和房子前。肥沃的谷地向同一方向延伸，溪流横贯其间，给耕作者带来了丰收。群山青翠，木材燃料丰富。生长在欧洲南部的大部分水果，这里都盛产；也许，如果居民们不怕麻烦，所有的蔬菜都可以在这里种植。他们爬上了当地的最高峰，从这里，可以看到整个岛的大部分地方。……寺庙很多，都建在风景最好的地方。②

这次航行对于郭士猎来说是第二次。由于此行受雇于东印度公司，而且目的明确，是要争取通商口岸，因此，从 1832 年 5 月 21 日到达浙江海域，到 6 月 15 日驶离浙江沿海地区，长达近一个月的时间，他们在浙江的舟山、镇海、宁波、金塘等地的主要活动是与当地的清政府官员交涉通商事务，同时深入调查了浙江沿海港口的地理环境和商业情况。郭士猎作为一名传教士，也没有忘记一边行医，一边派发传教书籍，调查当地的风土人情和信仰情况，传播基督教。

胡夏米说他们是 6 月 16 日起航离开浙江海域，前往江苏省（Keang-Soo Province）的上海，三日后，到达了扬子江的入海口。在离开之前，胡

---

① 参见 Lindsay, *Report of Proceedings on a Voyage to the Northern Ports of China, in the Ship Lord Amherst*, p. 160.

② 参见 Charles Gutzlaff, *Journal of Three Voyages along the Coast of China, in 1831, 1832, & 1833, With Natices of Siam, Corea, and the Loo-Choo Islands*, pp. 271-272.

夏米对舟山的地理测量进行了核实。他写道，英国人和传教士绘制的地图中描绘的关于中国沿海的这一部分内容所呈现的极不准确性使他们感到极其意外。要记得，英国人在宁波享有很长时间的贸易特权，直到1759年；而达尔林普尔的地图声称要对舟山群岛进行考察，上面标注的镇海（Chinhae）位于北纬30°18′，东经121°7′，但是，经过礼士船长的反复考察，认为它位于北纬29°54′，东经121°52.30′，随后的观察和比较，证实了礼士船长的正确性。传教士绘制的地图则把镇海标注为北纬33°5′，东经121°6′。多数情况下，他们对中国的调查是根据实际观察的情况而确定的，准确性很高，但他们没有充分区分报告中所陈述的内容，因此可能产生误导。Ta-hea河很小，它唯一的重要性在于它是优良的港口，可以通往重要的商业城市宁波。不过，在18世纪，这条河的河堤深度似乎大大增加了，这不仅是因为杜赫德（Du Halde）说“到宁波的入口很难进，特别是那些大的船只，因为河堤里的水在最高潮的时候也只有15英寻深”，而且还因为有明确的证据可以证明，对于那些重吨位的船舶是不可通行的。[①]

17日早上，过去几天变得浑浊而狂暴的天气终于放晴了，“阿美士德号”开始向上海（Shanghae）前行，途经舟山群岛内侧。胡夏米认为，这是一条他认为以前从未有过欧洲船只经历过的航道，因此，他们把它称为阿美士德航道（Amherst's passage）。潮流的流向是东北和西南，航道就位于浙江的大河口，它似乎没有向海里排放强大的水流。海水在低水位时很咸，但颜色很深。这里的水深在6—8英寻，海底柔软多泥。到晚上，风变得平静了，他们在一个水深7英寻的地方抛锚，舟山群岛最北部的岛屿位于北偏东40度，这里岛屿的西部位于北偏西40—50度。

18日，“阿美士德号”完全被不大的风和反向潮流给阻挡了，使他们偏航到舟山群岛的北部去了。这里的岛都陡峭而多岩，那些小岛几乎不长一棵草，与其他岛的青翠及美丽形成了鲜明的对比，它们当中几乎没有任何种植的迹象。下午一点，在舟山群岛位于北偏85度的地方，从船尾楼甲板可以看到一个沙岸，其最远处位于北偏西到北偏西又北1/2处。“阿美士德号”现在位于东北处，海水逐渐变浅到6英寻、5.5英寻、5英寻和4.5英寻，他们抛锚的水域位于舟山群岛北部的一个圆形小岛，位置在南偏东8度。[②]

---

① 参见Lindsay, *Report of Proceedings on a Voyage to the Northern Ports of China, in the Ship Lord Amherst*, pp. 162-163.

② 参见Lindsay, *Report of Proceedings on a Voyage to the Northern Ports of China, in the Ship Lord Amherst*, pp. 164-165.

6月19日，“阿美士德号”到达扬子江沿岸，开始新的考察活动。

四　厄姆斯顿关于舟山群岛环境的报告

詹姆斯·布拉巴宗·厄姆斯顿爵士（Sir james Brabazon Urmston，1785—1850）于1799年随其父亲前往东方，加入东印度公司，曾任大班咸臣，多次前往广州等地，1827年从东印度公司荣誉退休。詹姆斯爵士于1833年向英国外交部写过一份长达160余页的报告《中国贸易观察：论把它从广州迁到帝国其他地方的重要性和优势》，[①] 其中详细介绍了舟山群岛各方面的情况，并反复强调它在英国对华贸易中的重要地位。厄姆斯顿爵士虽然“没有对整个舟山岛的正规调查”[②]，但他却参考此前众多关于舟山群岛第一手调查的资料，对舟山群岛的自然和人文环境介绍得非常全面，并认为“这个地方无论是从地理的、商业的还是政治的角度看，都特别适合我们的贸易”[③]。

厄姆斯顿对舟山的地理位置情况写道：

> 舟山岛位于北纬30°26′，东经121°41′。从东北到西南长约9里格或27英里，从西北到东南宽约5里格或15英里。舟山位于浙江省（Chekiang province），浙江省离崎头角北部有10—12英里，崎头角是浙江省一个漫长而多山的岬角的尽头，舟山到中国内地最近的一条路就是在这个地方。舟山岛是一大群岛屿中最大的和主要的岛屿，通常称这里为舟山群岛，它与通往宁波港和宁波城的河流几乎相反，离杭州湾（the bay of Hangcheoufoo）也不远。杭州湾是钱塘江（Tchen-tang-tchiang）的入海口，钱塘江通向很大且很重要的城市浙江省会杭州府。这些城市以后会被注意到的。舟山的主要城镇（或称为城市）是定海（Ting-hai），离港口只有一英里远，在港口那里，靠近水边的是有几座房子的村庄。正是在村庄那里，以前有我们的一个工厂，正如我前面提到的那样。据说定海城有四五千居民，但是，我没有从任何官方

---

① James Brabazon Urmston, *Observations on the China Trade, and on the Importance and Advantages of Removing it from Canton to some other part of the Coast of that Empire*, Foreign and Commonwealth Office Collection, 1833.

② James Brabazon Urmston, *Observations on the China Trade, and on the Importance and Advantages of Removing it from Canton to some other part of the Coast of that Empire*, p. 61.

③ James Brabazon Urmston, *Observations on the China Trade, and on the Importance and Advantages of Removing it from Canton to some other part of the Coast of that Empire*, p. 55.

> 那里弄清楚整个舟山岛到底有多少人口。定海城有城墙包围，上面有防御工事，就像中国城镇普遍防御的那样，配备着几支可怜的枪支。[①]

接着他引用了前述坎宁安关于舟山调查的原文介绍舟山的物产及英国在舟山的工厂情况，并说舟山淡水很丰富而且水质很好，非常有益于健康。[②]

舟山群岛岛屿众多，岛屿间的航行有些复杂，可能会对公司的贸易船有危险，但厄姆斯顿认为："凭着通常的技能、谨慎，以及东印度公司船只的指挥者和官员的擅长的管理，他们一定能安全地航行通过这些群岛。"[③] 并引用马戛尔尼使团副使乔治·斯当东爵士对舟山群岛的观察："这块地方的岛屿多，安全的停泊港也多，可以容纳任何大船。"[④] 他还以孟加拉湾的胡格利河（Hoogley）的危险作为对比，认为那里某些地方的水深几乎达不到船只通过的要求，但就是在这种条件下，东印度公司也没有多大损失，因此，舟山海域的危险根本算不上什么。

舟山港（位于岛西南末端）是完全封闭的，它一定能遮挡所有的风暴，海水因此而变得非常平稳，因此，"我认为舟山港一定是世界上最安全的港口之一。我在附录Ⅱ中附上了来自霍斯伯勒船长和其他当局关于舟山群岛的叙述。到中国的航海，以中国沿海为例，比如舟山群岛和其他地区，我的朋友霍斯伯勒船长解释得非常全面和精练，以至于我在这些事情上的观察有足够的底气"[⑤]。

从地图和航海图中可以看到，舟山的位置非常优越，非常适合英国贸易。舟山岛离（中华）帝国最肥沃、最具生产力、最繁荣富饶省区的海岸非常近，这些省区有最广泛的贸易和制造业，更重要的是，英国对中国的

---

① James Brabazon Urmston, *Observations on the China Trade, and on the Importance and Advantages of Removing it from Canton to some other part of the Coast of that Empire*, pp. 58-59.

② James Brabazon Urmston, *Observations on the China Trade, and on the Importance and Advantages of Removing it from Canton to some other part of the Coast of that Empire*, p. 60.

③ James Brabazon Urmston, *Observations on the China Trade, and on the Importance and Advantages of Removing it from Canton to some other part of the Coast of that Empire*, pp. 61-62.

④ James Brabazon Urmston, *Observations on the China Trade, and on the Importance and Advantages of Removing it from Canton to some other part of the Coast of that Empire*, p. 66.

⑤ James Brabazon Urmston, *Observations on the China Trade, and on the Importance and Advantages of Removing it from Canton to some other part of the Coast of that Empire*, pp. 63-64. 原文注释："詹姆斯·霍斯伯勒船长——东印度公司一位非常能干且不知疲倦的航道测量员，非常感谢他提供的颇有价值的'目录'及关于印度和中国以及世界各地的海图。"本书所见到的英国外交部所公布的这份材料中，附录中有霍斯伯勒船长对舟山的描述，但所提到的航海图都没有。

出口也正是在这些省区，英国也正是在这些省区获得茶叶和其他货物的。因此，“我想清楚地表明我们在中国这一沿海地区拥有定居点的极度重要性，如果可能，至少把我们的贸易转移到这里。……舟山的形势对我们的贸易是最有利的。”① 不仅如此，如果以舟山作为贸易地，英国还可以从中获得很多附加价值，特别是由于舟山离宁波和杭州非常近。詹姆斯接着长篇累牍地讨论了宁波、杭州及江苏等地与舟山群岛的关系及将英国贸易转移到舟山的重要性；同时对于如果能进行贸易，英国应该如何处理对舟山的进出口。

在报告的附录 3 中，他附上了“舟山岛到中国沿海各地的距离”和“广东到中国沿海各地的距离”两张表，这里把前表摘录如下。

附录 3 **舟山岛到中国沿海各地的距离，基于航海图上的航船轨迹的测量②**

单位：海里

	英国航海里程
从舟山港到宁波河口 ……………………………………	30
” 沿河而上的宁波市 ………………………	45
” 杭州湾入口的杭州海角 …………………	75
” 杭州府（通过杭州湾） …………………	150
” 杭州府（通过宁波） ……………………	115
” 扬子江河口③ ……………………………	240
” 黄河河口 …………………………………	500
” 上海城和港口 ……………………………	85（或 80）⑤
” 北直隶省的山东海角 ……………………	470
” 白河（pieho river）口 ………………	750
” 福建省的福州府湾 ………………………	300
” 厦门湾 ……………………………………	420
” 广东（到 Lemmas④） ……………………	745
” 中国台湾（北端） ………………………………	300
” 日本（长崎） ……………………………	430
” 江户首府 …………………………………	900
” 琉球列岛 …………………………………	400
” 马尼拉湾 …………………………………	1050
” 交趾支那（即 Turon Bay）………………	约 1000

① James Brabazon Urmston, *Observations on the China Trade, and on the Importance and Advantages of Removing it from Canton to some other part of the Coast of that Empire*, pp. 64, 66-67.

② James Brabazon Urmston, *Observations on the China trade, and on the importance and advantages of removing it from Canton to some other part of the coast of that empire*, p. 147.

③ 原稿注：从扬子江的入口到靠近河流流经的南京城大约有 160 英里，但是，我们目前对扬子江的航行一无所知，这是非常遗憾的。

④ 对于 Lemmas，本书一直没有查到它们对应的中文译名，为不引起误导，这里特保持原文。

⑤ 括号中的“或 80”为原稿手写标注。

在附表的后面有两段说明文字，分别是“从广州沿中国沿海到舟山以外的地方的距离很容易显示出来，只需要把从舟山到那些地方的距离（见上表）再加上从广州到舟山的距离就可以了”“各地的经度和纬度可以参见各地图和海图”。

厄姆斯顿爵士虽然没有对整个舟山群岛进行正规的调查，但他参考了当时他能收集到的非常重要的第一手资料，因此，他的调查还是比较客观的。

五　德庇时与麦都思关于舟山群岛的环境调查

被誉为“第一位汉学权威”的德庇时（John Francis Davis，1795—1890）于1831年成为东印度公司在广州的特别委员会主席，即“大班”（President of the Committee at Canton），主理公司在华贸易，1835年返回英国，1844年再次来到中国，直到1848年辞去总督。他一生对中国的研究一直没有停滞，对中国文化的海外传播和研究作出了重要贡献。1836年，他出版了《中国人：中华帝国及其居民概况》（两卷本）（以下简称《中国人》），对中国的风土人情、历史地理、文化与对外交流等多方面的内容都有介绍。但“本书内容完全是针对普通读者，在确保内容的准确的同时又要方便读者轻松阅读，每个主题基本上只能记以大要”[①]。由于该著作介绍的内容极其广泛，因此，对舟山群岛的介绍并不多。比如，在介绍到浙江的地理环境的时候，说：“在沿海诸岛屿中，离宁波50或60英里的是舟山岛（Chowsan or Chusan），这是一个很好的港口，但在贸易的方便性方面比不上宁波。舟山的县城在定海（Tinghae）。”[②] 再如，在描述普陀山的时候，德庇时写道：“‘佛’（Budha）在汉语中的发音也明显是普陀（Poo-to）的发音，它被用到舟山群岛的一个岛的名字，即普陀山岛，该岛位于北纬30°3′，东经120°。郭士猎曾到访过那里献给佛的最大的建筑及其僧人们，这是一个来自遥远各地的崇拜者的圣地。”[③] 接着他直接引用了郭士猎关于普陀山很长的一段描述。总的来说，由于《中国人》的普通读物性，它关于舟山群岛的内容并不多。

德庇时的《中国人》出版两年后，1838年，麦都思出版了《中国：现状与未来》（以下简称《中国》）[④]。与德庇时不同的是，麦都思在《中

① John Francis Davis, *The Chinese*: *A General Description of China and Its Inhabitants*, New edition, London: C. Cox, 12, King William Street, Strand, 1851, Introduction, p. vi.

② John Francis Davis, *The Chinese*: *A General Description of China and Its Inhabitants*, p. 151.

③ John Francis Davis, *The Chinese*: *A General Description of China and Its Inhabitants*, p. 186.

④ W. H. Medhurst: *China*: *Its State and Prospects*, London: John Snow, 26, Paternoster Row, 1838.

国》中关于舟山群岛的描述全部来自他的亲自考察。1816年，麦都思被英国伦敦会派往马六甲传教，1835年受美商奥立芬的委托，与另一名美国传教士司梯文思乘船到中国沿海考察商业状况，并沿途分发《圣经》和福音书，在此期间到过舟山。鸦片战争英军占领定海后，麦都思被派到舟山，在英军司令部任翻译，并与他人在定海创办医院。麦都思潜心研究中国历史与文化，留下了很多著作，包括将近600页的《中国》。

根据《中国》的记载，1835年10月13日，麦都思随船离开长江口，路过郭士猎岛（Gutzlaff′s island）和其他一些岛，晚上他们抛锚停船，因为他们以为是在金塘岛附近几英里的地方。但是，第二天早上他们发现，自己弄错了位置，根据海图的标示，两地相距大约60英里。接着他们突然发现这里的滩很浅，于是不得不前往最近的小岛并在那靠岸。他们其实还没有到达金塘岛，而是到了舟山群岛北部一个叫渔人岛（Fisher's Island）的小荒岛上，这个小岛在他们的目的地的东面30英里处。因此，他们不得不向西航行，在日落之前他们无法赶到金塘，夜间只能抛锚停船。第二天早上，他们的船在海面上平静地航行，穿行于这个小岛与宁波之间。①

10月16日，麦都思一行在金塘岛上岸，在位于海湾东北的顶端登陆，并进入城镇里，他们发现这里的人们非常友善，基督教传教手册很容易而且很快就散发出去了。在金塘散发完传教手册后，他们又去了大坪山（Ta-ping-shan），就是对面的那个岛屿，这里耕作良好。返回金塘岛后，他们登上了小山，发现山上种满了枞树，这些耐寒的坚硬的植物为当地居民提供燃料，而且它似乎是唯一能在这种地方生长的植物，而平地上的谷物犹如麦浪滚滚，出产丰富。②

17日，他们在中国战船的尾随下扬帆起航，穿越舟山群岛（Choo-san archipelago），经过复杂的航行，终于穿越了那些不知名的礁石和浅滩，到达了沈家门（Sin-kea-mun）——舟山群岛的最东端。在一个位于一座小山下的附近的村庄里，他们看到了一些棺材，比较杂乱地堆放在一起，有些是新的，有些则已腐烂，摔得粉碎。询问当地的人们为什么不把这些死者下葬，据当地人说，他们没有钱买墓地，或者没有钱做普通的法事，他们暂时把亲友的遗体放置在山下，等做生意成功或者丰收后，他们会再为这些死者尽最后的义务。③

---

① W. H. Medhurst：*China*：*Its State and Prospects*，1838，pp. 477-478.

② W. H. Medhurst：*China*：*Its State and Prospects*，1838，pp. 478-479.

③ W. H. Medhurst：*China*：*Its State and Prospects*，1838，pp. 479-482.

10月19日，麦都思一行起锚驶离舟山群岛，前往东北部的普陀（Poo-too）山。在前往普陀山的航道上，小岛之间非常狭窄，船穿行在相距50英尺的礁石中间，而且旁边还有不少浅滩。最后，他们终于在十点钟的时候到达了普陀，原来是打算花一天时间到达的。

> 我们开始登上充满浪漫情趣的高山，山上壮观的庙宇和美丽的树木仿佛给这些高山戴上了皇冠，就像前人在游记中描述的那样闪闪发光。很快，我们就找到一条宽敞结实的大道，一直通到其中一座山的山顶。在每一个峭壁上，我们都能看到一座庙宇或者一个岩室，看到一座雕像或者一幅图画。小花园到处都是，我们走在芳香的山谷中，壮观的庙宇顶上覆盖着黄色的瓦片，象征着皇家的身份，照耀着中午的阳光。……整个普陀岛风景如画，有上百所庙宇和6000多名僧侣沐浴在启示和永恒之光中。这里显示出对财产的毫无用处的浪费，对时间毫无效果的占用，以及对错误的有害助长，对周围人们的败坏，我们要让他们从佛教的崇拜中转化，使他们相信唯一的真神。这个岛上所有豪华的和广泛的建筑无非是为了给那些泥塑木雕遮挡阳光和雨水，所有居民的工作无非是重复背诵毫无意义的祈祷，向树干和石头做无用的沉思，以至于如果整个普陀山的寺庙及其慵懒的僧人都从造物主的脸上消失，人类的科学和幸福不会因此而有丝毫减少。我们从木讷的僧侣口中听到的唯一的声音就是“阿弥陀佛”（O-me-to Fŭ h，Amida Buddha）。①

麦都思一行还深入每个洞穴及每座寺庙进行真切的体验和观察，并从他们自己的文化传统和背景，以他们的标准对他们所看到的进行了评价。

> 远远看去很漂亮和有趣的寺庙，近距离看却失去了它们的美丽，原本以为对麻烦的探索有所补偿的大洞穴，结果只不过是深8或10英尺的洞穴而已，里面只是在洞穴深处有一些粗糙的画像。路边石头上的文字大多刻得不深，雨水冲刷很快就坏掉了，上面的字迹几乎不可辨认。处处反映他们自己的图像木雕同样很糟糕，有时很难想象，创作者通过这些粗俗难看的人物到底是想表达什么。道路的每个转角处都有很小的寺庙，没有什么特别的。这里有两座很相像的大寺庙，与德庇时描述的中国人的广东城对面的“河南菩萨庙”（Josh-house at Honan）② 没

---

① W. H. Medhurst：*China*：*Its State and Prospects*，1838，pp. 482-483.

② 指位于广州市海珠区的海幢寺。

> 有什么区别。这些神殿由一系列建筑构成，一个接着一个，周围是僧人们的住所。这些中间建筑中的第一间寺庙里供奉着四尊巨大的塑像，看上去是用来保卫这些建筑的。这个寺庙后堂是一个大殿，供奉着三尊非常大的佛像，由18罗汉团团围住，罗汉虽然是坐姿，但每座有8英尺左右高。第三个大殿里供奉着观音（Kwan-yin）——佛祖的母亲与仁慈的女神。第四个庙堂里供奉着三个带有胡须的野蛮人的画像，仿佛来源于埃及。在第四个庙堂的大厅里是图书馆建筑，里面有几千卷宗教书籍，内容涉及佛陀与他弟子的谈话、他的信徒所要诵读的祈祷。在大寺的后部分，我们发现了一所学校，教授的是儒家经典，但这里的学者都很年轻，剃着光头，信仰佛教。我们询问是否这里的僧人也可以教育孩子，在岛上有多少所这样的学校，他们告诉我们，这些神圣的人的唯一工作就是向崇拜者讲述佛经，专注思考。在另一座大寺庙里，我们参观了一个食堂，这里提供给这些僧人日常的食物。尽管他们是吃素食的，但是他们也不会拒绝各种各样的食物。事实上，无论我们走到哪里，我们都发现僧侣们在忙于他们的自然需求，因为只要进入他们的住处，我们几乎总是在厨房里碰到他们。我们请求能见见住持，但被告知，住持正在向祈祷者诵读佛经。但是，我们严重怀疑他正在午休，因为当我们走近他的房间时，一位侍者不得不跑进去叫醒他，并拿出他的袈裟，他不太可能穿着便装出现在外面。他的谈话对我们来说没有兴趣，我们的谈话对他也一样没有兴趣，他似乎只是很陶醉于他自己或者说是陶醉于佛陀，我们觉得有必要赶紧离开。①

1835年10月21日，麦都思一行打算去石浦（Shih-poo），但他们发现，在他们看见陆地的时候，已经在石浦的下风20多英里处。最后他们认为，与其花时间往回走，还不如直接前往福建。就这样，麦都思一行完成了他们的浙江沿海之旅，完成了舟山之行。

小结　中西分野——双屿港命运的启示

自古以来，舟山群岛就在海外文化交流中默默地扮演重要角色。徐福

① W. H. Medhurst: *China: Its State and Prospects*, 1838, pp. 484-486.

悄悄地消失，为后人留下了许多不解之谜，但越来越多的证据表明，他很可能就是从舟山群岛东渡日本的，至少可以确定他曾与舟山群岛有过关系。唐代普陀山观音道场的形成，使普陀山不仅在中国佛教发展史上留下浓墨重彩的一笔，更为舟山群岛的海外文化交流奠定了重要地位。自宋以来，随着中国对外贸易的重心完全转移到东南海上，中国沿海地区在海外文化交流中的地位愈加凸显。到元代，中国人对海外世界的认识有很大的提高，在海外文化交流方面比历代王朝更加开放，社会风气的变化也明显体现出海外文化交流带来的影响，如上流社会喜好用舶来品；显贵人家使用黑人仆役；中外人等杂居通婚；甚至外商与中国官吏家庭通婚；大量华人移居海外；等等。正如罗荣渠指出的那样，早在西欧越出中世纪的地中海历史舞台转向大洋历史舞台之前，中国已率先越出东亚大陆历史舞台，控制了东中国海（南宋）和南中国海（元代）。这是符合世界历史潮流的新趋势，只要任其自然地发展下去，中国在西方海舶东来之前拥有南中国海和印度洋上的海权，形成稳定的海外贸易区，看来是不成问题的。但是遗憾的是，宋元时期开创的海外大好局面却在明代被彻底葬送。[①] 双屿港的命运显示中国不仅主动拒绝了与世界海外贸易的联动，而且盲目地拒绝了与世界潮流的互动。

英国自击败西班牙“无敌舰队”逐渐确立其海上势力后，它的海上霸主地位雏形也开始显现。如何面对这个未来海上霸主，中国政府一片茫然。英国与中国清政府交往的最初目的是建立正式外交关系，进行海外贸易，这可以从伊丽莎白女王托最早派遣的傅洛比雪耳和伍德带给中国的信中看出。百余年后，英国派遣马戛尔尼使团和阿美士德使团要求清政府通商。正是这些通商使团和随团传教士对他们中国之行的见闻进行了翔实的记录，而这些记录成为英国官方和民间了解神秘中国的窗口。因此，在一定程度上说，对中国沿海地区的地理环境调查实际上是英国通商与传教的副产品。

从客观上讲，这种副产品在很大程度上有利于中西文化交流，对于介绍中国政治、经济、历史与文化等具有重要意义。坎宁安对包括舟山群岛在内的沿海地区物种的介绍、马戛尔尼使团成员留下的20余种关于中国旅行的记录、麦都思编著的《华英语汇》《福建方言字典》等，对英国社会了解中国和中国文化的外传都产生了非常重要的影响，更不用说“第一位汉学权威”的德庇时关于中国古典文学作品的翻译和大量涉猎中国地

---

① 罗荣渠：《15世纪中西航海发展取向的对比与思索》，《历史研究》1992年第1期。

理、历史、政治、法律、语言、文学、宗教等各方面的著述。因此，我们可以毫不夸张地说，包括对舟山群岛在内的中国沿海环境调查在一定程度上促进了中西文化的交流。

但是，这些调查在后来英军对中国沿海，特别是对定海的进攻时更是成为其利器。1839 年下半年，英国政府形成了对中国发动侵略战争的计划,[①] 浙江舟山以其在军事与贸易中的独特地理位置而成为英国人的侵略目标。1839 年 4 月 3 日，义律在致巴麦尊的私人密件中建议英国政府“立刻用武力占领舟山岛，严密封锁广州、宁波两港，以及从海口直到运河口的扬子江江面”[②]。1840 年 2 月 21 日，义律在给海军少将梅特兰的信中说得更详细：“舟山群岛良港众多，靠近也许是世上最富裕的地区，当然还拥有一条最宏伟的河流和最广阔的内陆航行网。在大不列颠军队的保护下，又有这样的地理条件，贸易不久必将兴旺发达，不仅与这个帝国的中心地区进行贸易，而且很快就能开拓与日本的贸易，因为中日贸易的中心乍浦靠近舟山群岛。”[③] 威廉·查顿在给詹姆斯·马地臣的信中也写道：“我们还应该占领大舟山，该岛接近北京，可以当作大大困扰皇帝的根据地。”[④] 英国政府接受了这些建议，1839 年 11 月 4 日，马麦尊在致海军部的密件中写道：“女王陛下很高兴地下达命令，派遣一支海军和陆军部队前往中国沿海。女王陛下政府的打算是，该远征部队抵达中国海面后，便着手占领中国沿海的某个岛屿，用来作为一个集结地点和军事行动基地。……女王陛下政府倾向于认为，舟山群岛中的一个岛屿很适合于达到这个目的；那些岛屿的中间地理位置，即处于广州与北京之间的中途，而且靠近一些可航行的大河流的河口，从许多观点看来都将使那些岛屿成为一个很方便的总指挥部所在地。”[⑤] 从这些信件和英国政府的命令中，可以明显看出，他们对舟山群岛的地理位置、环境、战略地位等都了如指掌，而这些信息都是来源于此前对舟山环境的调查。

清政府一直沉浸在自己“天朝上国”的美梦中，盲目自大，跟不上当时世界的发展。欧洲在 17—18 世纪出现“中国热”，中华文化及中国政治

---

① 张馨保：《林钦差与鸦片战争》，福建人民出版社 1989 年版，第 182—188 页。

② 宁波市社会科学界联合会、中国第一历史档案馆编：《浙江鸦片战争史料》（上册），宁波出版社 1997 年版，第 44—45 页。

③ 宁波市社会科学界联合会、中国第一历史档案馆编：《浙江鸦片战争史料》（上册），第 56 页。

④ 宁波市社会科学界联合会、中国第一历史档案馆编：《浙江鸦片战争史料》（上册），第 21 页。

⑤ 《英国档案有关鸦片战争资料选译》（下册），中华书局 1993 年版，第 526 页。

为欧洲思想家及政治家们推崇，但在马戛尔尼使团访华后，此前的中国形象被彻底颠覆。黑格尔在读过斯当东的《英使谒见乾隆纪实》后，对中国的看法是："中华帝国是一个神权专制政治的帝国……个人从道德上来说没有自己的个性。中国的历史从本质上来看仍然是非历史的：它翻来覆去只是一个雄伟的废墟而已……任何进步在那里都无法实现。"① 明中期舟山的双屿港被"筑塞"的命运，② 已经预示着近代中西方历史的分道扬镳。在这一背景下，现在我们重新关注一百多年前，英国人对舟山群岛所进行的调查，或许会有更多的启示。

① 〔法〕佩雷菲特：《停滞的帝国——两个世界的撞击》，王国维等译，第563页。
② 王颖、冯定雄：《双屿港命运与东西方历史的分野》，《浙江学刊》2012年第3期。

第九章　海涛澎湃共祈福：古代舟山群岛的海洋信仰

古代舟山人民在长期的海岛生产生活中，一方面接受大陆各种信仰与习俗，另一方面形成了比较独特的海洋信仰与习俗。在茫茫东海水域中，由于海岛人所处的海洋环境，他们似乎比大陆内地人更崇拜神灵，尤其是与海洋相关的神灵。舟山群岛不仅各岛都有神庙，而且祭祀仪式也与大陆内地有区别。比如，渔船出海生产前，要在船上祭告神祇，向神明行跪叩礼后烧化疏牒，称为“行文书”；由船老大捧一杯酒泼入海中，并抛少许肉块入海，叫“酬游魂”，以祈祷渔船出海顺风顺水。“行文书”“酬游魂”这些仪式，既是对神灵（观音、龙王、妈祖等）的信仰，更是一种独特的海洋祭祀仪式。舟山群岛的海洋信仰自古有之，而且延绵至今，是中华传统文明的重要组成部分。

第一节　早期及宋代舟山群岛的海洋信仰

据海岛文物考证及相关文献记载，早在五六千年前，海岛人的神灵信仰已经萌发。它们最初的表现形式为原始宗教的图腾崇拜。如在定海马岙乡发掘的文物中，有一件圆唇、空腹的釜和一件鼎，鼎足是鱼鳍形的。釜和鼎的两侧各有直线划纹和绳纹。在舟山本岛白泉镇十字路发掘的新石器时代遗址中，也发现了许多河姆渡文化时期的遗迹，尤其在陶器上刻画的花纹数量很多，纹饰美观，如绳纹、水波纹等。根据学者考证，绳纹细长而弯曲，明显是蛇形之鱼。古代以云雷纹区别凡俗的蛇和神化了的龙，而舟山的水波纹恰是云雷纹的一种。由此说明早在远古时代，东海岛屿已经有了原始宗教的图腾崇拜，而且是我国鱼龙图腾的主要发祥地之一。这就是海岛早期原始信仰的萌芽。我国的原始海神、鱼龙崇拜也有悠久的历史。随着印度佛教文化的传入，佛经中丰富的各类龙王故事伴随着经典的阅读与宣说而广为流传；道教吸收佛教龙王信仰的经籍也在增多。这些龙王信仰在社会中产生了深广的影响并一直贯穿各个历史朝代。

当然，海岛人信仰的神灵不仅仅是龙王，还有观音、妈祖、渔师公等海神。在海岛，鱼有鱼神，船有船神，网有网神，岛有岛神，礁有礁神，名目繁多，各司其职，从而构成了一个以海神为核心的、层次分明的、系统的海岛神灵信仰体系，而且祭祀频繁，礼仪奇特，信仰活动渗透到每个渔汛的主要环节和渔民人生礼仪的一举一动，甚至到了“无事不占卜，无处不求神”的程度。在古代，海岛人把对丰收的希望，把对风调雨顺、船安人健的企盼都寄托于神灵的护佑。[①]

在整个舟山群岛地区，自古以来流行最普遍的信仰是观音信仰。普陀山（补陀洛迦山）是名扬海内外的观音道场，我国四大佛教名山之一，从唐代开始，普陀山就成为观音道场。北宋年间，由于统治者对佛教的扶持，普陀山佛教得到很大发展；同时，随着昌国地区渔业的发展，许多与海相关的民俗信仰和民俗崇拜也得以发展。

一　佛教的发展

南朝萧梁时期，观音信仰在浙江沿海一带得到广泛的传播。据《宣和奉使高丽图经》载，梅岑山（普陀山）“其深麓中，有萧梁所建宝陀院，殿有灵感观音”[②]。梁武帝在位期间，全国建有寺院数千所，此时的观音信仰已流行于舟山地区，并具备一定的知名度。

北宋建立后，为了巩固其统治，加强中央集权，宋太祖一反后周抑制佛教的政策给佛教以适当的保护，以发挥其教化和调控功能，加强国内的统治力量。为此，北宋统治者采取了一系列措施，如停止寺院的废毁、设立“译经院”、培养佛学人才、翻译佛经等。建隆元年（960），太祖下诏修复毁弃的寺院和佛像，普度童行（在寺院修行而尚未正式出家的青少年）8000人，接着又派遣157名僧人赴印度求法，每人赐钱3万，这在中国佛教史上，是派僧人西行求法规模最大的一次。相传他还亲自手书《金刚经》，经常诵读。[③] 宋太宗大肆度童行，还恢复了唐元和六年（811）以来久已中断的译经，创立规模宏大的译经院，附设印经院。宋真宗大兴佛教，不仅放宽度僧的名额，广设度僧戒坛，而且普建

---

① 姜彬主编：《东海岛屿文化与民俗》，第422—423页。

② （宋）徐兢：《宣和奉使高丽图经》，第119页。

③ 吴平：《图说中国佛教史》，第92页。

寺院，改赐寺院名额。统治者的大力提倡，极大地促进了全国佛教的发展。

据史记载，北宋年间，昌国地区有寺院禅院十座，它们分别是：建立于唐朝的九峰山崇福院，“北宋治平（1064）赐今额。熙宁年间始建轮藏，其神甚灵，邑人有祷必归焉。普慈寺，距县五里，旧名观音。始建于唐代，北宋治平元年赐今额，相传东晋韶高僧隐居于此。万寿院，建隆元年（960）建，治平元年赐今额。保宁院，旧名保安，晋天福元年（936，五代十国之后晋，天福为石敬瑭年号）建，治平二年赐今额。祖印院，旧名蓬莱，晋天福五年（940）建，治平二年赐今额。延福院，旧名罗汉，唐光化二年（899，五代十国之后唐），僧法融建，大中祥符元年（1008）赐今额，南宋淳熙十四年（1187）更律为禅，从守臣岳甫请也。梅岑山观音宝陀寺，梁贞明二年（916，五代十国之后梁，末帝朱友贞年号）建，因山而名寺，以观音著灵，使高丽者必祷焉。北宋元丰三年（1080），有旨令改建，赐名宝陀；且许岁度僧一人，从内殿承旨，王舜封请也。南宋绍兴元年（1131），郡请于朝，革律为禅；嘉定七年（1214），宁宗皇帝御书‘园通宝殿’四大字赐之，且给降缗钱一万，俾新祠字。迴峰寺，建隆元年建。兴善院，后唐天成二年（927）建，名小善，治平元年赐今额。广福院。”①

北宋昌国主要教院有六所：“超果院，旧名资福，晋天福二年建，治平二年赐今额。化城院，旧名罗汉，汉乾祐元年建，治平二年赐今额。资福院，晋天福八年建。华云寺，旧名香兰，后周显德七年（960）建，治平元年改赐空王，建炎三年再赐今额。封崇院，旧名资福，又名资国，周广顺元年（951）建，大中祥符三年赐今额。接待观音院。”②

北宋昌国律院有七所，其中十方律院一所即潭石广福院，旧名崇寿，端拱二年（989）建，熙宁元年（1068）赐“寿圣”，绍兴三十二年（1162）改赐今额。甲乙律院六所：翠萝院；隆教院，后汉乾祐二年（949）建，名“降钱”，大中祥符元年赐今额；保安院，后汉乾祐二年建；梵慧院，唐咸通中建，后汉乾祐二年立名“寿圣”，开宝二年（969）改赐“超果”，治平二年（1065）再赐今额；普济院，旧名山门，后汉乾祐元年建，治平二赐今额；普明院，古泗洲堂也，窣堵波二，以铁为之，

---

① （宋）罗濬：宝庆《四明志》卷20《昌国县志·叙祠》，见凌金祚点校注释《宋元明舟山古志》，第28—29页。

② （宋）罗濬：宝庆《四明志》卷20《昌国县志·叙祠》，见凌金祚点校注释《宋元明舟山古志》，第29—30页。

世传阿育王所铸，钱氏忠懿王置之于此，大中祥符中赐院额，绍兴十八年（1148），僧昙解侈大之，高丽入贡候风于此。[①]

从这一时期昌国寺院的情况看，至少可以得出以下几点结论：第一，北宋统治者对宗教极力扶持，充分发挥宗教在国家政治统治中的作用，从而加强统治和中央集权；第二，正是由于国家的扶持，使得寺院、教院势力庞大，拥有了大量的土地和田产，加上寺院、教院举办长生库[②]、商店等谋利事业，在国家经济中占有相当的分量；第三，正是由于统治者的扶持，寺院、教院势力的不断壮大，昌国地区的宗教信仰基础进一步加强，为以后舟山成为佛教圣地奠定了重要基础。

随着佛教的发展，有关菩萨显灵的传说也越来越多。北宋乾德五年（967），太祖遣内侍王贵赍香幡诣山进香，王贵心未虔，归时满洋的铁莲花阻舟，急望山叩祷，遂有白牛浮至，食尽其花，舟始行，今其地名石牛港。[③] 又据载："宋元丰中倭人入贡，见大士灵异，欲载往其国。风浪大作，满洋生铁莲花，倭惧而还之。洋之得名以此。"[④] 北宋元丰二年（1079）高丽国王病，遣使来请救治，朝廷派内殿承旨王舜封及医者等驾"凌虚安济致远""灵飞顺济"二神舟前往诊治。舟至宝陀山，遇风涛，有大龟负舟，危甚。众皆望山祝礼，忽见金色晃耀，大士现满月相，珠璎灿然，出自岩洞，龟没舟行。舜封以事上奏，翌年，诏改建不肯去观音院，赐额"宝陀观音寺"。海东诸夷，如三韩、日本、扶桑、阿黎、占城、渤海，数百国，雄商钜舶，繇此取道放洋。凡遇风波寇盗，望山归命，即得销散，感应颇多。崇宁间（1102—1106），户部侍郎刘逵，给事中吴栻，使高丽，及还，自群山岛经四昼夜，月黑云翳，海面冥蒙，不知向所。舟师大怖，遥叩宝陀，未几，神光满海，四烛如昼，历见招宝山，遂得登岸。[⑤] 所有这些传说，都是当时佛教发达的重要表现。

南宋时期，由于朝廷财政困难，虽然一方面对佛教采取限制措施（如高宗时就曾停止额外的度僧）；但另一方面，又继续实行北宋以来

---

① （宋）罗濬：宝庆《四明志》卷20《昌国县志·叙祠》，见凌金祚点校注释《宋元明舟山古志》，第30页。

② 长生库是指宋代寺院开设的典当库。

③ （明）周应宾：《普陀山志》卷2《山水》，见武锋点校《普陀山历代山志》（上册），第139页。

④ （清）朱谨、陈璿：《南海普陀山志》卷2《形胜》，见武锋点校《普陀山历代山志》（中册），第540页。

⑤ （元）盛熙明：《补陀洛迦山传·应感祥瑞品第三》，见武锋点校《普陀山历代山志》（上册），第8页。

发度牒[①]征费的政策以增加收入，从而使得佛教在这一时期得以继续发展。

南宋时，舟山地区以前的佛教寺院，特别是前面提到的北宋时期的几十座禅院、寺院继续存在并得到进一步发展。这一时期，昌国佛教发展的一个重要表现是绍兴元年（1131），普陀山佛教各宗统一为禅宗。嘉定七年（1214），宁宗皇帝御书“圆通宝殿”四大字赐之，且给降缗钱一万，俾新祠字，常住田 567 亩，山 1607 亩，[②] 从而正式规定了普陀山以供奉观音菩萨为主。从此以后，山中各寺的圆通殿便都供奉观音像了（当然，宝陀观音寺比普陀山正式成为观音菩萨的道场要早 100 多年）。据史载，从宋嘉定七年（1214）到元泰定四年（1327），朝廷先后五次总共赐予普陀寺院官田 3093 亩，山 1000 亩。宋淳祐八年（1248），理宗又下诏免全山租役。九峰山吉祥院在建炎初年，给事中黄龟年施辟支佛牙长四寸、阔一寸，舍利盈缀，时见五色。绍兴十八年（1148），主僧法宁建大阁藏之，刻石以记。常住田 1566 亩，山 3779 亩，[③] 这是非常大的田产。

宋代普陀山佛教的兴盛是与昌国地区作为海上丝绸之路的中继站分不开的，过往船只在这里不仅要“站潮候风放洋”，更会在等候过程中前往普陀山佛教圣地祈福，祈求船只在波涛汹涌的茫茫大洋中平安往返。在这一过程中，产生了许多关于佛教的神奇故事。本书第七章中提到的那位四明巨商在普陀山的奇遇就是其中之一。

最具传奇色彩的可能要算普陀山观音菩萨预言史浩称相的故事了。南宋绍兴十八年（1148），史浩以余姚尉摄昌国盐监。是年 3 月 15 日，史浩与鄱阳程休甫一道，由沈家门汛舟风帆而至普陀山，造访潮音洞，[④] 他们目睹观音大士的传奇经历，史浩在佛寺题写《留题宝陀禅寺碑碣》中有详细记载。

---

① 度牒是封建社会中依法剃度为僧尼所领取的证明文件。没有得到度牒而私自剃发的僧尼，被称为私度，一经查出，就要受到官府的惩罚。

② （宋）罗濬：宝庆《四明志》卷 20《昌国县志·叙祠》，见凌金祚点校注释《宋元明舟山古志》，第 29 页。

③ （宋）罗濬：宝庆《四明志》卷 20《昌国县志·叙祠》，见凌金祚点校注释《宋元明舟山古志》，第 28 页。

④ 潮音洞，据史记载，“补（普）陀洛迦山，在东海中；佛书所谓海岸孤绝处也。一名梅岑山，或谓梅福炼丹于此，山因以名。有善财岩、潮音洞，洞乃观音大士化现之地。唐大中（847—860）年，西域僧来，即洞中燔尽十指，亲睹观音与说妙法，授以七色宝石，灵迹始著。海舶候风于山下，谓之放洋。瞻礼惟谨，名公亦多游之，远近致祷，或见善财童子金刚神达磨等相。绍兴初，给事中黄龟年为之赞”。见（宋）罗濬宝庆《四明志》卷 20《昌国县志·叙山》，凌金祚点校注释《宋元明舟山古志》，第 19 页。

绍兴戊辰三月望……由沈家门泛舟，遇风挂席，俄顷至此。翌早，恭诣潮音洞，顶礼观音大士，至则寂无所睹。炷香烹茶，但碗面浮花而已……有比丘指曰："岩顶有窦，可以下瞰。"扳援而上，瞻顾之际，瑞相忽现。金色照耀，眉目了然。二人所见不异，惟浩更睹双齿洁白如玉。①

天快黑的时候，有一长僧来访说："君将至自某官，历清要，至为太师。"又说："公是一好结果的文潞公，他时作宰相，官家要用兵，切须力谏。二十年当与公相会于越。"② 遂告去。送之出门，瞬息不见，不知所终。乾道四年（1168），史浩以故相镇越。一天晚上，典客来报，说有道人自称"养素先生"，与丞相熟识，但道人不肯通报姓名，疾呼欲入谒。浩亟命请入，见其貌粹神清，谈论锋起，索纸数幅，大书曰："黑头潞相，重添万里之风光；碧眼胡僧，曾共一宵之清话。"随后掷笔，不揖而去。史浩大骇，遍遣兵吏寻觅，不复见。史浩追忆普陀灵异之事，方才明白长僧及此道人，皆是大士现身。③

南宋绍兴中给事中黄龟年隐居昌国马秦山，"礼拜（潮音）洞前，亲见大士现紫金自在相，朗然坐石上。偕游老稚俱见之。"④ 咸淳二年（1266）三月，范太尉患目疾，"遣子致祷洞下，汲泉归洗目，即愈，复命子来谢。洞左大士全现，淡烟披拂，犹隔碧纱。继往善财洞，童子忽现，大士亦现。缟衣缥带，珠璎交错。精神顾盼，如将示语者。"⑤

潮音洞在海岛东南紫竹林庵外，两侧崖高约 10 米，纵深 30 余米，洞脚插海，外宽内窄，岩顶有穴，称"天窗"，洪涛昼夜舂撞，声如轰雷，遇大风则浪花飞溅出窗，似巨鲸喷水，传为观音灵现处。史浩也是著名的南宋史家三相（史浩、史弥远、史嵩之）之一，为人正直，后因在宋孝宗时期为抗金名将岳飞昭雪冤狱而名震朝野、流芳千古。史浩曾在舟山任过

---

① （明）屠隆：《补陀洛伽山志》卷 4《艺文》，见武锋点校《普陀山历代山志》（上册），第 54 页。

② （明）朱国祯：《涌幢小品》卷 26《普陀》，王根林校点，上海古籍出版社 2012 年版，第 531 页。

③ （宋）罗濬：宝庆《四明志》卷 20《昌国县志·叙山》，见凌金祚点校注释《宋元明舟山古志》，第 19 页。

④ （民国）王亨彦：《普陀洛迦新志》卷 3《灵异门第三》，见武锋点校《普陀山历代山志》（下册），第 1493 页。

⑤ （民国）王亨彦：《普陀洛迦新志》卷 3《灵异门第三》，见武锋点校《普陀山历代山志》（下册），第 1494 页。

昌国尉，他的踪迹被记载在数部普陀山志中。

南宋宁宗（1195—1224）时期，“史卫王弥远见茶树上示一目，盖二十年相之谶也”[①]。史卫王，即史弥远，也是史浩之子。史弥远在宁宗、理宗二朝为相二十六年，而且封官加爵不衰。据历史记载，史弥远常为普陀捐资修缮殿宇廊房，还赋诗一首礼赞观音：“南海观世音，庄严手挥尘；悠忽妙色相，救苦渡众生。”到南宋庆元年间（1195—1200），他又向宁宗奏请，将宝陀寺列为江南“教院五山十刹”之一，使普陀山更加声名远扬。[②]

关于普陀山大士显灵的故事还有很多。如“嘉定（1208—1224）岁，僧修者，所礼大士旃檀像，偶毁亡一指，心甚懊惋，后于洞前波间浮一花。视之，乃向失像指，众尤异之”。“绍定庚寅（1230）十月，庆元昌国监胡炜，登大士桥，礼潮音洞，倏现光明，左则月盖长者，与童子并立；一僧居右，师子盘旋，两目如电；及至善财岩，童子再现，黛眉粉面，宝盖珠鬘，森列于前，旁现一塔，晶彩焕发。众僧曰：我等云集，历年未睹，今承恩力，共觌色相。遂刻山图于石，以示悠久。”“淳祐（1241—1252），连岁苦旱，制帅颜颐仲祷雨洞中，大士并童子喜悦出迎，自是随求辄应。”[③] 所有这些传说都是普陀山佛教发展的重要表现。

二　其他民间信仰

在沿海渔民的生活中，没有比大海与他们关系更密切的了，因此，产生了许多与海相关的民间信仰和民俗传统。

海神被视为大海的主宰，认为渔民的安危祸福全由海神安排，所以海神在渔民信仰中居于主体地位。“海神”一词最早出典于《山海经・大荒东经》，但海神却是一个非常模糊的概念。古代演义、地方戏曲中出现的海神爷爷、海神奶奶，到底是什么样的神灵，在那个历史时期起到的是什么作用，都未有答案。

妈祖信仰是起源于北宋的重要信仰之一。妈祖之所以得到渔民的崇

① （元）盛熙明：《补陀洛迦山传・应感祥瑞品第三》，见武锋点校《普陀山历代山志》（上册），第9页。

② 马莉：《普陀山佛茶的历史发展探究》，《浙江树人大学学报》（人文社会科学版）2009年第3期。

③ （元）盛熙明：《补陀洛迦山传・应感祥瑞品第三》，见武锋点校《普陀山历代山志》（上册），第9页。

奉，主要在于妈祖是作为人的神，是富有同情心和人情味的一尊世俗神。如她的造像，身着红衣，慈眉善目、和蔼可亲，体现出一种平民气质，为渔民所喜爱。她有救父寻兄、化草救商、降服二神、解除水患、收伏二怪等传说故事，更使渔民信任和崇敬。妈祖的这种见义勇为、扶危济困、无私奉献的情操根植于中华民族的传统文化，体现出中华民族的传统美德。此外，宋廷对妈祖信仰予以宣扬和推动。据记载："宣和四年（1122）路允迪出使高丽途中遇险，幸妈祖显灵，化险为夷。次年，宋徽宗赐'顺济'为庙额。从此闽东士大夫大肆宣传，使之成为海上女神。"[①] 关于对妈祖的称呼，从北宋至明中叶，民间称妈祖为湄洲神女或灵女。

在舟山，被称为"天妃娘娘""天后娘娘"的并不一定是妈祖。如嵊泗黄龙岛峙岙村的娘娘庙供奉的是宋朝的寇承御，是个穿红色宫装的女子。寇承御在《狸猫换太子》中，为保宋仁宗幼帝，被棒打而死，至死不吐真言，是一个烈性的忠贞女子。渔民崇尚情义，所以，寇承御被渔民尊而为神。

除此之外，昌国地区还有其他神庙，如广灵王庙。据方志记载，广灵王庙"在县西北三百步。宋宣和五年（1123），方腊乱，邑人赖神阴佑，故立庙于此"[②]。

到南宋，妈祖信仰在昌国地区得到了进一步发展。这主要与当时的政治形势和统治者的提倡分不开。南宋建都临安，北方大片土地被占领，只能调南方的粮草到临安。要调福建和两广漕粮北上，就必须开辟海路通道。妈祖信仰便以漕船为载体，一路北上，传播到中国东南沿海地区。到南宋，浙江的船户都普遍供奉妈祖的神龛。宋高宗于 1131 年在舟山岛上修建"天后宫"，供奉天后娘娘（即妈祖），这进一步推动了崇奉妈祖的信仰。绍兴二十五年（1155），宋高宗诏封妈祖为"崇福夫人"。据说 1205 年金兵进犯长江，宋从福建征调舟师北上，船夫在船上供奉妈祖形象，结果大获全胜，解除了金兵之围。统治者的提倡与妈祖显圣故事的渲染，进一步推动了妈祖信仰的发展。

东海龙王信仰是海岛渔民的重要信仰之一。远古时代，龙是一种图腾。龙王一词最早出现在道教，如道教经典中有诸天龙王、五方龙王等说法，只是未成系统而已。海龙王信仰的兴起与历代帝王的推崇也是有关

---

① 中国元史研究会编：《元史论丛》，江西教育出版社 1999 年版，第 144 页。

② 延祐《四明志》卷第 15《祠祀考》，载浙江省地方志编纂委员会编《宋元浙江方志集成》（第 9 册），第 4314 页。

的。历朝历代的皇帝都被称作龙，所以龙又是王权的象征。南宋建都临安，孝宗皇帝为依旧制，于1169年下诏祈东海龙王于定海的海神庙。统治阶级的提倡推动了民间信仰的兴盛。

渔民对海龙王的特别尊崇一部分是起因于整个社会的信仰环境，另一部分则是由于渔民所在的特殊环境，尤其是海岛渔民更需面对大海无常的变化。正因如此，海岛渔民对海龙王的信仰充满双重的矛盾心理：一方面希望海龙王保佑顺风顺水，表示崇敬；另一方面渔民认为是海龙王作恶，导致船翻人死，所以又表现出一种憎恨和蔑视的情绪。但是，渔民的海龙王信仰还是褒大于贬，长期以来，朝拜不断，祭典旺盛，已成惯例。

宋时，舟山海岛渔民把安期生、葛洪尊为药神。安期生被人称为千岁翁，常在东海边卖药，现在桃花岛等地仍有供奉他的庙宇和洞穴。葛洪是东汉时以炼丹闻名的道翁，曾隐居于舟山定海。至今在定海的黄粱尖山顶，建有规模宏大的葛仙翁庙，每逢葛洪的生诞或升天之日，有数万名香客登山参拜，并向他问病索药，香火鼎盛。

除此之外，南宋时期的昌国地区还有其他神庙，如除了北宋时期就已经存在的广灵王庙外，还有助海显灵侯庙。

> （助海显灵侯庙）在县西五里。侯姓孔，象山童翁浦人，行第七，性刚烈，乡人惮之，死于海。有刘赞者梦侯曰："上帝录吾善，命为境神，已籍水府。吾尸泛于沙浦，君能收葬，创数楹，俾有栖托，必为民利。"赞访问，果如梦，即所居葬而祠之。钱氏有吴越，静海镇将以排筏航海，惊涛危甚，梦侯许以冥助，顺风而济，乃立庙于镇。兵部侍郎皮光业为之记。宋高宗幸海道，赐额显灵。①

除了神灵信仰崇拜外，昌国地区还有一些其他颇具地方色彩的民俗，特别是与鱼相关的很多习俗，在南宋时就有记载，主要包括以下数种。

第一，鱼祭之俗。鱼作为献神的祭品，成为商民求兴隆、求通达的习俗。宋人范成大《祭灶词》描述了当时的民间祭灶仪式和祭品，诗中写道：

> 古传腊月二十四，灶君朝天欲言事。云车风马小留连，家有杯盘

---

① 延祐《四明志》卷15《祠祀考》，载浙江省地方志编纂委员会编《宋元浙江方志集成》（第9册），第4314页。

丰典祀：猪头烂熟双鱼鲜，豆沙甘松粉饵团。男儿酌献女儿避，酹酒烧钱灶君喜。“婢子斗争君莫闻，猫犬触秽君莫嗔；送君醉饱登天门，勺长勺短勿复云，乞取利市归来分！”①

鱼是当时重要的祭品之一。鱼在中国人的社会生活中还用作交际与祝贺的礼物，如当时的嫁娶，男家要送女家许口酒，女家则以淡水两瓶，活鱼三五尾，筷一双放原瓶回送，叫作“回鱼箸”。

第二，鱼灯。宋人范成大《琉璃球》诗中有“龙综缫冰茧，鱼文镂玉英。雨丝风外绉，云网日边明”② 之句，辛弃疾词中有“宝马雕车香满路。凤箫声动，玉壶光转，一夜鱼龙舞”③ 之唱，都是当时鱼灯的记载。

第三，鱼戏。斗鱼之戏在南宋时已有记载，张世南《游宦纪闻》中说：

三山溪中产小鱼，斑纹赤黑相间。里中儿豢之，角胜负为搏戏。昔有斗禽，未见有斗鱼，亦可观也。④

这说明斗鱼在此之前很少出现，到现在人们才发现斗鱼也是一种很好的娱乐活动。

潘庚生《亘史》载宋文献公云：余客建业，见有畜波斯鱼者，俗讹为师婆鱼。其大如指，鬐具五彩，两腮有小点如黛，性矫悍善斗。人以二缶畜之，折藕叶覆水面，饲以蚓若蝇及蚊，伺鱼吐泡叶畔，知其勇可用，乃贮水大缶合之。各扬鬐鬣相鼓视，怒气所乘，体拳曲如弓，鳞甲变黑。久之，忽作秋隼击，水声泙然鸣，溅珠上人衣，连数合复分。当合，如缶激弦绝，不可遏，已而相纠缠，盘旋弗解。其或负，则胜者奋威逐之，负者惧，自掷缶外，视其身纯白。⑤

这一段把斗鱼的场景描画得活灵活现。

---

① （宋）范成大：《范石湖集》卷30《腊月村田乐府十首·祭灶词》，富寿荪标校，上海古籍出版社2006年版，第410—411页。

② （宋）范成大：《范石湖集》卷26《咏吴中二灯·琉璃毬》，富寿荪标校，第365—366页。

③ （清）上强村民等编，钱小北译注：《宋词三百首》，江苏凤凰文艺出版社2020年版，第236页。

④ （宋）张世南：《游宦纪闻》，张茂鹏点校，中华书局1981年版，第47页。

⑤ （明）顾起元：《客座赘语》卷4《斗鱼》，孔一校点，上海古籍出版社2012年版，第74页。

此外，渔民还关注潮汛，于是逐渐形成了潮俗。潮汐与月亮直接有关，东汉王充云："涛之起也，随月盛衰，小大满损不齐同。"[①] 涛，即潮，意思是潮水的涨落和月亮有关。宋代潘自牧在《潮》中对此也有相似论述：

> 子月之精生水，是以月盛则潮涛大。潮水从天边来，一月之中天再东再西，故潮再大再小也。夏时日居南宿，而天高一万五千里，故夏潮大也。冬时日居北宿，而天卑一万五千里，故冬潮小也。春日居冬宿，故春潮渐起也。秋日居西宿，故秋潮渐减也。天河从北极分为两条，至于南极，两河随天转入地下，过而下水相得，又与海水合，三水相荡而天转之，故激涌而成潮水。[②]

宋人把潮汐知识运用到渔业上，便形成了渔民普遍知晓的潮俗。如"最大潮时，潮力最猛、最强，鱼群因潮力所致高度集群洄游，从而形成渔场旺汛。反之，小潮汛时，潮力最弱，大黄鱼等鱼群不易集群。但是墨鱼、鲳鱼等鱼类则近洋拢岸礁产卵，形成有趣的捕捞潮俗，即大潮汛出海捕黄鱼，小潮汛近海拖墨鱼。"[③] 除此潮俗外，渔民还有赶海的习俗。大潮汛时，尤其是最大潮当天，潮水可退到最低位。海上的礁岩大都会裸露出礁底，滩涂水也会退到最远处。此时，渔民成群结队或上礁，或下滩去采集各种贝类，场面十分红火，俗称"赶海"；而小潮汛时，渔民就用小船小网在近洋岸边捕些小鱼小虾，俗称"赶小海"。以上两俗都因潮汛而起，又同捕捞有关，所以称渔捞潮俗。

在传统社会中，雨水对农业生产起着决定性的作用，但在遇到干旱等自然灾害时，由于当时人们生产力水平低下，无法通过人为办法解决困难时，往往只能采取呼告上天的方式，祈求上苍恩赐降雨，伴随各种形式的祈雨仪式而来的是祈雨文。宋代祈雨仪式举行非常频繁，留下的与祈雨相关的文章也很多，《全宋文》中所录的与祈雨相关的文章有600多篇，文体达20余种。[④] 这些祈雨文在一定程度上也反映了当时的民间信仰。宋代

---

① （东汉）王充：《论衡》卷第4《书虚篇》，上海人民出版社1974年版，第60页。

② （宋）潘自牧：《记纂渊海》卷8《地理部·潮》，上海古籍出版社1992年影印本，第176页下栏。

③ 舟山市水利志编纂委员会编：《舟山市水利志》，中华书局2006年版，第695页。

④ 杨晓霭、肖玉霞：《宋代祈谢雨文的文体类别及其所映现的仪式意涵》，《西北师大学报》（社会科学版）2012年第4期。

昌国也不例外。著名宰相史浩就曾留下多篇关于昌国地区的祈雨文，如《昌国县衙祈雨疏》：

炎曦久亢，天外峰攒；秋稼垂成，田间龟拆。倾斯民之渴望，祈我佛之哀怜。载涓公宇之尘，用启祇园之会。伏愿浓云霭若，甘雨霈然。苏万陇之焦枯，慰终年之勤动。[①]

再如《昌国泄潭祈雨疏》：

民亦劳止，莫苏就槁之苗；天必从之，愿霈为霖之雨。恭投鹫岭，祇祷龙渊。洒道清尘，肃花幔而匝地；升云上气，徯水泽以盈畴。凡我有生，敢忘大赐。[②]

由于昌国是重要的产盐地，而晒盐又需要晴天，雨水太多不利于产盐，故阴晴需有度，既有利于盐业，又有利于农业。对于这种天气的祈祷，史浩曾多有描绘：

暵其干矣，斯成万塯之储；雨以润之，则失一年之计。敢凭佛果，上动天慈。伏愿慧日流空，仁风扇海。凡有波澜之地，悉为冰玉之区。三日之霖利，不遗于农亩；六月之汛课，自足于版书。惟微不获之一夫，庶显无边之大觉！[③]

从这些祈祷文可以看出，祈求的对象既有"佛"，也有"龙"。如果说对佛的崇拜与史浩本人对佛教的崇信密切相关的话，那么他对"龙"的崇拜则很明显地反映出宋代的民间信仰特色。

三 佛茶文化的兴起

北宋时期是中国历史上茶文化高度发展并迅速走向成熟的重要时期，

---

① （宋）史浩：《鄮峰真隐漫录》卷23《昌国县衙祈雨疏》，《史浩集》（中），俞信芳点校，浙江古籍出版社2016年版，第427—428页。

② （宋）史浩：《鄮峰真隐漫录》卷23《昌国泄潭祈雨疏》，《史浩集》（中），俞信芳点校，第427页。

③ （宋）史浩：《鄮峰真隐漫录》卷23《昌国保塯道场疏》，《史浩集》（中），俞信芳点校，第427页。

寺院茶得到极大发展。宋代以后，南方凡有条件种植茶树的地方，寺院僧人都开辟为茶园。由于佛教寺院大都建在群山环抱之地，自然条件好，因此种植出许多名茶。如北宋时江苏洞庭山水月院的山僧尤善制茶，出产以寺院命名的“水月茶”，即有名的碧螺春茶。据《普陀县志》记载，普陀山产茶历史悠久，宋代已盛。

普陀山佛茶，又称普陀山云雾茶，是舟山的传统特产之一，产于佛教圣地普陀山及周围诸海岛。因其最初由僧侣栽培制作，以茶供佛，故名佛茶。来普陀山朝圣的历朝历代政要高僧、文人墨客大多流连忘返，一品长饮。从宋神宗元丰三年（1080）开始，中央王朝开始顾及普陀山僧的吃饭问题，为表达对观音大士的虔诚，帝王在派人朝觐之余，还不断地划拨周边田亩供僧。据史载，从宋嘉定七年（1214）到元泰定四年（1327），朝廷先后五次赐予普陀寺院官田 3093 亩，山 l000 亩。宋淳祐八年（1248），理宗又下诏免全山租役，时有常住田 560 亩，山 l607 亩。僧田供斋粮之余，部分也用来植茶。佛茶除供佛外，少数也用来敬客。[①] 由于普陀山佛教深厚的文化渊源，茶叶被冠以佛名，这也使得茶叶由最初的饮料转变成为一种茶文化，而普陀山佛茶文化，不仅是中国茶文化的一部分，也是整个佛教文化的一个组成部分。

第二节　元代舟山群岛的海洋信仰

元朝统一中国以后，结束了长期以来中国的分裂局面，这对于促进中华文化的繁荣具有一定的积极意义。元朝统治下的舟山群岛地区，文化也同样得到了发展。

一　佛教的继续发展

元朝统治者非常推崇佛教，他们最先接触到的佛教是中原汉地的禅宗，到蒙哥汗时期，中原佛教势力迅速地从金末所遭受的惨重打击中恢复和发展起来。忽必烈封八思巴为国师，至元七年又进封他为帝师，从此在整个元代，世世都以吐蕃僧为帝师，帝师也是全国佛教的领袖，因此藏传

① 马莉：《普陀山佛茶的历史发展探究》，《浙江树人大学学报》（人文社会科学版）2009 年第 3 期。

佛教在元朝地位最高，汉地佛教从总体上趋于衰落。[①] 但是，元政府对其他宗教如汉地佛教、道教，乃至外来的伊斯兰教、基督教等也不排斥，采取宽容姿态。就全国而言，最为流行的仍然是禅宗，而且从佛教派生的白云宗、白莲教等教团，在南方也拥有越来越多的徒众。

元代汉地佛教以禅宗为主流，主要是曹洞宗和临济宗。曹洞宗盛行于北方，南方禅宗均是临济宗。在浙江地区，元中央政府在南宋旧都杭州设置了江南释教总统所，任命喇嘛僧统理，直接管辖江南佛教，后并入宣政院。第一位“江南释教总统”是征南有功、“杀人放火，无恶不作”的藏僧杨琏真伽。浙江在这一时期盛行的是临济宗，而且当时最有影响的临济宗高僧多活动于浙江，主要有两支，一支是以雪岩祖钦（？—1287）、高峰原妙（1238—1295）、中峰明本（1263—1323）及天如惟则为代表的虎丘绍隆系，另一支是以雪峰妙高（1219—1293）、元叟行端（1255—1341）、晦机元熙（1237—1318）、笑隐大䜣（1284—1344）等为代表的径山宗杲系。[②]

由于元朝皇帝笃信佛教，而普陀山又是观音的道场，因此，普陀山具有较高的地位，朝廷经常降香饭僧，割舟山本岛及宁波的田山供僧。成宗多次遣使臣到宝陀寺降香礼佛，并资助修缮佛像和庙宇。元大德五年（1301），集贤学士张蓬山奉旨进香，赐普陀田、地、山达 4000 多亩，而同行者中就有当时著名的书法家赵孟頫。再如皇庆二年（1313），皇太后遣使来山进香，命江浙行中书省拨钞 868 锭，买田 3 顷赐宝陀寺等。这些官助是历史上普陀山佛教得以发展的重要经济来源之一。[③]

这一时期普陀山上的主要寺院是宝陀寺。据记载：“至元十四年（1277），住持僧如智捐衣钵之余，建接待寺一所于沈家门之侧，以便往来者之宿顿。朝廷岁遣使，降香相属于道。”[④] 除此之外，还有一些重要的佛教圣地。[⑤]

潮音洞。位于东大洋海西、西大洋海南，离宝陀寺三里。由寺至洞下，地皆黄沙，据说是佛书所谓的“金砂铺地者”。潮音洞有大士桥位于

---

① 陈荣富：《浙江佛教史》，华夏出版社 2001 年版，第 4 页。

② 陈荣富：《浙江佛教史》，第 449—450 页。

③ 马莉：《普陀山佛茶的历史发展探究》，《浙江树人大学学报》（人文社会科学版）2009 年第 3 期。

④ （元）冯福京等：《昌国州图志》卷 7《叙祠》，见凌金祚点校注释《宋元明舟山古志》，第 102 页。

⑤ 以下圣地参见（元）冯福京等《昌国州图志》卷 7《叙祠》，见凌金祚点校注释《宋元明舟山古志》，第 103 页。

洞前，为潮所啮。

善财洞。位于潮音洞右侧，也是神通显见之地。岩石有罅，峭峻而蹙狭，其中窈不可测。外面有石壁立泉，溜如滴珠，久而不竭，时人称之为“菩萨泉”。据说瞻礼之人必以瓶罂盛而去，目病者可洗。

盘陀石。下瞰大海，正扶桑日出之地，独龙将驾，天光焕发，五色烂然，顷焉一轮从海底涌出，其大有不可得而名者。瞻洞之余，必于此观矣。盘陀石平广可坐百余人。

三摩地。位于宝陀寺西偏，登山者由此而上。此处有一名叫极清净的亭子。这里嘉木森秀，清泉甘冽；乱山错出，有耸而立者，有踞而伏者，诡形怪状，不可摹写。游憩于此者，往往不减灵鹫焉。

真歇庵。位于宝陀寺山之深处。旧了禅师曾修道于此，圆寂于此山，冢塔犹存。

无畏石。位于真歇庵之前，突如一石，其形方而广，峻不可陟，亦一奇也。

狮子岩。位于无畏石之侧，其形蟠踞，如狮子焉。

观音峰。前越王史公曾来此，大士显灵，越王曾记所见于寺壁，“今模而刊诸石，可考也。”[①] 此外，还有正趣峰、灵鹫峰等圣地。

这一时期关于普陀山观音显灵的记载很多。据记载：“上自宫廷王臣，下及士庶，均蒙法施，灵感实多，不可备录。”[②] 兹列举著名的大士显灵事件于下：

> 至元十三年（1276），丞相伯颜定江南，部帅哈喇歹（解）来谒洞下，杳无所见。乃张弓引矢，射洞而回。及登舟，忽见莲花满洋，惊异悔谢，反祷洞。徐见白衣大士，童子绰约而过。于是庄严像设，并构殿于洞上。[③]
>
> 大德五年（1301），集贤学士张蓬山，奉旨祝厘潮音洞，见大士相好，仿佛在洞壁。次至善财洞，童子倏现，顶上端蔼中，大士再现，宝冠璎珞，手执杨枝，碧玻璃椀，护法大神，卫翊其前久之，如

---

① （元）冯福京等：《昌国州图志》卷7《叙祠》，见凌金祚点校注释《宋元明舟山古志》，第103页。

② （元）盛熙明：《补陁洛伽山传·自在功德品第一》，见武锋点校《普陀山历代山志》（上册），第5页。

③ （民国）王亨彦：《普陀洛迦新志》卷3《灵异门第三》，见武锋点校《普陀山历代山志》（下册），第1494页。

风中烟，渐向锁没，但祥光满洞，如霱霞映月，见数尊小佛，作礼慰快而去。[①]

至大元年（1308）正月十六日，肃政廉访司佥事阿里答渡海赈饥至普陀山，初见示现弥勒，再见观音本相，金辉玉质，光彩绚耀，珠缨绣幌，缠绕灿烂，从行者书吏李玉、惠迪吉、僧官李主驺及信徒、缁素、儒生等均见之，皆惊叹欢喜，愿满而退。[②]

致和元年（1328）戊辰四月，御史中丞曹立承上命降香币，至洞求现，忽见白衣瑞相，璎珞被体。次及善财洞，童子螺髻素服，合掌如生。适以候潮未行，再叩再现。而善财洞大士亦在，童子鞠躬，眉目如画，七宝璎珞，明洁可数，群从悉见。据老人讲，"自昔游者，至今为盛。若夫西域名师、王公、贵人，备极精诚。有睹白衣禅定，或冠佩庄严，或千首臂，或坐立异相有眉目，俨若亲承于咫尺。或景象缥缈，若瞻对乎绘素。至有罗汉长者，童子天龙，前后翊从。宝瓶莲花，森列乎海波；频迦鹦鹉，飞翔于香霱。或共见如一，或独见非常，变化示现，殊不可诘。若夫竭力远来，罔遇恍惚，常居其境，终不得瞻望余光者，亦多有之。"[③]

除普陀山外，在昌国地区还有很多其他寺院。比较著名的包括普慈寺、吉祥寺、延福寺、万寿寺、兴善寺、回峰寺、隆教寺、祖印寺、保宁寺、潭石广福寺、华云寺、普明寺、资福寺、封崇寺、保安寺、广福寺、翠萝寺、化城寺、普济寺、梵音寺、超果寺等。[④]

普慈寺距州治三里，始于东晋，仅一小庵，以观音名，到唐朝得到了较大发展，宋代时曾毁，后重建，到元朝时，"增葺殊胜，为本州祝圣道场"，大德元年（1297），住持觉明建龙峰亭于山门内。普慈寺有田三十六顷二十亩，地一十顷十八亩，山六十五顷一十二亩。

吉祥寺位于富都乡的锦沙，离州治三十里，唐朝时始有高僧惠超居其中，"草衣木食，戒行精苦，阅十三代"。到宋代时改为院，并得到官方支持，有了很大发展。大德元年，住持僧净怡重建选佛堂，州判冯福京为之

① 王连胜主编：《普陀洛迦山志》，第 27 页。
② 王连胜主编：《普陀洛迦山志》，第 27 页。
③ （元）盛熙明：《补陀洛迦山传 · 应感祥瑞品第三》，见武锋点校《普陀山历代山志》（上册），第 10 页。
④ （元）冯福京等：《昌国州图志》卷 7《叙祠》，见凌金祚点校注释《宋元明舟山古志》，第 104—112 页。

作记。吉祥寺有田四十五顷十四亩，地六顷一十六亩，山七十三顷四十二亩。

延福寺在富都乡的三都，旧名罗汉院。唐光化二年（899），僧法融所建。宋祥符元年（1008）赐寺额，寺有五百罗汉像，宝祐五年（1257），赵节使请以“继善衍庆”为额。延福寺有田四十三顷七十八亩，地九顷五十五亩，山六十三顷七十七亩。

万寿寺在富都乡的五都，旧名永福。宋建隆元年（960）建，治平元年（1064）赐额。寺有秋苏，绿叶紫茎，生于山深林密中，名曰万寿香。万寿寺有田四十九顷三十二亩，地九顷五十五亩，山一百二十八顷四十三亩。

兴善寺在富都乡的溪口，名曰凤山，以山有凤舞之形名。创于后唐天成二年（927），宋治平元年（1064）赐额，淳祐十年（1250），应参政请以“教忠兴善”为额。兴善寺有田八顷九十九亩，地九顷五十五亩，山一百二十八顷四十二亩。

回峰寺在金塘乡的岑江。宋建隆元年（960）建，赐额。丞相王荆公曾到此并留有诗。该寺有田六顷六十五亩，地七顷八十八亩，山十顷七十九亩。

隆教寺在富都乡的七都。后汉乾祐二年（949）建，后烬于火。僧清志度土奠基，迁于南屏。元朝统一以后，住持行圆重建选佛堂。该寺田十六顷七十八亩，地七十顷六十七亩，山二十四顷四十七亩。

祖印寺在州治东南。寺原本在朐山，旧名蓬莱。晋天福五年（940）建。往宋治平二年（1065 年）赐额。嘉熙二年（1238），邑令余桂迁至此，以接待寺并而为一。祖印寺当时有田三顷四十六亩，地五顷七十九亩，山十四顷七十六亩。

保宁寺在安期乡的马秦山，旧名保安。后晋天福元年（936）建，宋治平二年（1065）赐额。该寺田七顷三十二亩，地四顷三十六亩，山十五顷五亩。

潭石广福寺在安期乡的二都，旧名崇寿。宋端拱二年（989）建，熙宁元年（1068）易名寿圣，绍兴三十二年（1162）赐额。该寺有田一顷二十五亩，地二顷九十四亩，山四顷五十一亩。

华云寺在蓬莱乡的朐山，旧名香兰。后周显德七年（960）建，宋高宗南渡，改赐华云寺额。该寺有田三顷一十九亩，地四顷三十一亩，山四顷九十四亩。

普明寺在蓬莱乡岱山古泗洲堂，窣堵波[①]二，以铁为之。世传阿育王所铸，钱氏忠懿王到过此地，宋大中祥符中赐额，有地三十六亩，山三十三亩。

资福寺在蓬莱乡的五都。后晋天福八年（943）建。该寺有田一十二亩，山一十二亩。

封崇寺在安期乡的桃花，旧名资福，又名资国。后周广顺元年（951）建。宋大中祥符三年（1010）赐额，有田四顷三十五亩，地一顷四十四亩，山八顷一十二亩。

保安寺在州治的东北，金塘乡的兰山。后汉乾祐二年（949）建，有田三顷四亩，地一顷二十亩，山七顷九十四亩。

广福寺在金塘乡的册子山，与回峰寺隔一渡。创于往宋治平间（1064—1067），赐额寿圣，淳祐中改名广福，寺有田七顷三十九亩，地八十五亩，山十顷五十九亩。

翠萝寺在金塘乡之海西。成于唐开成（文宗时），废于会昌（武宗时），宋建隆年间，赐以铜钟，吴越国受封“奉国”，又镇以铁塔。寺一名“金钟”。此寺田四顷五十九亩，地二顷二十八亩，山六顷九十亩。

化城寺在金塘乡的烈港，旧名罗汉。后汉乾祐元年（948）建，宋治平二年（1065）赐今额，有田一顷五十六亩，地二顷二十九亩，山二顷十二亩。

普济寺在金塘乡。后周广顺元年（951），黄檗山僧神静开山名门院，北宋治平二年赐时额，有田一十三顷十七亩，地一十三顷十七亩，山八十九亩。

梵音寺在金塘乡。唐咸通间建。五代时的后汉乾祐二年（949）名“寿圣”。宋开宝二年（969）改名“超国”，治平二年赐时额。此寺田二十八顷四十亩，地二顷三十七亩，山十六顷四十四亩。

超果寺在蓬莱乡之岱山，旧名资福。后晋天福二年（937）建。宋治平二年赐时额，有田五顷二十五亩，地二顷四十亩，山六顷九十亩。

从上面的列举中可以看出昌国地区当时佛教兴盛状况之一斑，具体而言，我们可以归纳出当时昌国地区佛教盛况的一些基本特点。第一，佛教

---

① 又称窣堵坡，音译自梵文 stūpa，意思是坟冢，是源于印度的塔的一种形式。窣堵坡原是埋葬佛祖释迦牟尼火化后留下的舍利的一种佛教建筑，开始为纪念佛祖释迦牟尼，在佛出生、涅槃的地方都要建塔，随着佛教在各地的发展，在佛教盛行的地方也建起很多塔，争相供奉佛舍利。后来塔也成为高僧圆寂后埋藏舍利的建筑。这种建筑在今天的印度、巴基斯坦、尼泊尔等南亚国家及东南亚国家比较普遍。

寺院多。昌国地区面积并不大，但当时存在的寺院却有21座之多（不含普陀山）。第二，历史悠久。在当时存在的寺院中，其建寺历史都在数百年以上，其中建于唐代的有三座（含普陀山），建于五代十国的12座，建于宋代的5座。[①] 第三，寺院占有大量的田产、地产、山产（不含普陀山）。从前面的数据我们可以统计出，21座寺院共占田产近300顷，地160多顷，山500多顷，这些田、地、山对于陆上面积不大的昌国来说，所占比例是不小的，对于普陀山而言，其占有的田、地、山面积就更大了。

二 其他神灵崇拜

元代昌国地区还有许多供奉其他神灵的宫、庙、祠等。这些神灵崇拜主要有自然神和人物神。自然神主要是山川、生物等已经人格化的神祇，如东岳崇拜。元代的东岳崇拜在全国范围内都很广泛。昌国东岳行宫位于道隆观三清殿后面，供奉泰山神（即东岳大帝）。岱山东岳行宫于宋宣和年间（1119—1125），由道者徐净超募缘修建，有田数亩。人物神则是本地区在历史上的一些作出重要贡献或具有光辉事迹的人，被后世逐渐神化。

这一时期具有普遍性的代表是在唐五代开始出现的城隍信仰。当时昌国的城隍庙即惠应庙，位于昌国南部，供奉茹侯维庙之神，宋建炎年间赐“惠应”庙额。此外，还有许多其他人物神信仰。文昌宫，供奉文曲星。文昌宫由本地人建于宋咸淳五年（1269），“以祠事梓潼帝君，为其司桂籍而主斯文也”，其恒产由“贡士庄内拨隶”[②]，有田十三亩，地三亩。真武宫，位于昌国南部，供奉真武神。祠山行宫，附祖印寺之右。蓬莱集仙道院，位于蓬莱乡的朐山，至元十四年（1277）由本地人李心道创建。隋炀帝庙，位于洋山大海中，唐大中四年（850）建，建炎四年（1130），宋高宗驾幸海道，以炀帝不可加封，特封其二妃。徐偃王庙，位于昌国东，地名翁浦，俗称“城隍头”。据《十道四蕃志》记载：“徐偃王城翁洲以居，其址今存。”[③] 该庙是用以纪念徐偃王的。关王庙，位于州城之东，以

---

① 五代十国时期，由于中国历史的内乱和朝代更迭，统治者个人的思想条件以及地域上的治乱状况的差异等因素，我国的佛教发展很不平衡，相对而言，北方佛教遇到了较大的挫折，而南方的吴越、南唐、闽等国佛教则有良好的进展。昌国地区佛教寺院多建于此时，与当时全国佛教发展状况是分不开的。

② （元）冯福京等：《昌国州图志》卷7《叙祠》，见凌金祚点校注释《宋元明舟山古志》，第113页。

③ （元）冯福京等：《昌国州图志》卷7《叙祠》，见凌金祚点校注释《宋元明舟山古志》，第114页。

纪念关帝。陈大王庙，位于蓬莱乡的岱山。关于隋朝的陈将军及其事迹，以及其庙兴建的原因，有学者作过深入的探讨。[①] 黄公祠，位于东海中下沙。建于后晋天福三年（938）。关于其名称来历，有两种说法。[②] 烈港庙，位于金塘烈港，有广德张王行祠。

元代昌国的许多民间信仰充分反映了昌国地区的海洋文化特色。如纪念陈将军的陈大王庙就是其中的典型之一。陈将军即陈稜，隋朝开国将领之一，传说当年陈稜带着兵马走海路，出杭州湾，经岱衢洋，在岱山岛东北的海湾停泊候潮。浩瀚的大海，白浪滔天，身为骠骑将军的陈稜有些不知所措。陈稜便刑马祭神，祈求神灵相助，以保佑他们顺风顺水，胜利而归。后来，人们就把陈稜刑马祭神的地方称为“刑马礁”。后人在衢山建陈大王庙或一方面出于对英雄的崇敬，另一方面希望陈稜这样的人神来保障他们生活需要。[③] 不管是出于什么原因建立陈大王庙，都与海洋关系密切，反映出当时昌国人民在生产、生活以及文化中与海洋的相生相伴。

由海岛组成的昌国地区，巡洋神崇拜亦很普遍。巡洋神主要负责岛屿附近海域的安危。作为护岛神，文武皆可，而任巡洋神者，必定是武圣神或历史上的名将。舟山群岛每个小岛一般都有自己的巡洋神。如黄龙岛上的巡洋神是张世杰。张世杰是历史上一位有名的海上战将和抗元英雄。南宋末年，张世杰、文天祥和陆秀夫合力抗元，尤其是文天祥被元军囚禁后，张世杰力挽狂澜，独力支撑在海上漂泊的南宋小朝廷，成为抗元的三军统帅。由于张世杰的勇武，他被渔民奉为黄龙岛的巡洋神。杨府神，即北宋时威震三关的杨六郎，是舟山群岛南部的洞头岛的巡洋神。小洋岛上的关圣殿，原为陆秀夫庙。南宋末年陆氏宗族为纪念抗元名将陆秀夫而建造。但在元朝统一后，小洋岛上的居民怕官府追究此事，所以在陆秀夫塑像上涂金贴须，改塑关公神像，从而改名关圣殿，后又成为三官堂。[④] 毫无疑问，巡洋神的职责是“巡洋”，保护海岛附近海域的平安，保障海岛

---

① 汪国华：《蓬乡灵庙觅史韵——衢山陈将军庙初探》，见 http://dsnews.zjol.com.cn/dsnews/system/2014/07/18/018215912.shtml，发布日期：2014 年 7 月 18 日，访问日期：2019 年 10 月 2 日。

② （元）冯福京等：《昌国州图志》卷 7《叙祠》，见凌金祚点校注释《宋元明舟山古志》，第 115 页。

③ 汪国华：《蓬乡灵庙觅史韵——衢山陈将军庙初探》，见 http://dsnews.zjol.com.cn/dsnews/system/2014/07/18/018215912.shtml，发布日期：2014 年 7 月 18 日，访问日期：2019 年 10 月 2 日。

④ 姜彬主编：《吴越民间信仰民俗》，上海文艺出版社 1992 年版，第 356 页。

居民的平安，但从这些巡洋神来看，却不一定完全与海洋相关，如杨府神杨六郎就与海洋毫无关系，但这并不影响他作为洞头岛的巡洋神，这在一定程度上反映出大陆文化与海洋文化的交融、渗透，共同成为中华文明的重要组成部分。

第三节 明代舟山群岛的海洋信仰

在古代社会中，宗教始终占有重要的地位，舟山也不例外，“昌国改邑为所，各祀已归于定邑，而纛祠犹设于北城。至如神灵显一方之呵护，香火有年，服官效功，俎豆不缺。”① 明朝初年对舟山地区的废县徙民政策，严重阻碍了舟山地区文化的发展，给舟山地区的文化发展带来了巨大的灾难。但海岛上的信仰与文化仍然得以延续。

一 明代舟山群岛的佛教信仰

普陀山的兴盛与明政府的支持有关。明太祖朱元璋曾入皇觉寺为僧，宰相宋濂亦出身于寺院，因此对佛教多有佑护。明成祖朱棣起兵夺取皇位时得佛教名僧道衍（即姚广孝）的帮助，道衍后被封为宰相，因此对佛教亦十分推崇。

明朝统治者在思想文化上大多推崇理学，同时，也多崇信佛教，并充分吸收历代佛教管理政策，对它进行有分寸的利用和控制。在这样的管理政策下，明代的佛教基本上处于一种平稳发展的阶段。② 但是，对于舟山来说，明初的废县徙民政策，几乎使其成为一片孤岛，佛教的发展也受到严重影响。

据记载，“舟山旧多古刹”，从前面几个朝代的舟山地区的佛教发展情况中可以看出，从唐到明，舟山的佛教发展一直很兴旺，但到明朝末年，舟山佛教与前代相比却相对衰落，以前的古刹“今半在麟封马鬣间”，其衰落景象可见一斑。在古刹普遍衰落的情况下，只有普陀山“系四大名山

---

① （明）何汝宾：天启《舟山志》卷2《祀典》，见凌金祚点校注释《宋元明舟山古志》，第185页。

② 对于明朝的佛教政策，学者们在具体阐述上多有不同，但总体认识大致差不多。参见杜继文主编《佛教史》，江苏人民出版社2006年版，第436—439页；周齐《明代佛教与政治文化》，人民出版社2005年版；吴平《图说中国佛教史》，第126—132页；傅璇琮主编《宁波通史》（元明卷），第330页。

之一，大士肇灵显异之所，四方瞻礼者云集焉”①。即使这样，普陀山的情况也很艰难，据史载：

> 普陀一无所产，岁用米七八千石。自外洋来者，则苏、松一带出刘河口，风顺一日夕可到。自内河来者，历钱江、曹娥、姚江、盘坝者四；由桃花渡至海口，风顺半日可到。两地皆载米以施，出自妇女者居多。自闽广来者，皆杂货，恰匀岁用。本山之僧亦买田舟山，其价甚贵。香火莫盛于四月初旬，余至则阒然矣。却气象清旷，几欲久驻，而竟不果，则缘之浅也。②

从中我们可以看到，连四大名山之一的普陀山尚且如此，舟山其他地方的佛教寺院的情形更可想而知。

明以前诸朝对于普陀山佛教在经济上的支持力度都很大，但是到明代，国家对普陀山佛寺的各种赏赐明显不如之前各朝频繁，数量也远不能与前相比，其中比较大的赏赐主要集中在万历等朝，最主要的有以下几次：

> 三十年四月，遣御用监太监张随同内官监太监王臣，赍赐帑金千两督造藏殿。饭僧银千八百两。……三十三年，仍遣张随同御马监太监党礼、张然，赍赐帑金二千两（裘《志》作三千两）督造普陀禅寺。又僧斋银三百两，及织纻幡幢金花丹药等物……太后又赐建寺银三千两。……三十五年，遣党礼赍赐帑金千两，建御制碑亭，祝厘饭僧。……三十九年，遣张随等赍赐帑金千两，祝厘饭僧。又遣党礼等赍赐镇海禅寺《大藏经》。……河南王于嘉靖六年（1527）赐琉璃瓦三万，鼎新无量殿。鲁王于嘉靖间建琉璃殿、梵王宫。鲁王于万历间岁致米饭大众，赐赤金像一座，重三十石（石疑是斤之误）。并造新殿。崇王由樻于天启七年捐资重建药师殿，书“法门龙象”额，赐千佛衣。③

---

① （明）何汝宾：天启《舟山志》卷2《祀典》，见凌金祚点校注释《宋元明舟山古志》，第188页。

② （明）朱国祯：《涌幢小品》卷26《普陀》，王根林校点，第534页。

③ （民国）王亨彦：《普陀洛迦新志》卷4《檀施门第四》，见武锋点校《普陀山历代山志》（上册），第1513—1515页。

当然，还有其他一些名人的捐赠，但总体来说，其数量远不如从前。由此可以看出，明代（至少在明末）舟山的佛教不如以前兴盛。

不仅如此，由于明政府的海禁、空岛政策，普陀山观音像也被迁徙。洪武二十年（1387），信国公汤和经略沿海，以普陀山“穷洋多险，易为贼巢”为由，毁寺徙僧，迁观音像至明州府城，在江东崇寿寺内供奉，普陀山上仅留铁瓦殿一所，派一僧一役守奉。这是普陀山第一次衰微。不久，寺院住持惟摩石沃禅师让出崇寿寺，在寺东三分之一的面积上，另建栖心寺。次年，崇寿寺改为补陀寺，从此遂成观音菩萨的道场，人称“小普陀”。

永乐四年（1406），宁波栖心寺并入补陀寺，两寺合一。同年，江南释教总统祖芳来普陀山重扬禅宗，道联飞锡普陀，修复殿宇，以图重振宗风。永乐二十二年（1424），住持汝庆建圆通宝殿。宣德七年（1432），住持永诜建毗卢阁；天顺二年（1458），住持文彬建藏阁、大悲弥陀殿及廊庑等；天顺年间（1457—1464），四方缁素纷纷上山重建净室；正德十年（1515），住山僧淡斋在潮音洞侧建方丈殿，重兴宝陀寺；嘉靖六年（1527），河南王捐琉璃瓦 3 万张，鲁王等也纷纷捐资兴建殿宇，山上香火复盛。

明嘉靖年间，倭寇接连犯浙江沿海，由于倭人据普陀山，朝廷便派兵平乱，据万历二年《普陀禁约》言：

> 嘉靖三十二年间，倭奴屯据本寺，遂调发官兵刘恩至等剿来之。随奉钦差督抚军门王钧牌：仰道即行把总黎秀会同主簿李良模，带领兵船前去普陀山，将寺宇尽行拆毁，佛像、木植、器物等件运移定海招宝山寺收用。其原山僧人，俱各逃散舢。查有度牒者，分发各寺；无度牒者，还俗当差。插牌本山，并告示沿海一带军民、僧道人等，不许一船一人登山樵采及倡为耕种，复生事端。如违，本犯照例充军。①

倭乱祸害，寺宇尽拆，僧侣尽迁，香火尽禁，梵音虚寂，普陀山再次衰落。

嘉靖三十六年（1557），总督胡宗宪将宝陀寺迁至招宝山巅。卢镗后来拆圆通殿至招宝山麓，别建寺院，山中梵宇绝迹。这样，距明朝初年不

---

① 王连胜：《普陀洛迦山志》，第 167 页。

到二百年，普陀山再次面临一大劫难。

隆庆六年（1572），五台山僧真松来到普陀山，将废状上京奏闻朝廷，得宫保学士大宗伯严斋支持，命郡守吴太恒发给文书，许以住持，又命总戎刘草堂等协理规划，修复殿宇。真松任住持后，大倡宗风，演绎律义，为明代普陀山佛教律宗之始。此后，御马太监马松庵铸金佛、绣彩幡送山供奉，工部侍郎汪镗撰《重修宝陀禅寺记》。普陀山佛事复渐兴旺。

神宗皇帝对佛教颇为崇仰，亦多次敕赐普陀山。万历初年（1573），高僧真表入山，改建宝陀寺（今普济寺），重振观音道场。万历八年（1580）僧人大智真融始建“海潮庵”（今法雨寺），因当时此地泉石幽胜，结茅为庵，取“法海潮音”之义。法雨寺占地33408平方米，现存殿宇294间，依山取势，分列六层台基上，入山门依次升级，中轴线上有天王殿，后有玉佛殿，两殿之间有钟鼓楼，又后依次为观音殿、御碑殿、大雄宝殿、藏经楼、方丈殿。万历十四年（1586）三月，神宗遣内宫太监张本、御用太监孟庭安赍皇太后刊印藏经41函，旧刊藏经637函，裹经绣袱678件，观音像、龙女像、善财像各一尊赐宝陀寺，紫金袈裟一袭赐真表。真表进京谢恩，归途中遍访四方名僧，来普陀山建庵53处。翌年，鲁王赐赤金佛像一尊，撰《补陀山碑记》。万历十九年（1591），诏僧真语继任宝陀寺住持，礼部赐玉带镇寺。四方僧众闻讯而聚，香客纷至朝山，是年地方官奏折称：宝陀、海潮两寺僧，“倏往倏来，旋多旋少，为数似无定额，而祠宇殿堂、僧房净室，日则满山棋布，夜则燃火星罗，总计二百有奇，日益月盛，漫无可稽”①。万历二十六年（1598），宝陀寺遭火，独观音大士像存留了下来。神宗闻此消息深受触动，遣太监持御赐《大藏经》678函，《华严经》1部，诸品经2部，渗金观音像1尊至普陀供养。

神宗期间虽时有海寇侵扰，浙江督抚曾几次奏明朝廷，要求“停止海外山寺之建，以杜祸隐”，但未被朝廷采纳，继续赐给斋银、幡幢、佛经。万历三十三年（1605），神宗奉皇太后命，派太监张千来山扩建宝陀观音寺于灵鹫峰下，持帑金2000两，斋僧银300两，织纻幡幢、金花丹药等及《金刚经》1部、《普门品》1部，后又钦赐“护国永寿普陀禅寺”“护国永寿镇海禅寺”御匾两块，并遣使赍金千两建两寺御碑亭，普陀山寺庙规模之宏大一时甲于东南。神宗后又多次派太监赍金及五彩织金龙缎等种种寺庙庄严供养之具来普陀山，并斋僧祈福。时山上有寺庵、静室200多

① 方长生主编：《普陀山志》，上海书店出版社1995年版，第84—85页。

处，莲花洋上“贡艘浮云”，短姑道头“香船蔽日”“上自帝后妃主、王侯宰官，下逮僧尼道流、善信男女，远近累累，无不函经捧香，抟颡茧足，梯山航海，云合电奔，来朝大士”①，佛事日见兴旺。

舟山其他佛教寺院还有万寿寺、回峰寺、兴善寺、翠罗寺、隆教寺、祖印寺、普慈寺、接待寺、道隆观、海潮寺、石佛庵等。万寿寺位于城东北三十里，富都乡之五都。回峰寺在金塘乡的岑港。兴善寺在城西南三十里处，寺后有双泉。翠罗寺以前在金塘乡的海西，洪武年间，移至城东北的炭山寺后，寺后有二石笋，各高四五寻（1 寻约 1.6 米），茂林修竹，苍岩碧涧，瀛海之别洞也。到明末，该寺被废。隆教寺位于城北三十五里的翠屏山。祖印寺于后晋天福五年（940）建于蓬莱乡海中，后明初废县，以接待院并之，迁入城中，是中中所、中左所二所的祈祷道场；宣德年间，都指挥张翥重建；正统七年（1442）遭灾；成化五年（1469），总督张勇重建；万历十五年（1587）秋，毁于大风，后里人捐资重建。普慈寺位于城北二里。接待寺，成化元年（1465）德慧僧年高力健，自京国礼佛而来，与其徒弟于沈家门深岙重建，另一在城内。道隆观，去城一里。海潮寺离普陀寺东四里，在金沙滩之上。湖南僧真融于万历八年（1580）鼎建；三十四年，颁赐内帑银币，增葺道场，赐额“护国镇海禅寺”。四十年（1612）闰十一月毁。石佛庵在城北三十里外。上有香柏，岩左有花粉山，旧名吉祥寺。明初，徙寺于慈溪之车厩，存一水池，名放生。置石佛于水心。凡僧圆寂，焚骨化灰扬于石佛之首，谓之接引弥陀。洪武二十五年（1392），僧法通从慈溪回探，见石佛浮于水上，复创是庵。年久颓废。天启元年（1621），如登重建。

二　道教及其他民间信仰

舟山废县徙民后，各种祠庙及观宫大多仍然得以保留。在城中的庙祠主要有旗纛庙和土地祠。旗纛庙最初在镇鳌山麓左，嘉靖二十年（1541），都指挥李奎修葺；隆庆三年（1569），参将梅魁再次修葺。万历五年（1577），参将徐正迁于城之北隅昌国卫之故基，年久颓废。万历四十八年（1620），副总戎张可大鼎力建造，并有匾额，一年四季设祭，资费来源于军需。城中另一祠是土地祠，其旧址在镇鳌山麓，后迁于参将府东边的廊屋内。

---

① （明）屠隆：《补陀落伽山志》卷 3《补陀洛伽山志》，见武锋点校《普陀山历代山志》（上册），第 39—40 页。

在城外，还有许多祠庙，兹列举如下：

文昌祠，初在旧学侧，永乐初，移置道隆观岳庙之右；嘉靖三十七年（1558），毁于夷；万历四年（1576），参将徐正鼎建于镇鳌山麓之西。

东文昌祠，万历三十一年（1603），参将袁世忠、副总戎张可大取石甃砌成。

城隍庙，在城惠应坊之北。山人徐慎初有记并碑。天启二年（1622），团操把总黄大武重修。

真武宫，在城之南。榱桷朽蠹，未能修葺。嘉靖四十年（1561），里众捐赀，加构东西两庑祠、关王西祠、十太保。因道隆观夷毁，万历十九年（1591），□□迁武安王于演武亭之东，重建道隆观，迁十太保于观之两侧。

关圣庙，城东门。永乐督帅张翥建。弘治十七年（1504），守御指挥刘泽重修。隆庆改元，里人集资更创前殿。正统初年，夷人抵岸，兵调征闽，城守空虚。郑千户祷于神，寇见有赤面大纛者飞腾雉堞间，惊避去。嘉靖三十三年（1554）春，守御金楠经夕巡城，疲倦假寐，梦中见神若促之使行者。贼果将逾城堞，猝以矢石急击之，匪退。神之庇佑若此。万历九年（1581）春，海宪□□书一律于壁云：功昭宇宙今犹昔，力挽出河死亦生，可是卯金鼎应绝，不教忠勇著全能。一在南门月城内，万历辛卯年重建。

三官堂，旧在把总司基内。把总指挥黎秀建置欲广其址，将堂拆毁，神像寄于城北之茹侯庙。嘉靖丙寅（1566），乡人感梦重构于祖印寺钟楼之南。

东管庙，城东。永乐五年（1407），里人合资重建。

西管庙，城西郊。永乐五年，居人仍旧址重建。

茹侯庙，城北隅。侯，定海人。茹侯村，其所居也。尝宦于翁洲，功德及民，祀之。

干大圣庙，先在金塘乡。永乐初，众信移建城之北。

张相公祠，南关道头。

总管庙，去城东六十里。万历十八年（1590）正月二十七日，夜，庙祝闻空中斗战声，大风震宇。迟明见神首领平截，竖于几上。乡人禳吁更装，竟莫究其由。

七场都总庙，城东五十里，在芦花市之中。

乌石庙，在螺峰巡司之左。

天妃宫，在城外南三里。隆庆三年（1569），参将梅魁重新之。

圣母宫，在沈家门内附祀，内有都督戚继光、都督李应诏、参将刘草堂、副总戎张可大的塑像。

关王庙，在圣母宫之前，天启二年（1622）重建。

玄坛行祠，在城中小路巷之北。

万金湖庙，城东北白泉岙。

白鹤庙，城北十五里㵲河岙。

蛎浦清庙，城东七里。

凌公庙，城北四十里，三江烽堠内。

浮礁庙，城北八里许，茅岭湖之西。

卢公生祠，卢公乃江西宁都人，先为独石口游击，升宁绍参将。万历八年（1580）秋任职，后升吴陆副总兵。人思而祠之。

张公生祠，一在祖印寺后殿，定海乡宦谢渭撰碑记；一在府南右首，鄞乡宦周应宾撰碑，都是在万历四十六年（1618）建。

徐公生祠，在张公祠之左。徐一鸣，号心藿，南京豹韬卫指挥使。孙如游撰碑。

到明末，舟山还有很多以前存在现已废弃的祠庙，如黄公祠、陈大王庙、烈港庙、徐偃王祠、洋山庙、东岳行祠等。①

第四节　清代舟山群岛的海洋信仰

一　佛教信仰的盛行

清代王室崇信佛教，清初诸帝王与佛教的关系颇深。顺治皇帝曾作（赞僧诗）“我本西方一衲子，为何生在帝王家”“黄金白玉非为贵，唯有袈裟披肩难”来表明愿为僧侣的心迹；康熙帝则迎请明末以来的各宗派高僧入京，促进佛教的复兴；雍正帝亲事章嘉活佛，参礼迦陵性音禅师，自号圆明居士，主张禅、教、净调和之论，尤其热心净土法门，对近世以念佛为主的禅净共修，影响甚大。清代佛教沿袭明制，对于僧众，一律官给

① 以上内容见（明）何汝宾：天启《舟山志》卷2《祀典》，见凌金祚点校注释《宋元明舟山古志》，第187—188页。

度牒。普陀山是舟山最重要的佛教圣地，在很大程度上，它的兴衰就是舟山群岛佛教史的兴衰。

对于普陀山佛教的兴衰，王连胜主编的《普陀洛迦山志》（1999 年版）有详细的记录，以下的介绍均整理自该山志。

顺治初，海疆不靖，群议普陀迁僧，经宝陀寺住持贯介力求方止。康熙四年（1665）五月，荷兰海盗侵占山寺，劫掠金像、银钵、玉环、锦幡等法器。八年，镇海禅寺毁于寇乱，唯存殿塔顶。十年，徙僧至宁波、慈溪等地。十四年，游民失火，普陀寺焚毁，余庵荒废。普陀山佛教第三次衰落。

康熙二十三年（1684）朝廷弛海禁，僧众归山。二十八年，康熙南巡到杭州，准定海总兵黄大来奏，派一等侍卫万尔达、二等侍卫吴格、礼部掌印郎中观音保赍金千两重建普陀寺大圆通殿，十方檀信纷纷解囊，共襄盛举。二十九年，定海总兵蓝理聘请天童密云四世法裔潮音主持山事，宏开法席，再次“易律为禅”，重振禅宗。三十五年四月，御书《金刚经》2 部，遣翰林宋大业分赐普陀、镇海两寺。定海知县缪燧为撰《恭送御书金刚法宝入普陀山寺记》。五月命僧自戒赍五爪龙袍 2 袭，到山祈祷皇上西征凯旋。三十六年，命使赍龙衣 1 袭，炉瓶座子 2 件，银 50 两进香。

三十八年（1699）三月，驾临杭州，派乾清宫太监、提督顾问行、内务府广储司郎中丁皂保、太监马士恩鼎建普陀山寺，传旨：“山中乃朝廷香火，所有未完之工，以是帑金为之领袖，务令天下臣民，共种福地。住持须竭力图成……”御书“普济群灵”“潮音洞”额赐普陀寺，“天花法雨”“梵音洞”额赐镇海寺，改普陀禅寺为“普济禅寺”（简称前寺），改镇海禅寺为“法雨禅寺”（简称后寺）。发金陵（南京）故宫琉璃瓦 12 万张盖建两寺大殿。

三十九年，多罗直郡王差僧律修上山捐锦幡 1 幅。

四十二年，康熙再临杭州，命侍卫翁峨立、都统官保、内官首领王璋赍御书《心经》1 卷，帑金 500 两赐前寺。两寺住持赴苏州陛见，康熙命性统赋《苏台雨景诗》，御书赐之。又准直郡王奏，派六品官阿尔法及官保送龙袍、银两到山。

四十三年十一月，赐法雨寺御碑。十二月，赐普济寺御碑，命性统赋诗，赋毕赐瀚海石砚 1 方，半泽园墨 2 锭。

四十四年，命鸿胪寺序班朱圭镌刻御碑 1 块，差浙江织造敖福合送至普陀。御书《心经》2 部，《心经》塔 1 轴赐前寺，《心经》1 部，《心经》塔 1 轴赐后寺，江国桢为赋《同织造府送御碑至普陀》诗。

四十六年，驾临浙江，住持心明等陛见于无锡望亭，康熙以人参1斤及瓜果等物分赐两寺，并书赐“旃檀林”额。

四十七年闰三月，命杭州织造孙文成、江宁织造曹寅、苏州织造李煦运送内造自在观音像供普济寺，救度佛母像供法雨寺。两像均连座高1丈6尺，佛身5尺，脱沙泥金，于四月十八日由孙文成及曹寅之弟曹宜护送到山安供，范昌治为撰《同部堂孙公送内造佛像入山恭记》诗。

四十八年二月，派内府员外郎葛达浑赍帑金200两到山降香。七月，准皇太子奏，差中官邓镇、赵柱、皇姑寺住持广博赍帑金500两，金幡1对，数珠2串，内造渗金佛王3尊，黄蟒袍1袭，银制吉庆阿哥像1尊供普济寺；赍帑金500两，内造珠宝观音1尊供法雨寺。八月，准两寺住持奏，命孙文成办理每岁准许运米2397石6斗出海，供山上666名常住僧人食用。

四十九年，在畅春院赐两寺住持紫衣各1袭，赐侍者僧5人红衣各1袭，二月又赐人参、丸药等物。

五十五年正月，命使到山，赐法雨寺住持性统蜜饯珍果等。五十六年，命孙文成及浙江巡抚朱轼经办蠲免普陀山寺院在朱家尖、顺母涂田产赋税。五十八年五月，两寺立“恩免普陀钱粮碑”。

康熙年间，除帝王舍施外，诸皇子争书匾额、楹联，赐挂普陀山寺院，各地官绅竞相布施，塑佛像，助建庵宇。当时，山上除两大寺外，有庵院190处。全盛期，常住僧众达3000余人。

雍正九年（1731）三月，准浙闽总督李卫奏，发帑金7万两，命前任苏州巡抚王玑督工，重兴普陀。王玑在定海知县黄应熊等协助下，广集工匠2000余人，历经3年，“往返于巨波浩渺之中”，凿山铺路，对山上殿宇及佛教设施“旧者新之，缺者补之”，使普济、法雨两寺琳宫辉煌，甲于江南。十二年正月赐两寺汉白玉御碑各1块，建御碑亭于前、后两寺。

乾隆十六年（1751）春，帝驾至杭州，赐前寺住持源善珍果及紫衣1袭。三十七年九月，赐普陀山五色哈达、流金嵌宝曼丹1座，重33两。五十八年，僧能积扩建慧济庵，嘉庆元年（1796），慧济庵初开钟板。至道光十二年（1832），全山有前、后两大寺，188庵。光绪十九年（1893），法雨寺住持化闻请示定海厅，经道抚奏准，颁给清《藏经》全部。三十三年，赐慧济禅寺《藏经》。有清一代，自康熙二十八年始，历朝帝王先后多次对普陀山赐金，各亲王贵族臣民也纷纷捐资，寺院遍布全山，香火终年不绝，殿亭楼阁，至今保存完好。[①]

二　其他海洋信仰

舟山群岛的民间信仰包罗万象，供奉的神灵种类繁多。在舟山，大大小小的岛屿都有寺庙，渔民每家每户都会供奉神灵。据民国修订的《定海县志》记载，1923 年，定海有名望的天后宫多达 83 座，舟山 21 个区就有 29 座龙宫，每个区都有一座龙宫。民国时期，舟山各岛的僧众有 2649 人，各地已建有的寺庙庵堂 558 处，其中还不包括乡间的小宫小庙和茅棚。民国时期统计的这些情况其实基本上都是清代延续下来的，它在很大程度上反映了清代舟山民间信仰的基本情况。

舟山地方保护神的庙宇也很普遍，仅岱山一岛地方神的宫殿、寺庙、庵就高达 70 多处，其余各岛可见一斑。舟山民间信仰最为普遍的是观音娘娘、东海龙王、天后娘娘，其余各岛还有自己本土的地方神，种类极其丰富。

舟山群岛民间信仰中最具特色的是海神信仰。海神在相当长的时期里只是一种泛指，概念十分模糊。到清代，舟山最主要的海神信仰除了观音菩萨（观音娘娘），还有东海龙王和天后娘娘。

东海龙王是舟山渔民心目中的大海之神，处处充满着“出海祭龙王、丰收谢龙王、求雨靠龙王”的特色。最早记载舟山的龙信仰的文献是元大德《昌国州图志》，称灌门为“蛟龙之窟”。宋乾道五年（1169）皇帝曾下诏在舟山公祭东海龙王，此后，地方官定每年六月初一为公祭龙王日祭海。南宋定都临安后，孝宗皇帝为依旧制，于 1169 年下诏祈东海龙王于定海的海神庙。元、明两代，定海祭典频繁。

到清康熙年间，海龙王信仰在舟山迭起高峰。康熙皇帝在执政期间祭龙王的祭文多达 8 篇，并以“万里波澄”匾赐定海龙王宫。1725 年，雍正继康熙后，再次诏封东海龙王，御封为“显仁龙王”的名号。1727 年又下旨祭龙，礼仪与祭南海庙同。舟山各岛大兴土木，广建龙王宫，使海龙王的信仰随着宫庙的扩展推向顶峰。清康熙《定海县志》中记载，定海各区有龙王宫 24 座。到了民国初年，增至 48 座，占舟山海岛神庙的七分之一。其中还不包括嵊泗列岛和偏僻小岛所建的 40 余座龙王宫。[②]

天后妈祖在舟山群岛的影响不亚于观音。妈祖实有其人，其信仰在北

---

① 参见王连胜主编《普陀洛迦山志》，第 178—180 页。

② 姜彬主编：《东海岛屿文化与民俗》，第 439 页。

宋初年由福建传入东海诸岛。至今，妈祖成了海岛渔民最崇拜的海神偶像，庙宇遍及东南沿海以及港台地区和东南亚。

天后信仰的盛行与历代帝王的极力推崇和封赐有关。如南宋绍兴二十五年（1155），宋高宗诏封妈祖为“崇福夫人”。开禧元年（1205），妈祖加封“显卫妃”。至元十五年（1278），元世祖以妈祖庇护漕运有功，御封为“天妃”，并派宣慰使等去湄洲岛挂匾册封。明朝，郑和七下西洋，宣称多获妈祖庇护，明成祖下诏赐加妈祖为“护国庇民灵应弘仁普济天妃”，并在南京龙江建天后宫，御制《天妃宫碑》。清朝康熙二十二年（1683），康熙帝因攻克澎湖诏封妈祖为“仁慈天后”，并差礼部郎中褒嘉致祭。从康熙五十九年起，妈祖和孔子、关羽并列为清朝各地最高祭典。每次祭典由官吏亲自主持，春秋二祭，行三跪九叩大礼。据不完全统计，南宋册封妈祖十四次，元代赐封五次，明代封号两次，清朝赐封最多，达十五次。妈祖御赐的“天妃”封号由元代开始，此后出现了“护国庇民天上圣母”和“振武绥疆天后之神”的尊称，把妈祖的信仰推崇到无以复加的地步。①

舟山群岛的神灵信仰十分庞杂。除了观音、东海龙王和妈祖，还有很多与海洋相关的其他神灵。如佛道神灵信仰，除观音外，还有如来佛、文殊、普贤、韦陀、弥陀佛、老子李耳、八仙、葛仙翁等。尤其是传说中的八仙身居蓬莱仙岛，与海岛人的关系更为密切，海岛杂耍习俗中就有“海八仙”一出。再如冥界信仰，从地藏王、东岳大帝、十殿阎王、钟馗、城隍、判官、土地神直至牛头马面、黑白无常、夜叉、罗刹和孟婆神等，海岛上都有庙宇和祀祭。如岱山岛的东岳宫主供泰山神东岳大帝，并为该岛的主岛神。从清乾隆前期到民国二十六年的180余年中经常举行规模宏大的迎神赛会，在东海诸岛影响很大。再如地藏王信仰，不论是浙北或浙南诸岛都很盛行。农历七月三十日晚，家家户户都要在阶下、墙脚、路边遍插“地桩香”，此风至今尚存。还有农历七月半驱鬼节，至今也很盛行。

普陀山的梅福庵、定海黄粱尖山顶的葛仙翁庙是舟山诸岛的道教圣地。供奉天官、地官、水官的三官堂和供奉玄武大帝的玄壇庙或真武宫以及关羽殿在海岛几乎处处可见。海岛神灵信仰的复杂性和多元性，远非简要概述能说清楚的。②

① 姜彬主编：《东海岛屿文化与民俗》，第450—454页。
② 姜彬主编：《东海岛屿文化与民俗》，第487页。

第五节　古代舟山的海洋意识

提到海洋意识，可能人们首先想到的是西欧的“地理大发现”，英国打败西班牙的“无敌舰队”，荷兰的“海上马车夫”，马汉的“海权论”，等等。但是，如果我们仔细思考一下，会发现它至少有两个明显的缺陷：第一，它是完全以西方对海洋活动的标准进行的归纳；第二，它只是强调了西方人在政治、军事等方面对海洋的征服意识。正因如此，这种简单、机械的“海洋意识”理解必然是不完整的，也不可能是准确的。

国内学者对海洋意识概念、内涵的理解可谓五花八门。[①] 其实，所谓的海洋意识，是指人们在社会生产和生活中，涉及的关于海洋的社会认识。海洋意识包括的内容极其繁杂，大凡与海洋相关的认识都可以称为海洋意识。从不同的角度，按不同的分类标准，人们可以对海洋意识进行划分。如果仅从生产生活关系的视角进行分类，我们可以把它简要地分为两大类：形而下的海洋意识和形而上的海洋意识。所谓形而下的海洋意识，是指人们在与海洋相关的社会生产生活中，在对海洋的直接开发与征服活动中形成的对海洋本身、海洋生产、海洋生活直接的认识，如对海洋构成、特性、生物、捕捞、索取、航行等具体社会实践活动的认识与理解，实践性是形而下海洋意识的典型特征。形而上的海洋意识则是从具体社会实践活动中抽象出来的文化、理解，如因海洋生产生活形成的独特的社会习俗、信仰、文学、艺术等抽象的社会意识，抽象性是形而上海洋意识的典型特征。

无论是形而上还是形而下的海洋意识，舟山群岛的先民们早就已经有了。早在原始社会时期，先民们已经捕捞蛏子、魁蚶、鱼类、蛤蜊等海洋水生动物，还出现了作为捕鱼渔具的纺轮，向海洋拓展生存空间的活动自然为先民形而下海洋意识的产生奠定了基础。

在海洋渔业生产（捕捞和养殖等）方面，海洋捕捞工具（渔船及各种渔具）的制造，捕捞技术（渔场的开发、渔汛的掌握、渔具的科学使用等）发展，鱼类养殖技术（鱼饲料的开发、制作及养殖技术等）的提高，以及海洋鱼类的保存、加工和流通、保鲜和保存技术、烹饪、商贸流通等

---

① 董丽丽：《国内海洋意识研究综述》，载《2011 年中国社会学年会第二届中国海洋社会学论坛海洋社会管理与文化建设论文集》，上海海洋大学，上海，2011 年，第 96—103 页。

无不体现古代舟山人民的形而下海洋意识。从最初铁盘取土和篾盘取土的“刮硷淋卤”法到后来的“熬波”法的改进，海盐产区的扩大；造船技术的改进，津渡港口的开辟与拓展，海上航线的贯通，海上贸易与交流的频繁，海防海疆的建设，既是古代舟山人民智慧的结晶，更是他们在海洋生产生活的实践活动中对海洋深刻认识的结果。

就形而上海洋意识而言，其表现方式也多种多样，在信仰方面，古代舟山群岛先民的形而上海洋意识也体现得非常明显，对各种海洋神（东海龙王、妈祖等）及巡洋神（张世杰、杨六郎）的崇拜。最普遍的观音信仰无论是在物化、制度还是心理等层面都体现出与大陆上观音信仰的巨大差别，如因海上而生的特征，深深地打上了海洋烙印。

在文学艺术方面，古代舟山群岛人民以浓郁的海岛生活气息和奇异的海岛景色留下了独具特色的遗产。涉海文学创作，如涉渔诗、小说和散文等；涉海艺术创造，如民间涉海劳动号子、小调、歌谣、故事等，涉海绘画、舞蹈和音乐等，都是古代舟山人民形而上海洋意识的具体反映。

小结　海涛澎湃共祈福

从最初有人类在舟山群岛定居生活开始，无论是其物质文化还是精神文化就一直具有浓郁的海洋特色。早在新石器时代，舟山海岛人的原始宗教中的图腾崇拜就体现出明显的海洋特色，如定海马岙乡出土的鼎的鼎足是鱼鳍形的；白泉镇十字路出土的陶器上的绳纹、水波纹等，明显是蛇形之鱼，表明东海岛屿是我国鱼龙图腾的主要发祥地之一。

岱山自古以来被称为蓬莱仙岛，秦始皇当年派徐福入海求仙人所言海中三神山之一的蓬莱，可能就是指今天舟山群岛的岱山岛。

古代舟山群岛信仰的海洋性特色不仅体现在直接的海洋神方面，如东海龙王、妈祖等，还体现在他们的巡洋神方面，如黄龙岛的巡洋神张世杰、舟山群岛南部洞头岛的巡洋神杨六郎等，这些被神化的人物其实与海洋毫无关系，但到了舟山群岛，却演变成为海洋的直接保护神。

舟山群岛海洋信仰中最普遍的还是观音信仰，但这里的观音信仰与其他地方的观音信仰在物化、制度、心理等层面都体现出与大陆上观音信仰的巨大差别。[①] 在物化层面，观音菩萨寺院大多或临海而建，或依山瞰海

① 参见柳和勇《舟山群岛海洋文化论》，第140—149页。

而筑，前者如普陀山的不肯去观音院，后者如嵊泗大悲山的灵音寺、大衢岛观音山上的洪因寺等。这些傍海观音寺庙的设计和建造，是舟山观音信仰的一种独特海洋文化创造，也体现了它们对南海观音特点的理解，是强化舟山观音信仰特点的具体手段，也是舟山观音信仰的海洋文化特色的体现。普陀山多摩崖石刻，它们既有点景之功，更凸显普陀山观音道场的海洋气息，如“海天佛国”“山海大观”“海天春晓”“梅鼎金沙”“望海”“听潮”等。此外，还有一些佛教性名胜也体现出观音信仰的海洋文化特色。如观音跳石，为一巨石斜置滨海基岩上，上有一大足印，相传观音菩萨跨海从洛迦山跳此；再如二龟听法石，两石酷似海龟，一蹲岩顶，一缘岩壁，相传经观音点化而成。如果说这些还仅仅是外在的、物态性海洋文化体现的话，那么，舟山观音菩萨像及相关称谓则是海洋精神内化的表现。佛教认为，观世音菩萨现种种身，有六观音（七观音）、八观音、十五观音等，普陀山观世音像面部慈祥，往往与海相联系，如法雨寺九龙殿观音像足踩一条海鱼，称为海岛观音；梵音洞庵观音像与鳌鱼相连，称为鳌鱼观音；紫竹林禅院用缅甸玉雕成的观音像底座，为海涛波浪状。不仅如此，舟山的观音菩萨的称谓也与海有关。信徒称其为南海观音，全称南海观世音菩萨，又称南海大士、南海活观音；信众以普陀山雄踞海中，菩萨来山都要漂洋过海，故又称漂洋观音、慈航观音；而不肯去观音又专指日本僧人慧锷留下的那尊不肯渡海去日本的菩萨。舟山观音信众根据舟山群岛的特点所进行的创造，是他们利用海洋，宣传观音信仰的文化创造，体现出海洋文化特色。[①]

在制度行为文化层面，观音信仰受佛教规制影响很大，大多遵守比较统一的佛教规制进行礼佛活动。但舟山群岛的信众根据海岛特殊自然条件，实施的具体手段体现出一定的海洋性。如独特的观音香会，每年农历二月十九观音圣诞日，六月十九观音成道日，九月十九观音出家日成为普陀山三大香期。三大观音香会并非佛教教义严格规定，其成因大概与普陀山地处海岛有关。又如，规定在祈雨祈晴时，须到靠近海边的潮音洞领香，后又规定须渡海去另一海岛桃花山请圣，雨过之日再拨舟泛海送圣。

在精神心理文化层面主要体现在两方面，一是指观世音信仰所形成的审美性文化成果，如民间传说、诗文及对联等，二是指更为深层的观音信仰心理情结。在民间传说方面，如“火烧白雀寺”说观世音在神力辅助下到了普陀山；“坍东京涨崇明”把观世音的祖籍落户在舟山；“龙女拜观

---

① 柳和勇：《舟山群岛海洋文化论》，第141—142页。

音”则介绍了观音身边的男童善财和女童龙女等。在诗文方面，历代许多文人墨客到访舟山，描述了舟山海洋景象、海岛佛国美景，海景、海情与观音信仰等佛教思想相融汇；舟山群岛的主要观音寺院中有许多楹联或匾额巧妙地把海洋与佛教礼义相结合，如清代爱新觉罗·胤礽所撰挂在普济寺藏经殿的挂联“雪浪照琳宫芝草香中慧日高悬震旦，天花飞梵座扬枝雨后祥云齐护潮音”，把海洋景象与观音德能和谐统一。再如法雨寺楹联“圣迹著迦山万国生灵乐音，佛光腾海岛千年潮汐静波涛”，也同样赞美普陀山独特的海天佛国景象，赞颂观音大德。“海涌慈云”“法海慈航”“藏海慈波”等，都是用海景点出观音信仰文化的核心内涵，透溢出浓郁的海洋性特色。在观音信仰心理情结方面，观音信仰中夹杂着海龙王信仰因素。

如前所述，古代舟山人民在长期的海岛生产生活中，一方面承载大陆各种信仰与习俗，另一方面不断地增加独具海洋特色的信仰元素，形成了比较独特的海洋信仰与习俗。在这些信仰体系里，无论是观音、龙王、妈祖，还是渔师公、鱼神、船神、网神、岛神、礁神等，乃至由普通人（如张世杰、杨六郎等）演变而成的神，它们都无不带有浓郁的海洋性特色，编织出东海仙境美丽而神秘的画卷。在东来紫气的云缭雾绕中，在惊涛拍岸的澎湃涛声中，勤劳朴素而又充满智慧的舟山群岛人民一辈辈地祈福生产生活，共同书写着极具海洋性特色的人类信仰与文化。

第十章　边缘之地的海岛社会：古代舟山群岛的社会生活

自从舟山群岛有人类居住开始，居民的社会生产生活方式就与大陆居民一样，无论是其政治生活、经济生活还是文化生活都沿袭着大陆生活模式。但是，由于舟山群岛特殊的地理位置和独特的海岛自然环境，其社会生活的各方面又明显带有鲜明的地域特色。

第一节　城市与乡村

无论古代与现代，国家居民的陆上生活空间无外乎城市与乡村，可以说它们构成了其生活的主要内容，而水上生活空间通常只是临时性的，并不具有永久的定居性。

一　城市

根据《说文解字》，城者，“以盛民也。从土，从成，成亦声。”[①]《墨子·七患》：“城者所以自守也。”[②] 市者，“买卖所之也。市有垣，从冂；从乛，乛，古文及，象物相及也”[③]。《周易·系辞传下》：“日中为市，致天下之民，聚天下之货，交易而退，各得其所，盖取诸《噬嗑》。”[④] 从中国文字的字义看，城是指四面围以城墙，具有防卫意义的军事据点；市为交易场所。但是有防御城垣的居民点并不都是城市，有的村寨也设防御的墙垣；作为交易场所的居民点也并非都是城市。所以从字义来看，城市是有一定防御能力的具有商业功能的、有一定人口的居民点。国内外的学者，从经济、社会、地理、历史、生态、政治、军事等不同的角度，对城

---

① （汉）许慎撰，（宋）徐铉等校：《说文解字》，第688页。

② （清）孙诒让：《墨子间诂》卷1《七患》，孙启治点校，中华书局2017年版，第29页。

③ （汉）许慎撰，（宋）徐铉等校：《说文解字》，第255页。

④ 《周易译注》，周振甫译注，中华书局1991年版，第256页。

市下过各种各样的定义，其数量不下几十种。[①] 虽然各学科从不同角度对城市进行了界定，但至今未有一个公认的定义。美国城市学理论家刘易斯·芒福德指出："人类用了5000多年的时间，才对城市的本质和演变过程获得了一个局部的认识，也许要用更长的时间才能完全弄清它那些尚未被认识的潜在特性。"[②] 中华人民共和国国家标准《城市规划基本术语标准》GB/T 50280—1998对城市（城镇）定义为：以非农业和非农业人口聚集为主要特征的居民点，包括按国家行政建制设立的市和镇。还有学者认为，中国古代的城市形式，必须基本满足四个基本要素，才能称得上真正意义上的城市，即：有环绕居民区能够起防御作用的墙垣设施；有相对集中的非农业人口；有进行经常性的商品交换的场所；在地域上具有一定的政治、经济中心作用。[③]

从今天学术对城市的界定看，古代舟山群岛的"城市"兴起于何时，是很难界定的，但是，从史籍看，舟山城市的兴起至少是与舟山的县级行政建制同步的。"开元二十六年（738）析（鄮县）置翁山县。"[④] 初城澒河，后移治镇鳌山麓。[⑤] 这既是舟山群岛建县之始，也是舟山群岛建城之始。翁山县因县东三十里有翁山（又名翁洲山），相传葛仙翁炼丹于此而得名，唐又以此山名县。据《唐会要》载："明州，开元二十六年七月十三日，析越州鄮县置，以秦昌舜为刺史。仍置奉化、慈溪、翁山等县，慈溪以房琯为县令，翁山以王叔通为县令。"[⑥] 763年，因袁晁据翁山率众起义，官军"久不克"，于是废翁山县建置，地仍属鄮县。翁山作为山名则继续存在。对于唐朝在翁山县的"初城澒河"，由于没有当时的地图保存下来，我们并不清楚其具体情况，有学者经过考证后认为唐开元年间设立翁山县的选址在澒河，并且在澒河设立了县署（位于今天舟山市定海区盐仓街道澒河社区）。[⑦] 后来，唐政府由于澒河"土轻"而放弃了在澒河建

---

① 朱深海主编：《城乡规划原理》，中国建材工业出版社2019年版，第4页。

② 〔美〕刘易斯·芒福德：《城市发展史——起源、演变和前景》，宋俊岭、倪文彦译，中国建筑工业出版社1989年版，第1页。

③ 张全明：《论中国古代城市形成的三个阶段》，《华中师范大学学报》（人文社会科学版）1998年第1期。

④ （宋）欧阳修、宋祁：《新唐书》卷41志31《地理五》，第1061页。

⑤ （清）史致驯、黄以周等编纂：光绪《定海厅志》卷22《营建·城池》，柳和勇、詹亚园校点，第568—569页。

⑥ （宋）王溥：《唐会要》卷71《州县改置下》，第1273页。

⑦ 孙和军：《澒河古城遗址》，见https://www.sohu.com/a/376623176_120058792，发布日期：2022年2月28日，访问日期：2020年12月26日。

筑城墙，“颈河古城，去县七八里。旧传始于此筑城建邑，以土轻移就镇鳌，今城基尚存”①。自此以后，翁山县治所一直在镇鳌山下。不过，移至镇鳌的县治城的规模到底如何，由于缺乏相关资料，我们并不清楚，后来翁山县制被废。

五代十国时期，沿袭旧制，翁山隶属明州。② 熙宁六年（1073），宋神宗同意在舟山恢复被废三百年的翁山县，并赐改县名为“昌国”。宝庆年间编修的《四明志》附有昌国县的县境图和昌国县治图，这为我们了解宋代昌国县城的情况提供了直观的依据。昌国县治仍在原唐朝建立的镇鳌山下。

昌国县城面积不大，“县城周广五里”③，整个结构坐北朝南，以监桥为中线分为东西两部分，结构比较简单。监桥以西，县厅位于县城东南部，厅南为社坛，厅北为普慈院；厅东依次为翁山坊、城隍庙、西监厅；城隍庙北偏西是接待院，城隍庙南偏东是正监场。监桥以东，北边分别是主簿厅、尉司和东监厅，往南分别是恩波亭、后德坊、县学和大生堂，再往南是塔院，最南边分别是道隆院和待潮亭。这些只是地图上反映出来的，事实上，宋代昌国县城的建筑远不止这些，《四明志·昌国县志》中明确记载的城里建筑还有很多，如宣诏亭、鳌峙亭、净香亭、斸云亭、廉泉亭、冰壶亭等，还有诸如坊巷（惠应坊、旌孝坊和联桂坊）、济民仓、居养院、安济院等建筑。不过，总的来说，宋代昌国县城很小，而且建筑物不多。熙宁复县治前，这里的建筑更少，因为上述建筑物大多为熙宁县治后所建，只有宣诏亭为县治前所建。

学界认为，唐宋时期是中国古代的城市演变过程中重要的变革时期，在此之前，城市结构呈现封闭特质，是一种封闭型城市结构，从中唐开始，城市结构进入了废弛更进、递嬗演变的历史阶段，到北宋中期，在空间上独立、固定的指定性市场已不复存在，分区隔离、垣门管制的市场结构已成为历史陈迹，城市生活受到的时间限制也一去不复返，这是城市内部空间组织结构的一次重大变革。④ 或许，这种城市结构的变革首先出现在都城开封这样的大城市是可能的，但这种现象是否能在诸如昌国这样的

① （宋）罗濬：宝庆《四明志》卷20《昌国县志·叙遗·存古》，见凌金祚点校注释《宋元明舟山古志》，第35页。

② （清）吴任臣：《十国春秋》卷112《十国地理表下》，徐敏霞、周莹点校，第1617页。

③ （宋）罗濬：宝庆《四明志》卷20《昌国县志·叙县·城郭》，见凌金祚点校注释《宋元明舟山古志》，第16页。

④ 林立平：《封闭结构的终结》，广西人民出版社1989年版，第115—163页。

县治城市里反映出来，可能还需要进一步探讨。事实上，从宋代昌国城市结构看，其基本功能主要还是局限于行政管理方面，其城之“墙”的性质体现得并不明显，其城之“市”的功能也主要局限于官方的财政管理（如监亭）。一方面，关于昌国县城居民数量，我们并没有见到确切的数据，在县治图及志书中也没有确切记载；另一方面，在以农业为基本生存方式的昌国县，估计其县城常住人口比例是很小的。这也反映出舟山地处边缘偏隅，不过，重要的是，设县是中央政权对它有效管辖的标志。

元代是中国城市发展的重要时期。在昌国地区，县城成为这一地区的政治、经济、文化中心。到元代，昌国县城虽然城郭面积并没有什么变化，仍“周广五里”，但管理机构和城市结构方面却复杂化，从而体现出城市发展的进步。

在城市管理机构方面，其结构基本上沿用了南宋政权的官署公宇。州治仍位于镇鳌山下，“据其麓”，公宇内有州门、中门、厅、堂、斋、司、吏舍、道院、亭等建筑。官署公宇内设各种管理部门，包括各级州官办公处，巡捕司、僧正司、盐司、巡检司、税使司、医提领所、仓局、官盐局等各职能部门的办公之所。从这些管理职能部门看，它们也比宋代有所增加，如医提领所在宋代的昌国就没有记载。

从城市结构看，整个城区有点类似西方古代史上的城邦，它包括城内中心区及周围不大的地方，周围地区主要是国家宗庙机构等。元代昌国的城郭在宋的基础上没有多大变化，但在城郭里，有城门六所，为了加强警戒，防止暴徒、盗贼，有巡夜人击更巡夜。这种加强防范的措施，在以前的昌国是没有的，“升州后所创也”[①]。六所城门分别是位于东隅的东江门，位于西隅的西门，位于南隅的南门，位于北隅的上荣门，位于西南隅的舟山，位于东北隅的艮门（旧名虞家桥）。

城内有许多坊巷，如申义坊、平近坊、清晏坊、联桂坊、德星坊、图南坊、中洲坊、教爱坊、印元坊、登朝坊、西上坊、信麟坊等。这些坊的名称来源各不一样，有些是因为其位置而得名，如图南坊、西上坊等；有些是因附近名称而得名，如申义坊是因为它是进入州学讲堂的经过之处，而州学讲堂匾额为“申义堂”，因此其坊被称为申义坊；有些是因名人事迹而得名，如因宋嘉定年间赵时恪、赵时憪兄弟登第而立的联桂坊，宋嘉熙年间为应翔孙试中童科而立的神童坊等。除此之外，当时昌国城内还有

---

① （元）冯福京等：《昌国州图志》卷1《叙州·城门》，见凌金祚点校注释《宋元明舟山古志》，第49页。

仓局，即永丰仓。该仓本为宋县丞厅，后昌国升县为州后，成为县治，后县废，改为仓，“专以储本州官民所纳之租”，凡海上诸镇守司及离州较近者、军士等都在此支给月粮。大德二年（1298）春，令中书左丞、行浙东道宣慰使到昌国州镇遏海道，认为“仓之四顾、人户颇疏”，于是整理中厅五间为仓屋，两廊析为军营，后堂为处镇守官，从而使仓营杂居相处，以备不测。仓局由州设仓使一人。[①]

在城区外面，还有作为国家宗庙等的布局。比如在州西门外离州治一百步的地方有社稷坛，在州治南部有城隍庙等。

按前述城市的基本四要素理论，到明代，由于舟山地区的废县徙民，把其中的第二、第三条基本要素“迁徙”掉了，舟山城的基本功能只剩下第一、第四条了，这样，它就不能称为严格意义上的“城市”了，但它作为舟山地区主要的政治与军事中心所在地，其功能与广大乡村地区的相比差别颇为明显。

明洪武十二年（1379），增葺昌国城，设立卫所，指挥慕成立，欲修筑城周五百丈，但没有完成，第二年，指挥许友展完成。洪武十七年（1384），改昌国县为卫。洪武二十年（1387），信国公汤和徙卫于象山县之东，存中中、中左二千户所，隶属定海卫，革县后的舟山仅存民五百余户，属定海县管辖，舟山群岛地区“敕命总帅居守”。永乐十六年（1418），都指挥谷祥认为这里地势险要，于是对其“重加修缮”。正统八年（1443），户部侍郎焦公宏认为城大兵少，不利于防守，于是裁革东北隅半里，城只剩下四里半，濠也随城而缩。共计城门四座，各城门都有署名，南门称文明门，濠桥外之木栅称迎恩；东门称丰阜门，外木栅称宾阳；西门称太和门，其外称西安；北门称永安门，其外称北固。西北跨镇鳌山，东抱霞山，其他各方都为平地。成化年间（1465—1487），指挥张勇重新加以修葺。嘉靖三十三年（1554），倭寇一度攻进城内。平定倭寇后，总兵梁凤进行了增修。嘉靖四十年（1561），都督卢镗、海道谭纶增筑敌台二十处，以备用武。但因年久失修而倾塌。万历甲寅年（即万历四十二年，1614），[②] 副镇张可大聚集工匠进行扩建，增设城墙，疏浚城隍。

---

① （元）冯福京等：《昌国州图志》卷1《叙州·仓局》，见凌金祚点校注释《宋元明舟山古志》，第51页。

② 缪燧的《定海县志》卷四《城池》说是万历十三年（1585），误。（清）史致驯、黄以周等编纂《定海厅志》载徐时进《修舟山城记》说张可大修葺城池始于万历丁巳年（1617）十月，毕于戊午年（1618）二月。（清）史致驯、黄以周等编纂：光绪《定海厅志》卷22《营建·城池》，柳和勇、詹亚园校点，第572页。

城身九十八丈九尺，女墙[①]一千四百十丈三尺，城门四座，大城楼四座，兵马司房四座，箭楼五座，敌台八座，铁木门十八扇，吊桥二座，石堤四十一丈。这些都是按照以前旧城修葺而成的。同时，在南门，月城[②]一座二十丈，水门一座九丈，兵马司房二座，总台铺二座，箭楼四座，敌楼五座，窝铺三十八座。这些新增设的城门房楼，是以前所不具备的，而它们又补充了“营所不备者”。修葺一新后的城池，“丽谯巍焕，墉堑高深，屹然为漭漾中雄镇矣”[③]。

在城内结构方面，其中最主要的建筑是各部门的公署，“夫设官以守疆土，而建署以肃观瞻。故一宇一廨，奚止退食爰居，实繇政事攸出。昌国之先为州县，则有长吏。改革之后为所，则有所官。后百余年，而置参将，出宣治而入委蛇，宁无其处哉？”[④] 由此看出，公署不仅是各部门官员办公之地，更是国家和政府彰显其权力和威仪的标志。治城公署包括斋、亭、堂、院、局、铺、司、所等。这些公署大多是宋元时期（尤其是宋代居多）的建筑，在明朝时期也有新建或重建，但数量并不多。遗憾的是，前代保留下来的有些建筑在明代中期就已经被毁了，如万历初年，谯楼就被拆毁。更多的建筑在明朝末期（至少到天启年间）已经被毁或被废，如前面所说的公署中，从镇鳌堂到总督司的 20 多个公署建筑到天启年间都已经被毁或被废。由此可以看出明代舟山在政治治理上的荒凉，虽然伴随而来的好像是军事上的强化，但明朝的废县徙民政策，无论是在政治上、经济上还是文化上都给舟山地区带来了不可估量的损失。此时的公署及其建筑的废弃，实际上反映出明朝在舟山的统治与前代相比大大倒退，舟山地区社会停滞甚至后退。从这一角度来考察整个中国历史与西方历史的发展轨迹，我们可以清晰地看到，到明朝，中国社会实际上已

---

① 女墙即女儿墙，是仿照女子“睥睨”之形态，在城墙上筑起的墙垛，后来便演变成一种建筑专用术语，特指房屋外墙高出屋面的矮墙。

② 月城又称瓮城、曲池，它是为了加强城堡或关隘的防守，在城门外（亦有在城门内侧的特例）修建的半圆形或方形的护门小城，与城墙连为一体，属于中国古代城市城墙的一部分。多呈半圆形，少数呈方形或矩形。月城两侧与城墙连在一起建立，设有箭楼、门闸、雉堞等防御设施。月城城门通常与所保护的城门不在同一直线上，以防攻城槌等武器的进攻。当敌人攻入月城时，如果把主城门和月城门关闭，守军即可对敌形成“瓮中捉鳖”之势。

③ （明）何汝宾：天启《舟山志》卷 1《城池》，见凌金祚点校注释《宋元明舟山古志》，第 139 页。

④ （明）何汝宾：天启《舟山志》卷 2《公署》，见凌金祚点校注释《宋元明舟山古志》，第 167 页。

经开始落后于西方了。①

尽管此时的城池主要为军事防卫功能，但城里在很大程度上仍保留以前的建筑，如以前城里的个别牌坊还得以保留。明代城治的主要牌坊包括隆庆元年（1567）由把总李诚建立的舟山第一坊，上题“东南第一关”；嘉靖二十三年（1544），总督备倭都指挥刘恩为明朝翰林院侍讲学士张信、按察使司廉使陶铸、德清县知县赵濬恭、按察使司佥事徐潭等建立的位于南城翊圣宫旁边的成贤坊等。但很遗憾的是，到明朝后期，这些牌坊连同舟山地区乡村的众多牌坊一起，基本上被废弃了。

在城内，有大小桥梁相连通。据史载，“城内新旧大小桥，凡三十有八”②。城内之所以有这么多桥梁，主要是由于沿着平水闸、会源桥，有潮水直通城内，进城后，潮水分为四支。中间的一支流向状元桥，至常盈仓边的青云桥而止。东边的一支，由南门内的解元桥，至联辉桥而止。西边的一支，由会源桥流向图南桥，抵达镇鳌桥而止。北边的一支从小余桥流向北星桥，旋绕而西，流向众乐桥而止。隆庆改元时，巡海道副使蔡给看到滃洲山水险奇，于是命令守御指挥王承恩引城外东北上流水入于濠河。蔡给遂先通理城内河渠各支流，进而改换桥梁，使内外水流回旋，这样不仅可以使濠渠常满，而且可以兼顾灌溉，最为便益。直到隆庆皇帝（在位共6年）去世，也没完工。万历戊午（万历四十六年，1618），副镇张可大在城傍海边的西南隅修筑碶闸，以用于蓄洪泄洪，多有利益。在城内的38桥中，各桥都有“桥铭”，这些刻写于桥身的桥铭以四言四句的格式，或介绍该桥来历，或指明该桥的意义，或点出该桥的特色等，读来朗朗上口。③

在城内，到晚明时期都还保留有一些富户大族修建豪华的宅第，如宋司户位于城西鼓楼右等，④ 这些大户宅第是明朝之前昌国地区人丁兴旺、

① 万明：《晚明社会变迁：问题与研究》，商务印书馆2005年版。近年来越来越多的学者倾向于把明朝确定为中国近代史的开端，甚至有学者把中国近代史的开端精确到具体年份。参见许苏民《“内发原生”模式：中国近代史的开端实为明万历九年》，《河北学刊》2003年第2期；晁辰中《明代隆庆开放应为中国近代史的开端——兼与许苏民先生商榷》，《河北学刊》2010年第6期。

② （明）何汝宾：天启《舟山志》卷2《桥梁》，见凌金祚点校注释《宋元明舟山古志》，第173页。

③ （明）何汝宾：天启《舟山志》卷2《桥梁》，见凌金祚点校注释《宋元明舟山古志》，第173—176页。限于篇幅，这里仅举两例桥名及桥铭。会源桥：潴水朝宗，会流合泓。桥膺渎秀，灵阐天工。广惠桥：桥连大陆，水带长渠。下宜舟楫，上便徒舆。

④ （明）何汝宾：天启《舟山志》卷2《第宅》，见凌金祚点校注释《宋元明舟山古志》，第176页。

经济发达的象征之一。

明末清初，由于长时间的战乱，舟山城市遭到严重破坏。顺治八年（1651）八月，清军占领舟山，设舟山协镇副总兵一员，统领4000名兵士，但并没有来得及进行有效的行政管辖。此后，南明与郑成功势力在舟山及南部海上与清军进行了长时期的争夺，舟山城区多有破坏。直到康熙二十六年（1687）九月，海宇荡平后，才设置定海县，二十八年（1689）才重新依循旧址建造城池。重建城池周围一千二百十六丈，城高二丈，址广一丈五尺（比明址加广五尺），有月城四座，城身四十八丈四尺，雉堞一千二百八十，高四尺。东南西北仍置四门，但没有门名，门上有飞楼四座，每座三间，阔一丈六尺，深三丈六尺，高一丈二尺。窝铺三十八座，每座一间，阔九尺，深一丈四尺，高一丈一尺。城南设水门一座，其外为壕。这次重建耗费正项钱粮三万一千二百八十七两。从康熙二十九年（1690）二月开始召集工匠，第二年八月竣工。[①]

1793年6月22日，前往北京向乾隆皇帝祝寿的英国使臣马戛尔尼率舰队停泊定海道头港，并在定海城停留。使团副使斯当东在后来的回忆录中曾对定海县城做过描述："城墙高三十英尺，高过城内所有房子，整个城好似一所大的监狱。城墙上每四百码距离即有一方形石头碉楼。胸墙上有枪口，雉堞上有箭眼。除了城门口有几个破旧的熟铁炮而外，全城没有其他火力武器。城门是双层的。城门以内有一岗哨房，里面住着一些军队，四壁挂着弓箭、长矛和火绳枪，这就是他们使用的武器。在欧洲的城市中，定海非常近似威尼斯，不过较小一点。城外运河环绕，城内沟渠纵横。架在这些河道上的桥梁很陡，桥面上下俱用台阶，好似利阿尔图。"[②]斯当东的记载不仅使我们对定海城的具体形象有更精确的认识，而且也可以想象这座东方的威尼斯。

舟山各岛星罗棋布的港口主要有：定海关港（南道头）、岑港、沥港、长峙港、长涂港、沈家门港、扨山港、长白港、白沙港、冱泥港、添吞港。[③]

---

① （清）周圣化原修，缪燧重修：康熙《定海县志》卷4《城池》，凌金祚点校注释，第107—108页。

② 〔英〕斯当东：《英使谒见乾隆纪实》，叶笃义译，第195页。

③ （清）周圣化原修，缪燧重修：康熙《定海县志》卷4《山川》，凌金祚点校注释，第76页；（清）史致驯、黄以周等编纂：《定海厅志》卷14《疆域》，柳和勇、詹亚园校点，第316—317页。

二　乡村

根据宋人郑铉的说法，“村”是“邨”的俗说。“邨，从邑，屯声。臣鉉等曰：‘今俗作村，非是。’”[①] 段玉裁《说文解字注》：“邨，地名。从邑。屯声。屯聚之意也。又变字为村。”[②] 如果仅从“屯聚”之意理解，舟山群岛的村落社会早就存在，只是在行政上隶属于今天的宁波，并没有单独的行政建制。到唐代，县是唐代的基层行政区域，在州（郡）或府的下面，都管辖有县，且县分为不同等级。[③] 唐开元二十六年（738），分越州立明州，析原鄮县地分置鄮、慈溪、奉化、翁山 4 县，隶属于江南东道。当时明州户“四万二千二百七，口二十万七千三十二”[④]，对于翁山县的人口，《新唐书》里并没有说明。

北宋时期，县的长官称知县事或“知县”，另有主簿和尉，按照县内户口不同决定。开宝三年（970）规定，一千户以上的县设县令、主簿、县尉，最初的昌国县拥有蓬莱、安期、富都三乡，属于下县，人口户数不足一千，故不按此例设置。开宝八年（975），吴越归宋后，北宋政府在其旧地设置两浙路，明州属上州，下辖 2 望县（鄞、奉化）2 上县（慈溪、定海）2 下县（象山、昌国）。元丰元年（1078）又将原属定海县（今镇海、北仓）的金塘乡归属昌国县，昌国辖四乡一盐监，昌国“定为上县”[⑤]。乡以下设有坊（城厢）里（乡村），设有坊正和里正。

元朝的乡村行政区划，一般分为乡、都两级，实行乡都制，以乡统都，都下有社。每乡设里正一人，每都设主首若干。关于里正与主首的职能，至元二十八年（1291）的《至元新格》中规定：“诸村主首，使佐里正催督差税，禁止违法。”“今后凡催差〔办〕集，自有里正、主首。”[⑥] 可见两者都是地方的职事人员，主要是为地方官府负责催办税粮等事宜的。实际上各地设置的数目都不相同。此外，地方治安还需要他们负责，如果管辖范围内发生违反国家禁令的事情，里正和主首社长都要受到处分。

---

① （汉）许慎撰，（宋）徐铉等校：《说文解字》，第 318 页。

② （汉）许慎撰，（清）段玉裁注：《说文解字注》，上海书店出版社 1992 年影印本，第 300 页。

③ 程幸超：《中国地方行政制度史》，四川人民出版社 1992 年版，第 127 页。

④ （宋）欧阳修、宋祁：《新唐书》卷 41 志第 31《地理五》，第 1061 页。

⑤ （宋）罗濬：宝庆《四明志》卷 18，载浙江省地方志编纂委员会编《宋元浙江方志集成》（第 8 册），第 3490 页。

⑥ （元）《通制条格》卷 16《理民》，方龄贵校注，中华书局 2001 年版，第 451 页。

昌国州总共有 4 乡 19 都。四乡分别是富都乡、安期乡、金塘乡、蓬莱乡。富都乡总共 9 都，下辖里二，村二，共有 83 岙；安期乡总共 3 都，下辖里一，村三，共有 47 岙；金塘乡总共 4 都，下辖里一，村二，共有 43 岙；蓬莱乡原本总共 5 都，后并为三都，下辖里一，村三，共有 69 岙。

明初，昌国废县为二所后，广袤的舟山群岛地区只存有富都一乡，元代时的另外三乡都废除了。富都乡离所有半里路程，管辖二里二村。原安期乡被废后，保留三都，管辖一里三村。原金塘乡被废后，保留四都，管辖一里二村。原蓬莱乡被废除后，保留五都，管辖一里三村。[①] 尽管原昌国县已废除，但其行政版图及范围和前代相比并没有什么变化，整个昌国地区“东西五百里，南北三百里”[②]。从水程上看，定海关东约六十里至金塘，金塘约九十里至舟山，舟山约一百四十里至普陀。定海关南约三百里至昌国青门，青门东约一百五十里至韭山，青门南约二百里至牛栏基，牛栏基约一百里至金齿门。定海关北约六十里至烈港，烈港约百里至两头洞，两头洞约二百五十里至羊山。[③] 乡、里、村都直接隶属于定海县（今镇海），接受宁波府的管理。

在广大的乡村地区，比较引人注目的重要建筑可能是政府公署及其建筑，这些公署及建筑不仅是政府权力主张的体现，也是必不可少的行政处所，它们通常比普通百姓的建筑要建造得更气派，“以肃观瞻”。

在明朝之前，舟山地区牌坊颇多，但自明初废县徙民后，原有牌坊基本全部被废或塌坏。明朝曾经建立过的牌坊到明后期也全被废弃或倒塌了。

在广大的乡村地区，散布着一些名人的宅第，它们与普通百姓的小平房形成了比较明显的对比。如位于城东一十五里南东村余太师宅（后迁监桥北）；位于城西镇鳌山（麓）的应参政宅；位于城西七里西湖上的刘主事宅；位于城东六十里芦花村的缪氏五世同居宅；位于城西四十五里的王氏复滃堂等。

坟墓是生者为死者所营筑的栖身之所，它不仅是死者灵魂的栖居之地，也是生者依据现实世界的模式为死者设计的另一个世界。舟山地区有

① （明）何汝宾：天启《舟山志》卷2《闾里》，见凌金祚点校注释《宋元明舟山古志》，第170—171页。

② （明）何汝宾：天启《舟山志》卷1《疆域》，见凌金祚点校注释《宋元明舟山古志》，第138页。

③ （明）何汝宾：天启《舟山志》卷1《疆域》，见凌金祚点校注释《宋元明舟山古志》，第138页。

很多本地名人或大户的坟墓，点缀在乡村之中。如城西的宋郭先生墓等；城北的孙参军墓等；城东北的张状元墓等；城西南的钱主事墓等。古代中国墓葬的重要特征之一，是有着严格的等级制度。到宋代以后，帝后王侯贵族官僚的墓葬等级制度依然森严，但相比之下，对庶民墓葬的规定日趋弛缓，商人、地主等富裕阶层，只要财力允许，营造规模较大的墓葬并不违法。[①] 当时能进入史家记载的坟墓，除了个别外（如蒋学士墓、傅烈女墓），其他的都是官宦之人或其家属的墓。这也从侧面表明了整个中国古代的历史，其实就是一部帝王将相的历史。

清初舟山的基层行政范围基本延续了元朝和明朝的情况。富都乡包括整个舟山本岛大部分，分为十三图，每图各辖 4—17 岙；安期乡包括普陀 6 岙及六横 3 岙；金塘乡包括本岛 10 岙及册子 2 岙、大榭 6 岙，蓬莱乡包括冷坑岙等 15 岙。后来，富都乡不以图分而以庄名，包括城庄等 18 庄，并把兰秀从马岙分离，别成一庄。蓬莱乡则分为 5 庄，并于光绪六年（1880）新增衢山庄。[②]

第二节　海上灾害与灾政

根据《说文解字》，“烖，天火曰烖，从火，𢦏声。或从宀、火”[③]。段玉裁注：“火起于下，焚其上也。”[④] 这里所说的灾，主要是天灾，虽然“灾”字本身似乎只与火有关，但正如《国语·周语》所说：“古者，天灾降戾。”[⑤] 古人所谓的灾主要是指天灾，如水灾、风灾、虫灾、旱灾、地震、海啸等。事实上，灾害不仅包括自然灾难，还包括人为灾害，如苛政暴虐、政策失误及战争等导致的灾害，因此，灾害不外是天灾和人祸。汉儒董仲舒的天人感应说则对天灾人祸进行了一体解释：“天地之物有不常之变者，谓之异；小者谓之灾。灾常先至而异乃随之。灾者，天之谴也；异者，天之威也。谴之而不知，乃畏之以威。”[⑥]

---

① 张学锋编著：《中国墓葬史》（上），广陵书社 2009 年版，前言。

② （清）史致驯、黄以周等编纂：光绪《定海厅志》卷 14《疆域》，柳和勇、詹亚园校点，第 328—333 页。

③ （汉）许慎撰，（宋）徐铉等校：《说文解字》，第 500 页。

④ （汉）许慎撰，（清）段玉裁注：《说文解字注》，第 484 页。

⑤ 《国语》卷 3《周语下》，见《国语通释》，仇利萍校注，第 135 页。

⑥ （汉）董仲舒：《春秋繁露》卷 8《必仁且知》，上海古籍出版社 1989 年影印本，第 54 页上栏。

中国古代各种自然灾害数不胜数，舟山群岛的自然灾害同样也很多，“定蕞尔邑，灾祥著见于前代者，历历可考。”[①] 众多灾害，如旱灾、虫灾、风灾、地震等并非舟山群岛及滨海地区所独有，来自海上的最常见的自然灾害是海洋风暴潮，而这种自然灾害是沿海和海岛地区所特有的。[②]

在黄海、东海、南海三大海域中，东海是我国潮灾的多发海域，但是，由于文献的原因，我们对于宋代以前的灾害了解得并不多。早期史书上的相关记载，可能与舟山群岛有关，如孙吴时期，孙权太元元年（251）八月朔，“大风，江海涌溢，平地水深八尺，拔高陵树二千株，石碑蹉动，吴城两门飞落”[③]。从记载看，这次大风应该属于台风，只是这次台风对舟山群岛的影响到底有多大，不得而知。东晋时期，沿海地区的风暴潮自然灾害很频繁，如永嘉郡于晋穆帝永和七年（351）七月甲辰，“涛水入石头，死者数百人”[④]。孝武帝太元十三年（388）十二月，“涛水入石头，毁大航，杀人”[⑤]。永嘉郡即今天温州一带，这里沿海地区与舟山群岛南部距离很近，永嘉郡遭遇的巨大风暴潮一定会对舟山群岛产生很大的影响。太元十七年（392）六月甲寅（十九日），“永嘉郡潮水涌起，近海四县人多死”[⑥]。唐代显庆元年（656）九月，“括州（丽水）暴风雨，海水溢，坏安固、永嘉二县”[⑦]。总章二年（669）六月，“括州大风雨，海水泛滥永嘉、安固二县城郭，漂百姓宅六千八百四十三区，溺杀人九千七十、牛五百头，损田苗四千一百五十顷”[⑧]。这次大规模的台风，对永嘉、安固（瑞安）造成了极大破坏，应该对舟山群岛也有影响。隋唐时期的风暴潮，除“海溢”外，还有海翻、漫天等称谓，据唐人在描述广州的风暴潮灾害时说：“每年八月，潮水最大。秋中复多飓风。当潮水未尽退之间，飓风作而潮又至，遂至波涛溢岸，淹没人庐舍，荡失苗稼，沉溺舟船，南中谓之沓潮。或十数年一有之，亦系时数之失耳。俗呼为‘海翻’，为‘漫天’。”[⑨]

---

① （清）周圣化原修，缪燧重修：康熙《定海县志》卷6《灾祥》，凌金祚点校注释，第282页。

② 以下内容，可参见冯定雄、王鑫源《古代舟山群岛的海洋风暴潮灾害》，《岛屿文化》（韩国）2021年12月（第58卷）。

③ （唐）房玄龄等：《晋书》卷29《五行下》，中华书局2000年版，第574—575页。

④ （唐）房玄龄等：《晋书》卷29《五行上》，第530页。

⑤ （唐）房玄龄等：《晋书》卷29《五行上》，第530页。

⑥ （唐）房玄龄等：《晋书》卷29《五行上》，第530页。

⑦ （宋）欧阳修、宋祁：《新唐书》卷36志第26卷《五行三》，第928页。

⑧ （后晋）刘昫：《旧唐书》卷5《高宗纪下》，第63页。

⑨ （唐）刘恂：《岭表录异》卷上，中华书局1985年版，第1页。

这里虽然说的是广州的情况，但也可以想象舟山群岛的情况。唐末高骈《海翻》诗云："几经人事变，又见海涛翻。徒起如山浪，何曾洗至冤。"[①]也可以作为舟山群岛情况的写照。

明代以前东海海域的潮灾记录相对较多，尤其详于宋元时期。宋元时期，东海沿海地区（江南、浙江、福建沿海）是中国经济尤其是海洋经济最为发达的地区，人海关系的密切也扩大了潮灾的影响力；同时，这一区域政治文化地位的提升也有助于官方及知识精英的重视，所以潮灾的文献记录亦会增多。[②] 这些灾害有些既在《宋史》中又在舟山地方志中有记载，有些则只见于舟山地方志。表10-1根据《宋史》及舟山地方志相关记载对这些海洋风暴潮灾害进行整理，不过，需要说明的是，表中所列的只是明确提到舟山地区（包括宁波）的海洋风暴潮，还有大量发生在温州、宁波、临海、余姚、绍兴、杭州海域的风暴潮并没有罗列出来，但事实上它们肯定会给舟山群岛带来严重的影响。

表10-1　**宋代舟山的海洋风暴潮灾害**

时间	地点	状况	材料出处
哲宗元祐八年（1093）	福建、浙江	海风驾潮、害民田	《宋史》卷六十七《五行五》、康熙《定海县志》卷六《灾祥》
绍兴二十八年（1158）	舟山	沿海大风	康熙《定海县志》卷六《灾祥》，光绪《定海厅志》卷二十五《志十·饥祥》
孝宗淳熙四年（1177）九月	浙江宁波、浙江镇海、浙江宁波	明州大风驾海潮，坏定海、鄞县海岸七千六百余丈及田庐、军垒；白龙见东际，飓风挟潮，淹没民居	《宋史》卷六十七《五行五》；康熙《定海县志》卷六《灾祥》，光绪《定海厅志》卷二十五《志十·饥祥》
光宗绍熙五年（1194）秋	浙江宁波	飓风驾海潮，害稼	《宋史》卷六十七《五行五》；光绪《鄞县志》卷六九《祥异》
嘉定二年（1209）秋	舟山	大风驾潮，漂没庐舍	《宋史》卷六十七《五行五》；康熙《定海县志》卷六《灾祥》，光绪《定海厅志》卷二十五《志十·饥祥》

① （唐）高骈：《海翻》，《全唐诗》卷598，中华书局1960年版，第6919页。

② 于运全：《海洋天灾　中国历史时期的海洋灾害与沿海社会经济》，江西高校出版社2005年版，第91页。

元朝享国时间很短，但自然灾害的袭击却颇为频繁，人民群众常常为灾荒所迫。有人统计过，元朝期间总共受灾达 513 次，其中水灾 92 次，旱灾 86 次，雹灾 69 次，蝗灾 61 次，歉饥 59 次，其中尤以水、旱、蝗灾为重。①

昌国地区在元代也遭受了不少的海洋风暴潮灾害，虽然正史或方志中关于这方面的记载不多，如在康熙《定海县志》和光绪《定海厅志》中都只有一条记载："至正四年（1344），海啸。"② 但从其他记载中可以看到昌国州受到飓风破坏，"昌国在东南钜海中，飓风激海水，漂人民，□（坏）舍"③。再如大德十一年（1307），浙东受灾，昌国发生饥荒，以至于朝廷调奉化州知州于九思赈济饥荒；④ 至正四年七月，"海啸"⑤。可以肯定的是，昌国地区所受的灾荒并不止于这些。

明代更是我国灾害非常严重的时期之一，有学者做过统计，在明代 276 年中，共计发生 1011 次自然灾害，其中水灾 196 次，旱灾 174 次，地震 165 次，雹灾 112 次，风灾 97 次，蝗灾 94 次，歉饥 93 次，疫灾 64 次，霜雪灾 16 次。灾害频数之高，旷古未有，远远超过此前的任何朝代，各种灾害往往交织发生，为害程度复杂深重，亦属前代所未有。⑥ 明代东海海域的海洋风暴潮灾害也同样很多。

明代的舟山地区也是灾异频发的地区之一，据记载，有明一代，舟山地区出现过的灾异现象达到二三十次。⑦ 由于舟山隶属于宁波，且舟山海域和宁波海域在很大程度上有重合，因此，在宁波方志中有记载而舟山方志中没有记载的海洋风暴潮灾害对舟山群岛也有影响。表 10-2 根据天

---

① 邓拓：《中国救荒史》，北京出版社 1998 年版，第 18 页。

② （清）周圣化原修，缪燧重修：康熙《定海县志》卷 6《灾祥》，凌金祚点校注释，第 283 页；（清）史致驯、黄以周等编纂：《定海厅志》卷 25《志十·饥祥》，柳和勇、詹亚园校点，第 678 页。

③ （元）黄溍：《金华黄先生文集》卷 31《正奉大夫江浙等处行中书省参知政事王公墓志铭》，《丛书集成续编》（第 136 册），台北新文丰出版公司 1988 年影印本，第 257 页上栏。

④ （元）黄溍：《金华黄先生文集》卷 23《元故中奉大夫湖南道宣慰使于公行状》，《丛书集成续编》（第 136 册），第 188 页下栏。

⑤ （清）周圣化原修，缪燧重修：康熙《定海县志》卷 6《灾祥》，凌金祚点校注释，第 283 页；（清）史致驯、黄以周等编纂：《定海厅志》卷 25《志十·饥祥》，柳和勇、詹亚园校点，第 678 页；（清）光绪《鄞县志》卷 69《祥异》，国家图书馆电子版。

⑥ 孟昭华编著：《中国灾荒史记》，中国社会出版社 2003 年版，第 441 页。

⑦ （明）何汝宾：天启《舟山志》卷 2《灾祥》，见凌金祚点校注释《宋元明舟山古志》，第 183—185 页；（清）周圣化原修，缪燧重修：康熙《定海县志》卷 6《灾祥》，凌金祚点校注释，第 283—285 页；（清）史致驯、黄以周等编纂：《定海厅志》卷 25《志十·饥祥》，柳和勇、詹亚园校点，第 678—682 页。

启《舟山志》、康熙《定海县志》、光绪《定海厅志》及光绪《鄞县志》的相关记载对明代风暴潮灾害进行整理。

表 10-2　　明代舟山的海洋风暴潮灾害

时间	地点	灾况	材料出处
正德七年（1512）	宁波	濒海地飓风大作	光绪《鄞县志》卷六十九《祥异》
正德十六年（1521）七月	宁波	海潮入灵桥门	光绪《鄞县志》卷六十九《祥异》
嘉靖四十二年（1563）秋七月	昌国	龙风大作，挟潮而至，禾稻一空	天启《舟山志》卷二《灾祥》
四十三年（1564）六月中	昌国	风雨甚暴，河渠桥梁悉塌合围	天启《舟山志》卷二《灾祥》
隆庆十七年①	昌国	海沸，碎民船及战舸，溺人	康熙《定海县志》卷六《灾祥》，光绪《定海厅志》卷二十五《志十・饥祥》
隆庆十九年七月	昌国	海溢，伤稼淹人	康熙《定海县志》卷六《灾祥》，光绪《定海厅志》卷二十五《志十・饥祥》
万历三年（1575）五月三十日	昌国、宁波等地	大风雨，坏各关兵船数十艘，溺死兵民万余，禾稼尽淹；杭嘉宁绍大风，海溢，淹人畜庐舍。宁波海湧数丈，没战船、庐舍、人畜不计其数	康熙《定海县志》卷六《灾祥》，光绪《定海厅志》卷二十五《志十・饥祥》；光绪《鄞县志》卷六十九《祥异》
十五年（1587）七月二十日	昌国、宁波	龙风卷潮，禾黍一空，居民采草木食，既而鬻男女以食；大水。舟行城上。太白山龙见，乘风鼓雨。天童寺室宇皆湮没，础砾无一存者。坏西乡张将军庙，基地成溪	康熙《定海县志》卷六《灾祥》，光绪《定海厅志》卷二十五《志十・饥祥》；光绪《鄞县志》卷六十九《祥异》
万历十七年（1589）六月	宁波	海沸。宁波属县廨宇多圮碎，官民船及战舸压溺人	光绪《鄞县志》卷六十九《祥异》
万历十九年（1591）七月十七日	宁波	东北风大作，雨如注，海水入郡城，禾尽槁死	光绪《鄞县志》卷六十九《祥异》
万历三十七年（1609）秋	宁波	大水漂没民居无算	光绪《鄞县志》卷六十九《祥异》

① 隆庆年一共只有六年，即 1567—1572 年。

续表

时间	地点	灾况	材料出处
万历四十六年（1618）七月	宁波	大水坏民庐舍，溺死甚众	光绪《鄞县志》卷六十九《祥异》
熹宗天启七年（1627）	宁波	风水大作，屋瓦如飞，山崩石泐	光绪《鄞县志》卷六十九《祥异》
崇祯元年（1628）七月	宁波	大风雨拔木圮石坊	光绪《鄞县志》卷六十九《祥异》
崇祯二年（1629）二月乙巳	宁波	狂风陡作，发屋折木，连朝不息。具水	光绪《鄞县志》卷六十九《祥异》
崇祯十二年（1639）	宁波	风水损木，有大鱼自定海入鄞江，翅如风帆，水为起立，至蕙江之元贞桥复扬鬣出海	光绪《鄞县志》卷六十九《祥异》

这些记载其实基本上是由台风风暴潮引起的，它们给舟山群岛带来了巨大的灾难。

明代舟山的海上自然灾害，特别是海洋风暴潮，应该远不止上面方志中所列的数量。有学者曾对明代浙江的潮灾进行过统计，浙南沿海在1368—1644年所遭受的一般潮灾有十余次，特大潮灾有近十次,① 其中，发生在浙江沿海、非常可能会影响到舟山的特大潮灾主要如表10-3所示。

表10-3　　**明代1368—1644浙南沿海特大潮灾②**

年份	农历日期	受灾地区	灾情
1472	七月十七	长江口、杭州湾	死二万八千四百七十多人，灾及扬州、苏州、松江、杭州、嘉兴、绍兴、宁波诸府沿海州县，金山、海盐为重灾区
1512	七月十八	江浙沿海	死万余人
1568	七月二十九	浙南沿海	死万余人

① 风暴潮，学界对潮灾级别的划分级别名称。由于历史文献中对灾情记录的模糊性，对于历史上的潮灾划分一般不以潮灾的本身大小为准，而以灾情情况而定。一般潮灾指文献只记录成灾，间有冲毁海堤、房屋、庄稼，人员伤亡较小（一般在百人以下）；重大潮灾指潮灾损失较为严重，农田大面积受灾，影响到几个（3—6个）县，人员伤亡达数百至千人；特大潮灾指人口及财产损失特别严重，死亡人数达数千及万人以上，受灾的县超过6个。于运全：《海洋天灾　中国历史时期的海洋灾害与沿海社会经济》，第91—94页。

② 于运全：《海洋天灾　中国历史时期的海洋灾害与沿海社会经济》，第102页。

续表

年份	农历日期	受灾地区	灾情
1569	六月初一	江浙沿海	毁船千余只，溺人无算
1569	六月十四至十六	江浙沿海	死万余人
1575	五月三十至六月初一	江浙沿海	死万余人
1591	七月十七至十八	江浙沿海	死二万多人
1628	七月二十三	杭州湾	山阴、会稽之民溺死各数万，上虞、余姚各以万计

这些风暴潮的中心不一定在舟山，但毫无疑问，舟山群岛是这些风暴潮的必经之地，因此，它必然会受到风暴潮的影响。

海洋风暴潮灾害是清代沿海地区主要的自然灾害之一，它直接造成人民生命财产的巨大损失，破坏农业、盐业、渔业生产，摧毁国家海上防御设施，严重影响社会安定。其中，发生在昌国（包括宁波）的主要风暴潮灾罗列如表 10-4 所示。

表 10-4　　**清代舟山的海洋风暴潮灾害**

时间	地点	灾况	材料出处
顺治八年七月晦	昌国、宁波	大星陨海中，小星从之，声殷如雷，光射数百里；大星陨郡东海中，小星从之，声殷如雷，光射数百里。八月陨霜杀禾，是年疫	康熙《定海县志》卷六《灾祥》，光绪《定海厅志》卷二十五《志十·饥祥》；光绪《鄞县志》卷六十九《祥异》
顺治十一年夏	宁波	大旱，冬寒，江水亦冰，经月不通楫	光绪《鄞县志》卷六十九《祥异》
顺治十四年夏六月	宁波	大风雨，水没堤岸，寒可御裘	光绪《鄞县志》卷六十九《祥异》
顺治十六年五月	宁波	海贼薄郡城遍东乡大掠，死者甚众，有乘舟避贼于东钱湖者，忽龙风大作，舟尽覆溺	光绪《鄞县志》卷六十九《祥异》
康熙四十八年八月	昌国	大风雨。圣庙暨御书楼尽皆摧圮，详明各宪，以通省俸工修葺	康熙《定海县志》卷六《灾祥》，光绪《定海厅志》卷二十五《志十·饥祥》

续表

时间	地点	灾况	材料出处
雍正二年七月十九日夜	定海、宁波	大风雨，海潮倾塘溢田，漂没庐舍；鄞县海塘被潮冲决	康熙《定海县志》卷六《灾祥》，光绪《定海厅志》卷二十五《志十·饥祥》；光绪《鄞县志》卷六十九《祥异》
乾隆九年七月	宁波	海水溢县东十一都十二都新垦涂田七百三十一亩有奇	光绪《鄞县志》卷六十九《祥异》
乾隆十二年夏	宁波	旱。乡人祷雨。是年秋，被水勘不成灾，捐给籽本	光绪《鄞县志》卷六十九《祥异》
乾隆十九年八月	宁波	大雨。东乡横溪出蛟，山水骤涨，淹民田二十余顷，坏庐舍百余间，照例抚恤	光绪《鄞县志》卷六十九《祥异》
乾隆二十三年秋	宁波	被水。照例给籽抚恤	光绪《鄞县志》卷六十九《祥异》
乾隆四十六年六月庚寅	宁波	暴风竟夕县廨，有梧桐一株高三丈许，拔地起，民居有倾圮者	光绪《鄞县志》卷六十九《祥异》
乾隆五十五年五月间	宁波	舟山龙起，漂没田庐，淹毙人口	康熙《定海县志》卷六《灾祥》，光绪《定海厅志》卷二十五《志十·饥祥》
嘉庆二十二年	宁波	海潮至灵桥门	光绪《鄞县志》卷六十九《祥异》
道光十三年	宁波	大雨水，禾黍一空，疠疫继之，道殣相望	光绪《定海厅志》卷二十五《志十·饥祥》
道光二十三年八月己巳	宁波	大风雨，戊申尤甚。东钱湖堤决，平地水高五六尺。二龙斗空中，目如闪电。太白山崩，水流石罅，有血色。坟冢崩坏漂棺木无算	光绪《鄞县志》卷六十九《祥异》
道光二十三年闰七月初八夜	定海	风雨大作，势若雷鸣。二十五日，又大水，平地深数尺。八月初八日，复大水，势更滔天，出蛟无数，洞隩、芦蒲等庄漂没百余人	光绪《定海厅志》卷二十五《志十·饥祥》
咸丰十三年秋七月	宁波	大风雨。山水暴出，淹没百余家，溺毙数十人	光绪《鄞县志》卷六十九《祥异》

续表

时间	地点	灾况	材料出处
同治三年六月十日	定海	暴风疾雨坏各埠舟，溺死兵民无数	光绪《定海厅志》卷二十五《志十·饥祥》

二　灾政

严重的自然灾害使广大人民的生命财产受到很大损失，往往也造成社会动荡不安，甚至成为农民起义的重要原因，给统治者造成很大的威胁。因此，对于普通百姓而言，救灾是他们维持生存必须面对的问题，对统治者而言，采取救灾措施，实施灾政更是他们面临的一项重要任务。事实上，历代统治者也都非常重视赈灾。

巫禳救灾是古代中国社会盛行的一种救灾方式，如果遇上全国性大灾，带头进行巫术救灾的往往是皇帝。古人认为灾异是上天对人君的“谴告”，这在董仲舒的论述中体现非常明确：“国家将有失道之败，而天乃先出灾害以谴告之；不知自省，又出怪异以警惧之；尚不知变，而伤败乃至。”[①] “灾者，天之谴也；异者，天之威也。谴之而不知，乃畏之以威。……凡灾异之本，尽生于国家之失。国家之失乃始萌芽，而天出灾害以谴告之。谴告之而不知变，乃见怪异以惊骇之。惊骇之尚不知畏恐，其殃咎乃至。”[②] 大灾之后，统治者一方面会下罪己诏，反省自己的过失。早期的罪己诏，如文帝前元二年（前178）十一月发生日食下诏称：“人主不德，布政不均，则天示之灾以戒不治。乃十一月晦，日有食之，适见于天，灾孰大焉！”[③] 以后统治者的罪己诏则更为常见。此外，统治者会通过祭祀等祈福方式进行救灾。如至元二十七年（1290）武平地震严重，“命帝师西僧遞作佛事坐静于万寿山厚载门、茶罕脑儿、圣寿万安寺、桓州南屏庵、双泉等所，凡七十二会”[④]。在明代，“国之大事，莫先于事神，肆古昔帝王率用兹道”[⑤]。“四海”“四渎”之神更是列入国家祀典。[⑥] 明代，

① （汉）班固：《汉书》卷56《董仲舒传第二十六》，第562页。
② （汉）董仲舒：《春秋繁露》卷8《必仁且知》，第54页上栏。
③ （汉）班固：《汉书》卷4《文帝纪第四》，第28页。
④ （明）宋濂：《元史》卷16《世祖本纪十三》，第343页。
⑤ 《明英宗实录》卷119，正统九年闰七月甲申，第2400页。
⑥ 四海之神分别为“东海之神，南海之神，西海之神，北海之神”，四渎之神分别为“东渎大淮之神，南渎大江之神，西渎大河之神，北渎大济之神”。（清）张廷玉等：《明史》卷49《志第二十五·礼三》，第1284页。

“昌国改邑为所，各祀已归于定邑，而纛祠犹设于北城。至如神灵显一方之呵护，香火有年，服官效功，俎豆不缺”①。朝廷如此，民间更是盛行，舟山地区的民众亦不例外。在志书中，我们时常阅读到“遇旱则祷之”之类的话，有的甚至还有曲折动人的传说，这其实就是一种巫禳救灾方式。甚至一些极端的巫禳救灾行为也载于史书，如雍正元年，宁波大旱，“祷雨无应，郡人宋魁先斋宿自祈于天井潭，遂投潭中死，顷之雨大注郡，人义之，祀于城隍庙侧”②。乾隆十二年夏，宁波旱，“乡祷雨。有周文坛者投天井龙潭而死，遂得雨。又前数年有汪祖熙者，其事同”③。至于各种祠庙、寺观本身就是人们祈福消灾的专用场所，因为当时人们认为“山川、土谷、贤圣、神祇有专土，乃有血食”，“神灵显一方之呵护”④。人们对它们的祈祷崇拜也就丝毫不令人奇怪。

除了巫禳救灾这种消极的救灾之法外，历朝统治更重视采取比较积极的措施进行救灾。仓储制度是古代中国重要的救灾制度之一。常平仓始见于西汉，由汉宣帝时大司农中丞耿寿昌所创设，“时大司农中丞耿寿昌以善为算能商功利得幸于上……寿昌遂白令边郡皆筑仓，以谷贱时增其贾而籴，以利农，谷贵时减贾而粜，名曰常平仓。民便之。上乃下诏，赐寿昌爵关内侯”⑤。常平仓主要设置于各省州县，最初的作用是丰年平籴，荒年平粜，唐宋以后则逐渐发展为赈粜兼行，一直被视为最重要的官仓。义仓正式创立于隋朝。⑥ 此后，常平仓虽时设时废，但它贯穿了古代社会始终。宋辽金元明清时期，用于备荒的仓储包括义仓、常平仓、惠民仓、广惠仓、社仓、和籴仓、预备仓等。明太祖于洪武二十年（1387）曾下令，“各县皆立预备粮储仓，官备钞收买谷在仓，遇岁荒歉发以赈饥，民计口关支，秋熟则抵斗还官”⑦。到清代，“常平仓谷，乃民命所关，实地方第

---

① （明）何汝宾：天启《舟山志》卷2《祀典》，见凌金祚点校注释《宋元明舟山古志》，第185页。

② （清）光绪《鄞县志》卷69《祥异》。

③ （清）光绪《鄞县志》卷69《祥异》。

④ （明）何汝宾：天启《舟山志》卷2《祀典》，见凌金祚点校注释《宋元明舟山古志》，第185页。

⑤ （汉）班固：《汉书》卷24上《食货志第四上》，第163页。

⑥ 开皇五年（585），根据工部尚书长孙平的建议，朝廷令各州军民共立义仓。收获之日，按贫富量力缴纳粟麦，在最基层的社会仓窖存贮，由社司掌管。遇灾歉饥馑，发此充赈。因立仓于社，又称社仓。

⑦ （明）林庭棉、周广等修：嘉靖《江西通志》卷4《恤典》，《中国方志丛书》第780号，台北成文出版社有限公司1967年影印本，第556页。

一紧要之政”[①]。清代的常平仓组织完备，法律严密，堪为集大成者，在清代的社会经济生活中发挥着重要的作用。宋代昌国也同样设有类似的救灾机构，如嘉定末年县令赵大忠建立的济民仓，崇宁元年（1102）十一月设居养院（县东北一百八十步，政和二年［1112］七月移置县北二百九十步），崇宁二年（1103）八月建有安济院（政和二年七月移建县北二百九十步）等。[②] 元代的常平仓建于府路，各州县也都有常平仓，义仓则建于乡社。在昌国，设有义庄和社仓，用以赈灾救济。昌国义庄，“旧有田一百二十一亩，地一十八亩。岁收米九十一石，麦五石，专以济鳏寡孤独之民。今归有司”[③]。昌国社仓，“旧有田六十七亩。淳祐十二年（1252），县费诩建屋二十楹于龙峰山门之左。且率乡人士，祖朱文公遗意，醵金于浙右。米艘之至，顿籴以蓄其中。青黄不接观食之时，则平价以粜。岁以为常，亦救荒之善术也”[④]。元代昌国还设有其他救济机构，如囚粮，“以济在囚无亲族之供赡者”，在市桥东西专设兴行坊和教授坊，兴行坊专“为民救父立”，而教授坊则专“为民救母病立”[⑤]。明代昌国，“改设中中、中左二所，置常盈一仓、常盈二仓，以给官军。正统间，并为一仓”[⑥]。明代昌国的常盈仓主要是“给官军”，且由于明代荒政中仓储环节的腐败，[⑦] 其救灾效果可能会大打折扣。[⑧] 清代昌国，“国家重积贮，所以

---

① （清）席裕福编：《皇朝政典类纂》卷153《仓库十三·积储》，台北文海出版社1983年版，第2084页。

② （宋）罗濬：宝庆《四明志》卷20《昌国县志》，见凌金祚点校注释《宋元明舟山古志》，第16—17页。

③ （元）冯福京等：《昌国州图志》卷2《叙州》，见凌金祚点校注释《宋元明舟山古志》，第69—70页。

④ （元）冯福京等：《昌国州图志》卷2《叙州》，见凌金祚点校注释《宋元明舟山古志》，第70页。

⑤ 囚粮，“往宋嘉定己卯（1219），县令于县治之西取在官之田，岁可入粟十斛；又取富都中庄洋官田十七，岁可入粟二十三斛。吏为掌之，以济在囚无亲族之供赡者，亦良法也。今归之有司。”（元）冯福京等：《昌国州图志》卷2《叙州》，见凌金祚点校注释《宋元明舟山古志》，第70页。

⑥ （明）何汝宾：天启《舟山志》卷2《仓储》，见凌金祚点校注释《宋元明舟山古志》，第181页。

⑦ 萧发生、方志远：《明代前期荒政中的腐败问题》，载赫治清主编《中国古代灾害史研究》，中国社会科学出版社2007年版，第257—258页。

⑧ 明代昌国地区的仓储腐败在天启《舟山志》中有明确记载：“近有棍奸于诸县运家，将运未运之先，串计该所书识，潜领朱卷，到彼愿减仓价十三，轻卖人手，投彼所欲，名有而实无者此也。又有射利滑徒，预支运役，轻价银两，潜来本境，捱傍亲故，增值易谷耆米，候运上纳，利己害人，莫此为甚。以故，春间谷价腾涌，民不聊生，岁被其殃。”（明）何汝宾：天启《舟山志》卷2《仓储》，见凌金祚点校注释《宋元明舟山古志》，第181页。

备凶荒、足兵食也。定（海）邑田赋无多，积储亦少。然亦有存仓之谷，给饷赈饥，以备不虞”①。清康熙三十年（1691），定海常平仓，“始建仓厫于县治之西五十步，仍其名曰常盈。有正厅三间（每间阔一丈六尺，深三丈六尺，高一丈八尺），后厅三间（阔同正厅，深二丈六尺，高一丈六尺），仓厫共十四间（规制同后厅），仓大门三间（深二丈，高、阔同）。又有玉环仓九间（雍正六年知县李灼奉文建）。贮本地秋米，俟宪拨给镇标兵粮。嗣后额设仓厫有原建、续建之别。原建仓厫三十七间，道光二年知县恽敷请项修理。续建仓厫五十二间，四年知县陈从嘉请项修理。二十七年设善后局，新建仓大门三间，仓神殿三间，天字厫三间，地字厫三间，东前仓十四间，东后仓十五间，西前仓十四间，西中仓六间，西后仓十六间，后厫屋七间，厨房二间。同治十四年，厅同知陈乃瀚修理仓厫，费由宁厘局支销”②。

面对自然灾害，如何赈救灾民，减少损失，及时恢复人民的生产生活显得至关重要。中国古代历朝政府的临灾救助措施，主要包括赈济、蠲免、缓征、转移灾民、调粟、平粜、借贷、抚恤安辑、劝奖社会助赈等。地方政府救灾是地方政府的重要职责之一，一旦灾害发生，地方政府就会组织灾民救灾，各级官员会亲临灾区赈灾。如在元代，“救荒之政，莫大于赈恤。元赈恤之名有二：曰蠲免者，免其差税，即周官大司徒所谓薄征者也；曰赈贷者，给以米粟，即周官大司徒所谓散利者也”③。也就是说，元朝的救荒方式主要有两种，一种是蠲免，即减免灾区的赋税与差役；另一种是赈贷，即给予、借贷或者低价出售粮食给灾民，以度饥荒。在蠲免方面，在昌国的涂田税收方面体现得比较明显。昌国四周临海，涂田是当地人民开拓田土的重要方式之一，但如果遇有风潮暴作，或者堤岸土石溃决，海水冲入，则田又要变为海涂，针对这种自然灾害，在当地官员的请求下，朝廷多次减免赋税，“此朝廷宽大之恩”④。在赈贷方面，昌国州遭受飓风侵袭，海潮漂没居人庐舍，时任浙东宣慰副使的王都中“不惮其险，亲往赈救之”⑤。至大元年（1308），庆元饥，浙东肃政廉访司佥事阿

---

① （清）周圣化原修，缪燧重修：康熙《定海县志》卷4《仓储》，凌金祚点校注释，第125页。

② （清）史致驯、黄以周等编纂：光绪《定海厅志》卷22《营建》，柳和勇、詹亚园校点，第584页。

③ （明）宋濂：《元史》卷96《食货四·赈恤》，第2470页。

④ （元）冯福京等：《昌国州图志》卷3《叙赋》，见凌金祚点校注释《宋元明舟山古志》，第73页。

⑤ （元）黄溍：《金华黄先生文集》卷31《正奉大夫江浙等处行中书省参知政事王公墓志铭》，《丛书集成续编》（第136册），第257页上栏。

里答渡海往昌国主持救灾，“山海震动，询灾恤荒，靡惮艰险，不贷魁桀”①。这些官员们不顾危险亲往灾区赈灾救荒对于灾区政治经济的稳定具有重要作用。清朝政府同历代封建国家一样，为了巩固政权、维护封建统治秩序，保证社会再生产的正常进行，始终重视临灾救助，“赈济事宜，具载敕书”②。乾隆十九年（1754）八月，宁波遭遇潮水灾害，“淹民田二十余顷，坏庐舍百余间，照例抚恤”③。在古代自然经济条件下，人民个人承受自然灾害的能力十分脆弱，而国家的抗灾救灾的重要性尤其明显，虽然古代中国历朝在舟山群岛的赈灾力度并不完全一样，但总的来说，都起了非常重要的作用。

第三节　社会生活

一定程度上讲，舟山群岛居民的社会生活就是大陆社会生活的延伸，因此，在本质上它们是一致的，但是，由于海岛临海的特殊自然环境，它又有着某些与大陆社会生活迥异的海洋性特征。

一　日常生活

关于舟山地区居民的社会生活，在志书中几乎没有专门的介绍，我们只能从零散的材料中进行归纳甚至推测。在衣着服饰方面，由于昌国多“斥卤之地，桑麻皆非所宜”，故“民户间有高阜之地，始能种植，可以株计，故丝枲之利绝少”④。昌国地区的布帛物产主要有绢、苧麻、麻布等。由于地理环境和社会生产力等原因，到元代，昌国人民在衣着方面都可能比较粗糙。从当时的物产看，“货属”中的丝、绵、绢、丝布、虢、棉布、麻布、葛布、苎布、毛布等，都是可以用作衣着服饰或穿戴用品的，因此，我们可以推测当时舟山居民可能就是以这些纺织品为重要服饰原料的。靛则是很好的染料，说明时人可能会对布匹进行加工染色。皂荚既是天然的医药食品、保健品、化妆品，更是洗涤用品的天然原料。

① （元）戴表元：《戴表元集》（上）卷4《宝陀山所见记》，陆晓冬、黄天美点校，浙江古籍出版社2014年版，第117页。

② 《清世祖实录》卷82，顺治十一年三月丁酉，第644页。

③ （清）光绪《鄞县志》卷69《祥异》。

④ （元）冯福京等：《昌国州图志》卷4《叙山》，见凌金祚点校注释《宋元明舟山古志》，第85页。

在食物方面，到元代，昌国地区的农作物和经济作物的种类都比较齐全，今天舟山群岛地区的物产种类在元代基本上都有了。无论是五谷类，还是禽类、海族类、河塘鱼类、畜类、兽类、花卉类、水果类、蔬菜类等，都与今天的种类差别不大。但由于昌国地理条件的原因，粳与糯，"咸不宜焉"，而"平土能有几何？故岁得上熟，仅可供州民数月之食，全籍浙右客艘之米济焉"①。因此五谷类并不能满足昌国地区的需求，在"数月"之余的时间里，只有依靠浙江其他地区运来粮食调剂。在明代舟山物产中，有红花、槐花、楮皮等，这在以前的志书中是没有记载的，而这些物产不仅可以作为食物，更可用作保健品或药用。

清初，舟山人口并不多，据统计，康熙年间，合计人丁 7254 人，如果加上 16 岁以下以及 60 岁以上的人口，人口总量也不算大。② 人口最为集中之地仍然是定海县城。对于县城里的生活，马戛尔尼使团曾有亲眼见闻："城内服装店、食品店和家具店很多，陈列布置得相当讲究。棺材店把出售的棺材都漆成鲜明强烈的颜色。供人食用的家禽和四足动物等大都是出售活的，狗在这里也被认为是可以吃的动物。鱼在水桶里，鲤在沙土里，都是活着出售。供庙里烧的锡箔和香烛店非常多，说明这里人民相当迷信。男女都穿松宽的衣裤，就是男人头戴草或藤制的帽子。男人除一绺长头发外，前额的头发随时修剪。女人的头发整个盘成一个髻在脑后门，在有些古代妇女铸像上还可以看到这种装束。……整个城市充满了活泼生动的气氛。为了生存的需要，人人都必须做工。事实上人人都在劳动，无人过着寄生的生活。我们看到男人们忙碌地走在街上，女人们在商店里购货。"③

定海县城民居与江南地区的民居状况差不多，保留着中国传统式的房屋居住模式。不过，这种建筑在马戛尔尼使团眼中与欧洲的建筑式样差别很大。"街道很狭，好像小巷，地面铺的是四方砖块。房子很矮，大部分是平房，这点同威尼斯大不相同。这里的建筑物上独对于房顶特别注意。椽上的瓦抹上灰泥使其不致在大风雨中刮掉。房脊的建筑形式好像帆布帐篷，上面用泥、石头或铁做成许多奇怪的野兽或其他装饰模型。"④

---

① （元）冯福京等：《昌国州图志》卷 4《叙山》，见凌金祚点校注释《宋元明舟山古志》，第 85 页。

② （清）周圣化原修，缪燧重修：康熙《定海县志》卷 4《田赋》，凌金祚点校注释，第 111 页。

③ 〔英〕斯当东：《英使谒见乾隆纪实》，叶笃义译，第 195 页。

④ 〔英〕斯当东：《英使谒见乾隆纪实》，叶笃义译，第 195 页。

总体而言，舟山群岛土地比较贫瘠，物资匮乏，主要的生活用品多从宁波引进。“定邑荒土，初复无一出产。凡民间米、面、麦、豆、油、烛、花布、牛羊、蔬果、竹木等物，悉仰给郡城。肩挑背负，聚集镇海，附搭航船出口。”① 定海居民虽居海岛，多有渔盐之利，但其基本生活还是依赖于农业，以力耕为业。

由于昌国地区由各大小岛屿组成，岛屿面积都不会太大，因此，各岛上较大的四季不涸的淡水河流很少，海水倒是不缺，“但见青天四垂，忽波涛怒起，万怪毕陈，而风月光霁，一平如掌。不观于此，岂知有江淮河汉之众细而归诸大哉?”② 但我们还没有看到当时有海水淡化的记录，因此，再丰富的海水也不能作为生活用水。从方志材料看，昌国民众的生活用水应基本以各种小河，“潭”“池”“湖”等天然蓄水池和各种人工井为主要的生活用水来源。由于这些天然蓄水池对百姓生活具有特殊意义，一旦遇天大旱，昌国人民便会向它们祝祷求雨。③ 除这些天然蓄水池外，昌国人民还打井取水，用于生活。从史载中，我们发现一个现象，即宋元明时期存在的一些湖，到清中后期有些变成了田，不复存在了。这种现象反映出两方面的情况：第一，可能随着人口的增长，人们对田地需求的增加，导致了垦田面积的扩大。这从光绪《定海厅志》中也得到了反映：“康熙间，县邑初展，地浮于人，有土荒之忧。乾嘉以来，生齿日蕃，人浮于地，有人荒之虑。”④ 第二，自然环境可能由于自然原因或者人为原因而发生了变化，颇有“沧海桑田”的味道。

昌国地处海岛，四周环海，岛内多山，人们的出行多有不便。桥梁是连接不平之地的重要工具。到明代，在城治内，新旧大小桥总共 38 座。对于城外的广大乡村地区而言，同样也有很多桥梁。昌国的桥梁不少是官员或私人捐建的，如市桥，原名状元桥，由宋县令王阮创建；第二桥、第三桥由从开封迁居于此的居士陈文谅捐建；晓峰桥由宋代昌国西监监盐鲍谓修建；东江桥由陈太翁修建，坍塌于风潮，后由觉城居士重建。桥梁为人们的出行提供了方便。

---

① （清）周圣化原修，缪燧重修：康熙《定海县志》卷 4《田赋》，凌金祚点校注释，第 121 页。

② （元）冯福京等：《昌国州图志》卷 4《叙山》，见凌金祚点校注释《宋元明舟山古志》，第 82 页。

③ （元）冯福京等：《昌国州图志》卷 3《叙水》，见凌金祚点校注释《宋元明舟山古志》，第 82—84 页。

④ （清）史致驯、黄以周等编纂：光绪《定海厅志》卷 15《风俗》，柳和勇、詹亚园校点，第 334 页。

昌国出岛与大陆相交通，在当时没有跨海大桥的情况下，人们只能通过海渡出行，“全赖舟楫之利以通”。明人吴莱在游昌国时写道：“昌国中多大山，四面皆海。人家颇居篁竹芦苇间，或散在沙墺，非舟不相往来。”[①] 元代昌国有较多的津渡与外界相通，如舟山渡、竿缆渡、泗洲塘渡、册子渡、金塘渡、沈家门渡等。明朝舟山保留了元代时的一些渡口，如沈家门渡、册子渡、金塘渡、泗洲塘渡、干礁渡，还有嵩梓渡、舟山渡等，不过到明朝末年，这些渡大多被废弃。

明代舟山有很多港口通向外界，这些港口多为军队驻守之地，也是居民们樵渔和进出的重要门户，如舟山关港、岑港、双屿港、烈港、马墓港、长峙港、穿鼻港、沈家门港、白沙港、石牛港、岙山港、青龙港、沍泥港、忝吞港等。[②]

舟山群岛虽远离大陆，但岛上居民的生产生活都离不开大陆，在古代社会，各岛居民出入大陆必须取水道往来，因此，航渡对定海县居民具有重要意义。康熙年间，从定海到宁波的渡口和航线主要分布如下。

海山渡（即舟山渡），去县五里。从镇海到定海的航线如下：镇海 $\xrightarrow{\text{东北向二里}}$ 招宝山 $\xrightarrow{\text{向北数里，转东北二里}}$ 虎蹲 $\xrightarrow{\text{数里}}$ 小港（拆船湾）$\xrightarrow{\text{十数里}}$ 蛟门 $\xrightarrow{\text{折向东数十余里}}$ 金塘 $\longrightarrow$ 横水洋 $\xrightarrow{\text{向东北四十余里}}$ 螺头 $\xrightarrow{\text{向东南十余里}}$ 寡妇礁 $\xrightarrow{\text{稍东七八里}}$ 竹山 $\xrightarrow{\text{东北十里}}$ 定海山渡。双向往来必须候潮汛，从定海到镇海须潮涨，从镇海到定海须潮落，而且还必须候风，如果风潮顺，一潮即可到达，但如果中途遇到风逆，那就很难说了，因此，有谚语云“无米过舟山，石米过舟山”，即若遇顺风顺水，没吃几顿饭就能到达，若遇逆风逆水，就要待好几个月才能到达。由于担心过分超载带来不测，因此定海知县缪燧对过往船只的航载人数做了规定：小船不能超过 40 人，中船不能超过 60 人，大船不能超过 80 人，违者受罚。

除海山渡外，清代重要的津渡还包括金塘渡、榭嵩梓关渡、岱山泗洲堂渡以及普陀山渡。金塘位于定海和镇海之间，是海岛通向大陆内地的重要岛屿。金塘渡设渡船三只。榭嵩梓关渡即宋元时期的嵩梓渡，明朝时废弃，康熙年间于此设南渡、东渡。东渡即榭山头渡，南渡位于大榭岛南，

---

① （明）吴莱：《甬东山水古迹记》，见王筱云等主编《中国古典文学名著分类集成 12 散文卷 6》，百花文艺出版社 1994 年版，第 117 页。

② （明）何汝宾：天启《舟山志》卷 2《港》，见凌金祚点校注释《宋元明舟山古志》，第 159 页。

东渡位于大榭岛北，通往大陆内地。[①] 岱山泗洲堂渡位于岱山，设渡船三只，以通往来。普陀山渡，前后寺设立渡船，在宁波装送香客并买载食物等项，关部批照免税。

二　社会习俗

在社会风俗方面，舟山自古“风声气习，有于越之俗焉”。舟山人民的社会风气与越地相同。历史上，舟山群岛居民多自大陆迁徙而来，特别是从宁波、温州、台州、福建等地而来者居多。这些居民基本延续着大陆的传统社会习俗，同时，在某些方面又体现出独特的海洋特质。[②]

在岁时习俗方面，主要包括元旦、清明节、除夕等。元旦时，各户设香炉，男女礼服，拜天地神祇；设香灯酒果，祀先世。在先世遗像前，依次敬拜尊长，男子则出拜宗族亲戚，谓之贺岁。各家具备酒食，相互款待。正月中旬（正月十五、元宵节、上元节）夜被称为上元夜，诸祠庙张设灯球，群聚里人妆先朝故事，连骑结队，鸣金击鼓，喧填街衢为乐。清明节时，各家为青糍、黑饭、牲醴祭墓，封土插挂纸钱，门壁皆插柳。五月五日，在门前悬挂菖蒲、艾草，切菖蒲与雄黄置酒饮之，以辟邪；制作粽子，相互馈送。八月十六日，中秋节，士人家祀月，于庭为月饼置酒，玩月为乐。[③] 九月九日（又名重阳节、重九、茱萸节、菊花节），制阳糕，饮茱萸，或登燕赏。长至日（冬至），贺小岁，士人家行礼如元旦。腊月二十四日（祭灶），各家拭尘，至夜祀灶神。除夕，制桃符，写春帖，具牲醴祀神及祖先，爆竹炽炭，长幼相集守岁。

在礼节方面，主要有冠礼、婚礼、丧葬礼、祀礼等。冠礼，女子到了及笄之年（15 岁），束发加簪。士族好礼者，在女子结婚前一天，会请乡里德高望重的长者为宾客，堂上设位，执事者一人执礼冠，一人执礼服，立于堂隅。主人盛服迎宾，宾亦盛服升立于堂西，主人从升立于堂东。冠者以燕服出，立于主人之下，执事者一人以礼服，一人以礼冠，授宾客。宾客接受礼服、礼冠加于受冠者，受冠者拜谢宾客、主人，再拜其母、兄弟。婚礼，士族家庭择配姓氏相当者，选定良辰吉日纳彩礼，届时彩舆迎

---

① 宁波大榭开发区地方志编纂委员会编：《宁波大榭开发区志》，浙江人民出版社 2017 年版，第 349—350 页。

② 主要参见康熙《定海县志》卷 5《风俗》；《定海厅志》卷 15《风俗》。

③ 中秋节在八月十五，但宁波一带把该节推到八月十六。

娶，行合卺礼，[①] 无须奠雁、迎亲。贫穷男性则可能要到四五十岁才能娶到配偶，夫妇之间的年龄可能相差几十岁，指腹为婚的娃娃亲也很盛行。丧葬礼，由于居民多尚佛教，因此治丧好作佛事；普通百姓家治丧大都七日出殡。祀礼，凡遇生辰忌日，由考妣上溯高曾，必随丰俭，设几筵以展追远祭考之忱，百年不替。

舟山自古民风淳朴，“外户不闭，道不拾遗”。清初的迁海政策对舟山群岛的发展虽有影响，但到康熙年间，已有“农亩各安，犹有鸡鸣桑柘、吠犬无惊”之象。老百姓俗好礼让，乡岙间居近通衢的人家，都会家制茶瓯，烹茶以待行人，互不相识的人只要索茶，会立即得到主人应允；如果知道路人路途遥远而又饥饿，还会留下吃个便饭。村民们都崇信佛教，乡岙间凡房户较多的地方，一定会有庵院，而且规模比居民房屋要大得多。散居各岙的居民，往往聚族而居，除治田之外，就是畜牧。到了春夏之交，男男女女都会进山采茶。在城乡店铺集中的地区，多有外邑之人侨居，他们多是商贩，主做买卖。清代舟山境内治安良好，既无争讼，也无恶意中伤造谣之徒，以至于讼庭前常常长满青草。老百姓都知法畏法，每年辛勤收获之后，都急忙交付官粮，无催粮赔户者。

在俗尚方面，每逢正月初八，男女都要前往城隍庙祭祀；三月初三，居民会凑钱，享神祈年，祭祀完毕，会畅饮唱歌为乐，重阳报岁亦然；三月十九，各寺庙设坛念经做法事，祭太阳神；四月初一，礼状元桥，舟山本岛整个东南境内都要演剧设祭。立夏时，居民会以豇豆合秫米煮饭，用樱笋祭献先祖，笋戴三四寸许，谓之脚步面骨笋；六月初一，黎明，各家挑水贮之，谓之六月初一日水以作浆，水不坏；立秋日，儿童食蓼曲、莱菔子，谓之祓秋；七月七日，妇女以槿叶濯发；七夕，妇女陈瓜果，乞巧月下，以线穿针，穿过者为巧；七月晦夕，各家小儿插香于地，或曰灯果，祀地藏王；新谷即登，各家皆先祭献祖先，然后食，谓之尝新；又每岁九月初二日，阖邑县鸣钲鼓逐厉，延僧设焰口施食。

清代舟山妇女同样延续着中国古代的缠足风俗。马戛尔尼使团曾对乾隆时期舟山妇女的缠足情形有比较生动的描写：“有些最下层社会的妇女，主要在山区或边远地方，她们未传染上这种违反自然的习惯。但这种妇女受到大家的特别轻视，使她们做最下等的劳动。……同一个家庭的姊妹二

① 合卺礼，新郎跪下新娘坐着，旁人在绕青丝、绕红丝的酒盏上斟酒，新娘弯腰揖礼。旁人把酒盏先端到大礼桌左边，再端到右边，然后才端到大礼桌上面给新郎，这时新郎要舔一舔酒再给新娘，最后把酒盏拿开。这时候的酒叫合欢酒，合卺礼结束后，客人们把放在大礼桌上的大枣、栗子都装在新郎的兜里，预示让小夫妻早生孩子。

人，其他的条件完全一样，假如一个人是裹脚而一个人是天足，后者即被全家所看不起，永远低人一头。……很难想象这种奇怪习惯的来源，也不容易想出，男人为什么把它强制性地在妇女中推行。假如男人的目的是把妇女关在家里不让她们出去，那么，他们尽可以用其他方法作到这点，而不必残忍地损害到妇女的身体机能。……土耳其和印度的妇女比中国妇女更避不见人，但她们并没有裹脚的风气。……全国妇女，无论另（哪——引者注）一个阶层，都在这上面竞赛媲美，损害健康在所不顾，这种风气世世代代继续相延，实在是积重难返了。女子由于脚小而得到的一些魅力远远不能抵偿由于裹脚痛苦而损害的健康。"① 妇女缠足给广大女性的身心都带来了极大的摧残和痛苦，英国传教士雒魏林②曾在《1840—1841 年度舟山医院医疗报告》中对妇女的缠足有深刻的描写："尽管有些身患各种疾病以及脚部溃疡的女性来医院求医，因裹脚扭曲脚骨而引发腿部溃疡或其他疾病的似乎只有一两例。我们丝毫不敢肯定这种行为对健康的危害如何。但是……这种从孩童起即已经受的残酷虐待似乎并不像人们所预想的那样会带来那么多痛苦。总的来看，裹脚的折磨以及其难以为人觉察的后果对健康和安逸带来的危害也许并不比西方的时尚给妇女带来的痛苦为甚。"③

小结　边缘之地的海岛社会

古代舟山群岛的县城修建始于唐代，但即使到宋代，"县城周广五里"，面积不大，即使在中国古代社会还不能算是大城市，其中缘由自然与舟山群岛地方偏僻狭小有关，反过来说，倒是与边缘之地狭小很"匹配"。

舟山县城坐北朝南，与中国古代大陆是完全一致的，明显地体现出它是大陆文化向海岛边疆地区的延伸。在城市职能方面，县城既是舟山地区的政治、文化中心，也是经济中心，同样与大陆文化没有两样。县城是官署公宇所在地，也是国家权力的标志，官署公宇内的盐司、巡检司、税使司、医提领所、庙宇、学堂等又昭示着其经济与文化上的地位。舟山县城

---

① 〔英〕斯当东：《英使谒见乾隆纪实》，叶笃义译，第 197—198 页。

② 雒魏林（William Lockhart，威廉姆·洛克哈特，1811—1896），英国教士。

③ 转引自约·罗伯茨编《十九世纪西方人眼中的中国》，蒋重跃、刘林海译，中华书局 2006 年版，第 77 页。

虽小，却既反映出与中国古代城市的一致性特征，也明显地体现出中国古代城市与西方古代城市的巨大差别。[①]

舟山群岛作为村落社会早就存在，长期以来只是宁波的基层行政区域，即使在宋元明清时期，星罗棋布的群岛“农村”区域仍是舟山群岛的主要社会状态。这种状态，在很长历史时期里，可以说是中国沿海岛屿社会的常态，但它反映的政治内涵、文化象征、边疆开发却又具有较强的代表性。

舟山群岛的自然灾害很多，其中大多灾害都是内陆地区所常见的，旱灾、虫灾、洪水、霜、雪、雹等并非舟山群岛及滨海地区所独有，但对于来自海上的台风、海啸等，则只可能出现在中国沿海及海岛地区。在黄海、东海、南海三大海域中，东海是我国风暴潮灾害的多发海域，舟山群岛位于我国沿海中部东端，更容易受到海洋风暴潮灾害的影响。海洋风暴潮给舟山群岛带来了巨大的灾难，它直接造成人民生命财产的巨大损失，破坏农业、盐业、渔业生产，摧毁国家海上防御设施，严重影响社会安定。

古代舟山社会生活并不富裕，“壤地褊小，又皆斥卤。谷粟丝枲之产虽微，渔盐舟楫之利甚溥”[②]。在强调渔盐舟楫之利丰厚的同时，也反映出舟山人民的生活并不富裕。事实上，昌国本土“岁得上熟，仅可供州民数月之食，全籍浙右客艘之米济焉”。得上熟之岁月尚且如此，普通甚至歉收之年可能情况更加严重。

在社会风俗方面，舟山自古“风声气习，有于越之俗焉”。但在海岛地区的长期生产生活中，舟山人民也形成了自己某些独特的习俗，而这些独特的习俗都深深地打上了“海洋性”的典型特色。如舟山的诞生礼、孕期禁忌，就很独特。如孕妇在生育前，要禁食切了头的黄鱼，原因在于黄鱼是海龙王的将军，食之会得罪海龙王，生下的胎儿会生癞痢头或四肢不全。海螃蟹和海虾蛄更不能吃，吃之会因胎横而难产。鳖肉也不能吃，吃了会使胎儿短项。章鱼不能吃。章鱼全身无骨，生下的孩子无骨气。至于海蛤蚆鱼，皮肤疙疙瘩瘩，吃了会使产下胎儿多疮疤。再如婚礼方面，有“小姑代拜堂、抱鸡入洞房”等海岛奇俗。据悉，海岛人对婚期非常看重，

---

① 周子建：《从城乡关系看中西封建城市的历史作用》，《历史教学问题》1986年第4期；刘文明：《中西封建城市经济结构差异之比较》，《史学月刊》1997年第3期；顾銮斋：《中西封建社会城市地位与市民权利的比较分析》，《世界历史》1997年第5期。

② （元）冯福京等：《昌国州图志》卷4《叙州·风俗》，见凌金祚点校注释《宋元明舟山古志》，第48页。

一旦选定，不能更改。但海岛人以捕鱼为业，未到结婚日子又不能在岛上等候。所以，当喜期之日，刚巧海上突遇风暴，新郎远在外海，不能及时赶回来，只得由新郎之妹手抱大公鸡代兄拜堂，这是大陆内地所没有的。至于舟山的“潮魂”习俗，即“潮魂”要在潮水上涨时的特定时间进行，原因是潮水上涨时，失落在海上的游魂才能随潮而来，直至海滩。

根据海岛特殊的生产和生活环境，舟山居民又创造了许多海岛独有的传统节庆。如春讯出海时的“祭海”，阴历六月二十三的“谢洋节”，二月十九、六月十九、九月十九的南海观音朝山节，六月初一的龙王寿诞，三月二十三的妈祖生诞祭，“三月三，海螺爬上滩”的“采螺节”，“六月六”的浴海节，以及“铲贝节”等。

通过海洋史视角，本书系统地考察舟山群岛区域的社会生活，再通过个案的、具体的研究，在情感、心智上尽量回到古代舟山群岛的社会生活历史现场去，从中我们可以明显看出，一方面，古代舟山群岛的社会生活既与中国大陆有一致性，又明显地具有典型的海洋性；另一方面，舟山群岛地处我国东部海疆这一边陲之地，从中心—边缘视角观察，它的社会生活又深刻地体现出海岛社会的边缘性。

结语　边缘与前沿——独具特色的舟山海洋史

舟山群岛虽然是我国最大的群岛，但是，它在整个中国历史疆域内所占的比例是极小的，因此，仅从地域面积来衡量舟山群岛在中国历史乃至世界历史中的地位，似乎意义并不大。但是，一方面，舟山群岛坐落于海洋环境中，它的历史与文化必然具有独特的海洋性历史特点，形成了与其他地区风格迥异的奇葩景观；另一方面，由于舟山群岛坐落于东海之滨，位处中国历史上的天然海疆，从而彰显出它在中国历史乃至世界历史中特别的海疆地位。

海洋史的内容极其庞杂，大凡与海洋相关的政治、经济、军事、文化、社会生活等无不属于其范畴，物质的、精神的层面无不包罗其中。[①]毫无疑问的是，舟山群岛海洋史属于区域性海洋史，对它的认识，我们可以借鉴区域经济史研究的看法："（区域）经济史的研究对象应该包括整个社会经济生活，而且，应该通过经济史的研究来解释各种社会历史现象。区域社会经济史的研究者们在研究任何具体课题时，都要把它置于社会历史运动的总体中进行考察，从总体的结构中把握其地位、价值和发展趋势。这种从总体中把握个体，就是要求在研究某一问题时，注意与其他问题的联系；同样研究某一地区时，注意该地区与其他地区的联系，以及与全国，乃至世界历史总体的联系。要以一种系统的结构性的观点来认识所研究的地区。"[②]借鉴这种理论，我们可以一方面归纳出舟山群岛海洋史的特征；另一方面，观察它与中国历史乃至世界历史的关系，从而形成对它更深刻的理解和认识。

---

① 冯定雄：《论海洋文化资源的基本类型》，载张伟主编《浙江海洋文化与经济》（第五辑），海洋出版社2011年版，第205—213页。

② 叶显恩、陈春声：《论社会经济史的区域性研究》，《中国经济史研究》1988年第1期。

第一节　古代舟山群岛的海洋文化史

舟山群岛是在1万至8000年前才逐步形成今天的地貌（包括海底），这可能也是为什么至今在舟山群岛没有发现旧石器时代文化的原因。自从舟山群岛有人类居民以来，它的生产、生活都与海洋有着密切的关系，其产生的文化也具有鲜明的海洋特色。一定程度上说，一部舟山群岛古代史就是一部海洋文化史。

有学者把古代舟山群岛海洋文化的发展划分为四个阶段：唐开元二十六年（738）以前为海洋文化的初创期；唐开元二十六年到明洪武二十年（1387）为海洋文化发展的拓展期；明洪武二十一年（1388）至康熙二十二年（1683）为停滞期；康熙二十三年（1684）至辛亥革命前，为古代舟山海洋文化的成熟期。[①] 这种阶段性划分有助于我们对古代舟山海洋文化的把握。事实上，任何文化都离不开人类的生产生活实践，因此，我们在考察古代舟山群岛海洋文化的时候，也可以从该视角观察舟山先民们在与海洋发生关系的社会生产、生活及对外交往中产生的、具有鲜明海洋特色的物质文化和精神文化。这些独具海洋特色的文化在海洋渔业、海洋盐业、海洋造船业、海外贸易、海外文化交流、海洋信仰等方面得到体现。

早期人类的活动大多受制于自然环境和气候条件。从河姆渡先民们对自然环境的利用，如采集和渔猎周围丰富的动植物作为食物；利用自然环境提供的丰富原材料制作生产和生活用器；为适应周围湖沼地区低洼多水的自然环境，利用周围丰富的植物资源等，可以明显看出当时自然环境对河姆渡先民的影响。舟山群岛新石器时代文化作为河姆渡文化的扩散和延续，在很大程度上也体现了这一特征，从出土的文物中可以清晰地看出它们的相承性。

由于舟山群岛四面环海的自然环境，舟山群岛文化遗址已经初步显示出它的海洋文化特色。如在白泉遗址和孙家山遗址中，发现作为捕鱼渔具的纺轮，说明这里的先民们已经把渔业作为重要的谋生手段之一；同时，在遗址中还发现先民们捕捞的蛏子、魁蚶等贝壳以及鱼类等水生动物，这说明渔猎经济在先民的生活中占有重要的地位。这也是先民对海岛特殊的地理环境作出的反应，反映了先民们向海洋拓展生存空间的愿望与实践。

---

① 柳和勇：《舟山群岛海洋文化论》，第27页。

如果套用汤因比的“挑战—应战”理论的话，那么，这种海洋文化端倪正是舟山群岛早期先民们面对自然环境的挑战而做出积极应对的结果。由于自然环境的特色和制约，舟山群岛先民们在很早就显露出他们文化的海洋特色。

舟山的渔业发展，开始是原始的滩涂作业，接着是浅海兜网，后来又使用小船到浅海作业。[①] 宋代复县后，舟山群岛近海生产能力得到了迅速提高，海洋渔业逐渐成为舟山群岛地区最重要的经济门类之一。古代舟山群岛的海洋渔业资源十分丰富，到北宋时期，昌国地区丰富的渔业资源已有可靠的文献记载。宝庆年间昌国县的鱼类约有 12 种，而且洋山海域已形成大黄鱼渔场。元大德《昌国州图志》中记载的鱼类品目共 39 种，收录的“海族”达 56 种。这也表明我们今天所捕获的主要鱼类品种，在当时都已经被开发。

到北宋时期，随着民间造船技术的进步，海洋渔船也得到很大改进。北宋时期的渔船船身由唐时的 4. 5—5. 5 米增大至 8—10 米（三丈左右），载重 3—4 吨，大海船能载员数百人，贮有一年口粮，船上甚至还可以养猪、酿酒、织布。不仅海洋渔船逐渐增大，而且船型结构渐显雏形。当时海洋木质渔船的船体多由柏树木、松树木、梓木、杉木、樟木和各种杂硬木等原材料构成，整体的结构分为“纵、横、内、外”四个部分，总体结构包括船壳、风帆、橹、桨、锚、木桅等。海洋渔船的改进，有利海洋捕捞水域进一步扩大，昌国海洋渔业也开始从沿海采捕逐渐发展到近海捕捞。1688 年以后，福建、浙江沿海各地的渔船大量来到舟山渔场，外地渔民的大批涌入，促使舟山渔业生产逐步由近海生产发展到远洋作业。远洋作业的产生和发展，使舟山的渔业生产由过去以自产自销、地产地销为主的小商品经济，逐渐发展成为加工、运销初具规模的商品经济。

渔具的改进和完备也促进了海洋渔业的发展。宋代捕鱼所采用的渔具与渔法，与前代相比，要完备得多，除了继承前代的一些渔具和渔法，还有新的发明和创造。宋代浙江渔业捕捞所用渔具按结构特点和作业原理分为 4 种类型：钓渔具、网渔具、耙刺类和笼壶类。张达明任吴江县知事时，在前代基础上，经过调查研究加以损益，编绘成渔具图，并各系之以诗计 17 首。舟山渔民通过掌握鱼类的各种习性进行捕捞，同时，还掌握了生物捕捞技术，主要是使用水獭和鸬鹚捕鱼。

随着渔业的发展，渔产品产量大增，渔民们除将部分鲜货直接投放周

---

① 留正铨：《历史上的舟山渔业》，《中国水产》1982 年第 2 期。

边市场外，大部分则通过特殊加工予以贮存，从而使渔产品加工业随之兴起。鱼类食品的加工主要采用腌制、干制，或腌制后再曝干，成为腌腊食品。此外，渔产品还经常被用作药物。

随着渔业的发展，渔业税也成为政府重要的税源，如元至元三十年（1293）规定："海边捕鱼时分令船户各验船料大小赴局买盐，淹泡鱼鲞……自是岁严一岁，买数越增，大德元年，至买及八百余引。"[①] 有些海产品被作为特产税加以征收，如鲨鱼皮"岁纳94张"，鱼鳔"岁纳80斤"[②]等。明初和清初的两次海禁及长达300多年的禁垦，使渔场废置，田园荒芜，给舟山的渔业发展带来极大破坏。清初复展后，舟山渔业得以恢复和发展，为了公议鱼价，排解纠纷，互通声气，各帮渔船中出现了推举"柱首"现象，延请董事，成立议事机关"公所"。乾隆十年（1745），清政府在岱山东沙镇建立了"栖凤公所"，此后，在沈家门、高亭等各地设立"公所"[③]。

海盐的制造是舟山群岛居民与海洋发生直接生产生活关系的重要表现之一。舟山之地自古以来就是东海著名的产盐之地，也是我国海盐的重要出产地。早在唐朝，政府就在烦河建立土城设立盐滩及"盐监司"，开元二十六年（738），升盐监司为"贡盐监司"。

自端拱二年（989）开始，北宋政府先后在舟山设立岱山盐场、昌国东盐场、昌国西盐场，加强对盐业的管理与开发。熙宁六年（1073），北宋政府在昌国设立正监、东江、芦花三个盐场，下设晓峰、甬东、桃花三个子场。著名词人柳永就曾做过晓峰盐场的监盐官，在此期间，他还作有著名的《煮海歌·悯亭户也》，描写当时盐民的生产和生活状况。南宋政府在昌国设立很多管理盐业的机构，如岱山巡检，不仅管理盐场，还"巡捉私茶盐香"，明显地具有管理对外贸易和交流的性质。再如东西监盐二员，初谓芦花为东监，正监场为西监，凡五场皆西统之。其后四场相继为正场，各置监官，则与本场并列为五矣。这些"监盐"都不只是单纯的管理盐业生产和国内销售的机构，在很大程度上也要参与对外贸易的监管。

元政府在庆元设立了专门的机构浙东盐司管理盐业，其职责是"掌场

---

① （元）冯福京等：《昌国州图志》卷3《叙赋》，见凌金祚点校注释《宋元明舟山古志》，第76—77页。

② （元）冯福京等：《昌国州图志》卷3《叙赋》，见凌金祚点校注释《宋元明舟山古志》，第77页。

③ 陈训正、马瀛：民国《定海县志》册3《鱼盐志第五·渔业》，《中国地方志集成·浙江府县志辑》，上海书店出版社2011年影印本，第508页上栏—509页上栏。

灶，榷办盐货”，其中，昌国地区的岱山、正监、芦花三盐场属于在庆元设置的浙东盐司。明朝的盐业管理体制基本上继承了宋元旧制。官府占有盐田、草荡及铁锅等生产资料和生产工具，对灶户进行剥削。为稳定盐业生产，明初政府给灶丁以卤地、草荡，免除其杂役。但在嘉靖以后，灶户仅向官府缴纳盐课，实行盐课新银征收办法，从而打破了官府对盐生产和销售的垄断，促进了民间制盐业的发展，使得盐场有一定规模。洪武二十五年（1392），明政府设官攒，给铜记，盐政管理机构正式成立。浙江的盐政管理机构称为两浙都转运盐使司，下辖嘉兴、松江、宁绍、温台 4 分司。宁绍分司下辖 12 个盐课司，宁波府有 8 个盐课司，舟山地区的昌国正盐场盐课司是其中之一。正统二年（1437），昌国正盐场盐课司被裁革，岱山盐场归并大嵩场盐课司催办。①

清初，定海的盐业税为每 20 丁销引一道，共销 101 引，对于民间的食盐，只允许食锅煎煮，自煎自食，永不许设厂砌盘，煎烧私贩。由于制盐利大，盐商买通盐司，千方百计想在舟山设厂砌盘煎烧，即“大开盐厂”。定海知县要求禁止贩卖私盐、禁收余盐。乾隆三十六年（1771），朝廷颁布了《收买章程》六条，承认了定海余盐存在的现实并把它纳入官营之列。咸丰三年（1853），奉议在舟山推行票运法，但票运法在推行过程中的效果并不好。咸丰四年（1854）间，舟山又推行官运法，其运行情况也不佳。同治十一年（1872）起，舟山地区又实行商运法。光绪四年（1878），又奉抚运宪推广引地。从清政府在舟山地区实施的盐业政策看，其核心在于官方倾向于保护其利益，在官、商与民的博弈中，舟山盐法不停地变换，这既反映了古代专制政府的与民争利，也反映出舟山盐业的发展使官府不得不与时俱进，改变盐法。

到北宋时期，舟山海盐的生产已经发展出两种主要方式，即“熬波”法和“刮硷淋卤”法。当时的昌国人民已经掌握了竹盘制盐，在制盐技术方面已经大大超过了唐代。元代昌国正监盐司管勾黄天祐改进了制盐工具。在盐卤制成后，就进入了煎炼阶段。煎盐设备，以前多用大铁盘取土，黄天祐改铁盘为篾盘，充分利用天时：

本监，旧皆铁盘，取土于六月两汛之间，八月始起煎。亭户虽有上半年之逸，若两汛时分阴雨稍作，则岁计遂误。大德元年（1297），

① （民国）汤濬：《岱山镇志》卷 4《志盐》，见凌金祚点校注释《宋元明舟山古志》，第 353 页。

> 管句黄天祐始以上命，巧出方略，改铁盘之制，用篾盘随时取土，一如他所，春即起煎。亭民遂得时，用其力，预期补办，无岁终积欠敲扑之峻，实多便之。①

制盐工具的改进，有利于劳动生产率的提高。竹编篾盘虽然容易损坏，但它有利于提前生产食盐，延长了盐的生产期，有利于促进制盐业的发展。明清时期，浙江煮盐方式仍以两种为主，一种是以鸣鹤盐场（宁波慈溪）为主的刮硷以淋卤，另一种就是以岱山盐场为主的“熬波”法，即取海水炼盐。

宋代明州地区盐的产量和质量都名列浙江前茅。就产量而言，至道三年（997），昌国东、西两盐场每年卖给国家的盐达201000石，折合5025吨，是杭州场的2.61倍（没有把岱山盐场的产量算进去），后人考证认为昌国东西监的盐业税达301000余石。② 在质量方面，岱山盐场出产的“岱盐”，“盐质晶莹、洁白、粒细、味鲜，闻名省内外”③。舟山盐业在清代国家财政中占有重要地位。从乾隆三十六年到咸丰三年的82年间，定海拨运至江苏松江的余盐每年为4300引，这期间总共拨运了352600引余盐。“每引计盐四百斤”，即每引实际重量为320公斤，总共实为112832吨，加上每引耗盐20斤，即耗盐5641.6吨，实际收余盐为118473.6吨，那么每年征收余盐1444.8吨。这个数字还只是定海“余盐”，既不包括官盐，更未把岱、秀之官、余盐计算在内，如果把整个舟山群岛所有的盐都计算在内，其产量还会大得多。

对于宋以前的舟山群岛的海上贸易情况，我们缺乏直接的证据，但根据某些间接材料通常都认为很早的时候就已经存在了。到北宋时期，统治者认识到舟山“实海中之巨障”，并恢复县制以“昌壮国势”。明州（宁波）是当时设有市舶司的全国三大对外贸易港口之一，对外贸易和交流十分兴盛，最主要的对外贸易对象是日本和朝鲜，也包括东南亚地区、阿拉伯国家等。④ 昌国地区是明州对外交流的交通要冲，过往船只大多要经过或停靠昌国，岱山是这一地区北面的重要交通枢纽，南部的普陀山则是明州对外交往的重要中继站，特别是“高丽道头”更是宋丽两国交往的重要

---

① （元）冯福京等：《昌国州图志》卷5《叙官·盐司》，见凌金祚点校注释《宋元明舟山古志》，第89页。

② （宋）马端临：《文献通考》卷15《征考》二《盐铁》，第435页。

③ 浙江省地名委员会编：《浙江地名简志》，第479页。

④ 张如安：《北宋宁波文化史》，第36—40页。

标志。南宋政府在昌国地区设置的管理机构三姑都巡检不仅是重要的军事海防前哨，也是管理对外交流和交往的重要机构。

“海上敦煌”普陀山对促进舟山的海外经济贸易具有重要作用。南宋时，明州港主要对外贸易国仍为日本和高丽。朝廷鼓励商人出洋贸易，招徕外国商船来港。高丽、日本商船多往来于本国与昌国、明州。南宋明州地区的对外贸易中，瓷器占很大的比例，这一时期的青瓷主要以龙泉窑青瓷为主。龙泉窑青瓷远销的主要国家及地区包括东非的埃及、埃塞俄比亚、坦桑尼亚、波斯、印度、斯里兰卡、日本、朝鲜、东南亚诸国、东地中海沿岸等。2009 年 6 月 8 日，国家博物馆水下考古中心舟山工作站在嵊泗县徐公岛发现宋代临港型古文化遗址，也能从实物上证明南宋时期，昌国地区是明州通往外界的交通要道。

元朝海运的兴盛是我国古代海运史上前所未有的。元开辟海运，主要是为了南粮北运。海运的一条重要航线，本来由江苏刘家港出发，北运到京都，南方及浙东的货物只能绕道刘家港，但从皇庆元年（1312）开始，由于“庆元地居东南，既于本处装讫粮米再入刘家港取齐，多有沙险去处，若就定海港口放洋经赴直沽交卸，实为便益”[①]，于是由定海港口直接运粮储入京，不再绕道刘家港，昌国之地在元代海道中的地位和作用进一步加强，而且过往船只频繁，数量众多，烈港开洋海船达 147 只。[②] 昌国地区作为东亚海上丝绸之路的中转站，其地位和作用十分重要。元末，方国珍长期以昌国之地为据点，其势力曾远达山东，他也自浙东每年海运粮食 11 万—13 万石，由此可见庆元和昌国各海港的重要地位。

明政府的官方贸易实行勘合贸易制度，即由政府限额发给贸易凭证，商人凭证来中国进行贸易，主要的贸易国家包括日本、琉球、占城等。明代明州港的对外贸易航路主要有三条：第一条，从明州港始航，经舟山、普陀山，至双屿港，从韭山横渡东海至朝鲜，或者至日本的五岛、长崎、博多、兵库、难波或坊律等地。第二条，自明州港南下，经温州、泉州、广州，过南海，再经越南、泰国、马来西亚（支线经菲律宾至印度尼西亚各国），横穿马六甲海峡，再经缅甸、印度、斯里兰卡、伊朗、阿拉伯各国，至非洲东海岸各国（支线进入红海和波斯湾，可抵达西南亚诸国）。第三条，自明州港南下经广州到菲律宾的马尼拉，然后横渡太平洋到北美

---

① （清）胡敬辑：《大元海运记》卷下，《丛书集成续编》（第 62 册），台北新文丰出版公司 1989 年版，第 576 页上栏。

② （清）胡敬辑：《大元海运记》卷下，第 576 页下栏。

洲墨西哥的阿卡普尔科港，再分别往南美洲的秘鲁、智利、阿根廷，以及中美洲加勒比海地区各国。[①] 明朝最为壮观和伟大的海外贸易就是著名的郑和下西洋。同时，由于倭患等原因，从洪武年间就“禁濒海民私通海外诸国”。但是，海禁政策并不能阻止民间海上贸易。嘉靖五年（1526），福建海商邓獠杀死福建省左布政司查约，越狱逃亡海上，招引葡萄牙人来舟山六横附近的双屿港，买通地方官吏，勾结走私商贩大规模地进行海上互市贸易。六横附近的双屿港成为中国历史上规模最大、影响深远的国际互市贸易港口，尽管双屿港的繁荣仅维持了三十余年，但它的意义却是非常重大的。

清初在对外贸易的方针政策上，大体沿袭明朝统治者的做法。为消灭郑成功、张煌言领导下的东南沿海人民的抗清斗争，清政府施行更加森严的海禁。清政府平定台湾后，为扩大对外贸易，增加财政收入，于康熙二十三年（1684）颁布《展海令》。康熙三十七年（1698），清政府在定海设立定海钞关，从此，定海正式成为东南沿海的海上贸易重要的港口。为了方便各国商人和船员，地方官奏请朝廷在道头福定路设立“红毛馆”，并规定外商贸易后在定海或宁波都可以纳税。但此后，由于清政府的腐败和推行闭关自守政策，致使舟山对外贸易日趋衰落。

舟山群岛在古代海外文化交流中占有重要的地位。如果中国江南的稻作最早是从河姆渡文化经过东海传播到日本的话，那么，它一定会经过舟山群岛。徐福入海求仙人的瀛洲有可能就是舟山的岱山。唐朝时，鉴真东渡日本曾多次经过舟山，日本的遣唐使来华也多途经舟山。由于日本的遣唐使均以购求书籍为重任，这也是中日两国虽然人员往来不算多，但日本继承中国文化甚多的原因之一，故有学者认为东亚文化交流无论是在内容、形式，还是在意义、影响方面，均有别于“丝绸之路”，应倡导“书籍之路”[②]。

在宋代，昌国地区是明州海外文化交流的要冲。日本高僧成寻在前往中国的途中曾经历过岱山。普陀山则更是舟山海外文化交流的枢纽。各国商舶停靠普陀山，除候风候潮外，出航前都要登山礼佛。古代航海多风险，商贾们由于惧怕海难，船上供有神像，途经普陀山都要祈福观音。昌国地区作为江南对外交往的重要门户，已经成为过往政治家、商贾及文化

① 盛观熙：《古代舟山与海上丝绸之路（续）》，《浙江国际海运职业技术学院学报》2012年第3期。

② 王勇：《“丝绸之路”与“书籍之路”——试论东亚文化交流的独特模式》，《浙江大学学报》（人文社会科学版）2003年第5期。

士人的必经要道，这对昌国地区地位的提高和其在海外交流中的重要性都具有重大意义。元朝时，中国与日本在佛教文化的交流方面十分频繁，据统计，从1299年到1351年，中国前往日本的高僧有13位，其中一山一宁是最著名的，他在促进中日佛教文化交流中起了非常重要的作用。明清时期，由于两次海禁及长时期的闭关锁国，舟山群岛的海外文化交流也受到了很大影响，但明末清初到日本的朱舜水却对中日文化交流起到了极其重要的作用。梁启超在评价朱舜水对日本教化的作用时认为："日人所以有二百年太平之治，实由舜水教化而成；即中国儒学化能为日本社会道德基础，也可以说由舜水造其端。"① "舜水以极光明俊伟的人格，极平实淹贯的学问，极肫挚和蔼的感情，给日本全国人以莫大感化。德川二百年，日本整个变成儒教的国民，最大的动力实在舜水……而光国之学全受自舜水。所以舜水不特是德川朝的恩人，也是日本维新致强最有力的导师。"②尽管梁启超的评价有些夸张，但朱舜水对日本的巨大影响却是毋庸置疑的。总之，作为朝鲜半岛和日本海上文化交流的重要中继站和南海海上丝绸之路的重要通道，舟山在海上文化交流中具有重要地位。

舟山群岛的信仰也因先民们与海洋的密切关系而具有鲜明的海洋性特色，这不仅体现在有某些专门的海洋神灵（如妈祖、龙王等）中，就连从大陆传入海岛的佛教也具有明显不同于大陆佛教的海洋特色。

普陀山是我国四大佛教名山之一，名扬海内外的观音道场。佛教界一般认为，普陀山观音道场的形成，是以日本僧人慧锷从五台山迎奉观音圣像到此，建不肯去观音院为嚆矢。事实上，慧锷迎奉观音圣像的目的是从普陀山"站潮候风"回日本，只因观音至此"不肯"继续渡海前往，从而形成了观音道场。因此，从普陀山观音道场的形成来看，它本身就是因海而成。宋乾德五年（967），宋太祖派内侍（太监）王贵到普陀山进香，并赐锦幡，首开朝廷降香普陀之始。宋神宗元丰三年（1080），敕建宝陀寺，赐额宝陀观音寺，弘传律宗。高宗绍兴元年（1131），宝陀观音寺主持真歇禅师自长芦南游至此结庵，称海岸绝处，改弘禅宗，山上700多渔户全部迁出，普陀山遂成佛教净土。嘉定七年（1214），宁宗皇帝御书"圆通宝殿"四大字赐之，朝廷赐钱万锣修缮圆通殿，并指定普陀山为专供观音的道场。从宋嘉定七年（1214）到元泰定四年（1327），朝廷先后

① 许啸天：《朱舜水的思想研究》，载许啸天编《国故学讨论集》（下），上海书店出版社1991年版，第266页。

② 梁启超：《两畸儒——王船山 朱舜水》，载《中国近三百年学术史》，东方出版社2004年版，第94页。

五次赐予普陀寺院大量官田、山。宋淳祐八年（1248），理宗又下诏免全山租役。后历元、明、清三朝，累代敕建，赐额不绝，寺塔楼阁亭堂寮院，遍布全山，普陀山观音道场的名声也享誉世界。

普陀山佛教的兴盛与舟山作为海上丝绸之路的中继站是分不开的。过往船只在这里不仅要“站潮候风放洋”，更会在等候过程中前往普陀山佛教圣地祈福，祈求船只在波涛汹涌的茫茫大洋中平安往返。明代，海禁、空岛政策对普陀山佛教的发展起了严重的破坏作用。洪武二十年（1387），信国公汤和经略沿海，以普陀山“穷洋多险，易为贼巢”为由，毁寺徙僧。到明朝末年，舟山佛教与前代相比相对衰落，以前的古刹“今半在麟封马鬣间”。明代普陀山佛教发展停滞，其重要原因亦在于明政府对海洋的放弃。离开海洋，普陀山佛教发展也受到严重影响，这也从反面可以看出普陀山佛教发展的海洋特色（尽管不是必然的）。

普陀山面积不大，四面环海，山上任何一个寺庙皆可听到海涛之声。夜静之时，阵阵涛声，伴人入眠；日出之时，金光普照，海景与庙宇交相辉映。舟山群岛海的观音信仰与其他地方的观音信仰在物化、制度、心理等层面都体现出巨大差别。这些差别反映出古代舟山人民在长期的海岛生产生活中，一方面承载大陆各种信仰与习俗；另一方面，形成了比较独特的海洋信仰与习俗。

在舟山的观音信仰中，有一个颇为奇特的现象，那就是观音信仰中夹杂着海龙王信仰因素。舟山在南宋时期即有公祭东海龙王的活动。据清光绪《定海厅志》载：“龙王祠在（城南）天后宫东。每年六月初一日致祭。春、秋两仲，又合祀灌门、桃花、岑港龙神于祠内。”① 其实舟山有龙王庙多处，在民国初编的《定海县志》中，就记有各类龙王祠、龙王宫24处，可见当时舟山龙王信仰之兴盛。此外，舟山许多地名与龙王有关，如黄龙山、龙王礁、鱼龙山和蛟龙村等；有许多流传于舟山民间的海龙王故事；有公祭龙王祠、求雨请龙王必供糯米团子的习俗。这种龙王信仰很明显与南宋以后舟山渔业生产的兴盛有关，与人民祈求平安丰产的心理有关。随着观音信仰在舟山的流传，舟山观音信仰夹杂着海龙王信仰渐趋明显。其一，有关观世音的传说故事中有海龙王的形象，如“龙女拜观音”中的龙女就是海龙王的女儿；“赤脚观音”中的观世音沐浴时，“惊得玉帝关天门，龙王闭龙宫；百鸟逃进林，鱼虾沉落海底”的叙述更是把二者直

① （清）史致驯、黄以周等编纂：光绪《定海厅志》卷21《祀典》，柳和勇、詹亚园校点，第557页。

接关联。其二，许多主尊观世音的寺庙中有许多龙的装饰。如在普陀山寺庙庵院的屋脊上，塑有龙头龙尾之类的装饰物，显示海龙王形象在观音信仰中的渗透和结合。其三，观音信仰有取代龙王信仰的趋势。舟山早期的观音信仰有较浓厚的宗教色彩，海龙王信仰则纯粹是民间信仰，直接与舟山的渔业生产相关。但随着观音信仰渐趋民间化，人们就转向信仰法力无比、慈悲为怀、救人苦难的观世音，原先的海龙王信仰逐渐被观音信仰所取代，使观音文化中有着更多的海洋特色。①

此外，舟山更有神化的历史人物而成为崇拜对象的，如纪念陈（稜）将军的陈大王庙、舟山群岛南部的黄龙岛上的巡洋神张世杰、群岛南部洞头岛的巡洋神越国公庙的杨府神（杨六郎）、小洋岛上的关圣殿（陆秀夫庙）等，这些巡洋神不一定与海洋相关，但这并不影响他们被视为巡洋神，这在一定程度上反映出大陆文化与海洋文化的交融、渗透，从而使大陆文化与海洋文化共同成为中华文明的重要组成部分。

舟山人民在长期的生产生活中，充分吸收外来渔业习俗，并结合自己的生产生活实际，形成了独特的海洋习俗。如在船上开饭时，先要用筷子拣几颗米饭撒向海中，意味献给鬼神，与鬼神结缘；吃饭时，船老大坐在铺位中间，伙将团坐在“地伏上”，其他人坐在四周；吃饭时竹筷不准搁在碗上，酒杯、羹匙不能反置，吃鱼不能翻身，因为与翻船相关；渔船上不能讲“碰石岩”“碰滩（汰）横”等不吉利的话；平时外出常搭便船，大家都礼貌相待，不收钱；等等。这些习俗既体现出渔业生产的艰苦性，也体现了渔民避害的意愿和心理，当然也表现出渔民祈求平安丰产的迫切愿意。

此外，由于渔民在海上航行、捕捞，势必关注潮汛，宋人把潮汐知识运用到渔业上，便形成了渔民普遍知晓的潮俗。最大潮时，潮力最猛、最强，鱼群因潮力所致高度集群洄游，从而形成渔场旺汛。反之，小潮汛时，潮力最弱，大黄鱼等鱼群不易集群，但是墨鱼、鲳鱼等则近洋产卵，形成有趣的捕捞潮俗，即大潮汛出海捕黄鱼，小潮汛近海拖墨鱼。除此潮俗外，渔民还有赶海的习俗。大潮汛时，尤其是最大潮当天，潮水可退到最低位。海上的礁盐大都会裸露出礁底，滩涂水也会退到最远处。此时，渔民成群结队或上礁，或下滩去采集各种贝类，场面十分红火，俗称“赶海”。而小潮汛时，渔民就用小船小网在近洋岸边捕些小鱼小虾，俗称“赶小海”。以上两俗都因潮汛而起，又同捕捞有关，所以称渔捞潮俗。所

① 柳和勇：《舟山群岛海洋文化论》，第148—149页。

有这些海洋习俗文化，都呈现舟山群岛独特的海洋特色文化。

可以说，一部舟山群岛古代史就是一部舟山群岛海洋文明史。但我们在对此解释时不能机械地把它简单化。至少在古代社会中，人类是不可能一年四季都生活在海洋之中的，人类只可能生存、生活在陆地上（海岛也是陆地），因此，人类文明只可能产生、发展于陆地。古代舟山群岛的发展也一样，先民们的生产、生活都只可能以陆地为主，其本质特性只可能是所谓的“大陆文明”，这从新石器时代舟山原始居民的生活以及此后的社会发展都可以明显地看出。

但是，由于舟山群岛自然环境的原因，自从它开始有人类居住起，大陆文化的生产、生活方式就必然地向海洋延伸，必然地与海洋发生关系，从而使大陆文化明显地体现出海洋文化特色，我们可以把这种独具特色的文化称为海洋文化。由此可见，所谓的大陆文化（明）和海洋文化（明）其实只是发轫于陆上的生产生活方式及其向海洋的延伸而已，它们之间有必然内在联系。

第二节　古代舟山群岛的海疆开发史

如前文所述，“海疆”虽然在中国古代早就存在，但它还没有形成一个相对规范的概念。今天，学术界对“海疆”概念的确切内涵与外延的界定也并没有完全统一。但毫无疑问的是，舟山群岛四面临海，是历代王朝的边疆前哨之地。

我国最早的国家政权产生于大陆，而且远离舟山群岛。虽然我们不知道当时的国家对舟山群岛是否了解，但至少可以肯定它并没有对舟山群岛进行有效的管辖，自然也就谈不上海疆开发。在这些政权统治者眼里，舟山群岛顶多也就是不毛的蛮荒之地，这也是（传说中的）徐偃王战败后会逃往舟山的原因，也是吴王夫差战败后被越王句践发配到舟山的原因。在大陆政权的意识里，舟山是边远之地，是国家疆界的边缘之地，甚至可能只是传说中的“神山”。这在秦王派遣徐福前往神山求“仙人”中可以明显看出，在大陆统治者看来，茫茫大海的深处就是传说中的“神山”，远非普通人所能到达，也远非国家政权所能管辖，更谈不上所谓的海疆概念。

直到唐朝，舟山群岛才进入大陆内地政权的行政界定的统治视线。唐开元二十六年（738），分鄮县之“海中洲”置“翁山县”，初城�河，后移治镇鳌山麓。这既是舟山群岛建县之始，也是大陆政权第一次在行政上对舟山群岛作为“海疆”的界定。不过，颇耐人寻味的是，该县的县名为翁山，乃是因为县东三十里有翁山（又名翁洲山），相传这里是葛仙翁炼丹之地。从葛仙翁炼丹之地的传说可以看出，此前人们对舟山的认识是神秘的（或者说是无知的）。

翁山县的行政建制只存在了31年，这对于漫长的中国古代社会而言，可谓弹指一挥间。这短暂存在所反映出来的意义却颇耐人寻味：舟山群岛在大陆内地政权统治者的意识中，它远未达到县级行政建制存在的程度。

此后的光阴，一晃就是近300年，直到王安石出任鄞州县县令，在其积极劝说下，宋神宗才于1073年同意恢复被废的县制，并赐名为“昌国”。这既是对舟山“海疆”行政界定的恢复，更是统治者海疆意识的提升，这从此后宋对整个海疆管理的政策中可以明显看出。第一，加强对海外贸易的管理。咸平二年（999），朝廷在杭州、明州两地各置市舶司，从而使明州成为当时与广州、杭州并列的设有市舶司的全国最大对外贸易港口之一。明州出海的前哨和必经之路就是舟山群岛。舟山北边的重要停泊站是东沙，南边的重要中继站是普陀山。明州市舶司的设置，有效地延伸了中央政府对舟山群岛海疆地区的行政触角，从政治和法律上界定了舟山的海疆地位。在昌国地区，还专门设置岱山巡检，“兼岱山盐场，主管烟火公事，巡捉私茶盐香”①，后专设监盐，监盐不只是单纯的管理盐业生产和国内销售的机构，在很大程度上也要参与对外贸易的监管。第二，海疆前哨地位的形成。南宋建立后，国家都城在临安，离东部海域很近，沿海海防安全直接关系到国家安危，因此，加强对外海防（特别是东部海域的海防）尤其重要，这已经远远超出北宋时期“昌壮国势”的期望了。南宋时期的昌国地区又正好是东海海域中的重要前哨和堡垒，因此，它在南宋政府的海防中占有很重要的地位，海防思想和海防建设逐步形成体系。在海防思想方面，郑兴裔、苏轼、王十朋、吴潜等人作出了重要贡献。在海防建设方面，吴潜作出了重要贡献。“义船法”的推行是对民间力量的发动，是民间武装力量的调集。民间武装力量的参与，充实了海防力量，使南宋政府能够在千里海岸建立起防御体系。置烽燧二十六铺与统筹辖制“三洋”形成严密而牢固的海上防护带，对加强南宋海防具有重要意义。

元朝曾有四次海禁，从世祖末年起到英宗至治二年（1322）结束，四

① （宋）罗濬：宝庆《四明志》卷20《昌国县志·官僚》，见凌金祚点校注释《宋元明舟山古志》，第18页。

次海禁时兴时废。元政府实行海禁政策的原因主要包括：对外征伐而导致海禁（第一次最为明显）；约束权豪、势要经营海外贸易，维护元朝的“官本船”制度；约束违禁品的外流。① 直到英宗至治二年三月，“复置市舶提举司于泉州、庆元、广东三路”，此后至元灭亡，市舶机构没有再发生变化。尽管有过四次海禁，但元代的海外贸易并没有因此而受到严重的阻碍。日本学者木宫泰彦感叹说：“回想当时的情况，恐怕任何人都不会想到当时两国竟有和平的往还。……如仔细进行探讨，加以综合，便会发现日元之间的交通意外频繁，不能不令人大吃一惊。”② 舟山群岛在元朝海疆中的地位可以从元对日的远征看出。元朝曾两次大规模对日用兵，1281年的第二次远征出发地就是舟山，这次出兵规模空前。尽管元朝的远征最终以失败告终，但舟山在元朝海疆中的地位却不容否认。自至大元年庆元焚掠事件以来，倭患已经对舟山群岛地区构成了严重的威胁。事实上，并不仅仅是舟山群岛地区，整个江浙及福建地区都面临着严重的倭患，后来其更是肆虐于辽东、山东沿海地区。从倭寇产生和发展的情形看，它并不是偶然事件，更不是一时表现，在元代它已经出现并且日趋严重，到明代时，它已经严重危及国家的安全。但与明代政策有所不同的是，元朝对倭寇并没有采取中断贸易的办法进行消极防御，而是坚持积极接纳来商，并通过派遣能臣前往口岸监市，力求缓解矛盾，这与后来明朝的海禁政策是完全不一样的。

明初，政府为了加强海防，对舟山群岛进行了两次徙民，第一次是洪武四年的废县徙民，第二次是洪武十九年迁卫、废县及大规模徙民。舟山群岛的废县徙民措施是整个明政府在全国实行海禁政策的一部分，它基本上贯穿有明一代的海禁时期及明末清初的“迁海”时期。尽管到明末的天启、崇祯年间，海禁的“祖训”和各种相关诏令已如一纸空文，海禁政策不断废弛，但最终并没有明令废除。明朝积极地推行海禁政策，一方面对明朝的海防巩固有一定的作用，但它毕竟是违背社会发展规律的。这种海禁政策实质上是闭关主义的表现形式，它严重地阻碍中国工商业的发展，阻碍了中国与西方的商品、科学知识和生产技术的交流，妨碍了海外市场的扩展，抑制了中国原始资本的积累，更重要的是它最终导致了中国社会生产力的停滞和生产关系的腐朽，从而阻滞了中国社会的发展，使中国逐渐落后于世界潮流。从某种程度上说，中西方历史的分野在明代的海疆政

① 洪富忠、汪丽媛：《元朝海禁初探》，《乐山师范学院学报》2004年第1期。

② 〔日〕木宫泰彦：《日中文化交流史》，胡锡年译，第389页。

策中有所体现。明初的迁界徙民与清初的海禁政策有类似原因。清朝不但没有从国策层面废除明朝的海禁政策，反而进一步强化，最终走向闭关锁国的道路，使中国的社会发展进一步落后于西方。尽管明清两朝的海疆政策都是为了加强海防，巩固政府统治，但在今天看来，它们所体现出来的海疆政策却是极其保守的。明清政府在海上交往与国家安全两个鸡蛋上跳舞，小心翼翼，力求两个鸡蛋都不被踩破，结果在这种进退维谷的海疆意识和政策下，到头来两个鸡蛋都被踩破。

作为中国历代海疆发展史见证者的舟山群岛，它本身就是一部中国海疆开发史的缩影。从总体上讲，古代中国的海疆政策和海疆开发既有可资借鉴的经验，但更多的则是深刻的教训。

第三节　国家命运的折射史

从国家与地方的关系看，舟山群岛的历史显然属于地方史范畴，国家的兴衰决定着地方的命运，反过来，地方的命运也反映出国家的兴衰。作为地方的舟山群岛其历史社会的变迁与国家的关系也同样反映出这种辩证关系。当国家强大、兴盛的时候，舟山群岛的行政地位也得以强化甚至提升，体现出国家之“兴”；当国家走向保守或衰落的时候，舟山群岛的海患、海禁也大大加重，它也就体现出国家之“衰”。

自从中国进入“家天下”的历史后，在漫长的时期里，由于“家”仅限于大陆“中央”，边缘地带的舟山群岛几乎游离于“家”的视野范围。直到唐朝时期，舟山群岛才正式被纳入“家”。此后仅30余年，舟山的地位又下降，直到270多年后才又被接纳。在此过程中，我们看到的是唐朝后期国家危机四起，中国历史进入长时期的分裂割据状态。

北宋统一中原大部分地区后，国家得以稳定，经济和科技取得长足进步。此时，舟山又重新被国家纳入行政管理。神宗熙宁六年（1073），北宋政府同意在舟山恢复被废的翁山县，并赐改县名为“昌国”。神宗在舟山恢复“昌壮国势”的县制，既反映出舟山在北宋的重要地位，特别是在海外贸易中的作用，又体现出北宋政府企图通过富国强兵以改变国家贫穷状况而对舟山寄予的厚望。昌国地区经济、文化的恢复和快速发展，特别是它在海上贸易和海外文化交流中的重要地位，在很大程度上折射出国家的兴旺发达。

北宋统治结束后，南宋政权在金兵的攻击下不断南逃，金兀术统领金兵两路过长江，高宗继续从海路仓皇南逃。高宗在金军追击之下，漂泊于温州、台州濒陆海域三四个月之久，在此过程中，高宗多次“御舟次昌国县”“御舟发昌国县”，最后定都临安。在此过程中，舟山见证北宋的灭亡以及偏安临安的南宋的建立，见证了那个时代的更迭。

元朝末年，各地起义不断，其中浙东规模较大、影响较深的起义是方国珍的抗元斗争，方国珍起义的重要据点之一就是舟山群岛。元政府想利用方国珍为其效力，以加强对红巾军的镇压，经过讨价还价，方国珍被封为庆元定海尉。至正十年（1350）十二月，方国珍再次起兵，后元朝授方国珍为淮南行省左丞相、江浙行省左丞相等官职。朱元璋攻下杭州后，几次遣使招降，方国珍假意答应，却又继续保持割据状态，至正二十七年（1367）九月，朱元璋遣军数万，兵分两路向方国珍进攻，后在汤和及廖永忠的合击下，方国珍走投无路，不得不纳款投降。这样，长期聚集在浙东海上的割据势力终于被朱元璋收编。方国珍割据的结束，也彻底宣告了元朝在昌国地区统治的结束，从此，昌国地区进入了明朝统治时期。方国珍的数降数反，历史自有评价。这里关注的是，方国珍之所以能长期与元、明政府讨价还价，其资本不仅仅是他的武装力量，更重要的是他拥有浙东海上活动范围，其中，舟山群岛是其最重要的基地之一。舟山群岛孤悬海外，地形复杂，易守难攻，且有茫茫大海为靠背，真到走投无路的时候，可以逃遁大海。

崇祯皇帝上吊自杀和弘光政权灭亡后，顺治二年（1645）五月，浙东人士推举张煌言到台州，迎接鲁王朱以海监国于绍兴，并改明年为监国元年。在清军打击下，1646 年 6 月，鲁监国乘船渡海到达舟山。鲁监国在舟山群岛上借住了三个月，于 11 月 24 日到达厦门。到 1648 年上半年，鲁监国收复了闽东北三府一州二十七县，但在清军进攻下，所复州县后重新落入清军之手。1649 年 9 月，张名振等人决定以舟师护送鲁监国移驻舟山，鲁监国政权也暂时获得了存身之地。鲁监国在舟山站住了脚，摆脱了郑彩的控制，重新整顿朝政，战略上也由恢复福建改为经营浙江。此时，张名振等部驻于舟山，与温州及宁波互为呼应。1650 年 9 月，清军对宁波四明山寨抗清义师展开大规模的军事行动并取得胜利，接着，清军大举进攻舟山。1651 年清军以主力从杭州、绍兴、宁波向舟山进攻，并从金华出发，带领水陆兵从台州北上会攻舟山，8 月 20 日，经过激烈战斗，舟山宣告失守。鲁监国等人痛惜舟山失守，被迫移舟南下。1652 年正月，郑成功同意鲁监国朱以海和部众进驻厦门，后移居金门。1653 年 8 月，张名振和监军兵部侍郎张煌言带领五六百艘战船向北进发，南方的郑成功也在准备北上。1655 年 10 月，两军攻陷舟山之后，郑成功率主力退守金、厦，由总制陈六御督定西侯张名振、英义伯阮骏等镇守舟山。不久，张名振去世。次年清军再度占领舟山。由于当时清朝水战兵力和经验都不足，为了避免明军卷土重来以舟山为基地，清方文武官员商议后决定把该岛城郭房屋全部拆毁，居民统统赶回内地。从这时起到康熙二十二年（1683），舟山群岛基本成了一片废墟。1658 年（顺治十五年）5 月 13 日，郑成功自厦门北伐，一路航行进攻浙江南部平阳、瑞安、温州城等地，7 月初到达浙江舟山，8 月初离开舟山大岛到达羊山岛进行北伐，结果狂风大作，损失惨重，北伐失败。1659 年 2 月，郑成功着手长江战役，最终战败，被迫退保金、厦。1661 年（顺治十八年）永历帝及太子被清军俘获，明统告绝。1662 年 5 月，郑成功去世。1662 年 11 月 13 日鲁监国去世，享年 45 岁。1664 年 6 月，张煌言下令解散自己部下的军队，只留下几个亲信居住于离舟山不远、人迹罕至的悬山花岙，7 月 17 日被清兵活捉，9 月 7 日，张煌言在杭州遇害。至此，曾以舟山群岛为基地的南明势力连同其残余势力都彻底地被清政府消灭。

南明政权前后以舟山为基地，苦苦挣扎近 20 年。大明王朝的覆灭，舟山群岛也绝不可能有力挽狂澜的能力，它能做的就是见证旧王朝的灭亡和新王朝的兴起。

舟山群岛不仅折射出国家命运的兴衰，在一定程度上甚至反映出国际社会的发展。15、16 世纪是西欧社会的重大转型时期，资本主义在西欧萌芽并迅速发展。地理大发现后，西欧人走向海外，开始殖民征服，欧洲贸易向全球扩张，资本主义生产方式迅速地渗透到世界各地，从而开辟了人类历史的新纪元。但此时的明政府却正在实施海禁政策这种完全违背经济规律的措施。葡萄牙多次派遣使臣，希望与中国建立通商贸易关系，均告失败。在葡萄牙看来，自己的通商贸易谈判是合法行为；但在明政府看来，葡萄牙并非朝贡国，它的到来对中国而言是非法的。在“合法”与“非法”之间，实际上已经预示了两国的命运和其日后发展的走向。正是在此背景下，双屿港成为明政府与国际社会之间的“畸形物”。今天反思历史，双屿港的畸形其实是由于当时明代社会本身的畸形，从明代畸形的角度看待当时正常的社会，结果正常反倒成了畸形。与其说作为新事物代表的双屿港是畸形物，还不如说是明政府对当时世界形势和潮流的应对是畸形的。然而，正是在“畸形物”双屿港的背后，预示了中西历史的大分野：西方迎着世界潮流大踏步前进，而东方却朝着相反方向渐行渐远。双屿港被“筑塞”的最后命运也预示着近代中西方历史的分道扬镳。可以说，近代中国落后于世界从这时就已经有所体现。舟山群岛见证了双屿港的覆灭，也将见证世界大势的兴起和国家厄运的降临。

清取代明以后，国家最高统治者易主，国家内部已经发生了巨大的变化。但事实上，放眼全球，就整个世界形势和格局的动态发展过程来看，中国的内部结构没有任何实质性变化。专制制度的极度强化、闭关锁国政策的极度保守，大清帝国在世界滚滚潮流面前终究会被冲击。

鸦片战争的第一场真正战斗发生在舟山的定海，在上述世界背景下，战争的结果可想而知。战争期间，清政府的无知、滑稽、荒唐实在令人笑话，但更令人痛心。对于舟山群岛而言，它不仅不幸成为大清帝国神话破灭的见证者，更成为中华民族屈辱史开端的经历者。

第四节　从边缘走向前沿

从舟山群岛本身的地域发展和历史规律看，一部舟山历史其实质就是一部从边缘走向前沿的历史，在中国古代史上经历了从“客观/被动边缘”到“主观/主动边缘”以及从“被动前沿”到“主动前沿”的过程，并时常与国家的兴替相联动。[①]

一　客观/被动边缘化的舟山群岛

中国的国家政权起源于内陆，远离舟山群岛。没有证据表明最初的国家政权对舟山群岛实行过有效的行政管辖。在此后漫长岁月里，尽管大陆政权对舟山群岛有所了解，但真正的有效管辖仍然是没有记录的。相反，在大陆政权的统治者行为中反映出来的态度是，舟山群岛只不过是边远的不毛之地。

舟山群岛的人类活动史比较悠久，早在距今5000多年前，就进入了新石器时代，自1975年发现舟山新石器时代文化遗址以来，考古学家在舟山已经发现了属于新石器时代的文化遗址共几十处，出土了大批石斧、石锛、石簇、石犁、石纺轮等磨制石器和陶器，还发现了炭化稻谷和有稻谷压痕的陶片，所处年代与河姆渡文化的第一、第二层和良渚文化基本相同。白泉遗址陶片中的稻谷壳距今5700—5300年，在马岙文化遗址中也发现有大量的

---

① 本节观点的最早形成，可参见冯定雄《舟山：从边缘走向前沿》，《舟山日报》2010年6月29日第4版；比较系统的阐述可参见 Feng Dingxiong, Li Binbin, “Periphery and Forefront: The Evolution of the Status of Coastal Areas and Territorial Seas in Ancient Zhoushan Islands,” *Journal of Marine and Island Cultures*, Vol. 11, No. 1, 2022。

稻谷壳，这说明舟山先民很早就开始种植稻谷了。很多学者认为，日本的稻谷就是从中国的河姆渡文化经海上传播过去的，其中，极有可能就是从舟山传播过去的。但此后很长一段时间里，无论是从中国国家政治发展视角看，还是从文明中心的角度观察，舟山群岛都处于一种边缘地位。

据说西周时期的徐偃王曾到过舟山。徐偃王，名诞，西周穆王时徐国（今徐州）国王。徐偃王执政后，施行仁政，不修武备，国力强盛，来归者日增。慑于徐偃王的威德，周穆王以徐偃王“僭越”称王、“逾制”建城等为借口，与楚国一起伐徐。徐偃王战败，“逃走彭城武原县东山下”，并没有到过舟山。这个传说与其说是为使舟山历史悠久而附会名人，还不如说它反映的恰好是舟山群岛处于遥远的边陲。

越王句践灭吴后，没有杀死夫差，“欲置夫差于甬东（舟山）”“以没王世”，但夫差并没有前往甬东，而是“伏剑自杀”。关于句践“欲置夫差于甬东”之事，在众多典籍中均有记载，如《国语·吴语》《国语·越语》《史记·勾践世家第十一》《吴越春秋·夫差内传第五》《吴越春秋·勾践伐吴外传第十》。在越王句践看来，免夫差之死可以，但得流放，流放发配之地不可能是富庶中心之地，越王句践之所以选择舟山，也可以看出舟山在当时属于边陲之地，无论是在政治还是军事上，对于越王来说可能都是无关痛痒的。《资治通鉴》在描写秦魏公苻廋写给吴王慕容垂和皇甫真的信中称此事为“甬东之悔”，《旧唐书》在讲述唐“复国五王”时也说此事是“甬东之叹”，这些“悔”“叹”既是感慨夫差的英雄末路，侧面也反映出舟山群岛在当时属偏远之地。其实，吴王是否来到舟山已经不重要，重要的是，经历亡国而东山再起的越王，不会不明白留下吴王就是给自己留下后患的道理，但他答应吴王可以于甬东百家居之，可以看出，越王并不担心吴王在孤悬海外、落后的边陲之地会对自己造成威胁，换言之，甬东之地对于越王来说，甚至是可有可无的。舟山对于大陆政治或文化中心而言，是国家政治统治乃至文化上的边缘地带。由此可见，战国时期，舟山群岛还没有纳入大陆内地政权的行政管辖，这明显地反映出舟山群岛在很长时期里的边陲地位。

秦始皇曾为求得长生不老之药，遣徐福及童男女数千人，入海求仙人。宋代有文献记载说徐福曾到过蓬莱。新近有学者认为，徐福在东渡日本前的避秦隐迹之地和起航地是浙江宁波的象山。[1] 如果说徐福隐迹象山

---

① 何国卫、杨雪峰：《就秦代航海造船技术析徐福东渡之举》，《海交史研究》2018 年第 2 期。

并以此为起航地东渡，那么，毫无疑问，徐福船队要经过舟山群岛而东进，岱山以蓬莱为名，徐福可能在岱山东北的东沙角山嘴头上过岸。不管蓬莱山是否在昌国县，至少在秦朝时期，舟山群岛还只是边陲偏僻甚至神秘之地，在国家政权中并不显要，甚至不为朝廷了解。从这里可以看出的是，在中原政治中心看来，在时人的眼里，舟山群岛是一个遥不可及、虚无缥缈之地，自然也是边缘之地。

据《汉书》记载，元鼎六年（前111）“秋，东越王余善反，攻杀汉将吏。遣横海将军韩说、中尉王温舒出会稽，楼船将军杨仆出豫章击之”[①]。韩说，西汉韩人，元封元年（前110）以横海将军击东越有功，按道侯，征和二年（前91），为戾太子所害。如果记载属实，那么，西汉军队在海上对东越的攻击应是在今天舟山群岛与浙江陆地东北之间的海域进行，这片海域大部分属于今天的舟山群岛海域，只不过按《翁洲辨考》的说法，彼时的“宁（波）府及诸县皆未立名”[②]，因此没有具体记载其相应的行政建制之名。这是发生在西汉东部边陲的战争。

东晋末年，孙恩以海岛为据点，以传道为名，起兵反抗朝廷暴政，兵败浙东后，又数次退守海岛，并以此为根据地和大本营，多次由此登陆攻晋，直至最后失败，乃由卢循继续领导义军南下广东。关于《晋书》中多次提到的海岛，学术界一般认为它就是舟山群岛，[③] 舟山岛上的许多地名、遗址和传说也能印证这一点。孙恩起义以甬东为据点和退守根据地，固然是因为这里有深厚的道教基础，有利于他以宗教为掩护进行起义，但更重要的原因则可能是由于这里孤悬海外，地处偏僻，远离东晋政治统治中心，属于当时政治权力的边缘地区，中央政府鞭长莫及。

自古以来，舟山群岛长期处于国家的边缘地位，这种边缘地位一方面是

---

① （汉）班固：《汉书》卷6《武帝纪第六》，第47页。

② （明）夏在枢：《翁洲辨考》，见（清）周圣化原修，缪燧重修康熙《定海县志》，凌金祚点校注释，第15页。

③ 宋宝庆三年（1227）的《昌国县志》卷20载：“鼓吹峰，在翁浦中。其山之阴曰战洋、曰马岙，其对即偃王祠也。世传孙恩之窜亦在此。按：恩自其叔泰以罪诛，即窜海岛。史虽不指岛名，以地考之：隆安四年夏四月，寇浃口，入余姚。五年二月丙子，又自浃口攻句章。及沪渎、海盐之败，自浃口复窜于海。浃口盖今定海（今镇海）、昌国（即舟山）之间，虎蹲交门之侧也。迹其出没，皆由于是，则其巢穴容有在此者矣。今之遗址，为偃王？为恩？未可知也。”（宋）罗濬：宝庆《四明志》卷21《昌国县志》，见凌金祚点校注释《宋元明舟山古志》，第34页。光绪《定海厅志》载：“鼓吹峰，……其岭平如掌，可容数百人。风雨晦冥之时，隐隐有鼓吹声。世传孙恩之窜在此。”（清）史致驯、黄以周等编纂：光绪《定海厅志》卷26《杂志古迹》，柳和勇、詹亚园校点，第685页。另参见何雷书《蔽天战旗海上来——孙恩与舟山》，《舟山史志》2002年第1—2期。

由于大陆内地政权本身力量的弱小，因而对舟山群岛鞭长莫及，另一方面是由于舟山群岛遥远偏僻。舟山群岛的边缘地位是当时的客观原因导致的，并非中原（央）政府对它的刻意漠视，是“客观边缘”或“被动边缘”。

二 主动边缘化的舟山群岛

直到唐朝，舟山群岛的客观/被动边缘化状况才得到改变。开元二十六年（738），唐政府在古甬东设置翁山县，下辖富都、安期、蓬莱三乡，中央政府第一次在舟山修筑城墙，这是舟山群岛第一次建立县级行政建制，也是它真正进入中央政府视野的重要表现。但遗憾的是，翁山县很快就被废黜，广德元年（763）三月四日，因袁晁贼废。

袁晁起义发生在宝应元年（762）八月，起义地点在台州，而且起义主力也一直在陆上，但义军中的北路于十月占领明州（宁波）后，迅即渡海取翁山，在此建立水军，并以水军配合参与进攻苏杭，震骇朝野，于是唐政府于广德元年废黜了翁山。进入中央政府视野 25 年的舟山又被边缘化。如果说此前舟山群岛作为中央政权鞭长莫及之地而成为国家的“客观边缘”之地，那么，唐代因袁晁据翁山率众起义而废弃舟山群岛的县级行政建制，则是一种典型的主观和主动的行为，舟山群岛的海疆地位边缘化是中央政权的“主观边缘”或“主动边缘”。这种主观边缘化与此前的客观边缘化在性质上是完全不一样的，它在更重要的层面上反映的是当时统治者的意识。

唐朝结束后，中华文明进入了长达半个世纪的五代十国分裂时期。在半个多世纪里，大陆政权更迭频繁，它们的精力和重心都放在大陆，对于舟山群岛这样偏僻狭小的海外孤岛自然不会刻意经营（包括离舟山最近的吴越国）。这样，舟山群岛就在大陆各势力有意无意的主动边缘化中，伴随着中央政权的分裂而长期处于边缘化状态。

长期以来，无论是舟山群岛的“被动边缘”化还是“主观边缘”化，都在一定程度上表明，舟山群岛远离国家政治中心，似乎在国家统治中的地位远不及大陆重要。

三 主动前沿化的舟山群岛

宋神宗即位后，鉴于舟山群岛重要的地理形势和在海外贸易中的重要地位，在当时已经入朝担任参知政事的王安石的奏请下，[1] 熙宁六年

---

① 王安石曾任鄞县（宁波）知县，对舟山群岛的情况比较熟悉。

（1073）同意在舟山恢复被废近300年的翁山县，并赐改县名为“昌国”。神宗在舟山恢复“昌壮国势”的县制，一方面反映出他富国强兵以改变国家贫穷状况的抱负和决心；另一方面，也反映出舟山在北宋时期的重要地位，特别是在海外贸易中的作用。从此以后，舟山一直置以县级及以上级别的行政设置。

经过漫长的被动边缘化时期和唐自废翁山县以后的短暂的主动边缘化时期，到北宋时期，舟山群岛的历史进入了主动前沿化时期。事实上，北宋重视对舟山群岛的管理与开发，使舟山群岛积极走向主动前沿，确实也在一定程度上达到了“昌壮国势”的预期，这从前面北宋昌国的经济发展和海外贸易的发达中都可以清晰看出。

到南宋，不管是出于防止外来入侵的目的，还是防范官商（匪）以沿海前沿为据点相互勾结，危害地方和国家，加强沿海海防都十分必要。昌国地区已经处于南宋政府的前沿地位，在南宋政府的海防体系中占有重要的地位。

元朝虽然在中国历史上存在的时间不长，但对舟山而言，元朝是一个非常重要的时期。主要表现在两个方面，第一，人口急剧增加。到至元二十年（1283），舟山管户22640，民户21606，内僧人户43，儒户58，灶户702，医户43，匠户54，军户171，打捕户6，共计人口126005。[①] 这一数目是中国近代以前舟山人口的最高峰，在此前后数百年间一直没有超过。第二，昌国县在行政上升级为州。元曾两次大规模对日用兵，虽然都以失败而告终，但是，舟山作为重要的对日门户之一，其地位和作用却越显重要。至元十五年（1278），因昌国县“海道险要，升县为州，以重其任”[②]，并于城中辟六个城门。

无论是北宋在舟山群岛恢复县制建制，南宋政府在舟山群岛采取加强海疆防控的措施，还是元朝把舟山群岛作为海上重要的对日门户，都明显地体现出舟山群岛作为国家前沿地位的重要性。元朝第二次远征日本，把舟山群岛作为起航点，这本身就是从元朝东部前沿的出发；舟山群岛在元朝的抗倭斗争中始终处于国家的前沿位置。无论是北宋在政治上的措施，还是南宋在军事上的措施，以及元朝在对外征服战争及防御外来入侵斗争中的措施，都是积极主动的，这既反映出统治者意识和政策上主动开放的

---

① （元）冯福京等：《昌国州图志》卷3《叙赋》，见凌金祚点校注释《宋元明舟山古志》，第72页。

② （元）冯福京等：《昌国州图志》卷1《叙州》，见凌金祚点校注释《宋元明舟山古志》，第42页。

积极态度，也反映出群岛的海疆前沿地位，这种前沿地位是主动的、积极的，是“主动前沿”或“主观前沿”。

中国文明发源于大陆内地，但到隋唐时代，以长安为中心的“天下国”的政治文化结构已经包括东洋和南洋的边缘地区了。从宋代以来，由于北方被辽、金的阻挠而切断了陆上贸易线，商贸进一步转向南方海洋发展。到了元代，中国人对海外世界的认识有很大提高，在对外贸易方面采取了比历代汉族王朝更开放的政策。各方面的发展迹象表明，宋以后，中国大陆发展的取向已出现向海洋方向转换的趋向。这说明了，早在西欧越出中世纪的地中海历史舞台转向大洋历史舞台之前，中国已率先越出东亚大陆历史舞台。① 这是符合世界历史潮流的新趋势。作为中国边疆前沿的舟山群岛在这一发展趋势中扮演了重要的角色，这一时期是大陆统治者主动将舟山群岛前沿化的时期。

四　被动前沿化的舟山群岛

元朝时期日本人为得到中国货物，不断到中国沿海进行抢劫，给中国沿海地区带来了极大危害，这也成为明初禁海的一个重要原因。明洪武二年朱元璋命征南将军汤和处理东南防务，汤和奏请朝廷撤废县治，驱迁岛民。朱元璋听信了汤和的奏报，下诏撤废昌国县，所有岛民悉数驱迁到内地。这次海禁以后，舟山群岛基本上成为荒岛。康熙年间，郑成功收复台湾，其子孙以台湾为基地同清政府对峙。为了切断沿海人民与海上抗清力量的联系，从1655年开始，政府先后5次颁布禁海令。此后，清廷又多次下达迁海令，违者一律处死。舟山群岛上所有居民都迁入内地，这就是舟山历史上著名的第二次海禁，这次海禁持续了20年。

明清时期的海禁政策，直接阻碍和打断了中西方第一次全面的接触，使中国失去了与西欧平等对话的机会；也没能处理好与外来势力和私人海上贸易的关系，没能及时积极地参与同早期西方列强的竞争，影响了近代世界的格局，否则，中国乃至世界的近代史可能会重写。② 对于地处偏隅的舟山而言，在历史上曾因其地处偏远而被边缘化，在经历漫长时期的积累和发展后，最终成为中国历史的重要舞台，然而，就在舟山即将成为中国与世界联系纽带的时候，中国与世界交往前沿的时候，却被夜郎自大的

① 罗荣渠：《15世纪中西航海发展取向的对比与思索》，《历史研究》1992年第1期。

② 双忧：《嘉靖抗“倭”研究另一思路：如无海禁，近代史将重写》，《社会科学报》2004年9月23日第5版。

统治者，强制关闭了大门。

一定程度上讲，明清海禁政策是清朝闭关锁国政策的序幕。当明清政府在将舟山主动边缘化的时候，舟山已经成为中国对外开放的前沿阵哨了。明清时期，舟山不仅成为扼守国门的前哨，在经济交往和文化交流上也已经成为当时中国向外的窗口之一。

世界潮流不可阻挡，此时以英国为首的西欧已经完成工业革命或已接近尾声了，正在大踏步地奔向资本主义时代。工业国急切地要求打开世界市场，把全世界变成它们的原料产地和商品销售市场，中国卷入世界市场也不可避免。早在 1787 年（乾隆五十二年），英国就曾派遣以查尔斯·卡斯卡特（Charles Cathcart）中校为首的使团访华，只是因卡斯卡在来华途中病故，使团被迫返回英国，才使得这次访华夭折。[①] 1792 年，马戛尔尼使团带着大批礼物以及英王庆贺乾隆皇帝 83 岁寿辰的信函和国书来到中国，企图讨论中英两国贸易和建交问题，但毫无成果。马戛尔尼向乾隆提出了于舟山附近指定一小岛，为英商停泊、居留、存放货物之所，在澳门、广州内河运货得免税或减税等要求，遭到清廷拒绝。乾隆皇帝他在给英王乔治三世的一封信中说："天朝物产丰盈，无所不有，原不藉外夷货物以通有无。"清政府抱着"天朝上邦"的自大意识，根本就不会意识到贸易和开放对国家的重要，更不会意识到此时世界形势的巨大变化。1816 年，英国政府又派出阿美士德使团来华，以图与清廷商讨中英贸易事宜，进一步打开中国市场，但此次出使因礼仪问题而最终导致英使被驱逐出境。

清政府的一厢情愿是改变不了舟山的前沿阵哨地位的，英国选择了舟山这一前沿地带，并不是偶然的。鸦片战争虽然最先在广州发生，但英国真正对中国的较量却是在舟山的定海进行的，舟山成为交锋前沿，名副其实的被动"前沿"。1842 年中英《南京条约》在陈述一系列不平等规定后，还规定："……唯有定海厅之舟山岛、厦门厅之鼓浪屿小岛，仍归英兵暂为驻守。"（第十二条）占据定海的英军头目璞鼎查擅自宣布定海为国际贸易港，强制把舟山推向了世界的最前沿。从此以后，中西关系也从平等变成了不平等。

整个明清时期，就舟山群岛在国家中的地位看，它经历了从主动边缘化和被动前沿化的过程。明清的海禁政策，对舟山群岛的废县徙民和迁海

---

① 侯毅：《英国首次遣华使团的夭折——卡斯卡特使团来华始末》，《兰州学刊》2009 年第 7 期。

政策，是统治者主动意识的结果。这种政策虽然在康熙年间有所改变，但统治者的意识并没有根本改变，这可以在乾隆年间沿海口岸的关闭中看出来。海禁政策与口岸关闭政策都是明清统治者在意识上主动边缘化沿海地区的表现。舟山群岛的主动边缘化也是整个国家海疆边缘化的组成部分。另外，舟山群岛本身并没有因为统治者的边缘化而不重要，它仍然是国家的前哨，其前沿地位不可动摇，只不过它已经不再是主动前沿，而是一种被动前沿。这种被动性在面临外来入侵的时候，它的危险性暴露无遗，倭寇的入侵给舟山群岛带来了巨大的灾难，鸦片战争更把中国推向了百年屈辱与抗争之中。

五　主动前沿化的舟山群岛

鸦片战争以后，中国社会开始沦为半殖民地半封建社会，舟山也走进了屈辱史。1846 年 4 月，清廷钦差大臣耆英与英国代表德庇签订了《退还舟山条约》，英军于 7 月退出了舟山，但此时的舟山作为中国东海门户，已经被迫完全向西方敞开了。在第二次鸦片战争中，舟山同样成为列强进出的门户，1860 年 5 月，英法联军侵占定海城，直至第二年才撤出。1885 年，中法在石浦海战后，法舰从普陀山和金塘洋面入侵镇海。1905 年 4 月，日俄在对马岛海战后，双方战舰于舟山对峙，俄军在花鸟山海面盘踞，日军则在大戢山海面下碇。

抗日战争中，日本曾将航母停靠于舟山北部的嵊泗，并于 1939 年攻占定海，把舟山作为东部的重要海上基地。解放战争后期，蒋介石的长江防线崩溃后，他任命石觉为舟山防卫司令，下辖第 75、第 87 军及暂编第 1 军，共 6 万余人，妄图长期盘踞舟山群岛，对大陆实行海上封锁，并作为窜犯大陆的跳板和从海上进行骚扰的依托阵地。经过金塘岛之战、大榭之战等著名战役后，蒋介石的防线被彻底摧垮，其远遁台湾。在金塘岛战役中，解放军不仅创造了渡海登陆作战的模范战例，[①] 而且是解放军第一次三军联合作战的战例。

1949 年 4 月 23 日，中国人民解放军华东军区海军的成立，标志着新中国人民海军的正式诞生，舟山这个被长期边缘化的战略要地，成为华东海军基地，扼守着国家的东大门。

从 1949 年起，舟山就开始自觉主动地走向了国家的前沿，这不仅体现在它成为我国东部的军事要地，而且在社会经济的大发展中，它也起了

① 赵勇田：《渡海登陆作战的模范战例——金塘岛之战综述》，《军事历史》2000 年第 1 期。

先锋作用。特别是党的十一届三中全会以后，舟山进入了改革开放的新时期，各项事业都取得了巨大成就，特别是海洋经济的发展取得辉煌的成就，到 1999 年，不足百万人口的舟山海洋渔业产量、港口吞吐量和旅游业已分别跃居浙江省第一、第二和第三位。①

这里需要特别指出的是，1999 年 9 月动工的舟山跨海大桥经过 10 余年的建设于 2009 年 12 月正式通车。这项工程不仅在世界桥梁史上值得大书特书，更重要的是它构筑出一条全天候的舟山—大陆通道，使舟山从孤悬海中的岛屿，变成同大陆相连的半岛，对于推动浙江省、长江三角洲乃至整个中国经济发展都具有深远的意义。因此，无论是在世界桥梁史上，还是在中国经济史上，都不能忽略它，它也是前沿舟山走向世界的积极反应。到 2011 年，舟山群岛新区的成立，开辟了舟山群岛主动前沿发展历史的新篇章。

---

① 包江雁：《二十世纪舟山历史回眸》，《文史天地》（舟山文史资料第八辑），文津出版社 2003 年版，第 8 页。

附　录

一　古代舟山历代建制沿革表

年代		隶属		建制沿革	备注
公元	年号	省、道级	府台、地区级		
738	唐开元二十六年	江南东道	明州	翁山县	
742	天宝元年	江南东道	余姚郡	翁山县	
771	大历六年	江南东道	明州	废	并入鄞县（今宁波鄞州区）
907	五代	吴越国	明州望海军		
1073	宋宁熙六年	浙东道	明州	昌国县	
1080	元丰三年	两浙路	明州	昌国县	
1131	绍兴元年	浙东路	明州	昌国县	
1195	庆元元年	浙东路	庆元府	昌国县	
1355	元至正十五年	江浙等行中书省	庆元路	昌国州	
1369	明洪武二年	浙江布政使司	庆元路	昌国州	洪武十二年设昌国守御千户所
1381	洪武十四年	浙江布政使司	明州府	昌国县	洪武十七年改昌国所为卫
1387	洪武二十年			废	迁卫于象山，将昌国故地置中中、中左二所
1688	清康熙二十七年	浙江省	宁绍道 台宁波府	定海县	改原定海县为镇海县
1841	道光二十一年	浙江省	定海直隶厅		
1912	民国元年	浙江省		定海县	

二　译名对照表

Admiral Drury　海军上将度路利
Amherst's passage　阿美士德航道
ammonia　卷转虫
Allen，Richard　里查·阿伦
Anunghoi　亚娘鞋
Asterorotalia　星轮虫
Atlas Maritimus　《航海图集》
Baffin's Land　巴芬地
the bay of Hangcheoufoo　杭州湾
Bell Island　钟岛（西蟹峙）
Bombay Merchant　“孟买商人号”
Bonzes　僧人
Bromfield，Thomas　托马斯·布伦菲
borders　国界
Budha　佛
Butung　布通岛
Camara，Domingos da　多明戈·达·卡马拉
Caneronian Hill　镇鳌山
Cape Bona Esperance　埃斯佩兰斯角
Capt. John Smith　史密斯船长
Carta particolare d'una parte della costa di China con l'Isola di Pakas，e alter Isole　《中国部分海岸包括台湾及其岛屿》
Catchpoole，Allen　艾伦·卡奇普尔
Cathcart，Charles　查尔斯·卡斯卡特
Che-foo　知府
Che-heen　知县
Chekiang province　浙江省
Chin-hae　镇海
China Merchant　“中国商人号”
Choo-san archipelago　舟山群岛
Chusan/Chowsan　舟山
Chu-san passage　舟山海道

City God Temple　城隍庙
Clive　“克莱武号”
Coelodonta-Mammuthus fauna　披毛犀—猛犸象动物群
The Company of Kataia　中国公司
Cortesao, J.　雅依梅·科尔特桑（葡萄牙历史学家）
Cunningham, James　詹姆斯·坎宁安
Dalrymple　达尔林普尔
Davis, John Francis　德庇时
Del'Arcano del Mare　《海洋之奥秘》
Doris　“脱里斯号”
Douglas, Robert　罗伯特·道格拉斯
Dudley, Robert　罗伯特·达德利
Du Halde　杜赫德
Dundas　邓达斯
East Saddle Island　东马鞍岛（嵊山）
Eaton　“伊顿号”
Elephant　象山
Ellis, Henry　亨利·埃利斯
The English Pilot　《英国领航员》
Fisher's Island　渔人岛
Fitch, Ralph　拉尔夫·菲奇
Flint, James　詹姆斯·弗林特
Frobisher, Martin　马丁·傅洛比雪耳
frontiers　边陲，边疆
Fuh Chow-foo　福州府
Fuhkeen　福建
Gongphas Island　公相岛
Gough, Henry　亨利·高夫
Grenville, C. F.　格林维
Griffin　“格里芬号”
Gützlaff, Karl Friedlich　郭士猎
Gutzlaff's island　郭士猎岛
Hangcheoufoo　杭州府
Harrisen　哈里森

Herman Moll　赫尔曼·莫尔
Hindustan　“印度斯坦号”
Holderness　“霍德尼斯号”
Hoo-Hea-Mee　胡夏米
Hoogley　胡格利河
Hoshang　和尚
Hughli　胡格列
Hunter　“漠打号”
Inqua　英官
Josh-house at Honan　“河南菩萨庙”（位于广州市海珠区的海幢寺）
Josshouse Hill　东岳宫山
Keang-Soo Province　江苏省
Ketow/Kittow/Ku-to Point/Khi-tu　崎头角
Kin-tang/Kiu-tang　金塘岛
Leeds　里兹
Liampo　“宁波号”
Liampo/Ning-po/Limpō/Nigo-po/Ningpo　宁波
Lindsay，Hugh Hamilton　林德赛
Lord Amherst　阿美士德勋爵
Loyd　洛伊德
Macclesfield　“麦士里菲尔德号”
Mallabar　马拉巴尔
Mammon　西洋财神
Marjoribanks　马治平
Melville Rock　百亩田礁（马利拿石）
Mountney，John　约翰·蒙特利
Mountney，Nathaniell　蒙特利
Mountney，Nathaniell　纳撒尼尔·蒙特利
Nankin　南京
Newberry，John　约翰·纽伯莱
Normanton　“诺曼顿号”
Norretti，Pablo　巴勃罗·诺雷蒂
Northum Benland　“瑙萨姆柏兰德号”
O-me-to Fŭ h/Amida Buddha　“阿弥陀佛”

Onslow “翁斯洛号”
Ormuz 忽鲁谟斯
Panikkar, K. M. 潘尼迦（印度历史学家）
Peace of Amiens 《亚眠条约》
Pieho River 白河
Pitt “皮特号”
Ploughman 布老门岛
Pootoo/ Poo-to/ Poo-too 普陀
Potalaka 补陀洛迦山（普陀山）
Powto Harbour 普陀港
President of the Committee at Canton 广州的特别委员会主席（“大班”）
pseudorotalia 假轮虫
Rees 礼士
Reid, A. 里德
Robert & Nathaniel “罗伯特与纳撒尼尔号”
Robinson, Thomas 托马斯·罗宾逊
Rochester “罗彻斯特号”
Rolph 罗尔夫
Saddle Island 马鞍岛（花鸟山）
Sailer Island 塞勒岛（东岠岛）
Samuel & Anna “塞缪尔与安娜号”
Sarak Galley Island 撒拉格里岛
segmentary 裂变性
Seller, John 约翰·谢勒
Shanghae 上海
Shih-poo 石浦
Sin-kea-mun/ Singquamong 沈家门
Sloane, Hans 汉斯·斯隆
Smith, George 乔治·史密斯
South Saddle Island 南马鞍岛（枸杞山）
Spithhead 司匹特海特
Staunton, George Thomas 乔治·托马斯·斯当东（小斯当东）
Stringer “长桁号”
Success “成功号”

Ta-ping-shan　大坪山
Taou-tsze-shan　大澳子山（捣杵山）
Ta Seay shan/Ty-go-shan　大榭岛
Tchen-tang-tchiang　钱塘江
Thornton, John　约翰·桑顿
Tinghae/Ting-hae/ Ting-hai　定海
Tower　塔山
Trigo, Monton de　蒙托·德·特里戈（大冈岛）
Trunball　"特林鲍尔号"
Tsung-ping　总兵
Union　"联合号"
Urmston, James Brabazon　詹姆斯·布拉巴宗·厄姆斯顿
Waymouth, G.　威茅斯
Weddell, John　约翰·韦德尔
Wood, Benjamin　本杰明·伍德

参考文献

一　正史、档案

《国语》，见《国语通释》，仇利萍校注，四川大学出版社 2015 年版。
（汉）刘安：《淮南子》，北京燕山出版社 1995 年版。
（汉）司马迁：《史记》，中华书局 1959 年版。
（汉）司马迁：《史记》，郭逸、郭曼标点，上海古籍出版社 1997 年版。
（汉）赵晔：《吴越春秋》，苗麓点校，江苏古籍出版社 1986 年版。
（汉）赵晔撰，薛耀天译注，《吴越春秋译注》，天津古籍出版社 1992 年版。
（汉）班固：《汉书》，中华书局 2007 年版。
（晋）陈寿撰，（宋）裴松之注：《三国志》，中华书局 1975 年版。
（唐）房玄龄等：《晋书》，中华书局 2000 年版。
（唐）魏征等：《隋书》，中华书局 1973 年版。
（后晋）刘昫等：《旧唐书》，中华书局 2000 年版。
《宋会要》，《续修四库全书本》，上海古籍出版社 2002 年影印本。
（宋）欧阳修、宋祁：《新唐书》，中华书局 1975 年版。
（宋）李焘：《续资治通鉴长编》，上海师范大学古籍整理研究所、华东师范大学古籍整理研究所点校，中华书局 1992 年版。
（宋）李心传：《建炎以来系年要录》，中华书局 1988 年版。
（宋）王溥：《唐会要》，中华书局 1985 年版。
（宋）徐梦莘：《三朝北盟会编》，上海古籍出版社 1987 年影印本。
（元）《通制条格》，方龄贵校注，中华书局 2001 年版。
（元）脱脱等：《宋史》，中华书局 1977 年版。
《大明律》，怀效锋点校，辽沈书社 1990 年版。
《明实录》，台北“中央研究院”历史语言研究所校印，1962 年。

（明）宋濂等：《元史》，中华书局1976年版。
《嘉庆重修一统志》，中华书局1986年影印本。
（清）吴任臣：《十国春秋》，徐敏霞、周莹点校，中华书局1983年版。
（清）谷应泰：《明史纪事本末》，中华书局2018年版。
（清）张廷玉等：《明史》，中华书局1974年版。
（清）仁和琴川居士编：《皇清奏议》，台北文海出版社2006年版。
《清实录》，中华书局1985年影印本。
（清）昆冈等修，刘启端等纂：《钦定大清会典事例》，《续修四库全书》（第807册），上海古籍出版社2002年影印本。
（清）席裕福编：《皇朝政典类纂》，台北文海出版社1983年版。
（民国）赵尔巽等：《清史稿》，中华书局2020年版。
戴逸、李文海主编：《清通鉴》，山西人民出版社2000年版。
上海书店出版社编：《清代档案史料选编》，上海书店出版社2010年版。
中国第一历史档案馆编：《英使马戛尔尼访华档案史料汇编》，国际文化出版公司1996年版。
中国第一历史档案馆等编：《清宫广州十三行档案精选》，广东经济出版社2002年版。
厦门大学台湾研究所、第一历史档案馆编：《郑成功满文档案史料选译》，福建人民出版社1987年版。
中国第一历史档案馆编：《鸦片战争档案史料》，天津古籍出版社1992年版。
宁波市社会科学界联合会、中国第一历史档案馆编：《浙江鸦片战争史料》（上册），宁波出版社1997年版。
中国第一历史档案馆等编：《鸦片战争在舟山史料选编》，浙江人民出版社1992年版。
郑麟趾等：《高丽史》，韩国国立汉城大学奎章阁档案馆本。
《高丽史节要》，韩国国立汉城大学奎章阁档案馆本。
胡滨译：《英国档案有关鸦片战争资料选译》，中华书局1993年版。
齐思和等编：《鸦片战争》，上海人民出版社1954年版。

二　地方史志

（汉）《越绝书》，中华书局1985年版。

《宋元明舟山古志》，凌金祚点校注释，舟山市档案馆2007年版。
《宋元方志丛刊》，中华书局1990年影印本。
（宋）罗濬：宝庆《四明志》，载浙江省地方志编纂委员会编《宋元浙江方志集成》（第8册），杭州出版社2009年版。
（宋）梅应发、刘锡纂修：开庆《四明续志》，载浙江省地方志编纂委员会编《宋元浙江方志集成》（第8册），杭州出版社2009年版。
（明）林庭㭿、周广等修：嘉靖《江西通志》，《中国方志丛书》第780号，台北成文出版社有限公司1967年版。
（清）周圣化原修，缪燧重修：康熙《定海县志》，凌金祚点校注释，舟山市档案馆2006年版。
（清）史致驯、黄以周等编纂：光绪《定海厅志》，柳和勇、詹亚园校点，上海古籍出版社2011年版。
（清）朱绪曾：《昌国典咏》，凌金祚点校注释，舟山市档案馆2006年版。
（清）光绪《鄞县志》，国家图书馆电子版。
（民国）汤濬：《岱山镇志》，见凌金祚点校注释《宋元明舟山古志》，舟山市档案馆2007年版。
陈训正、马瀛：民国《定海县志》册3《鱼盐志第五·渔业》，《中国地方志集成·浙江府县志辑》，上海书店出版社2011年影印本。
《普陀山历代山志》（三册），武锋点校，浙江古籍出版社2014年版。
方长生主编：《普陀山志》，上海书店出版社1995年版。
普陀县志编纂委员会编：《普陀县志》，浙江人民出版社1991年版。
舟山市水利志编纂委员会编：《舟山市水利志》，中华书局2006年版。
舟山市图书馆学会编：《舟山地方文献联合书目提要》，浙江人民出版社2012年版。
舟山市档案馆、舟山档案学会：《舟山古今地方文献名录》，舟山市档案馆2007年版。
杨明祥主编：《宋元四明六志》，宁波出版社2011年版。
浙江地方志编纂委员会编著：《宋元浙江方志集成》，杭州出版社2009年版。
浙江省地方志编纂委员会编：清雍正朝《浙江通志》，中华书局2001年版。
浙江省地名委员会编：《浙江地名简志》，浙江人民出版社1988年版。
郑樑生编：《明代倭寇史料》，台北文史哲出版社1987年版。
岱山县志编纂委员会：《岱山县志》，浙江人民出版社1994年版。

浙江省水产志编纂委员会编:《浙江省水产志》,中华书局 1999 年版。
《浙江通志》编纂委员会编:《浙江通志·海洋经济专志》,浙江科学技术出版社 2021 年版。
《舟山渔志》编写组:《舟山渔志》,海洋出版社 1989 年版。
苍南县水产局等编:《苍南渔业志》,江西人民出版社 1992 年版。
王连胜主编:《普陀洛迦山志》,上海古籍出版社 1999 年版。
宁波大榭开发区地方志编纂委员会编:《宁波大榭开发区志》,浙江人民出版社 2017 年版。

三 古代私人著述

《周易译注》,周振甫译注,中华书局 1991 年版。
(战国)韩非:《韩非子》,秦惠彬校点,辽宁教育出版社 1997 年版。
(汉)东方朔:《海内十洲记》,熊宪光点校,重庆出版社 2000 年版。
(汉)董仲舒:《春秋繁露》,上海古籍出版社 1989 年影印本。
(汉)刘歆撰、(晋)葛洪集:《西京杂记》校注,向新阳、刘克任校注,上海古籍出版社 1991 年版。
(汉)王充:《论衡》,上海人民出版社 1974 年版。
(汉)许慎撰,(宋)徐铉等校:《说文解字》,上海古籍出版社 2007 年版。
(汉)许慎撰,(清)段玉裁注:《说文解字注》,上海书店出版社 1992 年版。
(晋)陆云:《陆云集》,黄葵点校,中华书局 1988 年版。
(晋)张华:《博物志全译》,祝鸿杰译注,贵州人民出版社 1992 年版。
(唐)《韩愈全集校注》,屈守元、常思春校注,四川大学出版社 1996 年版。
(唐)《全唐诗》,中华书局 1960 年版。
(唐)刘恂:《岭表录异》,中华书局 1985 年版。
(唐)陆广微:《吴地记》,曾林娣校注,江苏古籍出版社 1999 年版。
(唐)欧阳询:《艺文类聚》,汪绍楹校,上海古籍出版社 1965 年版。
(唐)徐坚等:《初学记》,中华书局 2004 年版。
(宋)范成大:《范石湖集》,富寿荪标校,上海古籍出版社 2006 年版。
(宋)洪迈:《容斋随笔》,穆公校点,上海古籍出版社 2015 年版。
(宋)乐史:《太平寰宇记》,王文楚等点校,中华书局 2007 年版。
(宋)柳永:《柳永集》,孙光贵,徐静校注,岳麓书社 2003 年版。
(宋)马端临:《文献通考》,上海师范大学古籍研究所、华东师范大学古籍研究所点校，中华书局 2011 年版。
(宋) 潘自牧：《记纂渊海》，上海古籍出版社 1992 年影印本。
(宋) 沈辽：《云巢编》，景印文渊阁四库全书影印本（第 1117 册），台北商务印书馆 1986 年影印本。
(宋) 史浩：《史浩集》，俞信芳点校，浙江古籍出版社 2016 年版。
(宋) 司马光编著，(元) 胡三省音注：《资治通鉴》，中华书局 1956 年版。
(宋) 苏轼：《苏轼诗集》，王文诰辑注，中华书局 1982 年版。
(宋) 王安石：《王安石全集》，秦克、巩军标点，上海古籍出版社 1999 年版。
(宋) 王十朋：《王十朋全集》（修订本），梅溪集重刊委员会编，王十朋纪念馆修订，上海古籍出版社 2012 年版。
(宋) 徐兢：《宣和奉使高丽图经》，中华书局 1985 年版。
(宋) 姚宽：《西溪丛语》，商务印书馆 1939 年版。
(宋) 乐史撰：《太平寰宇记》，王文楚等点校，中华书局 2007 年版。
(宋) 张世南：《游宦纪闻》，张茂鹏点校，中华书局 1981 年版。
(宋) 赵彦卫：《云麓漫钞》，中华书局 1985 年版。
(宋) 郑兴裔：《郑忠肃奏议遗集》，景印文渊阁四库全书（第 1140 册），台北商务印书馆 1986 年版。
(宋) 志磐：《佛祖统纪校注》，释道法校注，上海古籍出版社 2012 年版。
(宋) 祝穆编，祝洙补订：《宋本方舆胜览》，上海古籍出版社 2012 年影印本。
(元) 戴表元：《戴表元集》，陆晓冬、黄天美点校，浙江古籍出版社 2014 年版。
(元) 程端礼：《畏斋集》，《丛书集成续编》（第 133 册），台北新文丰出版公司 1988 年版。
(元) 方回：《桐江续集》，景印文渊阁四库全书本影印本（第 1193 册），商务印书馆 1969 年版。
(元) 郭彖：《睽车志》，中华书局 1985 年版。
(元) 黄溍：《金华黄先生文集》，见《丛书集成续编》（第 136 册），台北新文丰出版公司 1988 年影印本。
(元) 黄镇成：《秋声集》，《续修四库全书本》（第 1323 册），上海古籍出版社 2002 年影印本。
(元) 汪大渊：《岛夷志略校释》，苏继庼校释，中华书局 1981 年版。
(元) 袁桷：《清容居士集》，中华书局 1985 年版。
(元) 虞集：《道园类稿》，《元人文集珍本丛刊》（六），台北新文丰出版公司 1985 年影印本。
《两种海道针经》，向达校注，中华书局 2000 年版。
《郑和航海图》，向达校注，中华书局 2000 年版。
（明）采九德：《倭变事略》，上海书店出版社 1982 年版。
（明）冯梦龙：《智囊全集》，栾保群、吕宗力校注，中华书局 2007 年版。
（明）顾炎武：《顾炎武全集》，华东师范大学古籍研究所整理，上海古籍出版社 2011 年版。
（明）顾应祥：《静虚斋惜阴录》，《续修四库全书》（第 1122 册），上海古籍出版社 2002 年影印本。
（明）顾起元：《客座赘语》，孔一校点，上海古籍出版社 2012 年版。
（明）焦竑：《国朝献征录》，上海书店出版社 1987 年版。
（明）茅元仪：《武备志》，《续修四库全书》（第 966 册），上海古籍出版社 2002 年影印本。
（明）王士骐：《皇明驭倭录》，北京图书馆古籍出版社编辑组编《北京图书馆古籍珍本丛刊》（第 10 册），书目文献出版社 1987 年影印本。
（明）王士性：《广志绎》，吕景琳点校，中华书局 1981 年版。
（明）王世贞：《弇州史料》后集，四库禁毁书丛刊编纂委员会编《四库禁毁书丛刊》（史部 49），北京出版社 1997 年影印本。
（明）乌斯道：《春草斋集》，《丛书集成续编》（第 138 册），台北新文丰出版公司 1989 年影印本。
（明）吴莱：《甬东山水古迹记》，王筱云等主编《中国古典文学名著分类集成 12 散文卷 6》，百花文艺出版社 1994 年版。
（明）谢杰：《虔台倭纂》上卷《倭变二》，北京图书馆古籍出版社编辑组编《北京图书馆古籍珍本丛刊》（第 10 册），书目文献出版社 1987 年影印本。
（明）俞大猷：《正气堂集》，《四库未收书辑刊》编纂委员会编《四库未收书辑刊》（5 辑 · 20 册），北京出版社 1997 年影印本。
（明）章潢：《图书编》，台北商务印书馆 1986 年影印本。
（明）张煊：《西园闻见录》，《续修四库全书》（第 269 册），上海古籍出版社 2002 年影印本。
（明）郑若曾：《筹海图编》，李致忠点校，中华书局 2007 年版。
（明）郑若曾：《郑开阳杂著》，文渊阁四库全书影印本（第 584 册），台北商务印书馆 1986 年影印本。
（明）郑舜功：《日本一鉴　穷河话海》，文物出版社 2022 年版。
（明）朱国祯：《涌幢小品》，王根林校点，上海古籍出版社 2012 年版。

（明）朱纨：《甓余杂集》，四库全书存目丛书编纂委员会编：《四库全书存目丛书集》（集部第78册），台南庄严文化事业有限公司1997年影印本。
（明）郑晓：《吾学编》，北京图书馆古籍出版社编辑组编：《北京图书馆古籍珍本丛刊》（第12册），书目文献出版社1987年影印本。
（清）谷应泰：《明倭寇始末》，中华书局1985年影印本。
（清）顾栋高：《春秋大事表》，景印文渊阁四库全书，台北商务印书馆1983年影印本。
（清）江日升：《台湾外纪》，《丛书集成三编》（第99册），台北新文丰出版公司1997年影印本。
（清）蒋良骐：《东华录》，中华书局1980年版。
（清）胡敬辑：《大元海运记》，《丛书集成续编》（第62册），台北新文丰出版公司1989年影印本。
（清）阮旻锡：《海上见闻录（定本）》，厦门郑成功纪念馆校，福建人民出版社1982年版。
（清）上强村民编选：《宋词三百首》，江苏凤凰文艺出版社2020年版。
（清）孙诒让：《墨子间诂》，孙启治点校，中华书局2017年版。
（清）王胜时：《漫游纪略》，樊尔勤校，上海新文化书社1934年版。
（清）王之春：《清朝柔远记》，赵春晨点校，中华书局2000年版。
（清）翁州老民：《海东逸史》，浙江古籍出版社1985年版。
（清）夏琳：《闽海纪要》，林大志校注，福建人民出版社2008年版。
（清）徐时栋：《宋元四明六志校勘记》，《丛书集成三编》（第82册），台北新文丰出版公司1997年影印本。
（清）徐时栋：《徐偃王志》，《丛书集成续编》（第272册），台北新文丰出版公司1988年影印本。
〔日〕成寻：《参天台五台山记》，王丽萍校点，上海古籍出版社2009年版。
〔日〕真人元开：《唐大和上东征传》，汪向荣校注，中华书局2000年版。
〔英〕爱尼斯·安德逊：《英使访华录》，商务印书馆1963年版。
〔英〕爱尼斯·安德逊：《英国人眼中的大清王朝》，费振东译，群言出版社2002年版。
〔葡〕费尔南·门德斯·平托：《远游记》，金国平译注，葡萄牙航海大发现事业纪念澳门地区委员会、澳门基金会、澳门文化司署、东方葡萄牙学会1999年版。
〔英〕亨利·埃利斯：《阿美士德使团出使中国日志》，刘天路、刘甜甜译，商务印书馆2013年版。

〔英〕马戛尔尼：《1793 乾隆英使觐见记》，刘半农译，天津人民出版社 2006 年版。

〔英〕斯当东：《英使谒见乾隆纪实》，叶笃义译，上海人民出版社 2005 年版。

〔英〕约翰·巴罗：《我看乾隆盛世》，李国庆、欧阳少春译，北京图书馆出版社 2007 年版。

James Cunningham, "Part of Two Letters to the Publisher from Mr. James Cunningham, F. R. S. and Physician to the English at Chusan in China, Giving an Account of His Voyage Thither, of the Island of Chusan, of the Several Sorts of Tea, of the Fishing, Agriculture of the Chinese, etc. with Several Observations not Hitherto Taken Notice of", *Philosophical Transactions of the Royal Society* (*1683–1775*), 23 (1702–1703).

James Cunningham, "Observations of the Weather, Made in a Voyage to China. Ann. Dom. 1700. By Mr. James Cunningham, F. R. S.", *Philosophical Transactions of the Royal Society* (*1683–1775*), 24 (1704–1705).

John Francis Davis, *The Chinese: A General Description of China and Its Inhabitants*, New edition, London: C. Cox, 12, King William Street, Strand, 1851.

Charles Gutzlaff, *Journal of Three Voyages along the Coast of China, in 1831, 1832, & 1833, With Natices of Siam, Corea, and the Loo-Choo Islands*, London: Frederick Westley and A. H. Davis, Stationers' Hall Court, 1834.

Hugh HamiltonLindsay, *Report of Proceedings on a Voyage to the Northern Ports of China, in the Ship Lord Amherst*, second edition, London: B. Fellowes, Ludgate Street, 1834.

W. H. Medhurst: *China: Its State and Prospects*, London: John Snow, 26, Paternoster Row, 1838.

James Brabazon Urmston, *Observations on the China Trade, and on the Importance and Advantages of Removing it from Canton to some other part of the Coast of that empire*, Foreign and Commonwealth Office Collection, 1833.

The English Pilot, Describing the Sea-coasts, Capes, Headlands, Soundings, Sands, Shoals, Rocks and Dangers. The Bays, Roads, Harbours, and Ports in the Oriental Navigation, London: Printed for W. and J. Mount, T. and T. Page, 1755.

四 研究著述

（一）著作

〔英〕安东尼·吉登斯：《民族—国家与暴力》，胡宗泽、赵力涛译，生活·读书·新知三联书店 1998 年版。
包伟民：《宋代地方财政史研究》，上海古籍出版社 2001 年版。
蔡凤书：《中日交流的考古研究》，齐鲁书社 1999 年版。
晁中辰：《明代海禁与海外贸易》，人民出版社 2005 年版。
陈锋：《清代盐政与盐税》，中州古籍出版社 1988 年版。
陈锋：《清代盐政与盐税》（第 2 版），武汉大学出版社 2013 年版。
陈懋恒：《明代倭寇考略》，人民出版社 1957 年版。
陈荣富：《浙江佛教史》，华夏出版社 2001 年版。
陈尚胜：《怀夷与抑商：明代海洋力量兴衰研究》，山东人民出版社 1997 年版。
程幸超：《中国地方行政制度史》，四川人民出版社 1992 年版。
丛子明、李挺：《中国渔业史》，中国社会科学出版社 1993 年版。
〔日〕大庭脩：《江户时代日中秘话》，徐世虹译，中华书局 1997 年版。
戴裔煊：《明代嘉隆年间的倭寇海盗与中国资本主义的萌芽》，中国社会科学出版社 1982 年版。
〔日〕道端良秀：《日中佛教友好二千年史》，徐明、何燕生译，商务印书馆 1992 年版。
邓拓：《中国救荒史》，北京出版社 1998 年版。
丁长清、唐仁粤主编：《中国盐业史》（近代当代编），人民出版社 1999 年版。
杜继文主编：《佛教史》，江苏人民出版社 2006 年版。
方豪：《中西交通史》，岳麓书社 1987 年版。
方豪：《中西交通史》，上海人民出版社 2008 年版。
冯定雄：《回眸海丝之路：改革开放以来国内的海上丝绸之路研究》，中国环境出版 2015 年版。
冯定雄、林建：《舟山群岛古代简史》，武汉大学出版社 2021 年版。
傅璇琮主编：《宁波通史》，宁波出版社 2009 年版。

范中义、仝晰纲：《明代倭寇史略》，中华书局 2004 年版。
高荣盛：《元代海外贸易研究》，四川人民出版社 1998 年版。
葛剑雄主编，曹树基著：《中国人口史》，复旦大学出版社 2005 年版。
龚缨晏：《浙江早期基督教史》，杭州出版社 2010 年版。
顾诚：《南明史》，中国青年出版社 1997 年版。
桂栖鹏等：《浙江通史》第 6 卷（元代卷），浙江人民出版社 2005 年版。
郭万平、张捷主编：《舟山普陀与东亚海域文化交流》，浙江大学出版社 2009 年版。
郭正忠主编：《中国盐业史（古代编）》，人民出版社 1997 年版。
何勇强：《钱氏吴越国史论稿》，浙江大学出版社 2002 年版。
胡连荣主编：《舟山海底哺乳动物化石与古人生存环境》，中国文史出版社 2005 年版。
黄纯艳：《宋代海外贸易》，社会科学文献出版社 2003 年版。
黄国信：《区与界：清代湘粤赣界邻地区食盐专卖研究》，生活·读书·新知三联书店 2006 年版。
黄仁宇：《中国大历史》，生活·读书·新知三联书店 1997 年版。
姜彬主编：《吴越民间信仰民俗》，上海文艺出版社 1992 年版。
姜彬主编：《东海岛屿文化与民俗》，上海文艺出版社 2005 年版。
蒋廷黻：《中国近代史》，岳麓书社 1987 年版。
井上靖：《日本历史》，天津市历史研究所译校，天津人民出版社 1974 年版。
〔美〕大卫·克里斯蒂安：《时间地图：大历史导论》，晏可佳等译，上海社会科学院出版社 2007 年版。
乐承耀：《宁波古代史纲》，宁波出版社 1995 年版。
李光壁：《明代御倭战争》，上海人民出版社 1956 年版。
〔韩〕李镇汉：《高丽时代宋商往来研究》，李廷青、戴琳剑译，楼正豪校，江苏人民出版社 2020 年版。
李志庭：《浙江通史》第 4 卷（隋唐五代卷），浙江人民出版社 2005 年版。
梁启超：《两畸儒——王船山 朱舜水》，载《中国近三百年学术史》，东方出版社 2004 年版。
林立平：《封闭结构的终结》，广西人民出版社 1989 年版。
〔美〕刘易斯·芒福德：《城市发展史——起源、演变和前景》，宋俊岭、倪文彦译，中国建筑工业出版社 1989 年版。
柳和勇：《舟山群岛海洋文化论》，海洋出版社 2006 年版。
柳和勇、方牧主编：《东亚岛屿文化》，作家出版社 2006 年版。

刘义杰:《中国古代海上丝绸之路》，海天出版社 2019 年版。
卢建一:《明清海疆政策与东南海岛研究》，福建人民出版社 2011 年版。
马克垚主编:《世界文明史》，北京大学出版社 2004 年版。
〔美〕马士:《中华帝国对外关系史》，张汇文等译，商务印书馆 1963 年版。
〔美〕马士:《东印度公司对华贸易编年史（1635—1834 年）》（第一、二卷），中国海关史研究中心、区宗华译，中山大学出版社 1991 年版。
茅海建:《天朝的崩溃——鸦片战争再研究》，生活·读书·新知三联书店 1995 年版。
孟昭华编著:《中国灾荒史记》，中国社会出版社 2003 年版。
〔日〕木宫泰彦:《日中文化交流史》，胡锡年译，商务印书馆 1980 年版。
内蒙古社会科学院历史所:《蒙古族通史》，民族出版社 1991 年版。
〔法〕佩雷菲特:《停滞的帝国——两个世界的撞击》，王国维等译，生活·读书·新知三联书店 1993 年版。
启良:《西方文化概论》，花城出版社 2000 年版。
祁美琴:《清代榷关制度研究》，内蒙古大学出版社 2004 年版。
上海中国航海博物馆:《海帆远影　中国古代航海知识读本》，上海书店出版社 2018 年版。
沈冬梅、范立舟:《浙江通史》第 5 卷（宋代卷），浙江人民出版社 2005 年版。
〔美〕斯塔夫里阿诺斯:《全球通史：1500 年以前的世界》，吴象婴、梁赤民译，上海社会科学院出版社 1988 年版。
〔日〕松浦章:《中国的海贼》，谢跃译，商务印书馆 2011 年版。
孙峰:《群岛探津》，宁波出版社 2019 年版。
孙光圻:《中国古代航海史》，海洋出版社 1989 年版。
孙善根、白斌、丁龙华:《宁波海洋渔业史》，浙江大学出版社 2015 年版。
孙文:《唐船风说：文献与历史——〈华夷变态〉初探》，商务印书馆 2011 年版。
田久川:《古代中日关系史》，大连工学院出版社 1987 年版。
田秋野、周维亮编著:《中华盐业史》，台北商务印书馆 1979 年版。
〔日〕田中健夫:《倭寇——海上历史》，杨翰球译，武汉大学出版社 1987 年版。
童隆福主编:《浙江航运史》（古近代部分），人民交通出版社 1993 年版。
万明:《中葡早期关系史》，社会科学文献出版社 2001 年版。
万明主编:《晚明社会变迁：问题与研究》，商务印书馆 2005 年版。

汪向荣、汪皓：《中世纪的中日关系》，中国青年出版社 2001 年版。
王和平：《探析舟山》，中国文史出版社 2010 年版。
王辑五：《中国日本交通史》，商务印书馆 1998 年版。
王建富主编：《海上丝绸之路浙江段地名考释》，浙江古籍出版社 2017 年版。
王日根：《明清海疆政策与中国社会发展》，福建人民出版社 2006 年版。
王文洪等：《西方人眼中的近代舟山》，宁波出版社 2014 年版。
王志邦：《浙江通史》第 3 卷（秦汉六朝卷），浙江人民出版社 2005 年版。
〔德〕马克斯·韦伯：《新教伦理与资本主义精神》，于晓、陈维纲等译，生活·读书·新知三联书店 1987 年版。
吴平：《图说中国佛教史》，上海书店出版社 2009 年版。
吴于廑、齐世荣主编：《世界史·近代史编》，高等教育出版社 2001 年版。
席龙飞：《中国造船通史》，海洋出版社 2013 年版。
席龙飞：《中国古代造船史》，武汉大学出版社 2015 年版。
徐中约：《中国近代史》，计秋枫、朱庆葆译，香港中文大学出版社 2001 年版。
许啸天编辑：《国故学讨论集》，上海书店出版社 1991 年版。
杨金森、范中义：《中国海防史》（上下册），海洋出版社 2005 年版。
杨渭生：《宋丽关系史研究》，杭州大学出版社 1997 年版。
俞强：《鸦片战争前传教士眼中的中国——两位早期来华新教传教士的浙江沿海之行》，山东大学出版社 2010 年版。
〔英〕约·罗伯茨编：《十九世纪西方人眼中的中国》，蒋重跃、刘林海译，中华书局 2006 年版。
于运全：《海洋天灾　中国历史时期的海洋灾害与沿海社会经济》，江西高校出版社 2005 年版。
曾仰丰：《中国盐政史》，上海书店 1984 年版。
张坚：《普陀山史话》，甘肃民族出版社 2000 年版。
张坚：《岱山史话》，中国文史出版社 2008 年版。
张良群主编：《中外徐福研究》，中国科学技术大学出版社 2007 年版。
张馨保：《林钦差与鸦片战争》，福建人民出版社 1989 年版。
张如安：《北宋宁波文化史》，海洋出版社 2009 年版。
张伟主编：《浙江海洋文化与经济》（第三辑），海洋出版社 2009 年版。
张炜、方堃主编：《中国海疆通史》，中州古籍出版社 2003 年版。
张学锋编著：《中国墓葬史》（上），广陵书社 2009 年版。
张耀光：《中国海洋经济地理学》，东南大学出版社 2015 年版。

赵济主编：《中国自然地理》，高等教育出版社 1995 年版。
郑一钧：《论郑和下西洋》，海洋出版社 2005 年版。
《中国大百科全书》总编委会：《中国大百科全书》（精华本），中国大百科全书出版社 2002 年版。
中国元史研究会编：《元史论丛》，江西教育出版社 1999 年版。
周琍：《清代广东盐业与地方社会》，中国社会科学出版社 2008 年版。
周齐：《明代佛教与政治文化》，人民出版社 2005 年版。
朱深海主编：《城乡规划原理》，中国建材工业出版社 2019 年版。
朱雍：《不愿打开的中国大门——18 世纪的外交与中国命运》，江西人民出版社 1989 年版。
Liam D'Arcy-Brown, *Chusan, The Opium Wars, and the Forgotten Story of Britain's First Chines Island*, Kenilworth: Takeaway Publishing, 2012.
P. W. Fay, *The Opium War*, Chapel Hill, N. C.: the University of North Carolin Press, 1975.

（二）论文

安志敏：《长江下游史前文化对海东的影响》，《考古》1984 年第 5 期。
包江雁：《明初舟山群岛废县徙民及其影响》，《浙江海洋学院学报》（人文社会科学版）1999 年第 4 期。
包江雁：《"宋地万人杰　本朝一国师"——高僧一山一宁访日事迹考略》，《浙江海洋学院学报》（人文科学版），2001 年第 2 期。
包江雁：《二十世纪舟山历史回眸》，《文史天地》（舟山文史资料第八辑），北京文津出版社 2003 年版。
贝逸文：《舟山嵊泗发现宋代临港型古文化遗址》，浙江文物网 2009 年 8 月 26 日，网址：http://www.zjww.gov.cn/news/2009-08-26/192779622.shtml。
贝逸文：《浙江省舟山市水下考古发现唐代海港码头龙头跳沙埠》，中国考古网 2010 年 4 月 15 日发布，网址：http://www.kaogu.cn/cn/xianchangchuanzhenlaoshuju/2013/1026/38878.html。
曹家齐、金鑫：《〈参天台五台山记〉中的驿传与牒文》，《文献》2005 年第 4 期。
常修铭：《认识中国——马戛尔尼使节团的"科学调查"》，《中华文史论丛》2009 年第 2 期。
晁辰中：《明代隆庆开放应为中国近代史的开端——兼与许苏民先生商榷》，《河北学刊》2010 年第 6 期。

陈春声：《走向历史现场（历史·田野丛书总序）》，《读书》2006 年第 9 期
陈桥驿：《越族的发展与流散》，《东南文化》1989 年第 6 期。
陈学文：《明代的海禁与倭寇》，《中国社会经济史研究》1983 年第 1 期。
戴国华：《旧石器时代晚期中日文化交流的古地理证据》，《史前研究》1984 年第 1 期。
戴裔煊：《倭寇与中国》，《学术研究》1987 年第 1 期。
董丽丽：《国内海洋意识研究综述》，载《2011 年中国社会学年会第二届中国海洋社会学论坛海洋社会管理与文化建设论文集》，上海海洋大学，上海 2011 年。
〔日〕渡边惇：《乾隆末至嘉庆期的盐政改革与自由贩卖论》，载彭泽益、王仁远主编《中国盐业史国际学术讨论会论文集》，四川人民出版社 1991 年版。
方堃：《中国沿海疆域开发与发展的几个规律》，《中国边疆史地研究》2001 年第 2 期。
方普儿、翁圣宬：《双屿港古今地望考证》，《浙江社会科学》2010 年第 6 期。
方铁：《关于边疆史若干问题的思考》，《史学集刊》2014 年第 1 期。
冯定雄：《舟山：从边缘走向前沿》，《舟山日报》2010 年 6 月 29 日第 4 版。
冯定雄：《宋代昌国地区海外关系探析》，《浙江海洋学院学报》（人文科学版）2011 年第 2 期。
冯定雄：《论海洋文化资源的基本类型》，载张伟主编《浙江海洋文化与经济》（第五辑），海洋出版社 2011 年版。
冯定雄：《新世纪以来我国海上丝绸之路研究的热点问题述略》，《中国史研究动态》2012 年第 4 期。
冯定雄：《清代的盐业与区域社会——读〈清代广东盐业与地方社会〉与〈明清山东盐业研究〉》，《盐业史研究》2013 年第 3 期。
冯定雄：《中国明清时期西方与舟山群岛的关系》，《岛屿文化》（韩国）2013 年 12 月（第 42 卷）。
冯定雄：《土地买卖与海岛社会——基于清代舟山展茅史家宗族契约文书的考察》，《档案学研究》2017 年第 3 期。
冯定雄、赵文燕：《中国清代舟山盐业与海岛社会》，《岛屿文化》（韩国）2019 年 12（第 54 卷）
冯定雄、王鑫源：《古代舟山群岛的海洋风暴潮灾害》，《岛屿文化》（韩国）2021 年 12 月（第 58 卷）。

冯定雄、姚宇扬：《鸦片战争前英国人对舟山群岛的环境调查》，《浙江师范大学学报》（社会科学版）2022 年第 5 期。
裴文中：《从古文化及古生物上看中日的古交通》，《科学通报》1978 年第 12 期。
谷因：《骆是夏越民族最早的名称》，《贵州民族研究》1994 年第 3 期。
谷因：《从习水便舟文化特征看夏越民族的同源关系》，《贵州民族研究》1996 年第 3 期。
顾銮斋：《中西封建社会城市地位与市民权利的比较分析》，《世界历史》1997 年第 5 期。
何国卫、杨雪峰：《就秦代航海造船技术析徐福东渡之举》，《海交史研究》2018 年第 2 期。
何雷书：《蔽天战旗海上来——孙恩与舟山》，《舟山史志》2002 年第 1—2 期。
河姆渡遗址考古队：《浙江河姆渡遗址第二期发掘的主要收获》，《文物》1980 年第 5 期。
洪富忠、汪丽媛：《元朝海禁初探》，《乐山师范学院学报》2004 年第 1 期。
侯毅：《英国首次遣华使团的夭折——卡斯卡特使团来华始末》，《兰州学刊》2009 年第 7 期。
侯毅、项琦：《中国海疆史研究评述（1998—2018 年）》，《中国边疆史地研究》2019 年第 2 期。
胡连荣：《舟山海域更新世晚期动物化石的发现》，《化石》2003 年第 1 期。
胡连荣：《舟山海域哺乳动物化石研究》，《浙江海洋学院学报》（自然科学版）2004 年第 3 期。
胡永久：《康熙、乾隆年间出入舟山的英国商船考略》，《浙江国际海运职业技术学院学报》2012 年第 1 期。
黄宽重：《从中央与地方关系互动看宋代基层社会演变》，《历史研究》2005 年第 4 期。
黄渭金：《试论河姆渡史前先民与自然环境的关系》，《农业考古》1999 年第 3 期。
李恩琪：《宋朝国家专卖盐价浅析》，《价格月刊》1988 年第 4 期。
李国强：《关于中国海疆史地学术研究的思考》，《中国边疆史地研究》2001 年第 2 期。
李国强：《海岛与中国海疆史的研究》，《云南师范大学学报》（哲学社会科学版）2010 年第 3 期。

李国强：《关于海疆史研究的几点认识》，《史学集刊》2014 年第 1 期。
李国强：《关于海洋史与海疆史学术界定的思考——兼贺〈中国边疆史地研究〉出刊百期》，《中国边疆史地研究》2016 年第 2 期。
李金明：《南海“9 条断续线”及相关问题研究》，《中国边疆史地研究》2001 年第 2 期。
李凌：《柳永和他的〈煮海歌〉》，《盐业史研究》1989 年第 1 期。
廖大珂：《朱纨事件与东亚海上贸易体系的形成》，《文史哲》2009 年第 2 期。
廖大珂：《世界的宁波：16—17 世纪欧洲地图中的宁波港》，《世界历史》2013 年第 6 期。
刘庆：《神圣国土：不可缺少的蔚蓝色》，《中国边疆史地研究》2001 年第 2 期。
刘文明：《中西封建城市经济结构差异之比较》，《史学月刊》1997 年第 3 期。
留正铨：《历史上的舟山渔业》，《中国水产》1982 年第 2 期。
楼正豪：《岱山名贤汤濬旧藏〈大唐故程夫人墓志铭〉拓本考释》，《浙江海洋大学学报》（人文科学版）2017 年第 6 期。
罗浩波、徐萌柳：《东亚季风洋流与海上丝绸之路东海航线研究——兼论舟山与海上丝绸之路东海航线的关系》，《浙江国际海运职业技术学院学报》2014 年第 4 期。
罗其湘、汪承恭：《秦代东渡日本的徐福故址之发现和考证》，《光明日报》（史学版），1984 年 4 月 18 日。
罗荣渠：《15 世纪中西航海发展取向的对比与思索》，《历史研究》1992 年第 1 期。
马大正：《中国边疆治理：从历史到现实》，《思想战线》2017 年第 4 期。
马莉：《普陀山佛茶的历史发展探究》，《浙江树人大学学报》（人文社会科学版）2009 年第 3 期。
毛昭晰：《稻作的东传和江南之路》，载《中国江南：寻绎日本文化的源流》，当代中国出版社 1996 年版。
欧阳哲生：《鸦片战争前英国使团的两次北京之行及其文献材料》，《国际汉学》2014 年第 1 期。
潘树林：《论亨利王子航海的原因及其历史地位》，《西南民族学院学报》（哲学社会科学版）1998 年增刊第 5 期。
平山久雄：《鹅湖书院前的沉思》，《随笔》1993 年第 4 期。

祁国琴、何传坤：《台湾第四纪澎湖海沟动物群及古地理环境》，《第四纪研究》1999 年第 2 期。
邱波彤：《东沙：寻找千年前的繁华》，《舟山日报》2008 年 9 月 25 日。
盛观熙：《古代舟山与海上丝绸之路（续）》，《浙江国际海运职业技术学院学报》2012 年第 3 期。
施存龙：《葡人私据浙东沿海 Liampo——双屿港古今地望考实》，《中国边疆史地研究》2001 年第 2 期。
侍晓莎：《亨利王子与葡萄牙的早期探险》，《学理论》2009 年第 16 期。
双忧：《如无海禁，近代史将重写：嘉靖抗“倭”研究另一思路》，《社会科学报》2004 年 9 月 23 日第 5 版。
孙峰：《唐代宁波盐政机构——富都监之新考》，《盐业史研究》2014 年第 1 期。
谭春霖：《欧人东渐前明代海外关系》，燕京大学政治学丛刊第二十七号。
陶和平：《稻作东传之路与舟山群岛》，《浙江海洋学院学报》（人文科学版）2000 年第 4 期。
田恩善：《网具的起源与人工鱼礁小考》，《农业考古》1982 年第 1 期。
王海明、蔡保全、钟礼强：《浙江余姚市鲻山遗址发掘简报》，《考古》2001 年第 10 期。
王和平：《舟山群岛的原始居民与古代文化》，《舟山日报》1985 年 10 月 26 日第三版。
王和平、陈金生：《舟山群岛发现新石器时代遗址》，《考古》1983 年第 1 期。
王和平：《岱山最早的居民》，载岱山县政协文史委员会编《岱山文史资料》1986 年第 1 辑。
王和平：《浙江定海县蓬莱新村出土战国稻谷》，《农业考古》1984 年第 2 期。
王和平：《浙江舟山发现唐代窖藏钱币》，《考古》1985 年第 10 期。
王和平：《英国侵占舟山与香港的缘由》，《中国边疆史地研究》1997 年第 4 期。
王建富、包江雁、邬永昌：《明双屿港地望说》，《中国地名》2000 年第 4 期。
王雷、李晓丽、徐哲永：《近 50 年影响舟山的台风气候特征分析》，《海洋预报》2011 年第 5 期。
王连胜：《东亚海上丝绸之路——普陀山高丽道头探轶》，载柳和勇、方牧主编《东亚岛屿文化》，作家出版社 2006 年版。
王令红：《中国人和日本人在人种上的关系——颅骨测量性状的统计分析研究》，《人类学学报》1987 年第 1 期。
王明达、王和平：《浙江定海县唐家墩新石器时代遗址》，《考古》1983 年第 1 期。
王慕民：《明代双屿国际贸易港港址研究》，《宁波大学学报》（人文科学版）2009 年第 5 期。
王慕民：《双屿国际贸易的规模及其对江南商品经济的积极影响》，载张伟主编《浙江海洋文化与经济》（第三辑），海洋出版社 2009 年版。
王慕民：《双屿之役与明政府海洋政策评价》，载张伟主编《浙江海洋文化与经济》（第三辑），海洋出版社 2009 年版。
王乃文：《山西外旋九字虫（新属新种）的发现及其地层与古地理意义》，《地质学报》，1981 年第 1 期。
王涛：《天险变通途：鸦片战争时期英军在中国沿海的水文调查》，《近代史研究》2017 年第 4 期。
王文楚：《两宋和高丽海上航路初探》，《文史》（第 12 辑），中华书局 1981 年版。
王文洪：《清朝前期英国与舟山的贸易往来》，《宁波大学学报》（人文科学版）2015 年第 2 期。
王颖、冯定雄：《双屿港命运与东西方历史的分野》，《浙江学刊》2012 年第 3 期。
王勇：《“丝绸之路”与“书籍之路”——试论东亚文化交流的独特模式》，《浙江大学学报》（人文社会科学版）2003 年第 5 期。
王勇、孙文：《〈华夷变态〉与清代史料》，《浙江大学学报》（人文社会科学版）2008 年第 1 期。
王自夫：《300 年的沧桑：英国绘制的舟山地图》，《地图》2006 年第 4 期。
魏女：《环境与河姆渡文化》，《考古与文物》2002 年第 3 期。
武锋：《浙江盐业民俗初探——以舟山与宁波两地为考察中心》，《浙江海洋学院学报》（人文科学版）2008 年第 4 期。
武锋：《东晋孙恩、卢循起事的浙东因素》，《浙江海洋学院学报》（人文科学版）2011 年第 6 期。
武锋：《史浩父子所睹普陀山灵异事件探微》，《浙江海洋学院学报》（人文科学版）2013 年第 5 期。
吴梓林：《从考古发现看中国古稻》，《人文杂志》1984 年第 4 期。

夏志刚：《“徐兢航路”明州段试考》，《浙江海洋大学学报》（人文科学版）2018 年第 4 期。
肖发生、方志远：《明代前期荒政中的腐败问题》，载赫治清主编《中国古代灾害史研究》，中国社会科学出版社 2007 年版。
谢湜：《明清舟山群岛的迁界与展复》，载中国地理学会历史地理专业委员会《历史地理》编辑委员会编《历史地理》（第 32 辑），上海人民出版社 2015 年版。
徐吉军：《论宋代浙江与日本的文化交流》，《浙江学刊》1993 年第 5 期。
许苏民：《“内发原生”模式：中国近代史的开端实为明万历九年》，《河北学刊》2003 年第 2 期。
杨国桢、周志明：《中国古代的海界与海洋历史权利》，《云南师范大学学报》2010 年第 3 期。
杨翰球：《十五至十七世纪中叶中西航海贸易势力的兴衰》，《历史研究》1982 年第 5 期。
杨晓霭、肖玉霞：《宋代祈谢雨文的文体类别及其所映现的仪式意涵》，《西北师大学报》（社会科学版）2012 年第 4 期。
姚禮群：《宋代明州对高丽漂流民的救援措施》，《韩国研究》（第二辑），浙江大学韩国研究所，1995 年。
叶显恩、陈春声：《论社会经济史的区域性研究》，《中国经济史研究》1988 年第 1 期。
俞品久：《关于双屿港畔文物遗址的调查》，《舟山史志》1997 年第 1 期。
郧军涛：《高僧一山一宁东渡日本与元代的中日文化交流》，《陇东学院学报》（社会科学版）2004 年第 2 期。
张昌礼：《鱼的药用选方介绍》，《科学养鱼》2003 年第 8 期。
张全明：《论中国古代城市形成的三个阶段》，《华中师范大学学报》（人文社会科学版）1998 年第 1 期。
张群辉：《试探我国古人类的起源和迁徙》，云南大学历史系编《史学论丛》（第四辑），云南大学出版社 1989 年版。
张炜：《中国海疆史研究几个基本问题之我见》，《中国边疆史地研究》2001 年第 2 期。
张炜：《“夷夏交争”——中华民族早期的陆海融通》，《云南师范大学学报》2010 年第 3 期。
张伟、谢艳飞：《明州与宋丽官方贸易》，载张伟主编《浙江海洋文化与经济》（第三辑），海洋出版社 2009 年版。

张显清：《关于明代倭寇性质问题的思考》，《明清论丛》（第二辑），紫禁城出版社 2001 年版。
张铁东：《中英两国最早的接触》，《历史研究》1958 年第 5 期。
〔日〕中岛乐章：《16 世纪 40 年代的双屿走私贸易与欧式火器》，载郭万平、张捷主编《舟山普陀与东亚海域文化交流》，浙江大学出版社 2009 年版。
赵勇田：《渡海登陆作战的模范战例——金塘岛之战综述》，《军事历史》2000 年第 1 期。
浙江省文物管理委员会等：《河姆渡遗址第一期发掘报告》，《考古学报》1978 年第 1 期。
周子建：《从城乡关系看中西封建城市的历史作用》，《历史教学问题》1986 年第 4 期。
朱乃诚：《论跨湖桥文化独木舟的年代》，载《纪念良渚遗址发现七十周年学术研讨会文集》，科学出版社 2006 年版。
朱颖、陶和平：《徐偃王在舟山史迹考》，《浙江海洋学院学报》（人文科学版）2002 年第 1 期。
朱颖、陶和平：《试论一山一宁赴日在中日关系发展史中的作用和意义》，《日本研究》2003 年第 1 期。
김인희：《麗宋時期 해상교류에 있어 닝보항［寧波港］과 저우산군도［舟山群島］의 관계》，《島嶼文化》，제 42 집，2013 년 12 월。
풍정웅，조문연：《중국 청대 주산염업 및 해도사회》，《도서문화》제 54 집，2019 년。
Feng Dingxiong，Li Binbin，“Periphery and Forefront：The Evolution of the Status of Coastal Areas and Territorial Seas in Ancient Zhoushan Islands，” *Journal of Marine and Island Culture*，Vol. 11，No. 1，2022.
Yao Yanbo，Feng Dingxiong，“A Historical Study on Sea Routes of the Zhoushan Archipelago in Ancient China，” *Journal of Marine and Island Culture*，Vol. 12，No. 1，2023.

（三）学位论文

安峰：《明代海禁政策研究》，硕士学位论文，山东大学，2008 年。
韩清波：《传教医生雒魏林在华活动研究》，硕士学位论文，浙江大学，2008 年。
李诗媛：《鸦片战争期间英国人对舟山群岛的调查及其影响研究》，硕士学位论文，浙江师范大学，2018 年。

钱丰：《盐、神庙与革命——清代以来舟山群岛社区历史的个案研究》，硕士学位论文，中山大学，2012 年。
郑蔚：《英国人的舟山梦——鸦片战争之前英国图谋侵占舟山的历史考述》，硕士学位论文，中国海洋大学，2011 年。

后　记

2007年夏，我博士毕业后来到位于浙江舟山的浙江海洋学院（现浙江海洋大学）人文学院任教。我本人的专业是世界古代史，本职工作也是教授世界史，与中国史可以说没有任何关系，也没有想过自己会有时间和精力去干本专业以外的事情。虽然学校迫切希望我们新入职的教师能尽快尽可能地与地方合作，服务地方建设和发展，但对于我这样与地方建设根本没有太多关系的专业，一时是很难有所作为的。

2011年4月，学院领导找到我及其他几位老师，说中国社会科学院许明龙研究员回家乡舟山省亲，他希望在退休之后能为自己家乡建设作点贡献，但一则他自己并不定居舟山，再则年纪大了，精力不济，希望我们学校能有相关专业的历史老师协助他。虽然我完全是外行，不懂中国历史，但对于许先生的热情，实在无法拒绝，只好硬着头皮答应下来。许先生非常热情，当即把自己手抄的相关资料交给我，并指导我从某些重大的历史事件（如马戛尔尼使华）入手，逐渐展开对舟山群岛历史的研究。

事后我很后悔自己轻易承诺，但事已至此也没有别的办法，只好找时间接触一下舟山地方史。在此过程中，我想起了我上本科时蔡东洲教授对我的教导，他说研究地方史最基础的办法是从地方通史入手。但舟山长期以来，一直缺乏一部比较系统的通史，无论是浙江海洋大学的老师们还是舟山市政府都觉得这是一件非常尴尬的事情，但即使在舟山群岛新区成立后，这种尴尬仍在继续。我虽无力改变这种尴尬，但出于对学校的发展和对地方政府的支持，做些力所能及的工作于情于理都责无旁贷。于是，我开始了对舟山通史的缓慢梳理。这是一个断断续续且比较漫长的过程，当然，也是一个没有压力和要求的过程，一有收获就把它记录下来。这样持续了一两年，抄录了近10万字的关于舟山古代通史的相关内容。突然有天，我的电脑坏了，于是把它送到电脑维修店去维修，等待第二天取回电脑继续工作，但第二天等来的不是维修店让我去取电脑的消息，而是告诉我，我的电脑在店里被人偷走了，电脑里的资料全都找不回来了。我没有备份那近10万字的舟山古代通史的资料，现在突然丢失了，对我来说是一个沉重打击，失望之余打算放弃了。当时人文学院院长王颖教授知道后，积极鼓励我重新拾起，再想想对许先生的承诺，我决定重新收集和整理舟山群岛历史资料，只是多注意备份，刻意保存。

这项不算工作的工作就这样一直延续下来。直到2017年，在离开舟山前往金华的浙江师范大学任教前夕，我把整个舟山群岛的古代史部分基本上做了系统的小结。在此期间，我希望能以相关的梳理成果为基础申请各级项目以便获得进一步研究的支持，但都无果而终，心灰意冷之下索性把书稿束之高阁，或打算百年之后烧毁它带入坟墓。到浙江师范大学后，新的环境、新的任务和要求使我再无暇顾及此事。适应新环境后，偶尔提起书稿之事，同事们对之非常关心，普遍认为我的工作是一件颇有意义的事，希望我能继续下去，并提出了很多非常中肯的意见，积极鼓励我对书稿进行修改。特别是边疆研究院于逢春院长、人文学院陈国灿教授、胡铁球教授、赵志辉教授及江南文化中心、丝路文化与国际汉学研究所的同仁，他们从书稿的立意到内容的取舍乃至谋篇布局都提出了非常细致且中肯的意见。在此对他们的帮助深表谢意。

在梳理舟山古代史的过程中，我发现舟山群岛在古代中国的区域历史发展中非常特殊，极具特色，其中最引人注目的典型性当属它的“海洋”特征。因此，展示古代舟山群岛的“海洋”特殊性可能对于该项研究更具意义。如何才能展示出这种独具特色的“海洋”特征呢？根据舟山群岛的特殊地理位置（包括自然地理位置和政治地理位置）和在古代中国历史的发展演变历程，可以明显看出古代舟山群岛在国家乃至世界视野下的“边缘—前沿”地位徘徊。正是在这样的探索思路中，逐渐形成了本书的基本框架和主体内容。

书稿大体完成后，中国社会科学出版社刘芳博士积极支持，建议书稿争取国家社科基金后期资助项目。在出版社的大力推荐下，本书稿有幸获得国家社会科学基金后期资助项目（批准号：20FZSB042）的支持，这为本书稿的顺利完成和出版提供了重要保障。借此机会，感谢刘芳博士和中国社会科学出版社的支持与帮助。

特别感谢本书稿在申报国家后期资助时和结项评审时各位匿名评审专家提出的宝贵修改意见。在结项评审专家中，有一位匿名专家我要特别提出，该专家极其认真负责，非常详细地指出了本书稿的几乎每一创新之处，同时也非常精准地看出了书稿需要改进之处，而提出的这些改进之处，在本人看来，的确是中肯地指出了书稿的短处，不仅如此，该专家还在后面罗列了一长串技术性错讹之处。对于该专家敏锐的学术眼光、深厚的学术涵养及其极度认真负责的态度，本人由衷尊崇和感动。遗憾的是本人无法知道该专家的姓名，否则，在拙著出版后，定当面赠送拙作以表谢意。

本书的出版，算是对我本人在舟山工作十年的一个小小的交代，更重要的是，我也总算是对许明龙先生有一个并不一定会让他满意的交代。事实上，由于本人并非从事中国古代史的专业研究者，因此算是十足的外行。经过认真学习后，我发现，世界史与中国史的学习和思考模式还是有较大差别的，因此，我在学习和工作中，经常在两种思维模式中跳跃，这对我来说是不小的挑战。但这种跳跃也颇有收获，它常常可以提示自己以世界史的眼光观察中国史，同样也以中国史的思维考察世界史，这种思维模式的互换往往会使自己无论是在中国史学习方面还是世界史学习方面有新的心得和收获。虽然本人竭尽全力希望本书更完善，但还是难免有些无可奈何的遗憾，比如本书在课题申报时的名称是“边缘与前沿：古代舟山群岛海洋史研究”，后来在立项公布的时候，去掉了主标题，名称为“古代舟山群岛海洋史研究”。在结项出版时，我希望恢复申报时的名称，这倒不是因为原来名称好像更能吸人眼球（事实上本人非常反感玩弄概念或标题党），主要是主标题非常准确地概括了古代舟山群岛海洋史的特征，也非常准确地概括了本书的基本线索和写作框架。但反馈回来的情况是不要用主标题，否则容易引起误会。我答应了去掉主标题，但从我内心讲，我个人认为这是非常遗憾的事情。另一个遗憾是，原本书稿中附有大量的地图，包括中外古代地图及作者根据相关内容绘制的地图，但反馈回来的情况是，涉及地图的出版物管理和审核更严格，为了省去这些麻烦，本人非常“痛快”地把全书的地图（近 50 幅）全部删除，但本人内心深处还是觉得有些遗憾。虽然为了此书，本人及课题组成员尽心尽力，但问题甚至错误肯定在所难免，欢迎读者批评指正。当然，书中文责自然由我个人承担。

需要感谢的人太多，如果全部列出会是很长的名单，故只笼统地说，感谢浙江海洋大学及同事们，感谢“浙江师范大学出版基金（Publishing Foundation of Zhejiang Normal Univeristy）”及世界史学科建设经费的资助，感谢浙江师范大学人文学院、江南文化研究中心及丝路文化与国际汉学研究院、边疆研究院的支持，感谢韩国木浦大学岛屿文化研究院为我在那里访学时提供的帮助和支持。尤其需要提及的是，感谢浙江海洋大学的“海洋文献特藏室”，里面的大量特色文献为本书稿的写作提供了许多难得的资料。课题组成员为本书稿花费了大量时间和精力，对成员们（尤其是中共达州市委员会党校董成鹏讲师）的辛苦付出，在此深表谢意。

冯定雄

2022 年 10 月 1 日

浙师大丽泽花园